teralong
Advanced Building Materials

台荣建材 人·自然·新建材

专业品质·隔墙系统供应商

U0291867

Es® 节能板·韵律®多功能板

功能+艺术的结合
定制+个性的展现
技术+工艺的巅峰

带给您独特的产品体验

防火　防潮　轻质　节能保温　易造型　抗下陷　零石棉　100%零甲醛

工厂地址：浙江省湖州市长兴县洪桥镇
　　　　　工业园区（赵家桥）
销售热线：0572-6720288
服务热线：0572-6720888-8020/8022
传　　真：0572-6720868/688

建筑防火与建筑节能设计图释手册

主　编　靳玉芳
副主编　李　莉　要　宇　徐江文　曹如姬　陈桂娥

中国建材工业出版社

图书在版编目（CIP）数据

建筑防火与建筑节能设计图释手册/靳玉芳主编.
—北京：中国建材工业出版社，2017.3
ISBN 978-7-5160-1310-6

Ⅰ.①建… Ⅱ.①靳… Ⅲ.①建筑设计—防火—图解
②建筑设计—节能—图解 Ⅳ.①TU892-64
②TU201.5-64

中国版本图书馆 CIP 数据核字（2015）第 266238 号

内 容 简 介

本书根据国家现行防火规范，针对建筑防火材料、建筑防火设计、性能化防火设计及建筑节能设计与防火四大部分内容作了详细阐述，文中穿插大量的图和表，使许多强制性条文形象化，感性直观，通俗易懂，"菜单式"表达又使全书层次清晰，简明扼要，便于查阅。

本书是建筑防火与建筑节能设计的工具书，可作为建筑工程施工、房产管理、消防安全检查与管理及火灾安全咨询的常备用书，亦可作为高等院校建筑类专业师生的参考用书。

建筑防火与建筑节能设计图释手册
主　编　靳玉芳
副主编　李　莉　要　宇　徐江文　曹如姬　陈桂娥

出版发行：中国建材工业出版社
地　　址：北京市海淀区三里河路 1 号
邮　　编：100044
经　　销：全国各地新华书店
印　　刷：北京雁林吉兆印刷有限公司
开　　本：787mm×1092mm　　1/16
印　　张：28
字　　数：690 千字
版　　次：2017 年 3 月第 1 版
印　　次：2017 年 3 月第 1 次
定　　价：**98.00 元**

本社网址：**www.jccbs.com**　微信公众号：zgjcgycbs
广告经营许可证号：京海工商广字第 8293 号
本书如出现印装质量问题，由我社市场营销部负责调换。联系电话：**（010）88386906**

前　　言

近年来，建筑火灾的形势比较严重，每当听到或看到某建筑物发生火灾的事故时，心里总有些不安，顿时会想到：是什么原因着的火？似乎成了职业的本能反应。当然，引发火灾的原因很多，但如何在火灾发生后迅速采取有力措施减少火灾损失，已成为社会各界密切关注的重大课题。搞好建筑物的防火安全设计是预防建筑火灾的关键一环。建筑防火设计中存在的问题是一种本质性的缺陷，这就为火灾的发生和蔓延埋下祸根。设计人员依照防火设计规范或标准精心做好防火设计是保证建筑物防火安全的重要措施。

为进一步搞好建筑防火设计，适应建筑业迅猛发展的需要，根据对现行防火规范的学习理解、执行实践及在工程设计中碰到的实际问题，我们在总结、体会的基础上编辑了此书。

全书内容主要由四个部分组成，第一部分为建筑火灾与建筑防火材料的基础性知识及建筑防火设计的工作内容、程序等；第二部分为建筑防火设计的基本内容，即按照规范的构架解述条文（包括总体布局及各专业设计）；第三部分为性能化防火设计简介；第四部分为建筑节能设计与防火。最后附录列出专业术语、相关表格及有关法规。

本书具有以下特点：

1. 注重基础，强化应用。本书主要以工程实例对照规范的条文展开叙述。同时，着重指出建筑防火设计的要点、难点，特别是构造的防火要求。

2. 感性直观，通俗易懂。本书以图、表的方式把规范的强制性条文具体化，读起来容易，用起来方便，可适用不同层次的读者。

3. "菜单式"表达。本书把各章节的主要内容浓缩在标题中，仿佛"菜单"，简明扼要，读者要看什么，可直接"点击"标题。

4. 本书每章前面有内容提要，点出本章的关键，使得开卷阅读，一目了然；后面有思考题，给读者以层次和深度，便于阅后思考，容易抓住关键。

5. 本书力求文字简洁、朴实、口语化，以适应不同读者的口味。

本书可作为建筑防火与建筑节能设计的工具书，也可作为建筑工程施工、房产管理、消防安全检查与管理及火灾安全咨询工作的常备用书，还可作为高等院校建筑类专业师生的参考用书。

参加本书编写的人员的具体分工如下：

第 1、4、10 章：靳玉芳、李莉、冯金英；第 2、8 章：柴水玲；第 3 章：要宇；第 5、6 章：徐江文；第 7 章：陈桂娥；第 9 章：李俊英；第 11 章：曹如姬。

全书由靳玉芳任主编，由李莉、要宇、徐江文、曹如姬、陈桂娥任副主编。

本书的编写工作，参考了国内外建筑防火工程的有关文献资料，在此特向有关作者致以深切的谢意；同时对参编人员所在单位：中国铁道科学研究院、太原市建筑设计研究院、山西大学、太原理工大学等有关领导表示感谢。

由于我们的水平有限，书中难免存在各种不足，敬请读者批评、指正。

编者
2017 年 3 月

China Building Materials Press

我们提供

图书出版、图书广告宣传、企业/个人定向出版、设计业务、企业内刊等外包、代选代购图书、团体用书、会议、培训，其他深度合作等优质高效服务。

编 辑 部
010-88376510

出版咨询
010-68343948

市场销售
010-68001605

门市销售
010-88386906

邮箱：jccbs-zbs@163.com　　网址：www.jccbs.com

发展出版传媒　　服务经济建设

传播科技进步　　满足社会需求

目 录

第1章 概 论

【内容提要】 建筑火灾的发展阶段及蔓延途径；建筑防火设计的基本原则、内容及程序；建筑物防火的分类、等级；建筑构配件的耐火性能；防火涂料和防火封堵材料的类型、特点及使用要求。

建筑防火设计的首要目标是防止和减少建筑火灾危害，保护人身和财产的安全。在建筑设计中，要认真贯彻"预防为主，防消结合"的消防工作方针，做好建筑防火设计，做到"防患于未然"。设计师要掌握火灾发生、蔓延等相关知识，在设计中采取有效的、可靠的防火措施，这就是建筑防火设计的主要任务。防火措施，主要指降低火灾荷载密度和建筑及装修材料的燃烧性能；控制火源，进行必要的分隔；合理设定建筑物的耐火等级和构件的耐火极限等，并根据建筑物的使用功能、空间平面特征和人员特点设计合理、正确的安全疏散设施与有效的灭火设施，预防和控制火灾的发生及其蔓延。同时，面对大、中城市的高层建筑林立的现实，要针对其火灾危险性大的特点，设计时更应加倍精心，做到安全适用、技术先进、经济合理。

本章将简要介绍建筑火灾的相关知识及防火设计的基本内容。

1.1 建筑与火灾

建筑火灾是指发生于各种人为建造的物体之内的火灾，也就是烧损建筑物及其收容物品的火灾。事实上，最常见、最危险、对人身安全和社会财产造成损失最大的也是这类火灾。

1.1.1 建筑火灾的发生

近年来，随着现代化建设事业的迅速发展，大规模、高标准的建筑越来越多，特别是高层建筑可谓日新月异，绚丽多彩。高层建筑有节约城市用地和丰富空间造型等优点，但也有造价高，火灾危害性大等方面的问题。

建筑物起火的原因是多种多样、错综复杂的，通常引起火灾的原因有以下几点：

（1）明火引起火灾（如，公共场所内乱扔未熄灭的烟头，或电焊、气焊等引起的火灾）。

（2）暗火引起火灾（如，可燃物自燃等）。

（3）用电和电气设备事故引起火灾（如，用电设备超负荷、导线接头接触不良等）。

（4）雷击放电起火（如，防雷保护设施不可靠或损坏等）。

（5）突发地震（或战事）来不及采取切断电源、熄灭炉火及来不及处理好易燃、易爆生产装置和危险物品等防火措施，极易起火，从而引发火灾。

从建筑设计的角度看，火灾的教训是深刻的，但防火设计的经验也是有的。主要有以下

1

几方面：

（1）从城市规划抓起，合理布置建筑总平面，特别是高层建筑密集的区域，做好消防通道、消防水源的设计，以利火灾时，消防扑救工作的正常进行。

（2）合理设计建筑空间及平面，划分防火分区，设置有效的防火分隔，以利控制火灾的蔓延。

（3）合理选定建筑材料及建筑构配件的耐火极限，以利保证建筑物的耐火能力。

（4）做好构造防火设计，特别是穿越墙体、楼板的管道及孔洞的封堵，以及幕墙、竖井的防火措施，以利控制火势的蔓延。

（5）各专业设计密切配合，采用的消防设备、火灾报警系统及消防自控系统等均要启停灵活，信息传输迅速、准确，以利及时掌握火情，及时组织扑救。

建筑物的防火安全应贯穿到规划、设计、施工及使用的全过程中，要做到：增强防火意识，普及消防知识，做好防火设计。

1.1.2 建筑火灾发展的阶段

刚着火时，火源范围很小，火灾的燃烧状况与在开敞空间一样。随着火源范围的扩大，火焰在最初着火的材料上燃烧，或者蔓延到附近的可燃物，当房间的墙壁、屋顶等部件开始影响燃烧的继续发展时，一般说来，就完成了一个发展阶段。若通风充足，可燃物充分，则火灾就会持续发展，火灾发展过程，见图1-1、图1-2。从图中可以看出，建筑火灾分为四个阶段。

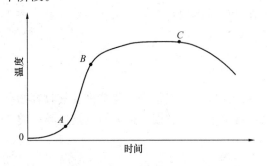

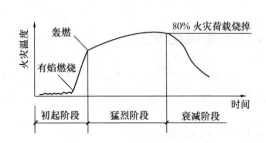

图1-1　以时间—温度曲线表示的
室内火灾发展示意图

图1-2　火灾的发展过程

1.1.2.1 火灾初起阶段（轰燃前）

这一阶段燃烧面积小而室内的平均温度不高，烟气流动也相当慢，火势不够稳定，它的持续时间取决于着火源的类型、物质的燃烧性能和布置方式，蔓延速度对建筑结构的破坏能力比较低。室内可燃装修或家具、织物等着火相当于图1-1中 A 点，此时火灾进入成长期。

1.1.2.2 火灾成长期（轰燃）

在此期间，燃烧面积较快扩大，室内温度不断升高，热对流和热辐射显著增强。室内所有的可燃物全部进入燃烧，火焰可能充满整个空间。当可燃物分解产生的可燃气体与空气混合到达爆炸浓度时（图1-1中 B 点），门窗玻璃破碎，为燃烧提供较充足的新鲜空气会随对流进入室内，火势即进入最盛时期而形成炽烈的大火。

1.1.2.3　火灾最盛期（轰燃后）

这个时期室内处于全面而猛烈的燃烧，破坏力极强，室内温度达到 1000℃ 左右，热辐射和热对流也剧烈增强，建筑物的可燃构件均被烧着，大火难以扑灭（图 1-1 中 C 点）。结构的强度受到破坏，可能产生变形甚至倒塌，约 80％ 的可燃物被烧掉以后，火势即到达衰减期。

1.1.2.4　火灾衰减阶段（熄灭）

经过猛烈燃烧之后，室内可燃物大都被烧尽，燃烧向着自行熄灭的方向发展。一般把火灾温度降低到最高值的 80％ 时，作为猛烈阶段与衰减阶段的分界。这一阶段虽然有燃烧停止，但在较长时间火场的余热还能维持一段时间的高温，大约在 200～300℃。衰减阶段温度下降速度是比较慢的，当可燃物基本烧光之后，火势即趋于熄灭。

由上所述，可知火灾发展过程与建筑防火发生关系的是初起期、成长期、最盛期阶段。火灾初起阶段的时间，根据具体条件，可在 5～20min 之间。此阶段的燃烧是局部的，火势发展不稳定，有中断的可能。故应该争取及早发现，把火及时控制和消灭在起火点。为了限制火势发展，要考虑在可能起火的部位尽量少用或不用可燃材料，或在易于起火并有大量易燃物品的上空设置排烟窗，万一起火后，炽热的火焰或烟气可由上部排出，燃烧面积就不致扩大，火灾发展蔓延的危险性就有可能降低。

一般把火灾的初起阶段转变为全面燃烧的瞬间，称为轰燃。轰燃经历的时间短暂，它的出现，标志着火灾进入猛烈燃烧阶段，室内的（可燃）物体都在猛烈燃烧，平均温度急剧上升。若在轰燃之前，室内在居人员仍未逃出火灾房间，就会有生命危险。从人身安全的角度来说，将轰燃推迟几秒钟的措施也具有重大意义。在这一阶段，建筑结构可能被毁坏，或导致建筑物局部（如木结构）或整体（如钢结构）倒塌。这阶段的延续时间与起火原因无关，而主要决定于被燃烧物质的数量和通风条件。为了减少火灾损失，针对最盛期阶段温度高、时间长的特点，建筑设计的任务就是要设置防火分隔物（如防火墙、防火门等），把火限制在起火的地点，以阻止火势迅速向外蔓延，适当地选用耐火时间较长的建筑结构，使它在猛烈的火焰作用下，保持应有的强度和稳定性，直到消防人员到达把火扑灭。应要求建筑物的主要承重构件不会遭到致命的破坏，便于修复以继续使用。

火灾发展到衰减期阶段，火势趋向于熄灭。室内可供燃烧的物质减少，门窗破坏，木结构的屋顶被烧穿，温度逐渐下降，直到室内外温度平衡，全部可燃物被烧光。这是假设发生火灾时不进行抢救导致的结果。

1.1.3　建筑火势蔓延的途径

1.1.3.1　火势蔓延的方式

火势蔓延是通过热的传播进行的。在起火房间内，火由起火点开始，主要是靠直接燃烧和热的辐射进行扩大蔓延的。在起火的建筑物内，火由起火房间转移到其他房间的过程，主要是靠可燃构件的直接燃烧、热的传导、热的辐射和热的对流实现的。

（1）热的传导

是指物体一端受热，通过物体的分子热运动，把热传到另一端。如在火灾房间燃烧产生的热量，通过热传导的方式蔓延扩大的火灾，有两个比较明显的特点：其一热量必须经导热性好的建筑构件或建筑设备，如金属构件、薄壁隔墙或金属设备等的传导，使火灾蔓延到相邻或上下层房间；其二，蔓延的距离较近，一般只能是相邻的建筑空间。可见传导蔓延扩大的火灾，其规模是有限的。

（2）热的辐射

是指热由热源以电磁波的形式直接放射到周围物体上。在烧得很旺的火炉旁边，能把湿的衣服烤干，如果靠得太近，还可能把衣服烧着。在火场上，起火建筑物也像火炉一样，能把距离较近的建筑物烤着燃烧，这就是热辐射的作用。热辐射是相邻建筑之间火灾蔓延的主要方式，同时也是起火房间内部燃烧蔓延的主要方式之一。建筑防火中的防火间距，主要是考虑预防热辐射引起相邻建筑着火而设置的间隔距离。

（3）热对流

是指炽热的燃烧产物（烟气）与冷空气之间相互流动的现象。热对流是建筑物内火灾蔓延的一种主要方式。建筑火灾发展到猛烈阶段后，一般情况是窗玻璃在轰燃之际已经破坏，又经过一段时间的猛烈燃烧，内部走廊的木质门窗被烧穿，或门框上的高窗烧坏，导致烟火涌入内走廊。门窗的破坏，形成了良好的通风条件，使燃烧更加剧烈，升温更快，耐火建筑一般可达 1000～1100℃，木结构建筑可达 1200～1300℃。此时，火灾房间内外的压差更大，因而流入走廊、喷出窗外的烟火，喷流速度更快，数量更多。烟火进入走廊后，在更大范围内进行热对流，除了在水平方向对流蔓延外，火灾在竖向管道井也是由热对流方式蔓延的。图 1-3 是剧院热对流造成火势蔓延的示意。

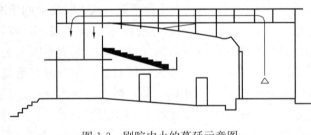

图 1-3　剧院内火的蔓延示意图

△为起火点；→为火势蔓延途径

火势发展的规律表明，浓烟流窜的方向，往往就是火势蔓延的方向。例如剧院舞台起火后，若舞台与观众厅吊顶之间没有设防火隔墙时，烟或火舌便从舞台上空直接进入观众厅的吊顶，使观众厅吊顶全面燃烧，然后又通过观众厅山墙上的孔洞进入门厅，把门厅的吊顶烧着，这样蔓延下去直到烧毁整个剧院，由此可知热对流对火势蔓延的重要作用。

在发生火灾时，起火建筑喷出的火焰，在热气流作用下，使火星（多呈粉粒、板块、棍等形状）飞扬，落在附近的可燃、易燃物品上，就会引起新的火灾，这就是飞火。风速愈大，发生飞火的可能性就愈大，而且飞行距离也就愈远。在大风作用下，飞火可飞散至1000m 之外。此外，飞火还要受到地形条件和风向紊流程度的影响。在风向紊乱较严重的市区，飞火呈卵形分布，而在风向紊乱较轻的田野呈线形分布。

1.1.3.2　火势蔓延的途径

研究火灾蔓延途径，是设置防火分隔的依据，进行"堵截包围、穿插分割"也是扑灭火灾的需要。综合火灾实际的发生过程，可以看出火从起火房间向外蔓延的途径，主要有以下几个方面：

（1）由外墙窗口向上层蔓延

在现代建筑中，火通过外墙窗口喷出烟气和火焰，沿窗间墙及上层窗口窜到上层室内，这样逐层向上蔓延，就会使整个建筑物起火，如图 1-4 所示。若建筑采用带形窗更易吸附喷出向上的火焰，蔓延更快。实验研究证明，火灾有被吸附在建筑物表面的特征，导致火灾从下层经窗口蔓延到上层，甚至越层向上蔓延。为了防止火势蔓延，要求上、下层窗口之间的距离，尽可能大些。要利用窗过梁、窗楣板或外部非燃烧体的雨篷、阳台等设施，使烟火偏离上层窗口，阻止火势向上蔓延。

（2）火势的横向蔓延

火势横向蔓延的原因之一是洞口处的分隔处理不完善。火势在横向主要是通过内墙门及间隔墙进行蔓延。如户门为可燃的木质门，被火烧穿；铝合金防火卷帘因无水幕保护或水幕未洒水，导致卷帘被熔化；管道穿孔处未用非燃材料密封等处理不当导致火势蔓延；钢质防火门在正常使用时是开着的，一旦发生火灾，不能及时关闭；当采用木板条隔墙时，火容易穿过木板缝隙窜到墙的另一面，木板

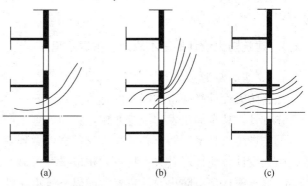

图 1-4　火由外墙窗口向上蔓延

(a) 窗口上缘较低距上层窗口远；(b) 窗口上缘较高距上层窗口近；
(c) 窗口上缘挑出雨篷，使气流偏离上层窗口

极易被燃烧。板条抹灰墙受热时，内部首先自燃，直到背火面的抹灰层破裂，火便会蔓延过去。若墙为厚度很小的非燃烧体时，隔壁靠墙堆放的易燃物体，可能因墙的导热和辐射而自燃起火。此外，防火卷帘受热后变形很大，一般凸向加热一侧，在火焰作用下，其背火面温度很高，如无水幕保护，其背火面将会产生强烈的热辐射，所以背火面堆放可燃物，或卷帘与可燃装修接触时，也会导致火势横向蔓延。

（3）火势通过竖井等蔓延

在现代建筑物中，有大量的电梯、楼梯、垃圾井道、设备管道井等竖井，这些竖井往往贯穿整个建筑，若未作周密完善的防火设计，一旦发生火灾火势便会通过竖井蔓延到建筑物的任意一层。

此外，建筑物中一些不引人注意的吊装用的或其他用途的孔道，有时也会造成整个大楼的恶性火灾，如吊顶与楼板之间、幕墙与分隔结构之间的空隙、保温夹层、下水管道等都有可能因施工质量等留下孔洞，有的孔洞在水平与竖直两个方向互相贯通，用户往往还不知道这些隐患的存在，发生火灾时会导致重大的生命财产损失。

（4）火势由通风管道蔓延

通风管道蔓延火势一般有两种方式：一是通风道内起火并向连通的空间蔓延（如房间、吊顶内部、机房等）；二是通风管道把起火房间的烟火送到其他房间。通风管道不仅很容易使火灾蔓延到其他空间，更危险的是它可以吸进起火房间的烟气，而在远离火场的其他空间再喷吐出来，造成火灾中大批人员因烟气中毒而死亡。例如 1972 年 5 月，日本大阪千日百货大楼三层发生火灾，空调管道从火灾层吸入烟气，在七层的酒吧间喷出，使烟气很快笼罩了大厅，引起在场人员的混乱，加之缺乏疏散引导，导致发生 118 人丧生的恶性事故，因此在通风管道穿通防火分区和穿越楼板之处，一定要设置有自动关闭功能的防火阀门。

1.2 建筑防火设计

人们在建筑物内从事各项活动，有时是离不开火的，一旦火灾发生，要能够及时控制火势，减少财产损失，以避免造成人员伤亡。做好建筑物的防火设计是保证建筑火灾安全的基本措施。

1.2.1 建筑防火设计的基本原则、依据及程序

1.2.1.1 基本原则

建筑防火设计必须遵循国家的有关方针、政策；必须贯彻"预防为主，防消结合"的消防工作方针，从全局出发，统筹兼顾，正确处理生产与安全、重点和一般的关系，采用行之有效的先进防火技术，防止和减少火灾危害，做到安全适用，经济合理。尤其是对于高层建筑的防火设计，应针对其火灾特点，积极采取可靠有效的防火措施，保障消防安全。

一般来说，建筑防火设计主要考虑以下三点原则：

（1）从设计上保证建筑物内的火灾隐患降到最低点。

（2）最快地了解并掌握火情，最及时地依靠固定的消防设施自动灭火。

（3）保证建筑结构具有规定的耐火强度，以利于建筑内的居住者在相应的时间内，有效地安全疏散。

1.2.1.2 基本依据及程序

建筑防火设计的基本依据是建筑物的性质、类别及有关规范、规程（或文件）条文。规范对所涉及建筑物的位置、布局，建筑物的耐火等级和使用性质及内部的消防设施要求逐条做出了规定。简言之，设计时按所设计建筑物的具体状况，对应于规范中的指标（或参数）及相关要求合理选定即可。

防火设计是专项设计，是建筑设计的主要内容之一，其工作程序分为三个阶段，即方案设计、初步设计和施工图设计。并在每个阶段中都必须与消防及相关部门密切配合，按照当地消防部门的有关法规、文件的要求，进行设计。设计文件中要有具体防火设计的文字说明和图纸，且在每个阶段（包括设计变更）都必须有消防部门的审批意见，并依照执行。

1.2.2 建筑防火设计的内容

1.2.2.1 建筑防火设计的主要内容

建筑防火设计是建筑专业设计的主要内容之一，也是建筑工程设计的重要组成部分。建筑工程设计是指设计一个建筑物或一个建筑群体所要做的全部工作，它包括建筑设计、结构设计、设备设计三个方面的内容。结构及设备各专业都要进行防火设计。

建筑防火设计的内容很多，可概括为以下几方面：

（1）按照城市规划及有关规范及文件的要求，合理地布置总平面。

（2）根据建筑物的性质、使用要求及其火灾危险性的特点，确定其耐火等级和建筑构件的防火性能与构造措施等。

（3）建筑平、剖面的防火设计，包括划分防火分区，确定安全疏散线路、出入口位置及

楼梯形式等。

（4）选定采用的建筑材料的耐燃烧性能，即确定建筑构件的耐火极限等。

（5）根据建筑物的防火要求，确定消防控制系统，并为各类消防设备选型等。

1.2.2.2 建筑防火安全系统

建筑防火安全系统是根据建筑防火设计的基本原则，建立起来的一整套用于防范建筑火灾的建筑设计构造和各类自动与手动设施。

建筑防火安全系统可分为主动防火安全系统和被动防火安全系统两大部分。

（1）主动防火安全系统的基本功能是：早期发现和扑灭火灾；保障人员安全疏散；减少烟气的伤害。主要由以下的设备组成：

1）火灾自动报警系统：包括各类火灾探测器和控制器等设备。

2）火灾自动灭火系统：包括气体、水、泡沫和水喷雾等多种形式的灭火设备。

3）消防电源和安全疏散诱导系统：包括消防电源、应急照明、事故广播和疏散线路指示等设施。

4）消防给水系统：包括消防水池、消火栓和消防水泵等。

5）防排烟系统：由防、排烟管道，各类阀门，送、排风机等组成。

（2）被动防火安全系统的基本功能是：尽量限制火势和烟气的蔓延；防止建筑物结构体提前崩塌；与主动防火系统实现有机的互补。主要包括以下内容：

1）防火分区及各类防火分隔构件的设计如：防火门、窗，防火卷帘等。

2）安全疏散线路的设计包括：疏散距离、出入口位置等。

3）装修材料的耐燃性的选择确定使用的装修材料的燃烧性能。

4）钢与混凝土等结构构件的耐火性选择（要求结构构件如梁、板、柱、承重墙等达到规范规定的耐火极限）。

5）各类管道孔洞的封堵及挡烟垂壁。

1.3 建筑防火分级与分类

1.3.1 建筑耐火等级与分类

1.3.1.1 建筑耐火等级

建筑耐火等级，是衡量建筑物耐火程度的标准，它是由组成建筑物构件的燃烧性能和耐火极限的最低值所决定的。划分建筑物耐火等级的目的，在于根据建筑物的不同用途提出不同的耐火等级要求，做到既有利于安全，又有利于节约投资。火灾实例说明，耐火等级高的建筑，火灾时烧坏、倒塌的很少，造成的损失也小，而耐火等级低的建筑，火灾时不耐火，燃烧快，损失也大。因而，在建筑防火设计中，首先应按建筑物的使用性质确定其耐火等级，制定合理的防火方案，选择耐火材料，采取有效的构造措施。

民用建筑的耐火等级是按高层建筑及多层建筑来划分的。高层建筑分为一、二级，多层建筑分为一至四级。工业厂房及库房的耐火等级可分为一、二、三、四级。一般按生产类别及储存物品类别的火灾危险性特征确定。现行《建筑设计防火规范》（GB 50016—2014），对建筑物的耐火等级做了详细划分，详见表1-1、表1-2。

表 1-1　建筑物构件的燃烧性能和耐火极限　　　　　　　　　h

构件名称		耐　火　等　级			
		一　级	二　级	三　级	四　级
墙	防火墙	不燃性 3.00	不燃性 3.00	不燃性 3.00	不燃性 3.00
	承重墙	不燃性 3.00	不燃性 2.50	不燃性 2.00	难燃性 0.50
	非承重外墙	不燃性 1.00	不燃性 1.00	不燃性 0.50	可燃性
	楼梯间的墙、电梯井的墙、住宅单元之间的墙、住宅分户墙	不燃性 2.00	不燃性 2.00	不燃性 1.50	难燃性 0.50
	疏散走道两侧的隔墙	不燃性 1.00	不燃性 1.00	不燃性 0.50	难燃性 0.25
	房间隔墙	不燃性 0.75	不燃性 0.50	难燃性 0.50	难燃性 0.25
柱		不燃性 3.00	不燃性 2.50	不燃性 2.00	难燃性 0.50
梁		不燃性 2.00	不燃性 1.50	不燃性 1.00	难燃性 0.50
楼板		不燃性 1.50	不燃性 1.00	不燃性 0.50	可燃性
屋顶承重构件		不燃性 1.50	不燃性 1.00	可燃性	可燃性
疏散楼梯		不燃性 1.50	不燃性 1.00	不燃性 0.50	可燃性
吊顶（包括吊顶隔栅）		不燃性 0.25	难燃性 0.25	难燃性 0.15	可燃性

注：1. 除本规范另有规定外，以木柱承重且以不燃烧材料作为墙体的建筑物，其耐火等级应按四级确定。
　　2. 住宅建筑构件的耐火极限和燃烧性能可按现行国家标准《住宅建筑规范》（GB 50368—2005）规定执行。

表 1-2　建筑构件的燃烧性能和耐火极限　　　　　　　　　h

构 件 名 称		耐　火　等　级	
		一　级	二　级
墙	防火墙	不燃性 3.00	不燃性 3.00
	楼梯间的墙、电梯井的墙、住宅单元之间的墙、住宅分户墙	不燃性 2.00	不燃性 2.00
	非承重外墙、疏散走道两侧的隔墙	不燃性 1.00	不燃性 1.00
	房间隔墙	不燃性 0.75	不燃性 0.50
柱		不燃性 3.00	不燃性 2.50
梁		不燃性 2.00	不燃性 1.50
楼板、疏散楼梯、屋顶承重构件		不燃性 1.50	不燃性 1.00
吊 顶		不燃性 0.25	不燃性 0.25

注：本表仅列出一、二级耐火等级的建筑物的建筑构件。

建筑物耐火等级的确定，是由组成房屋的主要建筑构件（如墙体、柱、梁、楼板、疏散楼梯、吊顶等）的耐火极限决定。

1.3.1.2　建筑分类

对建筑物分类的方法很多，一般是按建筑物的使用性质、规模、数量、层数、结构类型及材料来划分。

在建筑防火设计中，民用建筑根据其建筑高度和层数可分为单、多层民用建筑和高层民用建筑。高层民用建筑根据其建筑高度、使用功能和楼层的建筑面积可分为一类和二类。民用建筑的分类应符合表 1-3 的规定。工业建筑按生产类别及储存物品类别的火灾危险性特征确定为五类，见《建筑设计防火规范》（GB 50016—2014）的有关规定。

表 1-3　民用建筑的分类

名称	高层民用建筑		单、多层民用建筑
	一类	二类	
住宅建筑	建筑高度大于 54m 的住宅建筑（包括设置商业服务网点的住宅建筑）	建筑高度大于 27m，但不大于 54m 的住宅建筑（包括设置商业服务网点的住宅建筑）	建筑高度不大于 27m 的住宅建筑（包括设置商业服务网点的住宅建筑）
公共建筑	1. 建筑高度大于 50m 的公共建筑 2. 任一楼层建筑面积大于 1000m² 的商店、展览、电信、邮政、财贸金融建筑和其他多种功能组合的建筑 3. 医疗建筑、重要公共建筑 4. 省级及以上的广播电视和防灾指挥调度建筑、网局级和省级电力调度建筑 5. 藏书超过 100 万册的图书馆、书库	除一类高层公共建筑外的其他高层公共建筑	1. 建筑高度大于 24m 的单层公共建筑 2. 建筑高度不大于 24m 的其他公共建筑

注：1. 表中未列入的建筑，其类别应根据本表类比确定。
　　2. 除本规范另有规定外，宿舍、公寓等非住宅类居住建筑的防火要求，应符合本规范有关公共建筑的规定；裙房的防火要求应符合本规范有关高层民用建筑的规定。

1.3.2　建筑构件的耐火极限与燃烧性能

1.3.2.1　建筑构件的耐火极限

所谓耐火极限，是指任一建筑构件在规定的标准耐火试验条件下，建筑构件、配件或结构从受到火的作用时起，到失去稳定性、完整性或隔热性时为止的这段时间，用小时（h）表示。这三个条件的具体含义是：

（1）失去稳定性

失去稳定性，即失去支持能力，是指构件在受到火焰或高温作用下，由于构件材质性能的变化，自身解体或垮塌，使承载能力和刚度降低，承受不了原设计的荷载而破坏。例如受火作用后的钢筋混凝土梁失去支承能力，钢柱失稳破坏；非承重构件自身解体或垮塌等，均属失去支持能力。

（2）失去完整性

失去完整性，即完整性被破坏，是指薄壁分隔构件在火中高温作用下，发生爆裂或局部塌落，形成穿透裂缝或孔洞，火焰穿过构件，使其背面可燃物燃烧起火。例如受火作用后的板条抹灰墙，内部可燃板条先行自燃，一定时间后，背火面的抹灰层龟裂脱落，引起燃烧起火；预应力钢筋混凝土楼板使钢筋失去预应力，发生炸裂，出现孔洞，使火苗蹿到上层房间。在实际中这类火灾很多。

（3）失去隔热性

失去隔热性即失去隔火作用，是指具有分隔作用的构件，背火面任一点的温度达到220℃时，构件失去隔火作用。以背火面温度升高到220℃作为界限，主要是因为构件上如果出现穿透裂缝，火能通过裂缝蔓延，或者是构件背火面的温度到达220℃，这时虽然没有火焰过去，但这种温度已经能够使靠近构件背面的纤维制品自燃了。例如一些燃点较低的可燃物（纤维系列的棉花、纸张、化纤品等）烤焦以致起火。

只要上述三个条件中任何一个条件出现，就可以确定是否达到其耐火极限。

建筑防火设计中，构件的耐火极限与其断面大小有关。它是通过构件耐火实验的结果，并结合材料、施工质量等因素确定的。设计中必须按构件耐火极限的要求，选定合理的尺度、材料和构造做法进行设计。

下面简述几种主要构件耐火极限的影响因素。

墙体的耐火极限（小时）是与其材料和厚度有关。

柱和墙一样都是建筑物承重的主要构件。起火时，墙仅一面受到火的作用，而独立柱则四面受到火的包围。柱的耐火极限（小时）是与其材料及截面尺度有关。钢柱虽为不燃烧体，但有无保护层可使其耐火极限差别很大。钢筋混凝土柱和砖柱都属不燃烧体，其耐火极限是随其截面的加大而上升。

现浇整体式肋形钢筋混凝土楼板为不燃烧体，其耐火极限取决于钢筋保护层的厚度。

木楼板属燃烧体，但木搁栅下加板条抹灰则属难燃烧体。

木屋架的杆件断面小，屋架表面积大且非常干燥，遇火就着。起火后有风的作用，很快蔓延，瞬间即全面烧着。起火木屋架能够持续支撑屋顶荷载的时间，主要取决于杆件断面的大小。

钢屋架虽是不燃烧体结构，但在高温下极易变形，变形后失去稳定性而破坏。

钢筋混凝土屋架的耐火极限取决于钢筋保护层的厚度。用无保护层的钢拉杆的钢筋混凝土组合屋架的耐火极限与钢屋架相同。

根据房屋建筑常用的几种结构形式，按其耐火性能划分成四级，大体上说：一级耐火等级建筑，用钢筋混凝土结构楼板、屋顶、砌体墙组成；二级耐火等级建筑和一级基本相似，但所用材料的耐火极限可根据所在的部位适当降低；三级耐火等级建筑，用木结构屋顶、钢筋混凝土楼板和砖墙组成的砖木结构；四级耐火等级建筑，是木结构屋顶、难燃烧体楼板和墙的可燃结构。

1.3.2.2 建筑构件的燃烧性能

建筑材料受到火烧后，有的要随着起火燃烧，如纸板、木材；有的只觉火热，即不见火焰的微燃，如含砂石较多的沥青混凝土；有的只见碳化成灰，不见起火，如毛毡和防火处理过的针织品；也有不起火、不微燃、不碳化的砖、石、钢筋混凝土等。因而，建筑材料按其燃烧性能分为三类：

（1）不燃烧材料：是指在空气中受到火烧或高温作用时不起火、不微燃、不碳化的材料，如金属材料和无机矿物材料。

（2）难燃烧材料：是指在空气中受到火烧或高温作用时，难起火、难微燃、难碳化，当火源移走后，燃烧或微燃立即停止的材料。如刨花板和经过防火处理的有机材料。

（3）可燃烧材料：是指在空气中受到火烧或高温作用时，立即起火或微燃，且火源移走后，仍能继续燃烧或微燃的材料。如木材等。

建筑构件的燃烧性能，即指不燃性、难燃性和可燃性三种：

1）不燃性：指用不燃烧材料做成的建筑构件（如建筑中采用的天然石材、人工石材、金属材料等）的性能。

2）难燃性：指用难燃烧材料做成的建筑构件，或者用可燃烧材料做成而用不燃烧材料做保护层的建筑构件（如沥青混凝土、经过防火处理的木材、木板条抹灰等）的性能。

3）可燃性：指用可燃烧材料做成的建筑构件（如木材、纸板、胶合板等）的性能。

各类建筑构件的燃烧性能和耐火极限，见附录 1 中的附表 1-1。

1.4　建筑防火涂料及防火封堵材料

1.4.1　防火涂料

1.4.1.1　防火涂料概念

在建筑材料的阻燃技术中，除了对各类可燃、易燃的建筑材料本身进行阻燃改性外，还可以应用各种外部防护措施及阻燃防护材料使那些可燃或易燃的材料及制品获得足够的防火性能。这也是现代阻燃技术研究的一个重要方面。在这类阻燃防护材料或措施中，应用最广、效果最为显著的是防火涂料或防火封堵材料。

防火涂料也称为阻燃涂料，是指涂装在物体的表面，能降低可燃性基材的火焰传播速率或阻止热量向可燃物传递，进而推迟或消除可燃性基材的引燃过程，或者推迟结构失稳或力学强度降低的一类功能涂料。防火涂料作为防火的一种手段，不但具有很高的防火效率，而且使用十分方便，具有广泛的实用性。

1.4.1.2　防火涂料分类

防火涂料根据配方组成、性能特点以及主要用途与适用范围的不同，可从不同角度对其进行分类。

按防火涂料基料的组成可分为无机涂料和有机涂料两大类。

按防火涂料分散介质的不同也可分为两类。采用有机溶剂为分散介质的称为溶剂型防火涂料；用水作溶剂或分散介质的称为水性防火涂料。溶剂型防火涂料一般理化性能好，易干，但价格较贵且溶剂的挥发污染环境。水性防火涂料包括水性防火涂料和乳胶型防火涂料，它价廉、低毒、不污染环境，但干燥时间较长，黏结性能不如溶剂型高。国外 75% 的防火涂料为水性防火涂料。

按防火机理的不同可将防火涂料分为非膨胀型防火涂料和膨胀型防火涂料两类。

非膨胀型防火涂料受热时会生成一种玻璃状釉化物，覆盖在材料表面，起到隔绝空气和热量的作用使基材不易着火。由于这层玻璃状釉化物覆盖层较薄，隔热性能有限且在高温中易损坏，防火效果较差。但非膨胀型防火涂料具有较好的装饰效果，着色方便，耐水性、耐腐蚀、硬度均比较好。

膨胀型防火涂料在火灾中受热时，表面涂层会熔融、起泡、隆起，形成海绵状隔热层，并释放出不可燃性气体，充满海绵状的隔热层。这种膨胀层的厚度，往往是涂层原有厚度的十几倍、几十倍甚至上百倍，隔热效果显著，阻燃性能良好。

按防火涂料适用范围的不同可将其分为饰面型防火涂料、钢结构防火涂料、预应力混凝土楼板防火涂料及电缆防火涂料四大类。

饰面型防火涂料是施涂于可燃性基材（如木材、纤维板及纸板等）表面，能形成具有防火阻燃保护和装饰作用涂膜的防火涂料。

钢结构防火涂料是施涂于建筑物及构筑物内钢构件表面，能形成耐火隔热保护层，以提高钢结构耐火极限的防火涂料。

预应力混凝土楼板防火涂料是用于涂覆建筑物内预应力混凝土楼板下表面，能形成耐火隔热保护层，以提高其耐火极限的防火涂料。

电缆防火涂料是施涂于电线电缆表面，能形成具有防火阻燃涂层以防止电线电缆延燃的防火涂料。这类产品与饰面型防火涂料相似，膨胀型的居多，但防火性能的要求和试验方法与饰面型防火涂料不同。

1.4.2 防火封堵材料

1.4.2.1 防火封堵材料概念

防火封堵材料用于封堵建筑内的各种贯穿孔洞，如上下水管、电缆、风管、油管及天然气管等穿过墙体、楼板时形成的各种开口以及电缆桥架的分段防火分隔，以免火势通过这些开口及缝隙蔓延，具有防火功能，便于更换。

1.4.2.2 防火封堵材料分类

防火封堵材料主要包括无机防火堵料、有机防火堵料、阻火包及阻火圈四类产品。

无机防火堵料又称为速固型防火堵料。它以快硬型水泥为基料，再配以防火剂、耐火材料等研磨、混合而成。该产品对管道或电线、电缆的贯穿孔洞，尤其是较大的孔洞、楼层间孔洞的封堵效果较好。它不仅具有较高的耐火极限，而且具备较高的力学强度。在对孔洞进行封堵时，管道或电线、电缆表皮需堵一层有机堵料，以便贯穿物的检修和更换。

有机防火堵料是以有机合成树脂为胶粘剂，配以防火剂、填料等碾压而成的材料，具有可塑性和柔韧性。该类堵料的可塑性好，长久不固化，可以切割、搓揉，用以封堵各种形状的孔洞。为了保证贯穿物（如电缆）的散热性，可以不必封堵严密。当火灾发生时，堵料发生膨胀，将遗留的缝隙或小孔封堵严密，有效地阻止火灾蔓延与烟气的扩散传播。这类堵料主要可用于管道或电线、电缆贯穿孔洞的防火封堵工程中，多数情况下与无机防火堵料、阻火包配合使用。

阻火包是用不燃或阻燃性的布料将耐火材料固定成各种规格的包状体，在施工时可堆砌成各种现状的墙体，尤其适用于大孔洞的封堵，以起到隔热阻火的作用。阻火包主要用于电缆隧道和竖井中的防火隔离层，以及贯穿大孔洞的封堵，制造或更换、重做均十分方便。施工时应注意管道或电缆表皮处需配合使用有机防火堵料。

阻火圈是用于定型设计孔洞的防火堵料。这种定型的产品可有效地缩短工期，拆卸也更加方便。

另外还有采用膨胀防火板封堵贯穿孔洞的方法，即在孔洞两侧面采用螺丝钉分别固定两块已符合贯穿物的膨胀防火板，内部不用其他任何材料可起到膨胀防火封堵的目的，便于规范设计和施工，简单可行。

1.4.3 饰面型防火涂料

饰面型防火涂料是一类可涂于木材及其他可燃性基材表面，能形成具有防火阻燃保护作用涂层的功能性涂料，涂层还可兼有装饰作用。

饰面型防火涂料按其防火机理，可分为膨胀型、非膨胀型两大类。

膨胀型防火涂料：其成膜后，常温下与普通涂膜无异。但当涂层受到高热或火焰作用时，涂料表面的薄膜膨胀形成致密的蜂窝状炭质泡沫层。这种泡沫层多孔且致密，可塑性大，即使经高温灼烧也不易破裂，不仅具有很好的隔绝氧气的作用，而且有良好的隔热作用。

非膨胀型防火涂料在受火时涂层基本上不发生体积变化。主要是涂层本身具有难燃性或不燃性，能阻止火焰蔓延；涂层在高温或火焰作用下可以分解出不燃性气体，以冲淡空气中的氧气和可燃性气体浓度，从而有效地阻止或延缓燃烧。另外，涂层在高温或火焰作用下能形成不燃性无机釉状保护层覆盖在可燃性基材表面，以隔绝可燃性基材与氧气的接触，从而避免或减少燃烧反应的发生，并在一定时间内具有一定的隔热作用。

1.4.4 钢结构防火涂料

钢结构由于有强度高、自重轻、抗震性好、施工快、建筑基础费用低、结构面积少等诸多优点而得到了广泛重视，尤其在高层建筑中应用更多。但从安全的角度看，钢材虽为不燃烧体，却极易导热，在高温下其强度会急剧恶化。致使钢构件发生塑性变形、产生局部破坏、丧失支撑能力而引起结构的垮塌。裸钢的耐火极限通常只有 15～30min。可见，不做防火保护的钢构件，其火灾危险性是非常大的。钢结构火灾的主要特点是：钢结构垮塌快、难扑救；火灾影响大、损失大；建筑物易损坏、难修复。

根据我国有关建筑防火规范的要求，建筑中的钢材视承重情况及使用情况的不同，耐火极限要求从 0.5～3.0h 不等，因此必须实行防火保护。

1.4.4.1 防火特征

要提高钢结构的耐火极限，其防火措施有多种。其中喷涂钢结构防火涂料保护钢结构，是易于实施的现代防火技术。

钢结构防火涂料由于防火隔热性能好，施工不受结构几何形体的限制，一般不需加辅助设施，涂层质量轻，还有一定的装饰作用等，因而，受到了建筑设计师们的普遍欢迎，它是目前对承重钢构件进行防火保护的最经济、最有效的措施之一。

1.4.4.2 防火机理

钢结构防火涂料覆盖在钢基材的表面，其作用是防火隔热保护，防止钢结构在火灾中迅速升温而失去强度、挠曲变形塌落。防火隔热原理是：

（1）对涂层不燃或不助燃，能对钢基材起屏蔽和防止热辐射作用，隔离火焰，避免钢构件直接暴露在火焰或高温中。

（2）涂层中部分物质吸热和分解出水蒸气、二氧化碳等不燃性气体，起到消耗热量、降低火焰温度和燃烧速度、稀释氧气的作用。

（3）防火保护层最主要的作用，是涂层本身多孔轻质或热膨胀后形成炭化泡沫层，热导率降低，有效地阻止了热量向钢基材的传递，推迟了钢构件升温至极限温度的时间，从而提高了钢结构的耐火极限。对于厚涂层钢结构防火隔热涂料，涂层厚度为几厘米，火灾中基本不变，自身密度小，热导率低；对于薄涂型钢结构膨胀防火涂料，涂层厚度在火灾中由几毫米膨胀到几厘米，热导率明显降低，较厚涂型效果更明显。

总之，钢结构实施防火涂覆保护，必须确保足够的防火涂层厚度，涂层热导率小，单位时间内传给钢基材的热量少，防火隔热效果才更好。

1.4.4.3 涂料类型

按照《钢结构防火涂料》GB 14907—2002，钢结构防火涂料根据其涂层的厚度及性能特点可分为超薄型、薄涂型和厚型三类。

超薄型钢结构防火涂料（CB类）的涂层厚度不大于 3mm；薄涂型钢结构防火涂料（B类）的涂层厚度为 3mm 以上且不大于 7mm。这两类涂料有一定的装饰效果，高温时膨胀增厚，耐火隔热，常称为钢结构膨胀型防火涂料。

厚型钢结构防火涂料（B类）的涂层的厚度大于 7mm 且不大于 45mm。这类涂料呈现粒状面，密度较小，热导率低，耐火极限可达 0.3～3.0h，常称为钢结构防火隔热涂料。

钢结构防火涂料又分为室内和室外两种使用类型。

1.4.4.4 选用原则

钢结构防火涂料在工程中实际应用涉及面较多，对涂料品种的选用、产品质量、施工要求等均需加以重视。一般需遵循以下原则：

（1）选用的钢结构防火涂料必须具有国家级检测中心出具的合格的检测报告，其质量应符合有关国家标准的规定。

（2）应根据钢结构的类型特点、耐火等级及使用环境，选择符合性能要求的防火涂料。

1）根据建筑的重要性选用

对于重点的工业建筑工程（如核能、电力、石油、化工等），应主要以厚涂型防火涂料为主。对于一般民用建筑工程（如市场、办公室等），可以薄型或超薄型防火涂料为主。

2）根据建筑构件的部位选用

对于建筑物中的隐藏钢结构，其对涂层的外观质量要求不高，应尽量采用隔热型防火涂料。裸露的钢网架、钢屋架及屋顶承重结构，其对装饰效果要求较高，则可选择薄型或超薄型钢结构防火涂料，但必须达到防火规范规定的耐火极限。若耐火极限要求为 2.0h 以上时，应慎用。

3）根据钢结构的耐火极限要求选用防火涂料

对于建筑构件的耐火极限要求超过 2.5h 时，应选用厚涂型防火涂料；耐火极限要求 1.5h 以下时，可选用超薄型钢结构防火涂料。

4）根据建筑的使用环境要求选用防火涂料

对于露天钢结构及建筑顶层钢结构上部采用透光板时，由于受到阳光暴晒、雨淋，环境条件较为苛刻，应选用室外型钢结构防火涂料，切不可把技术性能仅满足室内要求的防火涂料用于室外。

总之，钢结构防火涂料的选用应根据建筑工程的实际要求，结合涂料的性能，确定其厚度、类型，不可过分地追求涂层薄、用量少、装饰效果好，而忽视了耐火极限的标准。

1.4.4.5 施工要点

钢结构防火涂料作为初级产品，必须通过进入市场被选用，并由工程人员涂装施工成型于钢构件表面，才算完成钢结构防火涂料生产的全过程。防火涂料的施工，即二次生产过程，如果施工不当，则会影响涂料工程的质量。

防火涂料应是专业化施工，应注意以下几点：

（1）基材的前期处理

在喷涂施工前需严格按照工艺进行构件的检查，消除浮尘、铁屑、铁锈、油脂及其他妨碍黏附的物质，并做好基材的防锈处理。

（2）涂装工艺

施涂防火涂料应在室内装修之前和不被后继工程损坏的条件下进行。

（3）涂层维护

钢结构防火保护涂层施工验收之后，还应注意维护管理，避免遭受其他操作或意外的冲击、磨损、雨淋及污染等损害，否则会给涂层的局部或全部造成缺陷从而降低涂层的整体性能。

思 考 题

1. 了解建筑火灾的发展阶段及火势蔓延途径。

2. 熟悉建筑防火设计的基本原则及内容。

3. 熟悉建筑分类及建筑构件的耐火性能。

4. 熟悉防火涂料和防火封堵材料的类型及使用要求。

5. 熟悉钢结构防火涂料的类型、特点及施工要求。

第 2 章 总 平 面

【内容提要】 总平面布局的影响因素；防火间距；消防车道及回车场。

2.1 总平面布局

总平面设计，是依据建筑物的室内外使用功能要求和城市规划中与之相应的详细规划要点，结合基地内自然地形地貌，地理特征，将建筑和自然环境有机地结合起来，使得其建筑空间形象与环境和谐，既具有个性化特点又融合于城市建筑环境的大空间中。

建筑防火设计应从总平面入手，就此而言，主要考虑以下几个方面：

2.1.1 城市规划对总平面布局的影响

在我国，城市规划编制大多数分为城市总体规划和详细规划两个阶段（部分大中城市在两个阶段之间增加了一个分区规划阶段）。总体规划阶段又分为城市规划纲要和总体规划，详细规划阶段分为控制性详细规划和修建性详细规划，如图 2-1 所示。

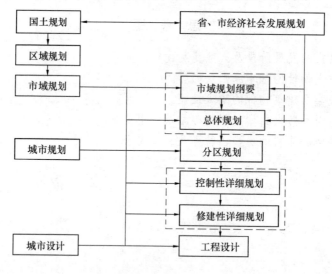

图 2-1　我国城市规划的编制序列

总平面布置主要是以控制性详细规划为依据，进行修建性详细规划设计。

2.1.1.1　控制性详细规划

控制性详细规划包括：用地界线、适建范围、建筑控制界线、建筑间距、日照间距、容积率、建筑密度、建筑高度、用地交通出入方位、绿地率、道路规划、市政工程规划等。

（1）用地界线：指某一建设项目的全部用地范围。用地界线的作用在于严格控制各建设项目的建设用地范围，如图 2-2 所示。

（2）适建范围：指用地范围内建设项目所允许的功能。规定了该用地范围内今后建筑物的使用功能和该用地范围土地的用途。

（3）建筑控制界线：建筑控制界限的划定是为了保证开发建设基地周围基地的环境和利益不受侵害，保证城市设施（道路河流、工程管线、市政设施等）的建设和正常运行，同时也为满足城市空间景观规划的整体要求创造了条件。基地中一般都应划定建筑控制线。建筑控制线确定建筑物、构筑物的基底位置不得超出界线。它主要有"建筑后退道路红线"和"建筑后退用地红线"两部分综合组成。道路红线为规划的城市道路用地的边界线。用地红线为各类建筑工程项目用地的使用权属范围的边界线。

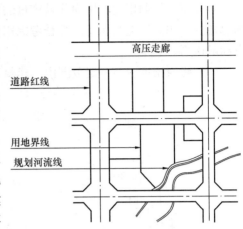

图 2-2　各类用地界线划定示例

（4）建筑间距：建筑间距指两幢建筑物前后左右之间的距离。建筑间距控制的目的是为了满足消防、交通和防灾疏散、内外联系通道、日照通风、防止噪声和视线干扰等要求，具体要求应依据有关规定，在总平面设计中确定。

（5）日照间距：指前后两排居住建筑之间为保证后排房屋在规定的时日获得所需的日照量而必须保持的一定距离。日照量的标准包括日照时间和日照质量。日照标准的拟定涉及因素很多，具体规定见本书附图《中国建筑气候区划图》和表 2-1、表 2-2。

表 2-1　住宅建筑日照标准

建筑气候区划	Ⅰ、Ⅱ、Ⅲ、Ⅶ气候区		Ⅳ气候区		Ⅴ、Ⅵ气候区
	大城市	中小城市	大城市	中小城市	
日照标准日	大 寒 日				冬 至 日
日照时数/h	≥2	≥3			≥1
有效日照时间带/h	8～16				9～15
计算起点	底层窗台面				

注：1. 建筑气候区划应符合规范（GB 50180）的规定。

　　2. 底层窗台面是指距室内地坪 0.9m 高的外墙位置。

表 2-2　不同方位间距折减系数

方　位	0°～15°	15°～30°	30°～45°	45°～60°	>60°
折减系数	1.0L	0.9L	0.8L	0.9L	0.95L

注：1. 表中方位为正南向（0°）偏东、偏西的方位角。

　　2. L 为当地正南向住宅的标准日照间距（m）。

　　3. 本表指标仅适用于无其他日照遮挡的平行布置条或住宅之间。

（6）容积率：是指在一定范围内，建筑面积总和与用地面积的比值。计算公式：

$$容积率＝\frac{用地范围内的建筑面积总和}{用地面积}$$

容积率是控制用地范围内建筑容量的重要指标，通过容积率的确定，能严格地控制用地内总建筑面积。确定容积率应综合考虑用地的使用性质、建筑密度、建筑高度和开发效益等方面的因素。

（7）建筑密度：在一定范围内，建筑物的基底面积总和与用地面积的比例（％），其计算公式：

$$建筑密度 = \frac{用地范围内的建筑物基底面积总和}{用地面积} \times 100\%$$

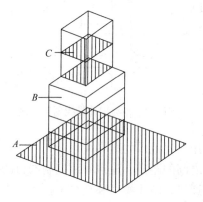

$$建筑密度 = \frac{B}{A} \qquad 总建筑面积 = 4B+2C \qquad 容积率 = \frac{4B+2C}{A}$$

图 2-3　容积率、建筑密度、
建筑层数关系图解

A—净用地面积；*B*—建筑基底面积及一至
五层每层建筑面积；*C*—6～7 层建筑面积

建筑密度是控制用地空地（包括绿地、道路、广场、停车场等）数量的重要指标，通过建筑密度指标的合理确定，能保证建设用地所必须的道路，停车场地和绿地的面积，保证用地建成后内部的环境质量以及使用功能的正常运行。建筑密度的确定应考虑用地的使用性质、环境要求、建筑高度和容积率等方面的因素。举例：如图 2-3 所示。

（8）建筑高度：建筑高度确定分为二类。第一类为机场、电台、电信、气象台、军事要塞工程、微波通信、卫星地面站及国家和地方公布的历史文化名城、文物保护区和风景名胜区内应按净空要求控制建筑高度。即按建筑物室外地面至建筑物或构筑物最高点的高度计算。第二类建筑高度：平屋顶应按建筑物室外地面至其屋面面层

或女儿墙顶点的高度计算，如图 2-4 所示；坡屋顶应按建筑物室外地面至屋檐和屋脊的平均高度计算，如图 2-5 所示；下列凸出物不计入建筑高度内：

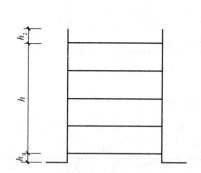

图 2-4　平屋顶建筑高度计算示例
$$H = h_1 + h + h_2$$

H—建筑高度；*h*—各楼层层高之和；
h_1—室内地坪与室外地坪之间的距离；
h_2—女儿墙高度

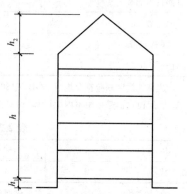

图 2-5　坡屋顶建筑高度计算示例
$$H = h_1 + h + \frac{h_2}{2}$$

H—建筑高度；*h*—室内地坪至屋檐之间的距离；h_1—室内地坪与室外地坪之间的距离；h_2—屋檐至屋脊的垂直距离

1）局部凸出屋面的楼梯间、电梯机房、水箱间等辅助用房占屋顶平面面积不超过1/4者；

2）凸出屋面的通风道、烟囱、装饰构件、花架、通信设施等；

3）空调冷却塔等设备。

建筑高度的控制既与城市空间景观效果有直接的关系，同时也是影响用地容积率指标的重要因素。

（9）用地交通出入口方位：用地交通出入口方位控制，是为了保证城市道路功能的正常发挥和城市交通设施的正常运行，避免对道路通行（包括各道路的人行和车行）和周围其他用地交通出入的干扰。当然，也是建筑防火设计必须考虑的内容。用地交通出入口方位，一般指机动车的出入方位。《民用建筑设计通则》规定：基地机动车出入口位置应符合下列规定：

1）与大中城市主干道交叉口的距离，自道路红线交叉点量起不应小于70m，如图2-6所示；

2）与人行横道线、人行过街天桥、人行地道（包括引道、引桥）的最边缘线不应小于5m，如图2-7所示；

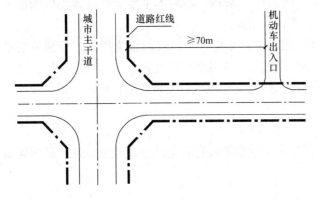

图2-6　机动车出入口与道路红线关系示例

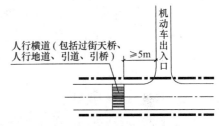

图2-7　机动车出入口与人行横道
（包括过街天桥、人行地道、
引道、引桥）关系示例

3）距地铁出入口，公共交通站台边缘不应小于15m，如图2-8所示；

4）距公园、学校、儿童及残疾人使用建筑的出入口不应小于20m；

5）当基地道路坡度大于8%时，应设缓冲段与城市道路连接；

6）与立体交叉口的距离或其他特殊情况，应符合当地城市规划行政主管部门的规定。

《民用建筑设计通则》还规定：大型特大型的文化娱乐、商业服务、体育、交通等人员密集建筑的基地应符合下列规定：

1）基地应至少有一面直接临接城市道路，该城市道路应有足够的宽度，以减少人员疏散时对城市正常交通的影响；

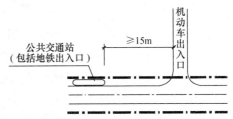

图2-8　机动车出入口与公共交通站
（包括地铁出入口）关系示例

2）基地沿城市道路的长度应按建筑规模或疏散人数确定，并至少不小于基地周长的1/6；

3）基地应至少有两个或两个以上不同方向通向城市道路的（包括以基地道路连接的）出口；

4）基地或建筑物的主要出入口，不得和快速道路直接连接，也不得直对城市主要干道的交叉口；

5）建筑物主要出入口前应有供人员集散用的空地，其面积和长度尺寸应根据使用性质和人数确定；

6）绿化和停车场布置不应影响集散空地的使用，并不宜设置围墙，大门等障碍物。

（10）绿地率：绿地率是一定地区内，各类绿地总面积占该地区总面积的比例（％）。绿地率的控制可明确基地内进行绿化的土地面积，保证基地建成后的绿地环境质量。绿地率指标的确定与基地的使用性质，建设项目对绿化环境的要求，以及城市或地区对建设基地的要求等因素有关。绿地率指标以最小值进行控制。其计算公式：

$$绿地率 = \frac{用地范围内各类绿地的总和}{用地面积} \times 100\%$$

（11）道路规划：道路规划包括确定各级城市支路和街坊内部主要道路红线、横断面形式、平曲线半径以及坐标、标高五部分内容。

（12）市政工程规划：市政工程管线规划需在对基地各类市政的设施用量进行测算的基础上，对城市各级支路的街坊内部主要道路下的各类工程管线的走向、空间位置、管径进行确定，并考虑如何与城市各类工程管线衔接，并确定基地内各类市政工程设施的用地规模和用地界线。

2.1.1.2 修建性详细规划

修建性详细规划包括：建设条件分析；总平面规划设计；道路系统规划设计；竖向规划设计；工程管线综合规划设计。

2.1.2 建筑物性质对总平面布置的影响

总平面布置要根据建设项目的性质、使用功能、交通联系、防火和卫生等要求，综合考虑，统一安排。将性质相近，联系密切，对环境要求一致的建筑物、构筑物的设施分成若干组，再结合用地内外的具体条件，合理地进行功能分区。在各区中布置相应的建筑物、构筑物和设施。

例如：（1）幼儿园、托儿所总平面设计

要对建筑物、室外游戏场地、绿化用地及杂物院等进行总体布置，做到功能分区合理、方便管理、朝向适宜、游戏场地日照充足，疏散通道安全、方便，创造符合幼儿生理、心理特点的环境空间。

例如：（2）中、小学总平面设计

1）教学用房、教学辅助用房、行政管理用房、服务用房、运动场地、自然科学园地及生活区应分区明确、布局合理、联系方便、互不干扰。

2）风雨操场应离开教学区，靠近室外运动场地布置。

3）音乐教室、琴房、舞蹈教室应设在不干扰其他教学用房的位置。

4）学校教学区的声环境质量应符合现行国家标准《民用建筑隔声设计规范》GB 50118 的有关规定。学校主要教学用房设置窗户的外墙与铁路路轨的距离不应小于300m，与高速路、地上轨道交通线或城市主干道的距离不应小于80m。当距离不足时，应采取有效的隔声措施。学校周界外25m范围内已有邻里建筑处的噪声级不应超过现行国家标准《民用建筑隔声设计规范》GB 50118 有关规定的限值。

5）教学用房应有良好的自然通风，普通教室冬至日满窗日照不应小于2h。各类教室的外窗与相对的教学用房或室外运动场地边缘间的距离不应小于25m。

6）建筑容积率：中小学校的规划设计应合理布局，合理确定容积率，合理利用地下空间，节约用地。小学不大于0.8；中学不大于0.9。

7）运动场地：课间操小学2.3m²/生，中学3.3m²/生；篮、排球场最少6个班设一个，足球场根据条件，也可设小足球场；有条件时，小学高、低年级分设活动场地。田径场应满足表2-3。运动场地的长轴宜南北向布置，场地应为弹性地面。

表2-3　学校田径运动场尺寸

跑道类型	学　校　类　型			
	小　学	中　学	师范学校	幼儿师范学校
环形跑道/m 直跑道长/m	200 二组60	250～400 二组100	400 二组100	300 二组100

注：1. 中学学生人数在900人以下时，宜采用250m环形跑道；学生人数在1200～1500人时，宜采用300m环形跑道。

2. 直跑道每组按6条计算。

3. 位于市中心区的中小学校，因用地确有困难，跑道的设置可适当减小，但小学不应少于一组60m直跑道；中学不应少于一组100m直跑道。

2.1.3　建筑场地的地理特征对总平面布置的影响

进行总平面设计，要分析建筑场地的自然现状情况。一般包含地形地貌、气象、地质等方面。

2.1.3.1　地形地貌

不同的地形地貌对场地内的用地布局，建筑物的平面设计的空间组合、道路走向和线型、各项工程建设、绿化布置都有一定的影响。对场地地形地貌的了解，可通过地形图和现场勘测，并最终把情况反映在地形图上，如图2-9所示。

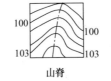

地形图特征：等高线向低的方向凸出；

实际地形：山脊（等高线凸出点连线形成水线或山脊线）。

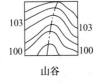

地形图特征：等高线向高的方向凸出；

实际地形：山谷（等高线凸出点连线形成汇水线）。

2.1.3.2　日照

日照即太阳辐射，具有重要的卫生价值，也是用之不尽的能源。太阳辐射强度

图2-9　地形图

与日照率，在不同纬度不同地区存在差别，也是确定建筑日照标准、间距、朝向和进行建筑的遮阳设施及各项工程热工设计的重要依据。

（1）日照标准

《民用建筑设计通则》（GB 50352—2005）对不同建筑的日照标准做了具体规定，如：

每套住宅至少应有一个居住空间获得日照，该日照标准应符合现行国家标准《城市居住区规划设计规范》（GB 50180）有关规定，见表 2-1 住宅建筑日照标准。

（2）日照间距系数

即根据日照标准确定的房屋间距与遮挡房屋檐高的比值，如图 2-10 所示。

（3）日照间距在不同方位的折减

当建筑朝向不是正南向时，日照间距可按表 2-2 中不同方位间距折减系数相应折减。

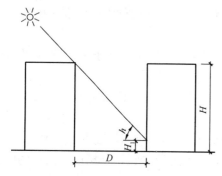

图 2-10 日照间距的计算公式

日照间距 $D = \dfrac{H - H_1}{\tan h}$

式中 h——太阳高度角；

H——前栋房屋北檐口至地面的高度；

H_1——后栋房屋底层窗台至地面的高度

日照间距系数 $= \dfrac{D}{H}$

2.1.3.3 风象

风有风向和风速两个表征量。

（1）风向

风向是风吹来的方向。某一时期（如一月、一季、一年或数年）内，某一方向来风的次数占同期观测风向发生总次数的百分比，称为该方位的风向频率，以风向频率玫瑰图表示。

（2）风速

风速常用米/秒表示，风速的快慢决定了风力的大小，风速越快风力就越大。

2.1.4 消防车道对总平面布置的影响

消防车道布置的目的是为了一旦发生火灾时，保证消防车畅通无阻，迅速到达火灾发生地，进行扑救灭火。

消防车道有关布置的要求和概念在第 2.3 节中设专节介绍。

2.1.5 消防水池对总平面布置的影响

消防水池是一个储水的水池，专为消防提供水源，其目的是一旦发生火灾时，能有足够的水量供给，迅速扑灭火灾。

消防水池布置有两种：一种是建筑内布置，在建筑物内某一空间（如地下室等）设置消防水池；另一种是建筑物外，靠近用水负荷中心设置消防水池。室外消防水池一般埋于地下，消防水池板顶距室外地坪有一段高度进行覆土覆盖，上面种植花草等，或作停车场。在寒冷地区、严寒地区，当板顶上覆土厚度不够时，板顶要进行保温设计，如图 2-11 所示。消防水池有关要求等，详见第 5 章有关内容。

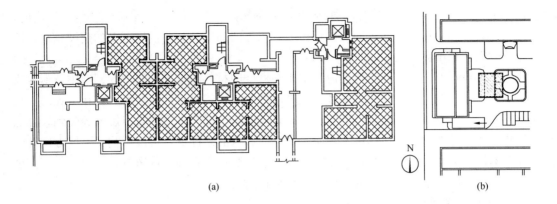

图 2-11　地下建筑防火分区示意图

（a）网格部分表示建筑物内地下室设消防水池；（b）网格部分表示建筑物外设地下消防水池

2.2　防火间距

防火间距是一座建筑物着火后，火灾不致蔓延到相邻建筑物的空间间隔。

通过对建筑物进行合理布局和设置防火间距，防止火灾在相邻建筑物之间相互蔓延，合理利用和节约土地，并为人员疏散、消防人员的救援和灭火提供条件，减少火灾建筑对邻近建筑及其居住（或使用）者的强辐射和烟气的影响。

2.2.1　防火间距的影响因素及确定原则

2.2.1.1　相邻建筑物间的火势蔓延

火灾在相邻建筑物间蔓延的主要途径为热辐射、热对流和飞火。它们有时单一地作用于建筑物，有时则是几种同时作用。

通常情况下，起火建筑物的热气流和火焰从外墙门洞口喷出时，其烟火的水平距离往往小于门口的自身高度，因而能够直接引燃相邻建筑物的情形并不多见。同样，从烧穿的屋顶喷出的热气流和火焰，因向上扩散，对相邻建筑物的影响也不大。只有当两座建筑物相邻很近，且其外墙面又有可燃物时，其中一座起火对另一座才构成威胁。

火灾对相邻建筑物威胁最大的是热辐射，当热辐射与飞火结合时，影响更大。热辐射可以将相距一定距离的建筑物引燃。建筑物之间的防火间距也主要是为了避免热辐射对相邻建筑物的威胁，及消防扑救需要而规定的。

火灾时的热传递，多是以火灾生成气体为介质。一般，气体的热辐射很大程度上取决于辐射线的波长。火灾生成气体中夹杂着大量的炭粒子等固体颗粒，它对气体的热辐射产生重要影响。此外，还有高温物体以及火焰放出的不同波长的强烈辐射热。热辐射在建筑物起火燃烧过程中始终存在，但最强的热辐射是燃烧最猛烈时才出现。通常砖混结构的建筑物起火后经窗口向外辐射的热量，大致是总发热量的 1.8% 左右。

当建筑材料表面受到建筑物的火灾热辐射时，辐射的强度大，建筑材料起火需要的时间就短，而与材料断面的大小关系不大。材料是否被点燃，主要取决于材料的性质（如自燃点、含水率、密实度等）、辐射的入射角和辐射的持续时间。材料在受到辐射热的作用时，表面温度升高，热流从材料的表面向内部传导。入射的强度越高，温度上升的速度越快，起火所需的时间就越短。

在起火建筑物上空，强烈的热气流常把正在燃烧的材料或带火的灰烬卷到空中，形成飞火。由于这些飞火本身携带的热量不多，很难单独对其他建筑物造成危害，但在火灾时，对此不应掉以轻心。飞火是点火源，特别是在火猛风大的情况下，飞火常点燃已经受到较强热辐射的建筑物。过去的火灾现场情况表明，飞火在有风的条件下，可以影响到下风方向几十米、几百米甚至更远的地方。在市区，因受城市的建筑物密集等条件影响，飞火散落的范围多呈卵形；在郊区或空旷地，其散落范围多呈细长的扇形。

2.2.1.2 影响防火间距的因素

影响防火间距的因素很多，如热辐射、热对流、风向、风速、外墙材料的燃烧性能及其开口面积大小、室内堆放的可燃物种类及数量、相邻建筑物的高度、室内消防设施情况、着火时的气温及湿度、消防车到达的时间及扑救情况等，对防火间距的设置都有一定的影响。

（1）辐射热

辐射热是影响防火间距的主要因素，当火焰温度达到最高值时，其辐射强度最大，也最危险，如伴有飞火则更危险。

（2）热对流

无风时，因热气流的温度在离开窗口以后会大幅度降低，热对流对相邻建筑物的影响不大，通常不足以构成威胁。

（3）建筑物外墙门窗洞口的面积

许多火灾实例表明，当建筑物外墙开口面积较大时，发生火灾后，在可燃物的种类和数量都相同的条件下，由于通风好、燃烧快、火焰温度高，因而热辐射增强，使相邻建筑物接受的辐射热也多，当达到一定程度时便很快会被烤着起火。

（4）建筑物的可燃物种类和数量

可燃物种类不同，在一定时间内燃烧的发热量也有差异。如汽油、苯、丙酮等易燃液体，其燃烧速度比木材快，发热量也比木材大，因而热辐射也比木材强。在一般情况下，可燃物的数量与发热量成正比关系。

（5）风速

风能够加速可燃物的燃烧，促使火灾加快蔓延。露天火灾中，风能使燃烧的炭粒和燃烧着的碎片等飞散到数十米远的地方，强风时则更远。风对火灾的扑救带来困难。

（6）相邻建筑物的高度

一般来说，较高的建筑物着火对较低的建筑物威胁小，反之，则较大。特别是当屋顶承重构件毁坏塌落、火焰蹿出房顶时，威胁更大。据测定，较低建筑物着火时对较高建筑物辐射角在 30°～ 45°之间时，辐射强度最大。

（7）建筑物内消防设施水平

建筑物内设有火灾自动报警装置和较完善的其他消防设施时，能将火灾扑灭在初期阶段。这样不仅可以减少火灾对建筑物酿成较大损失，而且很大程度上减少了火灾蔓延到附近其他建筑物的几率。可见，在防火条件和建筑物防火间距大体相同的情况下，设有完善消防设施的建筑物比消防设施不完善的建筑物的安全性要高。

（8）灭火时间

建筑物发生火灾后，其温度通常随着火灾延续时间的长短而变化。火灾延续时间越长，则火场温度越高，对周围建筑物的威胁越大。只有当可燃物数量逐渐减少时，才开始逐渐降低。

2.2.1.3　确定防火间距的基本原则

影响防火间距的因素很多，在实际工程中不可能都考虑。通常根据以下原则确定建筑物的防火间距：

（1）考虑辐射热的作用。火灾实例表明，一、二级耐火等级的低层民用建筑，保持 7～10m 的防火间距，在有消防队扑救的情况下，一般不会蔓延到相邻建筑物。

（2）考虑灭火作战的实际需要。建筑物的高度不同，救火使用的消防车也不同。对低层建筑，普通消防车即可；而对高层建筑，则要使用有曲臂、云梯等的登高消防车。防火间距应满足消防车的最大工作回转半径的需要。最小防火间距的宽度应能通过一辆消防车。

（3）有利于节约用地。以在有消防队扑救的条件下能够阻止火灾向相邻建筑物蔓延为原则。

（4）防火间距应按相邻建筑物外墙的最近距离计算，如外墙有凸出的可燃构件，则应从其凸出部分外缘算起，如为储罐或堆场，则应从储罐外壁或堆场的垛外缘算起。

（5）耐火等级低于四级的原有生产厂房和民用建筑，其防火间距可按四级确定。

2.2.1.4　防火间距不足时的应变措施

防火间距因场地等各种原因无法满足国家规范规定的要求时，可依具体情况采取一些相应的措施：

（1）改变建筑物内的使用性质，尽量减少建筑物的火灾危险性；改变房屋部分的耐火性能，提高建筑物的耐火等级。

（2）调整部分构件的耐火性能和燃烧性能。

（3）将建筑物的普通外墙，改成有防火能力的墙。如开设门窗，应采取防火门窗。

（4）拆除部分耐火等级低、占地面积小、使用价值低、影响新建建筑物安全的相邻的原有建筑物。

（5）设置独立的室外防火墙等。

2.2.2　单、多层民用建筑之间的防火间距

建筑物起火后，火势在建筑物内部热对流和热辐射作用下迅速蔓延扩大，而建筑物外部则因强烈的热辐射作用对周围建筑物构成威胁。火场的辐射热的强度取决于火灾规模的大小、火灾持续时间、与邻近建筑物的距离及风速、风向等因素。火势越大，持续时间越长，距离越近，建筑物又处于下风位置时，所受辐射热越强。所以，建筑物间应保持一定的防火间距。

根据《建筑设计防火规范》（GB 50016—2014）的规定，单、多层民用建筑之间的防火间距不应小于表 2-4 的要求。

表 2-4　单、多层民用建筑之间防火间距　　　　　　　　　　　m

耐 火 等 级	耐 火 等 级		
	一、二级	三级	四级
一、二级	6	7	9
三 级	7	8	10
四 级	9	10	12

在执行表 2-4 的规定时，应注意以下几点：

（1）两座相邻建筑，较高的一面的外墙为防火墙时，其防火间距不限。

（2）相邻两座建筑物，较低一座的耐火等级不低于二级，屋顶不设天窗，屋顶承重构件的耐火极限不低于 1.00h，且相邻较低一面为防火墙时，其防火间距可适当减少，但不应小于 3.5m。

（3）相邻两座建筑物，较低一座的耐火等级不低于二级，当相邻较高一面外墙的开口部位设有防火门窗或防火卷帘加水幕时，其防火间距可适当减小，但不应小于 3.5m。

（4）两座建筑物相邻两面的外墙为非燃烧性墙体，且无外露的燃烧性屋檐，当每面外墙上的门窗洞口面积之和不超过该外墙面积的 5%，且无防火保护的门、窗、洞口不正对开设时，其防火间距可按表 2-4 的数值减小 25%。

（5）数座一、二级耐火等级的住宅建筑或办公建筑，如果占地面积的总和不超过 2500m² 时，可以成组布置，如图 2-12 所示。组内建筑之间的防火间距不宜小于 4m，组与组之间的防火间距仍按表 2-4 的规定执行。

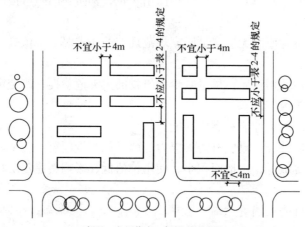

一、二级且≤六层住宅，每组占地面积≤2500m²

图 2-12　住宅成组布置防火间距示意图

（6）单、多层民用建筑距甲、乙类厂房的防火间距不应小于 25m；高层民用建筑距甲、乙类厂房不应小于 50m。

2.2.3　高层建筑的防火间距

根据《建筑设计防火规范》（GB 50016—2014）的规定：

（1）高层建筑之间及高层建筑与其他民用建筑之间的防火间距，不应小于表 2-5 的规定，如图 2-13 所示。

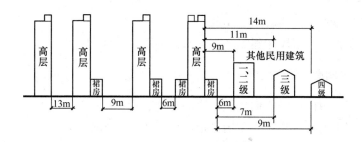

图 2-13 高层民用建筑防火间距示意图

表 2-5 高层建筑之间及高层建筑与其民用建筑之间的防火间距   m

建筑类型	高层建筑	裙房	其他民用建筑		
			耐 火 等 级		
			一、二级	三级	四级
高层建筑	13	9	9	11	14
裙房	9	6	6	9	9

注：防火间距应按相邻建筑外墙的最近距离算起；当外墙有凸出可燃构件时，应从其凸出部分的外缘算起。

（2）两座高层建筑或高层建筑与不低于二级耐火等级的单层、多层民用建筑相邻，当较低一座的屋顶不设天窗、屋顶承重构件的耐火等级不低于 1.00h，且相邻较低一面外墙为防火墙时，其防火间距可适当减少，但不宜小于 4.00h，如图 2-14 所示。

（3）两座高层建筑或高层建筑与不低于二级耐火等级的单层，多层民用建筑相邻，当较高一面外墙为防火墙或比相邻较低一座建筑屋面高度在 15m 及以下范围内的墙为不开设门、窗洞口的防火墙时，其防火间距可不限，如图 2-15 所示。

（4）两座高层建筑或高层建筑与不低于二级耐火等级的单层、多层民用建筑相邻，当相邻较高一面外墙耐火极限不低于 2.00h，墙上开口部位设有甲级防火门、窗或防火卷帘时，

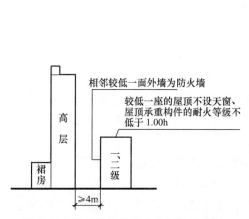

图 2-14 高层民用建筑防火间距示意图

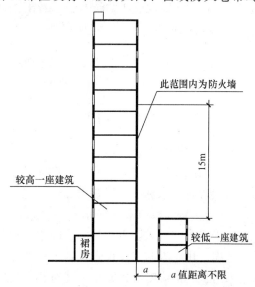

图 2-15 高层民用建筑防火间距示意图

其防火间距可适当减少，但不宜小于 4m。

（5）厂房、仓库及其与民用建筑之间的防火间距见本节的有关章节。

2.2.4 汽车库防火间距

汽车库是指停放由内燃机驱动且无轨道的客车、货车、工程车等汽车的建筑；修车库是指保养修理上述汽车的建筑物；停车场是指停放上述汽车的露天场地和构筑物。根据汽车库内停放汽车的数量，可分为Ⅰ、Ⅱ、Ⅲ、Ⅳ类。汽车主要使用汽油、柴油等易燃可燃液体。在停车或修车时，往往因各种原因引起火灾，造成损失。特别是对于Ⅰ、Ⅱ类停车库，一般停放车辆在 100 辆以上，停放车辆多、经济价值大，车辆出入频繁，致使火灾隐患多；Ⅰ、Ⅱ类汽车修车库的停放维修车位在 6 辆以上，甚至更多，一座修车库内还常有不同的工种，需使用易燃物品和进行明火作业，如有机溶剂、电焊等，火灾危险性大。因此，平面布置时，不应将汽车库布置在易燃、可燃液体和可燃气体的生产装置区和储存区内，与其他建筑物间也应保持一定的防火间距。而Ⅰ、Ⅱ类修车库、停车库则宜单独建造。

根据《汽车库、修车库、停车场设计防火规范》（GB 50067—2014）的规定，汽车库之间及其他建筑之间的防火间距应符合表 2-6 的要求。

表 2-6　车库之间以及车库与除甲类物品仓库外的其他建筑物之间的防火间距　　　　m

车库名称和耐火等级		汽车库、修车库、厂房、仓库、民用建筑和耐火等级		
		一、二级	三级	四级
汽车库、修车库	一、二级	10	12	14
	三级	12	14	16
停车场		6	8	10

注：1. 防火间距应按相邻建筑物外墙的最近距离算起，如外墙有凸出的可燃物构件时，则应从其凸出部分外缘算起，停车场从靠近建筑物的最近停车位置边缘算起。

2. 高层汽车库与其他建筑物之间，汽车库、修车库与高层工业、民用建筑之间的防火间距应按本表规定值增加 3m。

3. 汽车库、修车库与甲类厂房之间的防火间距应按本表规定值增加 2m。

4. 厂房、仓库的火灾危险性分类应按现行国家标准《建筑设计防火规范》（GB 50016）的规定执行。

2.2.5 人民防空工程防火间距

2.2.5.1 人防工程的出入口

为了与相关规范协调一致，人防工程的出入口地面建筑物与周围建筑物之间的防火间距，应按现行国家标准《建筑设计防火规范》（GB 50016—2014）的有关规定执行。

2.2.5.2 人防工程的采光窗井

有采光窗井的人防工程其防火间距是按耐火等级为一级的相应地面建筑所要求的防火间距来考虑。由于人防工程设置在地下，所以无论人防工程对周围建筑物的影响，还是周围建筑对人防工程的影响，比起地面建筑相互之间的影响来说都要小，因此，按表 2-7 的规定是偏于安全的。

表 2-7　采光窗井与相邻地面建筑物的最小防火间距　　　　　　　　　　　　　　　　m

人防工程类别	地面建筑类别和耐火等级								甲、乙类厂房、库房
	民用建筑			丙、丁、戊类厂房、库房			民用高层建筑		
	一、二级	三级	四级	一、二级	三级	四级	高层	裙房	
丙、丁、戊类生产车间、物品库房	10	12	14	10	12	14	13	6	25
其他人防工程	6	7	9	10	12	14	13	6	25

注：1. 防火间距按人防工程有窗外墙与相邻地面建筑物外墙的最近距离计算。
　　2. 当相邻地面建筑物外墙为防火墙时，其防火间距不限。

2.3　消防车道及回车场

2.3.1　消防车道

消防车道设置的目的是发生火灾时，消防车能畅通无阻方便快捷地到达火灾现场，进行扑救火灾。

（1）街区内的道路应考虑消防车的通行，其道路中心线间距不宜超过 160m，如图 2-16 所示。

（2）对于一些使用功能多，面积大、建筑长度大的建筑，如 U 形、L 形、□形建筑，当其沿街长度超过 150m 或总长度超过 220m 时，应在适当位置设置穿过建筑物，进入后院的消防车道。穿越建筑物的消防车道其净高与净宽不应小于 4m。消防车道靠建筑外墙一侧的边缘距离建筑外墙不宜小于 5m。消防车道的坡度不宜大于 8％。如图 2-17 所示。

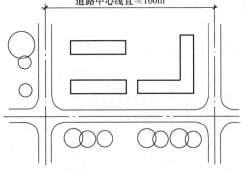

图 2-16　消防车道道路中心线间距示意图

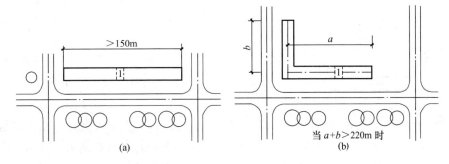

（a）　　　　　　　　　　　　（b）

图 2-17　穿越建筑物的消防车道示意图
（a）建筑一字形布置；（b）建筑 L 形布置
1—穿越建筑物的消防车道

（3）为了日常使用方便和消防人员快速便捷地进入建筑内院救火，应设连通街道和内院的人行通道，通道之间的距离不宜超过 80m。如图 2-18 所示。

（4）为了通风与采光、庭院绿化等需要，建筑常常设有面积较大的内院或天井。这种内院或天井一旦发生火灾，如果消防车进不去，就难以扑救。所以，为了消防车进入内院或天井扑救火灾，且消防车辆在内院有回旋掉头的余地，当内院或天井短边长度超过 24m 时，宜加设消防车道。如图 2-19 所示。

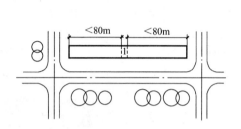

图 2-18　穿越建筑物的
人行通道示意图
1—穿越建筑物的人行通道
注：可利用楼梯间作为人行通道

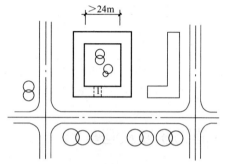

图 2-19　穿越建筑物进入内庭院的
消防车道示意图
1—穿越建筑物的消防车道

（5）对于大型公共建筑，如超过 3000 个座位的体育馆、超过 2000 个座位的会堂及占地面积超过 3000m² 的展览建筑等，其体积和占地面积都较大，且人员密集，为便于消防车靠近扑救和人员疏散，应在建筑物周围设置环行消防车道。

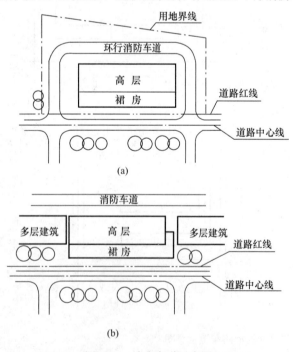

图 2-20　消防车道示意图
（a）环行消防车道；（b）沿建筑长边设置消防车道

（6）高层建筑的平面布置和使用功能往往复杂多样，给消防扑救带来一些不利因素。有的建筑物底部附建有相连的各种附属建筑，如在设计中对消防车道考虑不周，火灾时消防车无法靠近建筑物，往往延误灭火战机，造成重大损失，故要求在高层建筑周围设置环行消防车道。但若不论建筑物规模大小，一律要求环形消防车道会有一定困难。因此，当设环形车道有困难时，可沿高层建筑的两个长边设置消防车道。城市道路可作为消防车道，如图 2-20 所示。

（7）发生火灾时，高层建筑高位消防水箱的水只够供水 10min，消防车内的水也维持不了多长时间。许多工业与民用建筑，可燃物多，火灾持续时间长。所以一旦火灾进入旺盛期，就要考虑持续供水问题，所以应在高层建筑附近或地下室设天然水源或消防水池，为了保证消防车迅速开到天然水源（如江、河、湖、海、水库、沟渠等）和消防水池取水灭火，要求凡有供消防车取水的天然水源和消防水池，均应设有消防车道。

（8）消防车道靠近建筑物一侧有树木、架空管线等障碍物，这些障碍物有可能阻碍消防车的通行和扑救工作，因此要求消防车道与高层建筑之间，不应设置妨碍登高消防车操作的树木、架空管线等。

2.3.2 尽端式回车场

消防车道尽端需有消防车回转所需要的转弯空间，所以消防车道尽端应设置回车场或回车道。设置环形消防车道至少应有两处与其他车道连通。尽头式消防车道应设置回车道或回车场，回车场的面积不应小于12m×12m；对于高层建筑，不宜小于 15m × 15m；供重型消防车使用时，不宜小于 18m×18m。

消防车道的路面、救援操作场地、消防车道和救援操作场地下面的管道和暗沟等，应能承受重型消防车的压力。

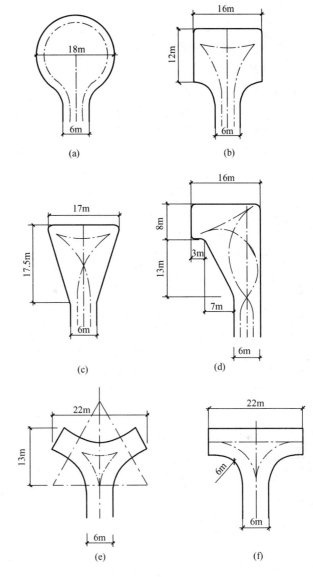

图 2-21 回车场示意图
(a) O形；(b) 短T形；(c) 锥形；(d) L形；
(e) Y形；(f) T形

消防车道可利用城乡、厂区道路等，但该道路应满足消防车通行、转弯和停靠的要求。

目前，在我国经济发展较快的大中城市，超高层建筑（高度大于100m）也有所发展。为此，引进了一些外国大型消防车，如进口的"火鸟"等，其回车场 15m×15m 还不够用，遇有这种情况其回车场应按当地实际配置的大型消防车确定，一般大型消防车，回车场不宜小于 18m×18m。根据地形，回车场也可做成 O、Y、T 等形的回车场。如图 2-21 所示。

思 考 题

1. 了解控制性详细规划及修建性详细规划的设计要点。
2. 熟悉总平面布局对建筑防火设计的影响因素。
3. 熟悉建筑物日照间距的设计要点。
4. 熟悉建筑物防火间距及其影响因素并掌握如何确定。
5. 熟悉消防车道及回车场布置的主要方式。

第3章 建筑平面

【内容提要】 平面选择及布局；防火、防烟分区及防火墙；安全疏散距离、线路及时间；安全出口及宽度；敞开楼梯、封闭楼梯、防烟楼梯及消防电梯；无障碍设计的安全疏散。

3.1 平面布局

预防失火或减小火灾损失的具体目标就是早期发现，早期发出警报，早期扑灭，同时，使人员迅速疏散到安全地段，消防车能迅速靠拢，消防队员能迅速到达火灾现场救火。为达到上述目标，防火、灭火的每一个步骤必须充分重视，防火步骤如图 3-1 所示，任何一点疏忽，都会贻误时机，扩大灾情。而建筑平面布局是这一切的前提，因此建筑平面防火布局在预防火灾中就显得尤为重要。

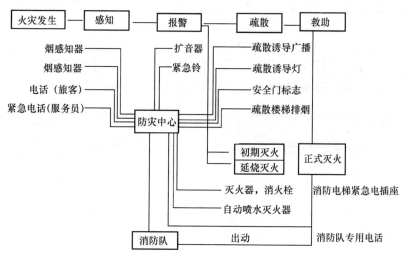

图 3-1　防火步骤

3.1.1 平面选择

3.1.1.1 规划布局中的消防问题

（1）选址应在交通便捷处。根据城市规划确定的建筑位置应有方便的道路通达。要求既宜靠近干道，便于建筑物中大量人流的集散，又便于消防时的交通组织与疏散，如图 3-2 所示。

（2）当建筑物的沿街长度超过 150m 或建筑总长度超过 220m 时，应在适中位置设置穿

过建筑物的消防车道，消防车道净宽须大于或等于 4m，高须大于或等于 4m，如图 3-3
所示。

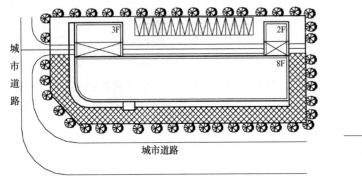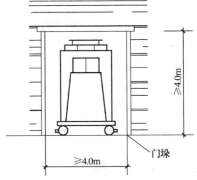

图 3-2　建筑与城市道路的关系　　　图 3-3　消防通道洞口尺寸限值

（3）高层民用建筑，超过 3000 个座位的体育馆，超过 2000 个座位的会堂，占地面积大
于 3000m² 的商店建筑、展览建筑等单、多层公共建筑，应设宽度不小于 4m 的环形消防车
道。当环形车道有困难时，可沿高层建筑的两个长边设置消防车道，对于住宅建筑和山坡地
或河道边临空建造的高层建筑，可沿建筑的一个长边设置消防车道，但该长边所在建筑立面
应为消防车登高操作面。消防车道可以部分利用交通道路，如图 3-4 所示。

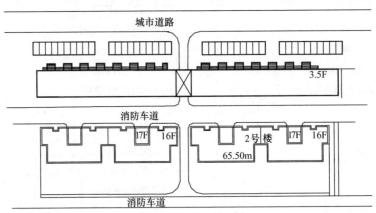

图 3-4　沿建筑物两个长边设置消防车道

（4）有封闭内院或天井的建筑物，当内院或天井的短边长度大于 24m 时，宜设置进入
内院或天井的消防车道；当该建筑沿街时，应设连通街道和内院的人行通道（可利用楼梯
间），其间距不宜超过 80m，如图 3-5 所示。

（5）高层建筑四周应设置救援场地。鉴于目前我国消防车规格及有关器械的水平、体
形，凸出的裙房在消防时，会妨碍消防车靠近主体，因此，我国规范规定：高层建筑应至少
有一长边或周边长度的 1/4 且不小于一个长边长度的底边连续布置消防车登高操作场地，该
范围内裙房进深不应大于 4m，且在此范围内必须设有直通室外的楼梯或直通楼梯间的入口。
建筑高度不大于 50m 的建筑，连续布置消防登高场地确有困难时，可间隔布置，但间隔距

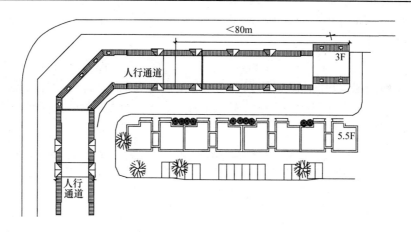

图 3-5 人行通道间距不宜超过 80m

离不宜大于 30m，且消防车登高操作场地的总长度应符合前述要求。

（6）消防车登高操作场地应符合规范规定的要求。

（7）厂房、仓库、公共建筑的外墙应在每层的适当位置设置可供消防救援人员进入的窗口。

（8）保持建筑间的防火间距。民用建筑之间的防火间距见表 3-1。

表 3-1 民用建筑之间的防火间距   m

建 筑 类 别		高层民用建筑	裙房和其他民用建筑		
		一、二级	一、二级	三级	四级
高层民用建筑	一、二级	13	9	11	14
裙房和其他民用建筑	一、二级	9	6	7	9
	三级	11	7	8	10
	四级	14	9	10	12

注：1. 相邻两座单、多层建筑，当相邻外墙为不燃性墙体且无外露的可燃性屋檐，每面外墙上无防火保护的门、窗、洞口不正对开设且该门、窗、洞口的面积之和不大于外墙面积的 5％时，其防火间距可按本表的规定减少 25％。

2. 两座建筑相邻较高一面外墙为防火墙，或高出相邻较低一座一、二级耐火等级建筑的屋面 15m 及以下范围内的外墙为防火墙时，其防火间距不限。

3. 相邻两座高度相同的一、二级耐火等级建筑中相邻任一侧外墙为防火墙，屋面板的耐火极限不低于 1.00h 时，其防火间距不限。

4. 相邻两座建筑中较低一座建筑的耐火等级不低于二级，相邻较低一面外墙为防火墙且屋顶无天窗，屋面板的耐火极限不低于 1.00h 时，其防火间距不应小于 3.5m；对于高层建筑，不应小于 4m。

5. 相邻两座建筑中较低一座建筑的耐火等级不低于二级且屋顶无天窗，相邻较高一面外墙高出较低一座建筑的屋面 15m 及以下范围内的开口部位设置甲级防火门、窗，或设置符合现行国家标准《自动喷水灭火系统设计规范》GB 50084 规定的防火分隔水幕或规范（GB 50016—2014）第 6.5.3 条规定的防火卷帘时，其防火间距不应小于 3.5m；对于高层建筑，不应小于 4m。

6. 相邻建筑通过连廊、天桥或底部的建筑物等连接时，其间距不应小于本表的规定。

7. 耐火等级低于四级的既有建筑，其耐火等级可按四级确定。

3.1.1.2 配套用房在布局中的消防问题

（1）汽车停车库

根据实践经验和参考国外有关资料，《汽车库、修车库、停车场设计防火规范》（GB 50067—2014）对新建改建汽车库及附设在民用建筑内的汽车停车库作了防火规定：

1）车库之间以及车库与除甲类物品库房外的其他建筑物之间的防火间距不应小于表3-2的规定。

表3-2 车库之间以及车库与除甲类物品仓库外的其他建筑物之间的防火间距　　　m

车库名称和耐火等级		汽车库、修车库、厂房、仓库、民用建筑和耐火等级		
		一、二级	三级	四级
汽车库、修车库	一、二级	10	12	14
	三级	12	14	16
停车场		6	8	10

注：1. 防火间距应按相邻建筑物外墙的最近距离算起，如外墙有凸出的可燃物构件时，则应从其凸出部分外缘算起，停车场从靠近建筑物的最近停车位置边缘算起。

2. 高层汽车库与其他建筑物之间，汽车库、修车库与高层工业、民用建筑之间的防火间距应按本表规定值增加3m。

3. 汽车库、修车库与甲类厂房之间的防火间距应按本表规定值增加2m。

4. 厂房、仓库的火灾危险性分类应按现行国家标准《建筑设计防火规范》GB 50016的规定执行。

2）车库的防火分类应分为四类，并应符合表3-3的规定。

表3-3 车库的防火分类表

名　称	类　别			
	Ⅰ	Ⅱ	Ⅲ	Ⅳ
	数　量			
汽车库/辆	>300	151～300	51～150	≤50
修车库/位	>15	6～15	3～5	≤2
停车场/辆	>400	251～400	101～250	≤100

注：汽车库的屋面亦停放汽车时，其停车数量应计算在汽车库的总车辆数内。

3）高层建筑内的汽车库的出口应与建筑物的其他出口分开布置，以避免发生火灾时造成混乱，影响疏散和扑救，如图3-6所示。

4）为了使停车库火灾限制在一定范围，一旦发生火灾，不致威胁到高层其他部位的安全，要求采用耐火极限不低于3.00h的不燃烧体隔墙和2.00h的楼板与其他部位隔开。汽车库的外墙门、窗、洞口上方应设置不燃烧体的防火挑檐，防火挑檐宽度不小于1m，耐火极限不应低于1.00h。外墙的上、下窗间墙高度不应小于1.2m，如图3-7所示。

（2）设备用房

1）燃油或燃气锅炉、油浸电力变压器、充有可燃油的高压电容器和多油开关等用房受条件限制必须布置在民用建筑内时，不应布置在人员密集场所的上一层、下一层或贴邻，并应符合下列规定：

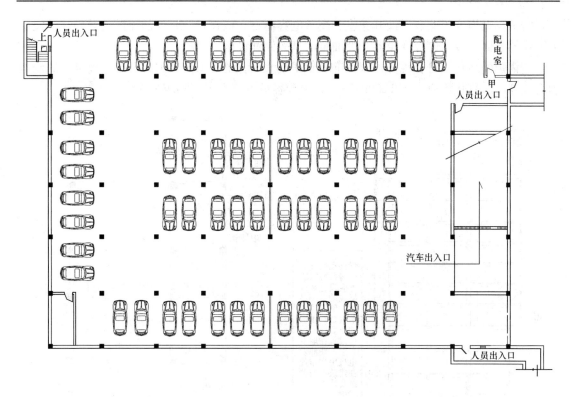

图 3-6 高层建筑的汽车库出入口与其他出口分开设置

①燃油和燃气锅炉房、变压器室应设置在首层或地下一层靠外墙部位，但常（负）压燃油、燃气锅炉可设置在地下二层，当常（负）压燃气锅炉距安全出口的距离大于 6m 时，可设置在屋顶上（图 3-8）；

采用相对密度（可燃气体与空气密度的比值）大于等于 0.75 的可燃气体为燃料的锅炉，不得设置在地下或半地下建筑（室）内。

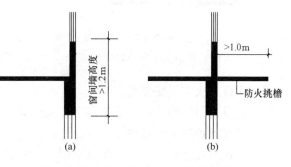

图 3-7 防火挑檐宽度和窗间墙高度限制
（a）窗间墙高度不小于 1.2m；（b）防火挑檐宽度不小于 1m

②锅炉房、变压器室的门均应直通室外或直通安全出口；外墙开口部位的上方应设置宽度不小于 1m 的不燃烧体防火挑檐或高度不小于 1.2m 的窗槛墙（图 3-7）。

③锅炉房、变压器室与其他部位之间应采用耐火极限不低于 2.00h 的不燃烧体隔墙和 1.50h 的不燃烧体楼板隔开。在隔墙和楼板上不应开设洞口，当必须在隔墙上开设门窗时，应设置甲级防火门窗（图 3-9）。

④当锅炉房内设置储油间时，其总储存量不应大于 1m³，且储油间应采用防火墙与锅炉间隔开；当必须在防火墙上开门时，应设置甲级防火门。

⑤变压器室之间、变压器室与配电室之间，应采用耐火极限不低于 2.00h 的不燃烧体墙隔开（图 3-9）。

⑥油浸电力变压器、多油开关室、高压电容器室,应设置防止油品流散的设施。油浸电力变压器下面应设置储存变压器全部油量的事故储油设施。

⑦锅炉的容量应符合现行国家标准《锅炉房设计规范》GB 50041 的有关规定。油浸电力变压器的总容量不应大于 1260kV·A,单台容量不应大于 630kV·A。

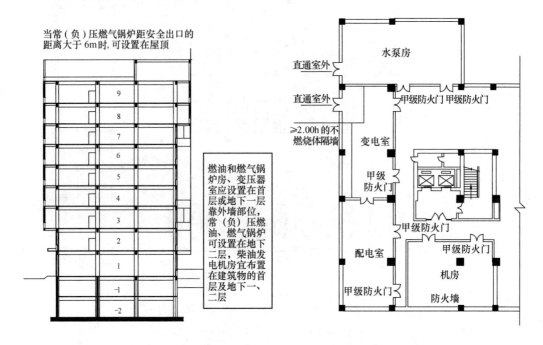

图 3-8 燃油(气)锅炉房及
柴油发电机房的位置

图 3-9 变压器室与配电室之间
应设防火墙、甲级防火门

⑧应设置火灾报警装置。

⑨应设置与锅炉、油浸变压器容量和建筑规模相适应的灭火设施。

⑩燃气锅炉房应设置防爆泄压设施,燃气、燃油锅炉房应设置独立的通风系统,并应符合现行《建筑设计防火规范》(GB 50016)的有关规定。

2)柴油发电机房布置在民用建筑内时应符合下列规定:

①宜布置在建筑物的首层及地下一、二层(图 3-8)。

②应采用耐火极限不低于 2.00h 的不燃烧体隔墙和不低于 1.50h 的不燃烧体楼板与其他部位隔开,门应采用甲级防火门。

③机房内应设置储油间,其总储存量不应大于 1m³,且储油间应采用防火墙与发电机间隔开;当必须在防火墙上开门时,应设置甲级防火门。

④应设置火灾报警装置。

⑤应设置与柴油发电机容量和建筑规模相适应的灭火设施。

(3)报警与消防中心

设置火灾自动报警系统和需要联动控制的消防设备的建筑(群)应设置消防控制室。

消防控制室是建筑物内防火、灭火设施的显示控制中心,是火灾的扑救指挥中心,是保障建筑物安全的要害部位之一，应设在交通方便和发生火灾时不易延烧的部位。故防火规范对消防控制室位置、防火分离和安全出口作了规定。我国目前已建成的高层建筑中，不少建筑都设有消防控制室，如图 3-10 所示。但也有的把消防控制室设于地下层交通极不方便的部位，这样一旦发生大的火灾，在消防控制室坚持工作的人员就很难撤出大楼，且消防队员到达后也不能迅速找到消防控制室，故消防控制室应设直通室外的安全出口。

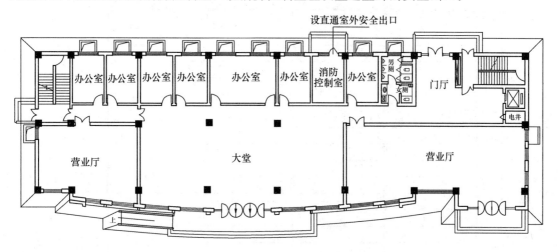

图 3-10 消防控制室应设直接对外出入口

一般认为，火灾在起火 15～20min 之后才开始蔓延燃烧，要使消防能在 20min 内赶到现场扑灭火灾，就必须迅速报警，片刻贻误都会酿成巨大损失。当前，国际上已有各类先进安全的防火监督系统。我国规定采用自动报警、自动灭火、机械排烟的高层建筑消防中心。

1) 消防中心的职能。消防中心的主要设备安装包括自动报警接收器和各有关消防设备的启动表示装置的火灾监视盘，综合操作台装电话，广播开关及有关消防设备的指令装置。消防中心指挥管理建筑内分散各处的警报装置、自动灭火装置（图 3-11）、防火门、排烟机等设备。

2) 消防控制室（中心）的位置与各服务点、消防点应有迅速联系的设备以便尽快报警。同时，高层内的广播系统，可以在收到警报信号后，核实灾情，及时通知人们有组织地疏散，以避免伤亡。消防中心在火灾时能由电气设备进行控制，停止客梯运行，切断电源，接通事故照明电源，开动排烟风机，关闭防火阀、防火门，监测消防梯及消防水泵工作情况。消防中心应设在地面一层，位置明显处，直通室外或靠近建筑入口处，便于消防队员尽快取得火灾情报。消防中心应采用耐火极限不低于 2.0h 的隔墙和 1.5h 的楼板与其他部位隔开，如图 3-12 所示。

3) 报警设备。在防火部位应装自动报警设施以能正确迅速地报警为准。自动报警设施有两种：一种是"温感式"，火灾时随材料升温而自行启动，适用于火灾时热量突增的场所，如车库、易燃品库；另一种为"烟感式"，利用火灾初起时，烟气浓度对光或电离子的干扰发生电讯报警，其中离子式烟感器更为灵敏可靠，"烟感式"适用于失火初期有烟的过程，烟多而热量上升慢的场所。如旅馆客房、宴会厅及库房等。其中，如电话报警、警铃报警、消火栓上附报话机、微型报话机、自动喷淋报警等均为报警设备。

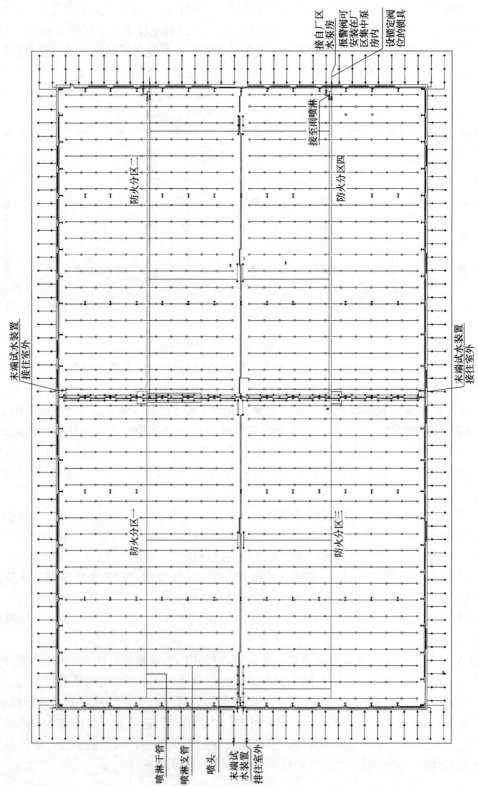

图 3-11　自动喷淋平面布置图

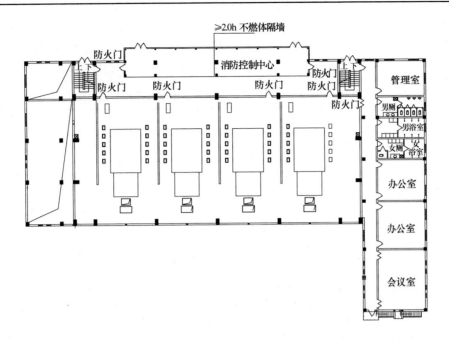

图 3-12　消防控制室（中心）墙体耐火极限要求

3.1.2　平面布局

3.1.2.1　结构选型

据对国内一些大城市的调查研究，目前已建成和正在设计、施工的高层民用建筑，1980年以前，其主体结构均为钢筋混凝土框架结构、框架-剪力墙结构、剪力墙结构，或称为三大常规结构体系。进入 80 年代以后，由于建筑功能、高度和层数等要求均在不断提高以及抗震设计的要求，三大常规结构体系难以满足高层建筑发展的更高要求，从而以结构整体性更好、空间受力为特征的筒体结构体系为主体结构的高层建筑应运而生，如圆筒体、矩形筒体、筒中筒结构，并得到了广泛的应用和发展，其特点是比三大常规结构体系性能更好、可建高度更高、受力性能更好。上述几种结构类型，绝大多数仍采用钢筋混凝土结构，其主要承重构件均能满足一、二级耐火等级建筑的要求。

国内外建筑火灾案例说明，只要建筑主体承重构件耐火能力高，即使着火后其室内装修、物品、陈设、家具等被烧毁，其建筑主体也不致垮塌甚至局部构件被烧损，建筑也并未倒塌。而被烧建筑在修复过程中，只要对火烧较严重的承重柱、梁、楼板等承重构件进行修复补强，即可全部修复使用。

民用建筑目前常用的柱、梁、墙、楼板等主要承重构件的燃烧性能、耐火极限均达到一、二级耐火等级的要求，有的大大超过了规范所规定的要求。非预应力梁、板尚能满足或接近规范的要求。预应力楼板的耐火极限达不到规定的要求，而且差距较大，但这种构件由于省材料，经济效益很大，目前在住宅和一些公共建筑中广泛采用，考虑到防火安全的需要，预应力钢筋混凝土楼板等构件如达不到表 3-4 规定的耐火极限时，必须采取增加主筋（受力筋）的保护层厚度、采取喷涂防火材料或其他防火措施，提高其耐火能力，使其达到规范要求的耐火极限。民用建筑的耐火等级可分为一、二、三、四级。除规范（GB 50016—2014）另有规定外，不同耐火等级建筑相应构件的燃烧性能和耐火极限不应低于表3-4的规定。

表3-4　不同耐火等级建筑相应构件的燃烧性能和耐火极限　　　　　h

构件名称		耐火等级			
		一级	二级	三级	四级
墙	防火墙	不燃性 3.00	不燃性 3.00	不燃性 3.00	不燃性 3.00
	承重墙	不燃性 3.00	不燃性 2.50	不燃性 2.00	难燃性 0.50
	非承重外墙	不燃性 1.00	不燃性 1.00	不燃性 0.50	可燃性
	楼梯间和前室的墙、电梯井的墙、住宅建筑单元之间的墙和分户墙	不燃性 2.00	不燃性 2.00	不燃性 1.50	难燃性 0.50
	疏散走道两侧的隔墙	不燃性 1.00	不燃性 1.00	不燃性 0.50	难燃性 0.25
	房间隔墙	不燃性 0.75	不燃性 0.50	难燃性 0.50	难燃性 0.25
柱		不燃性 3.00	不燃性 2.50	不燃性 2.00	难燃性 0.50
梁		不燃性 2.00	不燃性 1.50	不燃性 1.00	难燃性 0.50
楼板		不燃性 1.50	不燃性 1.00	不燃性 0.50	可燃性
屋顶承重构件		不燃性 1.50	不燃性 1.00	可燃性 0.50	可燃性
疏散楼梯		不燃性 1.50	不燃性 1.00	不燃性 0.50	可燃性
吊顶（包括吊顶搁栅）		不燃性 0.25	难燃性 0.25	难燃性 0.15	可燃性

注：1. 除规范（GB 50016—2014）另有规定外，以木柱承重且墙体采用不燃材料的建筑，其耐火等级应按四级确定。

2. 住宅建筑构件的耐火极限和燃烧性能可按现行国家标准《住宅建筑规范》GB 50368的规定执行。

3.1.2.2　人员密集的厅、室

（1）据调查，有些已建成的民用建筑内附设有观众厅、会议厅等人员密集的厅、室，有的设在接近首层或底层部位便于疏散，有的设在顶层，一旦建筑物内发生火灾，将给安全疏散带来很大困难。因此，规范规定上述人员密集的厅、室最好设在首层或二、三层（图3-13），

这样就能较经济、方便地在局部增设疏散楼梯，使大量人流能在短时间内安全疏散。

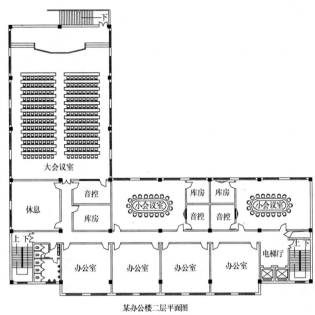

某办公楼二层平面图

图 3-13　人员密集厅设在首层或二、三层

（2）当高层民用建筑内附设有观众厅、会议厅等人员密集的厅、室必须设在其他楼层时，还应满足以下要求：

1）一个厅或室的疏散门不应少于 2 个，且建筑面积不宜超过 400m²，如图 3-14、图 3-15 所示。

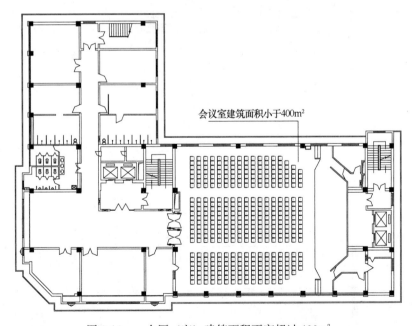

会议室建筑面积小于400m²

图 3-14　一个厅（室）建筑面积不宜超过 400m²

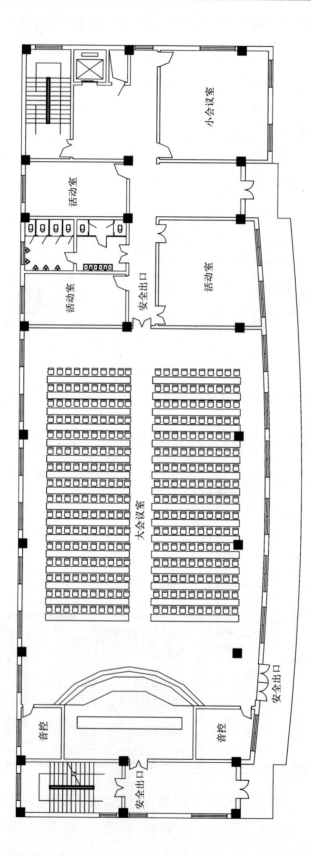

图 3-15 安全出口不少于 2 个

2）必须设置火灾自动报警系统和自动喷水灭火系统等自动灭火系统。

3）幕布的燃烧性能不应低于 B_1 级。

（3）歌舞厅、录像厅、夜总会、放映厅、卡拉OK厅、游艺厅、桑拿浴室、网吧等歌舞娱乐放映游艺场所，应布置在首层、二层或三层，宜靠外墙部位。不应布置在袋形走道的两侧或尽端。当必须设置在建筑的其他楼层时，尚应符合下列规定：

1）不应设置在地下二层及二层以下，当设置在地下一层时，地下一层地面与室外出入口地坪的高差不应大于 10m，如图 3-16 所示。

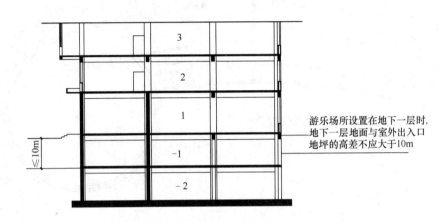

图 3-16　地下一层地面与室外出入口地坪高度不应大于 10m

2）一个厅、室的建筑面积不应大于 $200m^2$，并应采用耐火极限不低于 2.00h 的不燃烧体隔墙和不低于 1.00h 的不燃烧体楼板与其他部位隔开，厅、室的疏散门应设置乙级防火门，如图 3-17 所示。

3）应设防烟、排烟设施。

3.1.2.3　中庭布置

建筑物中的中庭这个概念由来已久。希腊人最早在建筑物中利用露天庭院（天井）这个概念。后来罗马人加以改进，在天井上盖屋顶，便形成了受到屋顶限制的大空间——中庭，如图 3-18 所示，中庭的高度不等，有的与建筑物同高，有的则只是在建筑的下面或下部几层。然而中庭建筑，其防火分区被上下贯通的大空间所破坏，因此，中庭防火设计不合理时，其火灾危害性更大。一般建筑物防火处理的方法是设置防火分区，或是设置防火隔断把局部发生的火灾限制在其发生的范围内。结合国外情况，我国规范做出了如下规定：

建筑物内设置中庭，其防火分区面积应按上、下层相连通的面积叠加计算；当叠加后的建筑面积大于规范规定时，应符合下列规定：

（1）与周围连通空间应进行防火分隔：采用防火隔墙时，其耐火极限不应低于 1.00h；采用防火玻璃墙时，其耐火隔热性和耐火完整性不应低于 1.00h，采用耐火完整性不低于 1.00h 的非隔热性防火玻璃墙时，应设置自动喷水灭火系统进行保护；采用防火卷帘时，其耐火极限不应低于 3.00h，并应符合防火规范的有关规定；与中庭相连通的门、窗，应采用

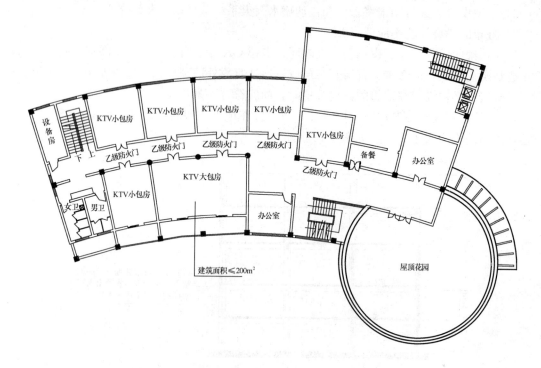

图 3-17　厅、室建筑面积≤200m² 疏散门为乙级防火门

火灾时能自行关闭的甲级防火门、窗。

（2）高层建筑内的中庭回廊应设置自动喷水灭火系统和火灾自动报警系统。

（3）中庭应设置排烟设施。

（4）中庭内不应布置可燃物。

如图 3-18～图 3-20 所示。

3.1.2.4　避难层的消防问题

据统计，设有避难层的高层建筑比无避难层的高层建筑的疏散时间减少 1/2。（即使这样，当层数在 30 层以上时，要将人员在尽短的时间里疏散到室外，仍然是不容易的事情）。因此，规范规定高度超过 100m 的公共建筑，应设避难层或避难间。避难层或避难间是在发生火灾时，人员逃避火灾威胁的安全场所，应有较严格的要求。避难层采取开敞式排烟，以防火墙、防火门与其他部分相隔，可以为向上、向下疏散的人提供安全避难地点。

（1）从第一个避难层（间）的楼地面至灭火救援场地地面的高度不应大于 50m，两个避难层（间）之间的高度不宜大于 50m，如图 3-21 所示，其原因是，发生火灾时集聚在第十几层左右的避难层人员，不能再经楼梯疏散，可由云梯车将人员疏散下来。目前国内有一部分城市配有 50m 高的云梯车，可满足十几层高度的需要。还考虑到各种机电设备及管道等的布置需要，并能方便于建成后的使用管理，两个避难层之间的楼层，大致定在十几层左右。

（2）进入避难层的入口，如没有必要的引导标志，发生了火灾，处于极度紧张的人员不

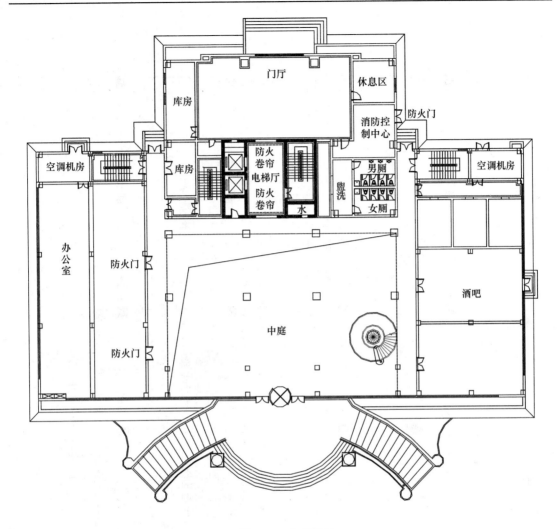

图 3-18　中庭平面

容易找到避难层。为此提出通向避难层的防烟楼梯间应在避难层分隔、同层错动位置或上下层断开，但人员均必须经避难层方能上下，如图 3-22 所示。

　　（3）避难层的人员面积指标是设计人员比较关心的事情。集聚在避难层的人员密度既要大一些，又不至于过分地拥挤。考虑到我国人员的体型情况，就席地而坐来讲，平均每平方米容纳 5 个人还是可以的。

　　（4）避难层可兼作设备层。设备管道宜集中布置，其中的易燃、可燃液体或气体管道应集中布置，设备管道区应采用耐火极限不低于 3.00h 的防火隔墙与避难区分隔。管道井和设备间应采用耐火极限不低于 2.00h 的防火隔墙与避难区分隔，管道井和设备间的门不应直接开向避难区；确需直接开向避难区时，与避难层区出入口的距离不应小于 5m，且应采用甲级防火门。

　　避难间内不应设置易燃、可燃液体或气体管道，不应开设除外窗、疏散门之外的其他开口。

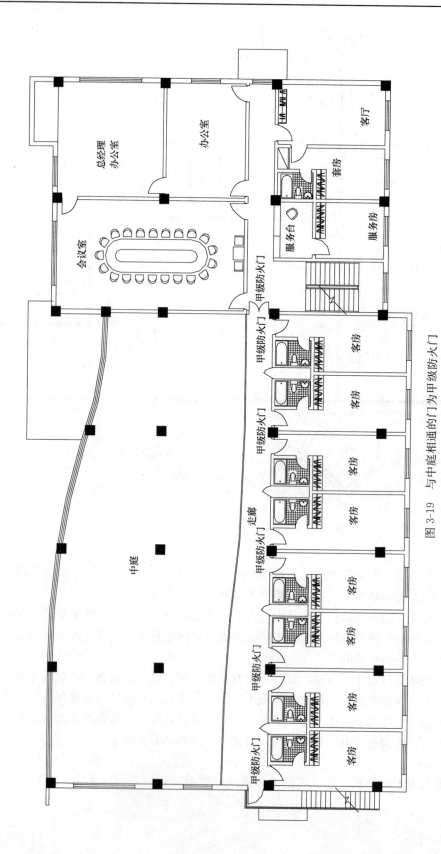

图 3-19　与中庭相通的门为甲级防火门

（5）避难层应设置消防电梯出口。

（6）应设置消火栓和消防软管卷盘。

（7）应设置消防专线电话和应急广播。

（8）在避难层（间）进入楼梯间的入口处和疏散楼梯通向避难层（间）的出口处，应设置明显的指示标志。

（9）应设置直接对外的可开启窗口或独立的机械防烟设施，外窗应采用乙级防火窗。

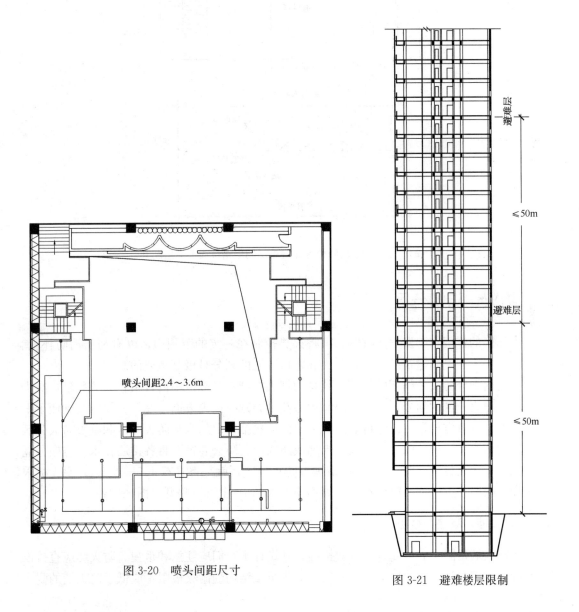

图 3-20 喷头间距尺寸

图 3-21 避难楼层限制

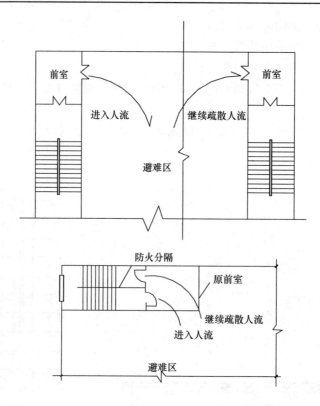

图 3-22 通向避难层的楼梯在避难层同层错位或上下层断开

3.2 防火、防烟分区

防火分区的作用在于发生火灾时，可将火势控制在一定的范围内，以有利于消防扑救、减少火灾损失。在民用建筑设计时，防火和防烟分区的划分是极其重要的。

在建筑内划分防火分隔区的目的，就是为把火控制在局部范围内，阻止火势蔓延，减少火灾损失。防火分区的划分，既要从限制火势蔓延、减少损失方面考虑，又要顾及到便于平时使用管理，以节省投资。比较可靠的防火分区应包括楼板的水平防火分区和垂直防火分区两部分：所谓水平防火分区，就是用防火墙或防火门、防火卷帘等将各楼层在水平方向分隔为两个或几个防火分区（图 3-23）；所谓垂直防火分区，就是将具有 1.5h 或 1.0h 耐火极限的楼板和窗间墙（上、下两窗之间的距离不小于 1.2m）上下层隔开（图 3-24）。

3.2.1 防火墙、隔墙和楼板

设置防火墙是阻止火势蔓延的有效措施，在设计中我们应注意和重视。防火墙应直接设置在基础上或钢筋混凝土的框架上，框架、梁等承重结构的耐火极限不应低于防火墙的耐火极限。

防火墙是阻止火势蔓延的重要分隔物，应严格要求，才能保证在火灾时充分发挥防火墙的作用。故规定输送煤气、氢气、汽油、乙醚、柴油等可燃气体或甲、乙、丙类液体的管

图 3-23　水平防火分区

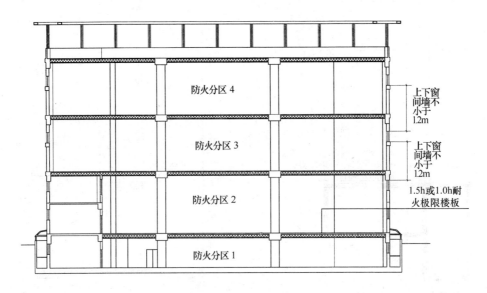

图 3-24　垂直防火分区

道，严禁穿过防火墙。其他管道必须穿过防火墙时，为了防止通过空隙传播火焰，故要求用不燃烧材料紧密填塞。

　　根据某些现有高层建筑发生的问题和火灾的经验教训，要求走道两侧的隔墙、面积超过 $100m^2$ 的房间隔墙、贵重设备房间隔墙、火灾危险性较大的房间隔墙以及病房等房间隔墙，均应砌至梁板的底部，不留缝隙，以阻止烟火流窜蔓延，不使灾情扩大。目前有些高层建筑设计或施工中对此未引起注意，仍有不少装有吊顶的高层建筑，在房间与走廊之间的分隔墙只做到吊顶底皮，没有做到梁板结构底部，一旦起火，容易在吊顶内蔓延，且难以及时发现，导致火灾蔓延扩大。就是没有吊顶，走道墙壁如不砌到结构底部，留有洞口缝隙。也会成为火灾蔓延和烟气扩散的途径。对此，在设计和施工中，应特别注意，如图 3-25 所示。

　　许多火灾实例说明，防火墙设在建筑物转角处，不能有效防止火势蔓延。为了防止火势从防火墙的内转角或防火墙两侧的门窗洞口蔓延，要求门、窗之间必须保持一定的距离，建筑防火墙两侧的门窗洞口的水平距离不应小于 2m。建筑物内的防火墙不应设在转角处，如设在转角附近，内转角两侧上的门窗洞口之间最近的水平距离不应小于 4m，如图 3-26 所示。

从火灾实例说明，如相邻两窗之间一侧装有耐火极限不低于 0.9h 的不燃烧固定窗（即乙级防火窗）扇的采光窗，也可以防止火势蔓延，故可不受距离限制。

在建筑物内发生火灾时，浓烟和火焰通常穿过门、窗、洞口蔓延扩散。为此，规定了防火墙上不应开设门、窗、洞口，如必须开设时，应在开口部位设置防火门、防火窗。实践证明，耐火极限为 1.20h 的甲级防火门，基本能满足控制一般火灾所需要的时间，如图 3-27 所示。

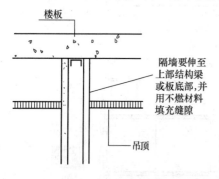

图 3-25　隔墙、楼板、吊顶的合理设计

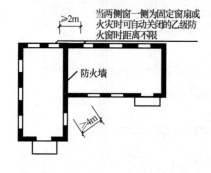

图 3-26　防火墙的正确设计方法

图 3-27　防火门、防火窗的正确设置

3.2.2　建筑的防火分区及防排烟

3.2.2.1　建筑的防火分区

建筑防火分区面积是以建筑面积计算的。不同耐火等级建筑的允许建筑高度或层数、防火分区最大允许建筑面积应符合表 3-5 的要求。

表 3-5　不同耐火等级建筑的允许建筑高度或层数、防火分区最大允许建筑面积

名称	耐火等级	允许建筑高度或层数	防火分区的最大允许建筑面积/m²	备注
高层民用建筑	一、二级	按规范（GB 50016—2014）第 5.1.1 条确定	1500	对于体育馆、剧场的观众厅，防火分区的最大允许建筑面积可适当增加
单、多层民用建筑	一、二级	按规范（GB 50016—2014）第 5.1.1 条确定	2500	
	三级	5 层	1200	—
	四级	2 层	600	—

续表

名称	耐火等级	允许建筑高度或层数	防火分区的最大允许建筑面积/m²	备注
地下或半地下建筑（室）	一级	—	500	设备用房的防火分区最大允许建筑面积不应大于1000m²

注：1. 表中规定的防火分区最大允许建筑面积，当建筑内设置自动灭火系统时，可按本表的规定增加1.0倍；局部设置时，防火分区的增加面积可按该局部面积的1.0倍计算。

　　2. 裙房与高层建筑主体之间设置防火墙时，裙房的防火分区可按单、多层建筑的要求确定。

在进行防火分区划分时应注意以下几点：

（1）防火分区间应采用防火墙分隔，如有困难时，可采用以背火面升温作耐火极限判定条件的防火卷帘（耐火极限3h以上），不以背火面升温作耐火极限判定条件的防火卷帘加闭式自动喷水灭火系统和防火水幕带分隔，如图3-28所示。防火分隔部位设置防火卷帘时，应符合下列规定：

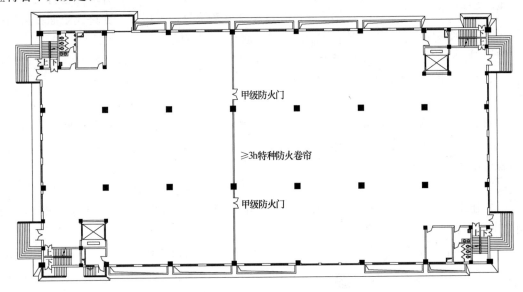

图3-28 防火分区的分隔

1）除中庭外，当防火分隔部位的宽度不大于30m时，防火卷帘的宽度不应大于10m；当防火分隔部位的宽度大于30m时，防火卷帘的宽度不应大于该部位宽度的1/3，且不应大于20m。

2）不宜采用侧式防火卷帘。

3）除规范（GB 50016—2014）另有规定外，防火卷帘的耐火极限不应低于规范（GB 50016—2014）对所设置部位墙体的耐火极限要求。

当防火卷帘的耐火极限符合现行国家标准《门和卷帘的耐火试验方法》GB/T 7633有关耐火完整性和耐火隔热性的判定条件时，可不设置自动喷水灭火系统保护。

当防火卷帘的耐火极限仅符合现行国家标准《门和卷帘的耐火试验方法》GB/T 7633

有关耐火完整性的判定条件时，应设置自动喷水灭火系统保护。自动喷水灭火系统的设计应符合现行国家标准《自动喷水灭火系统设计规范》GB 50084 的规定，但火灾延续时间不应小于该防火卷帘的耐火极限。

4）防火卷帘应具有防烟性能，与楼板、梁、墙、柱之间的空隙应采用防火封堵材料封堵。

5）需在火灾时自动降落的防火卷帘，应具有信号反馈的功能。

6）其他要求，应符合现行国家标准《防火卷帘》GB 14102 的规定。

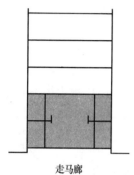

走马廊

图 3-29　相通的两层
为一个防火分区

一些公共建筑物中（如百货楼的营业厅、展览楼的展览厅等），因面积过大，超过了防火分区最大允许面积的规定，考虑到使用上的需要，若按规定设置防火墙确有困难时，可采取特殊的防火处理办法，设置作为划分防火分区分隔设施的防火卷帘，平时卷帘收拢，保持宽敞的场所，满足使用要求，发生火灾时，按控制程序下降，将火势控制在一个防火分区的范围之内，所以用于这种场合的防火卷帘，需要确保防火分隔作用。

防火墙上设门窗时，应采用甲级防火门窗，并应能自行关闭。

（2）建筑内设有自动灭火系统时，每层最大允许建筑面积可增加 1 倍。局部设置时，增加面积可按该局部面积 1 倍计算。

（3）当上下层设有走马廊（图 3-29）、自动扶梯、传送带等开口部位时，应将相连通的各层作为一个防火分区考虑。

建筑的中庭，与周围空间连通应进行防火分隔。防火分隔采用的防火隔墙、防火玻璃、防火卷帘、防火门窗等其耐火极限及其他要求，均应符合有关规定。中庭每层回廊设有火灾自动报警系统和自动喷水灭火系统，以及封闭屋盖设有自动排烟设施时，中庭上下各层的建筑面积可不叠加计算。

3.2.2.2　建筑的防排烟

（1）建筑中的防烟可采用机械加压送风排烟方式或可开启外窗的自然排烟方式（图 3-30）。详细内容见防排烟章节。

（2）建筑中的排烟可采用机械排烟方式或可开启外窗的自然排烟方式，如图 3-31 所示。

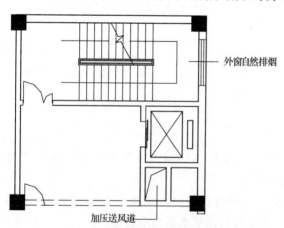

外窗自然排烟

加压送风道

图 3-30　建筑中的防烟方式

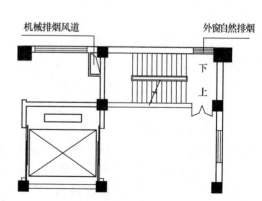

机械排烟风道　　　　外窗自然排烟

下
上

图 3-31　建筑中的排烟方式

详细内容见防排烟章节。

3.2.3　高层建筑的防火、防烟分区

3.2.3.1　高层建筑的防火分区

防火分区的目的就是在设计中将建筑物的平面和空间以防火墙和防火门、窗以及楼板分成若干防火分区，以便发生火灾时，将火势控制在一定范围内，阻止火势蔓延扩大，减少损失。高层建筑内应采用防火墙划分防火分区，每个防火分区允许最大建筑面积，不应超过表 3-6 所限。

表 3-6　每个防火分区的允许最大建筑面积

建筑类别	每个防火分区建筑面积/m²	建筑类别	每个防火分区建筑面积/m²	建筑类别	每个防火分区建筑面积/m²
一类建筑	1500	二类建筑	1500	地下室	500

注：设有自动灭火系统的防火分区，其允许最大建筑面积可按本表增加 1.00 倍；当局部设置自动灭火系统时，增加面积可按该局部面积的 1.00 倍计算。

一类高层建筑，如高度超过 50m 的公共建筑，其内部装修、陈设等可燃物多，有贵重设备，并且设有空调系统等，一旦失火，容易蔓延，危险性大。因此，将一类高层建筑每个防火分区最大允许建筑面积规定为 1500m²。如某饭店（一类），标准层面积为 3800m²，用防火墙划分为三个防火分区，每个防火分区的建筑面积均小于 1500m²，如图 3-32 所示。

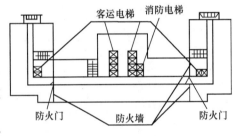

图 3-32　某饭店防火分区示意图

二类高层建筑，其防火分区最大允许建筑面积规定为 1500m²，是根据我国目前经济水平以及消防扑救能力提出的。

规范规定的防火分区面积，如设有自动喷水灭火设备，能及时控制和扑灭初起火灾，能有效地控制火势蔓延，使建筑物的安全程度大为提高。对设有自动喷水灭火系统的防火分区，其最大允许建筑面积可增加 1 倍；当局部设置自动喷水灭火系统时，则该局部面积可增加 1 倍。

与高层建筑相连的裙房建筑高度较低，火灾时疏散较快，且扑救难度也比较小，易于控制火势蔓延。所以当高层主体建筑与裙房之间用防火墙分开时，其裙房的最大允许建筑面积可按 2500m² 设计，如设有自动喷水灭火系统时，防火分区允许最大建筑面积可增大 1 倍，即 5000m²，如图 3-33 所示。

高层建筑的电梯井应独立设置，因为火灾发生时，电梯井如与其他管井连通，容易将火势蔓延到其他管井，扩大灾情。同理，电梯井井壁除开设电梯门洞和通气孔外，不应开设其他洞口，如图 3-34 所示。

排烟道、排气道亦是排烟火的通道，为防止火灾蔓延，高层建筑各部分的电缆井、管道井等各种竖向管井应分别独立设置，不应混设。井壁均采用耐火等级不低于 1.00h 的不燃烧体。检修门应采用丙级防火门。设备管井应每层在楼板处用相当于楼板耐火极限的不燃烧体做防火分隔。如图 3-35 所示。

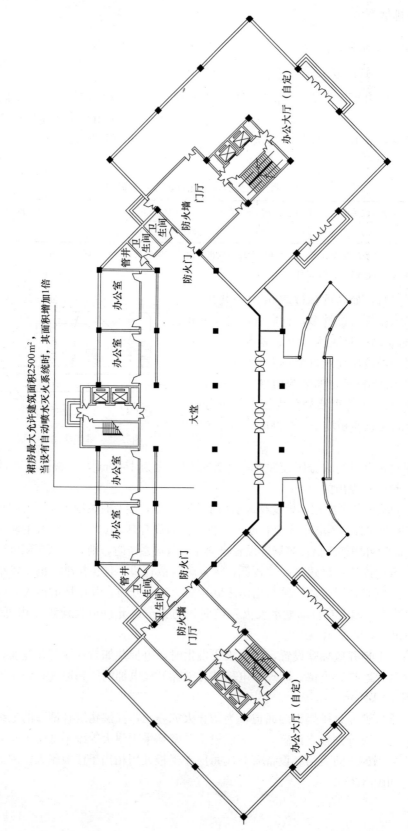

图 3-33　高层主体建筑的裙房与防火分区建筑面积

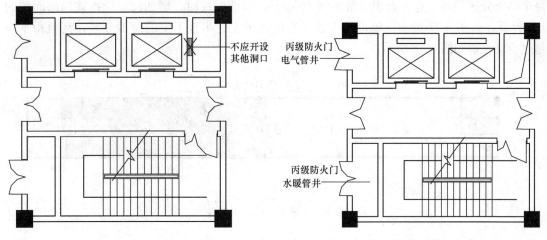

图 3-34　电梯井井壁不应开设其他洞口　　　　图 3-35　各种管井应分别独立设置

3.2.3.2　高层建筑的防烟分区

每个防烟分区的建筑面积不宜超过 $500m^2$，且防烟分区不应跨越防火分区。

为了在高层建筑着火时将烟气控制在一定范围内，规范要求设置排烟的走道、房间（但不包括净高超过 6m 的大空间房间，如观众厅）等场所，应采用挡烟垂壁、隔墙或从顶棚下凸出不小于 0.5m 的梁划分防烟分区。防烟分区做法，如图 3-36 所示。

高层建筑多用垂直直排烟道（竖井）排烟，一般是在每个防烟区设一个垂直烟道。如防烟区面积过小，使垂直排烟道数量增多，会占用较大的有效空间，提高建筑造价。如防烟分区的面积过大，使高温的烟气波及面积加大，会使受灾面积增加，不利于安全疏散和扑救。详细内容见防排烟章节。

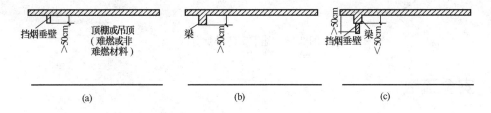

图 3-36　防烟分区做法

（a）固定式挡烟垂壁；（b）梁划分防烟分区；（c）梁和挡烟垂壁相结合

3.2.4　民用建筑地下室的防火、防烟分区

地下室空气流通不像在地上那样可以直接排到室外，发生火灾时，热量不易散失，温度高，烟雾大，疏散和扑救都非常困难。为了有利于防止火灾向地面以上部分和其他部位蔓延，因此规范规定民用建筑地下、半地下建筑（室）的耐火等级应为一级。

地下室、半地下室发生火灾时，人员不易疏散，消防人员扑救困难，故对其防火分区面积应控制得严一些。规定地下室建筑面积 $500m^2$ 为一个防火分区。当设置自动灭火系统时，每个防火分区的最大允许面积可增加到 1000m²，局部设置时，增加面积应按该局部面积的 1 倍计算，如图 3-37 所示。规范规定建筑物的地下室、半地下室的防烟分区，其面积不应超过 500m²，如图 3-38 所示。

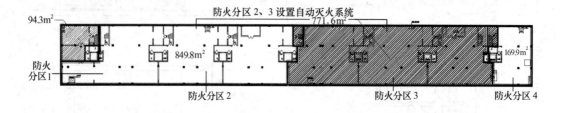

图 3-37　地下一层防火分区

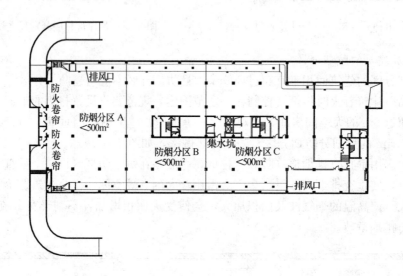

图 3-38　地下室防排烟分区

3.3　安全疏散

据国外统计，建筑火灾死亡人数中，被烟气熏死的越来越多，约占 50%，甚至多达 70%。起火后，烟通过各种竖井上窜，敞开的楼梯根本无法利用，无论向下、向上都有困难。而且，起火层以上各层，还有迅速被烟充满的危险。因此，认真考虑建筑的安全疏散是十分必要的，这也是建筑防火设计中的重点。

在正常条件下，疏散是比较有秩序地进行的；而紧急疏散时，则由于人们处于惊慌的心理状态下，必然会出现拥挤等许多意想不到的情况。所以平时正常情况使用的内门、外门、楼梯等，在发生事故时，不一定都能满足安全疏散的要求，这就要求在建筑物中设置较多的安全出口，保证起火时能够安全疏散以避免造成严重的人员伤亡，如图 3-39 所示。

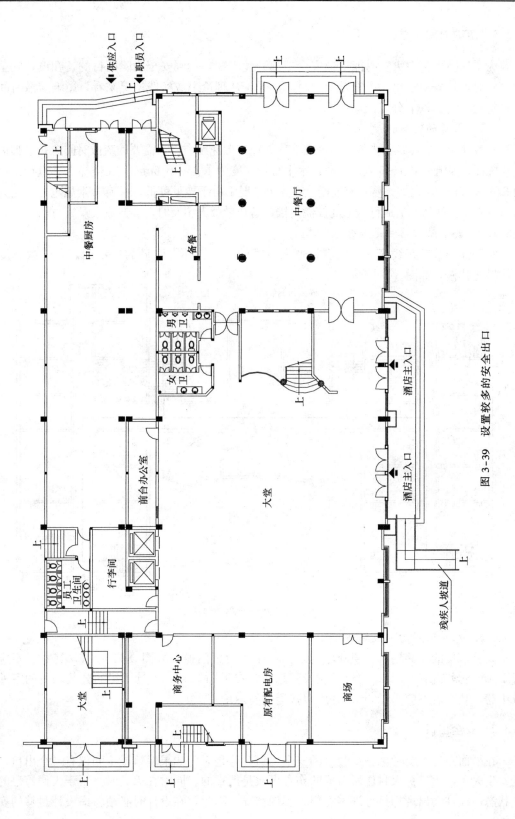

图 3-39 设置较多的安全出口

3.3.1 疏散时间

为了保障人员在火灾时能迅速安全地离开建筑物,达到安全脱险的目的,在设计安全疏散设施时,首先要定出一个安全疏散时间。无论从理论上或实践情况来看,影响疏散时间的因素是较多的。以下分点论述:

3.3.1.1 人员的密集程度

一般地说,在建筑物内的人员密度愈大,则疏散速度愈慢,需要的疏散时间愈长。据国外资料统计,人流密度 1~5 人/m² 时,水平行走速度为 1.35~0.6m/s,在楼梯上垂直行走速度为 3.6~1.5m/s,比烟火蔓延速度慢。在火灾情况下由于能见度低,并有毒烟熏呛,加之人们的恐惧心态,往往会造成行为上的惊慌失措,若疏散救人不及时,会造成大量人员伤亡。

3.3.1.2 安全疏散路线是否合理

实践证明疏散路线简捷、设有拐弯和变宽的平面、并有明显的指示标志,疏散速度就快,反之就慢,如图 3-40 所示。

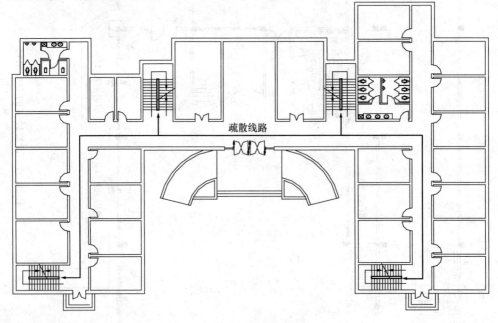

图 3-40 疏散线路简捷图

3.3.1.3 人员密集的公共场所

人员密集的公共场所、观众厅的疏散门不应设置门槛,如图 3-41 所示,其宽度不应小于 1.4m,紧靠门口 1.4m 内外不应设置踏步,参见图 3-62。人员密集的公共场所的室外疏散小巷,其宽度不应小于 3m,并应直接通向宽敞地带。

3.3.2 安全出口

在平面布置上要考虑一定数目的安全出口,这是因为如果建筑或房间仅有一个出口,一旦发生火灾,出口被火封住所造成的伤亡事故是严重的。同时在火灾时,由于人们惊恐的心理状态,往往会出现拥挤等许多意想不到的情况,因此,在设计时必须考虑设计足够的安全

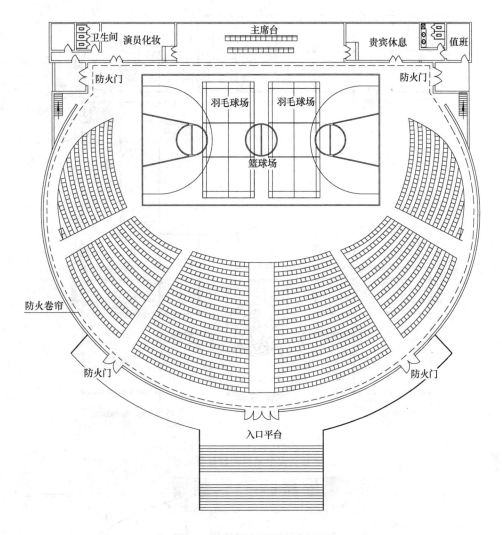

图 3-41　公共场所的门的设置

出口，以保证火灾时人们迅速安全疏散，如图 3-42 所示。

对于建筑内的安全出口和疏散门应分散布置，并考虑足够的安全出口，作用主要有：一是可以避免将两个疏散出口布置在建筑物相距很近的一侧，从而可以避免火灾时造成拥挤或可能都被烟火封住，失去两个出口的作用，造成不应有的损失，如图 3-43 所示。安全出口应分散布置，两个安全出口之间距离不应小于 5m，为人流进行安全疏散创造有利条件。如果两个出口之间距离太近，安全出口集中，会使人流疏散不均匀而造成拥挤，同时，有可能出口被烟堵住，致使人员不能及时脱离危险而造成伤亡事故，如图 3-44 所示。

3.3.2.1　在建筑设计中，应根据使用要求，结合防火安全的需要布置门、走道和楼梯。安全出口的数量应计算确定，一般要求建筑物都有两个或两个以上的安全出口。对于人员密集的大型公共建筑，如影剧院、礼堂、体育馆等，当人员密度很大时，即使有两个出口，往往也是不够的。因此，为了确保安全疏散，要控制每个安全出口的人数。具体做法是：影剧院、礼堂的观众厅每个安全出口的平均疏散人数不应超过 250 人。当容纳人数超过 2000 人

61

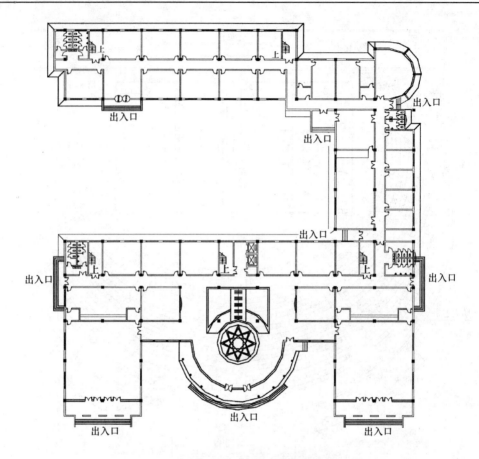

图 3-42 安全出口的数量要足够

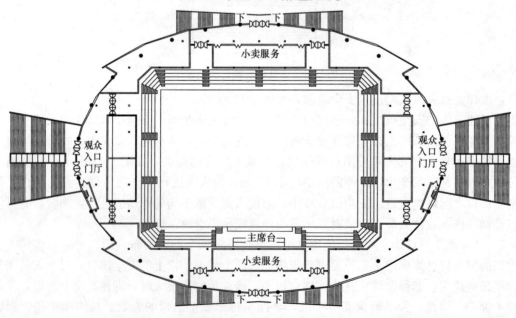

图 3-43 安全出口作用

时，其超出 2000 人的部分，每个安全出口的平均疏散人数不应超过 400 人；体育馆每个安全出口的平均疏散人数应在 400～700 人之间，规模较小的采用下限值，规模较大的采用上限值较合适，如图 3-45 所示。

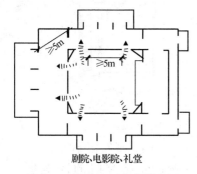

图 3-44　安全出口应分散布置

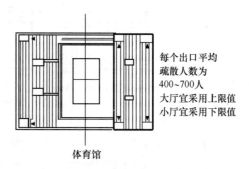

每个出口平均
疏散人数为
400～700 人
大厅宜采用上限值
小厅宜采用下限值

图 3-45　疏散口的人数限值

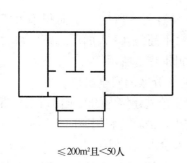

≤200m² 且<50人

图 3-46　单层公共建筑
设一个安全出口

3.3.2.2　由于建筑物类型、面积和使用条件不同，一律要求所有建筑物均设置两个或两个以上的安全出口是不合适的，也没有必要，符合下列条件者可设置一个安全出口或疏散楼梯：

（1）公共建筑设置一个安全出口的条件

1）单层公共建筑或多层公共建筑的首层（托儿所、幼儿园除外）如面积不超过 200m²，且人数不超过 50 人时，可设一个直通室外的安全出口，如图 3-46 所示；

2）除医院、疗养院、老年人建筑与托儿所、幼儿园的儿童用房和儿童游乐厅等儿童活动场所及歌舞娱乐放映游艺场所等外，符合表 3-7 规定的公共建筑，如图 3-47 所示。

表 3-7　公共建筑可设置 1 个疏散楼梯的条件

耐火等级	最多层数	每层最大建筑面积 /m²	人　　数
一、二级	三层	200	第二层和第三层的人数之和不超过 50 人
三级	三层	200	第二层和第三层的人数之和不超过 25 人
四级	二层	200	第二层人数不超过 15 人

3）两个及以上疏散楼梯的一、二级耐火等级的公共建筑，如顶部局部升高时，其高出部分的层数不超过两层，人数之和不超过 50 人时且每层面积不超过 200m²，高出部分可设一个楼梯。但应另设一个直通建筑主体上人平屋面的安全出口，且上人屋面应符合人员安全疏散的要求，如图 3-48 所示。

4）位于两个安全出口之间或袋形走道两侧的房间，对于托儿所、幼儿园、老年人建筑，建筑面积不大于 50m²；对于医疗建筑、教学建筑，建筑面积不大于 75m²；对于其他建筑或场所，建筑面积不大于 120m²。如图 3-49 所示。

5）位于走道尽端的房间，建筑面积小于 50m² 且疏散门的净宽度不小于 0.90m，或由房

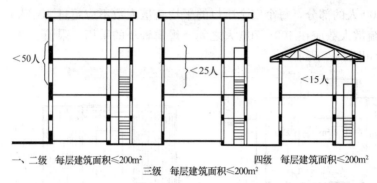

一、二级 每层建筑面积≤200m²   四级 每层建筑面积≤200m²

三级 每层建筑面积≤200m²

图 3-47 公共建筑设置一个楼梯的条件

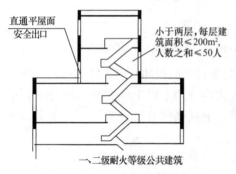

图 3-48 公共建筑顶部局部
升高的安全出口要求

间内任一点至疏散门的直线距离不大于 15m、建筑面积不大于 200m² 且疏散门的净宽度不小于 1.40m。如图 3-50 所示。

6）歌舞娱乐放映游艺场所内建筑面积不大于 50m² 且经常停留人数不超过 15 人的厅、室，可设置 1 个疏散出口，如图 3-51 所示。

（2）通向相邻防火分区的安全出口

一、二级耐火等级公共建筑内的安全出口全部直通室外确有困难的防火分区，可利用通向相邻防火分区的甲级防火门作为安全出口，但应符合下列要求：

1）利用通向相邻防火分区的甲级防火门作为安全出口时，应采用防火墙与相邻防火分区进行分隔。

2）建筑面积大于 1000m² 的防火分区，直通室外的安全出口不应少于 2 个；建筑面积不大于 1000m² 的防火分区，直通室外的安全出口不应少于 1 个。

3）该防火分区通向相邻防火分区的疏散净宽度不应大于其按《建筑设计防火规范》（GB 50016—2014）第 5.5.21 条规定计算所需疏散总净宽度的 30%，建筑各层直通室外的安全出口总净宽度不应小于按照《建筑设计防火规范》（GB 50016—2014）第 5.5.21 条规定计算所需疏散总净宽度。

3.3.2.3 住宅建筑安全出口

1. 住宅建筑安全出口的设置应符合下列规定

（1）建筑高度不大于 27m 的建筑，当每个单元任一层的建筑面积大于 650m²，或任一户门至最近安全出口的距离大于 15m 时，每个单元每层的安全出口不应少于 2 个。

（2）建筑高度大于 27m、不大于 54m 的建筑，当每个单元任一层的建筑面积大于 650m²，或任一户门至最近安全出口的距离大于 10m 时，每个单元每层的安全出口不应少于 2 个。

（3）建筑高度大于 54m 的建筑，每个单元每层的安全出口不应少于 2 个。

2. 住宅建筑设置一个安全出口的条件

（1）建筑高度不大于 27m 的建筑，当每个单元任一层的建筑面积不大于 650m²，或任一户门至最近安全出口的距离不大于 15m 时，每个单元每层的安全出口可设一个，如图 3-52 所示。

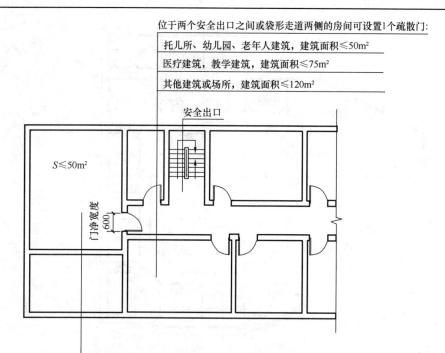

图 3-49 位于两楼梯之间房间的安全出口要求

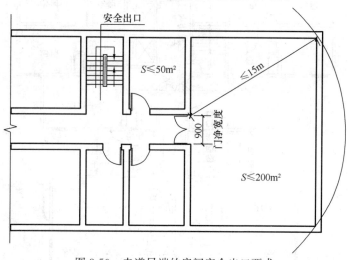

图 3-50 走道尽端的房间安全出口要求

（2）建筑高度大于 27m、不大于 54m 的建筑，当每个单元任一层的建筑面积不大于650m²，或任一户门至最近安全出口的距离不大于 10m 时，每个单元每层的安全出口可设一个，如图 3-53、图 3-54 所示。

（3）建筑高度大于 27m，但不大于 54m 的住宅建筑，每个单元设置一座疏散楼梯时，疏散楼梯应通至屋面，且单元之间的疏散楼梯应能通过屋面连通，户门应采用乙级防火门。当不能通至屋面或不能通过屋面连通时，应设置 2 个安全出口。如图 3-53、图 3-54 所示。

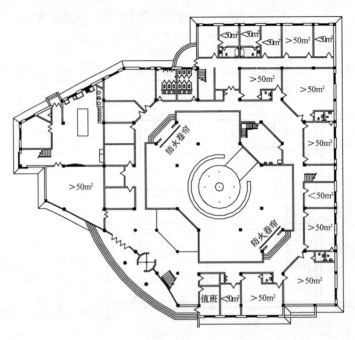

图 3-51　歌舞娱乐放映游艺场所

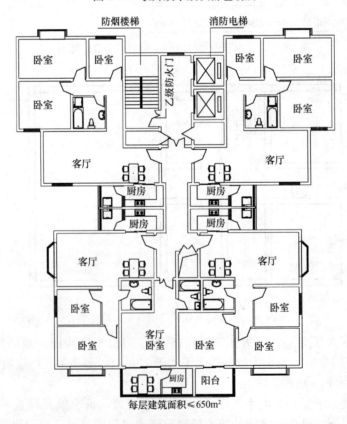

图 3-52　塔式住宅

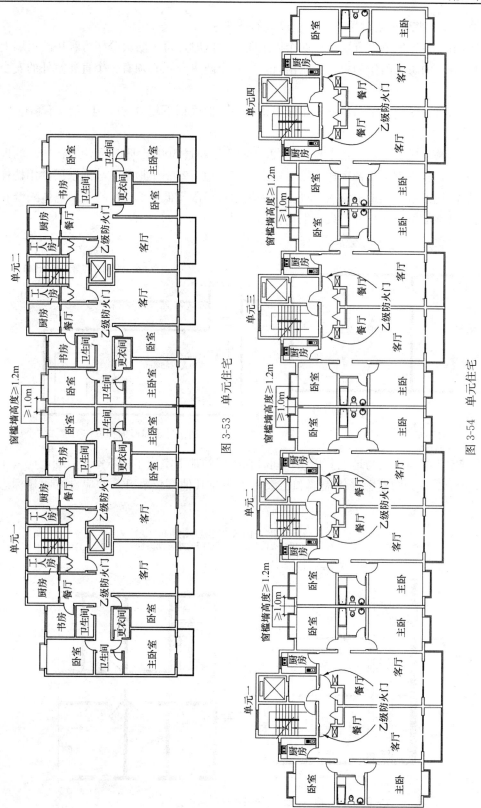

图 3-53　单元住宅

图 3-54　单元住宅

3.3.2.4 地下室、半地下室设置一个安全出口的条件

（1）当地下室、半地下室有两个或两个以上防火分区时，每个防火分区可利用防火墙上一个通向相邻分区的防火门作为第二安全出口，但每个防火分区必须有一个直通室外的安全出口（图3-55）。

（2）每个防火分区的安全出口数目不应少于两个。但面积不超过50m²且人数不超过25人时可设一个。

（3）除人员密集场所外，人数不超过30人、面积不超过500m²且埋深不大于10m的地下室、半地下室，其垂直金属梯可作为第二安全出口。地下室、半地下室与地上层共用楼梯间时，在底层的地下室或半地下室入口处，应采用耐火极限不低于2.0h的非燃烧体隔墙和乙级防火门与其他部位隔开，并应设有明显标志（图3-56）。

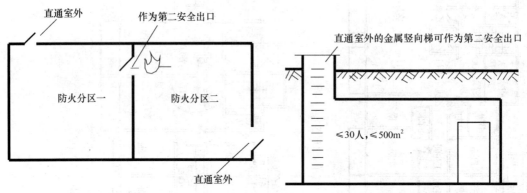

图3-55 安全出口的设置　　　　图3-56 直通室外金属竖向梯可作为第二安全出口

（4）地下室、半地下室与地上共用楼梯间时在底层的地下室或半地下室入口处，应采用耐火极限不低于2.00h的不燃烧体隔墙和乙级防火门与其他部位隔开，并应设有明显标志（图3-57）。

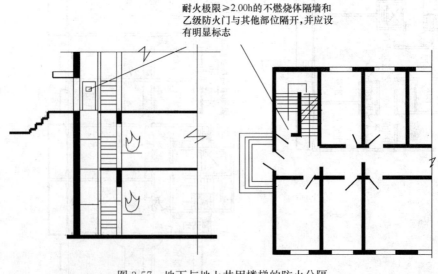

图3-57 地下与地上共用楼梯的防火分隔

3.3.2.5 汽车库、修车库在每个防火分区内其人员安全出口设一个的条件

(1) 同一时间的人数不超过 25 人。

(2) Ⅳ 类汽车库（图 3-58）。

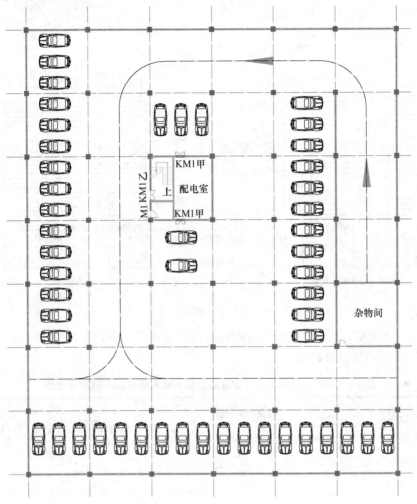

图 3-58 Ⅳ 类汽车库一个人员出口

3.3.3 疏散宽度

建筑物的安全疏散能力，除了和安全出口的数量、分布有关以外，还与疏散宽度、距离以及其他疏散设施等有关系。

为了满足必要的疏散能力的要求，对安全出口的宽度以及疏散楼梯、走道等宽度均有要求。因为疏散的宽度不足，势必导致延长疏散时间，影响安全疏散。

3.3.3.1 建筑疏散宽度

(1) 人员密集的公共场所如剧院、电影院、礼堂、体育馆的疏散走道、疏散楼梯、疏散门、安全出口的各自总宽度，应根据其通过人数和疏散净宽度指标计算确定，并应符合下列规定：

1) 观众厅内疏散走道的净宽度应按每 100 人不小于 0.6m 的净宽度计算，且不应小于

1.0m，边走道的净宽度不宜小于0.8m。在布置疏散走道时，横走道之间的座位排数不宜超过20排；纵走道之间的座位数，剧院、电影院、礼堂等，每排不宜超过22个；体育馆每排不宜超过26个；前后排座椅的排距不小于0.9m时可增加一倍，但不得超过50个；仅一侧有纵走道时座位数应减少一半，如图3-59所示。

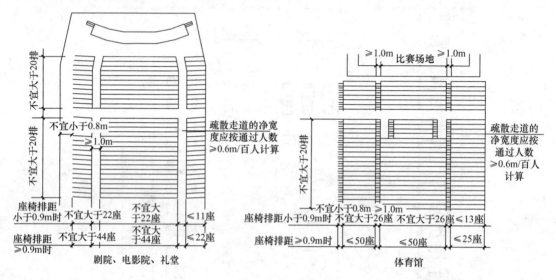

图 3-59　座位排数的设置

2）剧院、电影院、礼堂等场所供观众疏散的所有内门、外门、楼梯和走道的各自总宽度，应按表3-8的规定计算确定。

表 3-8　剧院、电影院、礼堂等场所每 100 人所需最小疏散净宽度　　　　　　　　　　　m

宽 a／（米／百人）实宽／m　　　疏散部位		观众厅座位数	
		≤2500	≤1200
	耐　火　等　级	一、二级	三级
门、走道	平坡地面	0.65	0.85
	阶梯地面	0.75	1.00
楼梯		0.75	1.00

3）体育馆供观众疏散的所有内门、外门、楼梯和走道的各自总宽度，应按表 3-9 的规定计算确定。

表 3-9　体育馆每 100 人所需最小疏散净宽度　　　　　　　　　　m

疏散部位	宽a/（米/百人）实宽/m	观众厅座位数 3000~5000	5001~10000	10001~20000
门、走道	平坡地面	0.43	0.37	0.32
门、走道	阶梯地面	0.50	0.43	0.37
楼梯		0.50	0.43	0.37

注：表 3-9 中对应较大座位数范围按规定计算的疏散总净宽度，不应小于对应相邻较小座位数范围按其最多座位数计算的疏散总净宽度。对于观众厅座位数少于 3000 个的体育馆，计算供观众疏散的所有内门、外门、楼梯和走道的各自总净宽度时，每 100 人的最小疏散净宽度不应小于表 3-8 的规定。

4）有等场需要的入场门不应作为观众厅的疏散门。

（2）学校、商店、办公楼、候车（船）室、民航候机厅、展览厅及歌舞娱乐放映游艺场所等民用建筑中的疏散走道、疏散楼梯、疏散门、安全出口的各自总宽度，应按下列规定经计算确定：

1）每层疏散走道、疏散楼梯、房间疏散门、安全出口的每 100 人净宽度不应小于表 3-10 的规定；当每层人数不等时，疏散楼梯的总宽度可分层计算，地上建筑中下层楼梯的总宽度应按其上层人数最多一层的人数计算；地下建筑中上层楼梯的总宽度应按其下层人数最多一层的人数计算。

表 3-10　疏散走道、疏散楼梯、房间疏散门、安全出口每 100 人的净宽度　　　m

楼 层 位 置	耐 火 等 级		
	一、二级	三　级	四　级
地上一、二层	0.65	0.75	1.00
地上三层	0.75	1.00	—
地上四层及四层以上各层	1.00	1.25	—
与地面出入口地面的高差不超过 10m 的地下楼层	0.75	—	—
与地面出入口地面的高差超过 10m 的地下楼层	1.00	—	—

2）当人员密集的厅、室以及歌舞娱乐放映游艺场所设置在地下或半地下时，其疏散走道、疏散楼梯、房间疏散门、安全出口的各自总宽度应按每100人不小于1m计算确定。

3）首层外门的总宽度应按该层或该层以上人数最多的一层人数计算确定，不供楼上人员疏散的外门，可按本层人数计算确定。

4）录像厅、放映厅的疏散人数应按该场所的建筑面积1人/m²计算确定；其他歌舞娱乐放映游艺场所的疏散人数应按该场所的建筑面积0.5人/m²计算确定。

5）有固定座位的场所，其疏散人数可按实际座位数的1.1倍计算。

6）展览厅的疏散人数应根据展览厅的建筑面积和人员密度计算，展览厅内的人员密度宜按0.75人/m²确定。

7）商店的疏散人数应按每层营业厅的建筑面积乘以表3-11规定的人员密度计算。对于建材商店、家具和灯饰展示建筑，其人员密度可按表3-11规定值的30％确定。

表3-11　商店营业厅内的人员密度　　　　　　　　　　　　　　　　　人/m²

楼层位置	地下第二层	地下第一层	地上第一、二层	地上第三层	地上第四层及以上各层
人员密度	0.56	0.60	0.43～0.60	0.39～0.54	0.30～0.42

（3）除《建筑设计防火规范》（GB 50016—2014）另有规定外，公共建筑内疏散门和安全出口的净宽度不应小于0.90m，疏散走道和疏散楼梯的净宽度不应小于1.10m。

1）高层公共建筑内楼梯间的首层疏散门、首层疏散外门、疏散走道和疏散楼梯的最小净宽度应符合表3-12的规定。

表3-12　高层公共建筑内楼梯间的首层疏散门、首层疏散外门、疏散走道和疏散楼梯的最小净宽度　　　　　　　　　　　　　　m

建筑类别	楼梯间的首层疏散门、首层疏散外门	走道		疏散楼梯
		单面布房	双面布房	
高层医疗建筑	1.30	1.40	1.50	1.30
其他高层公共建筑	1.20	1.30	1.40	1.20

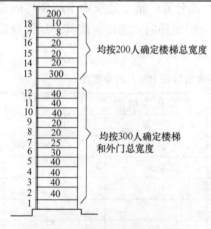

图3-60　人数平等时宽度计算办法

2）疏散楼梯间及前室的门净宽应按通过人数每100人不小于1.0m计算，但最小净宽不应小于0.9m。单面布置房间的住宅，其走道出垛处的最小净宽不应小于0.9m。

还有一点应注意的是，当建筑内各层人数不相等时，楼梯的总宽度可以按照分段的办法计算，下层楼梯的总宽度要按该层及该层以上人数量多的一层计算。如十二层为300人，则十一层以内的各层楼梯和首层疏散外门的总宽度均按300人计算；十八层为200人，则十三层至十七层的楼梯总宽度均按200人计算，如图3-60所示。

3）设有固定座位的观众厅、会议室等人员密集场所，其疏散走道、出口等应符合下列规定：

① 厅的疏散走道的净宽应按通过人数每100人不小于0.6m计算，且不应小于1.0m；边走道的最小净宽不宜小于0.8m，如图3-61所示。

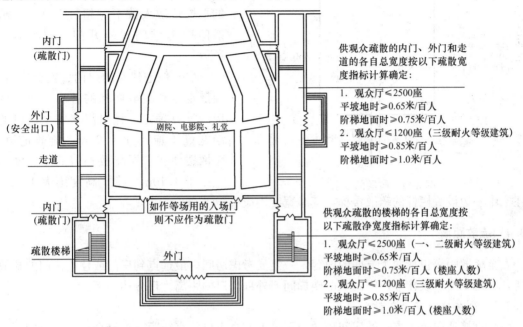

供观众疏散的内门、外门和走道的各自总宽度按以下疏散宽度指标计算确定：

1. 观众厅≤2500座
   平坡地时≥0.65米/百人
   阶梯地面时≥0.75米/百人
2. 观众厅≤1200座（三级耐火等级建筑）
   平坡地时≥0.85米/百人
   阶梯地面时≥1.0米/百人

供观众疏散的楼梯的各自总宽度按以下疏散净宽度指标计算确定：

1. 观众厅≤2500座（一、二级耐火等级建筑）
   平坡地时≥0.65米/百人
   阶梯地面时≥0.75米/百人（楼座人数）
2. 观众厅≤1200座（三级耐火等级建筑）
   平坡地时≥0.85米/百人
   阶梯地面时≥1.0米/百人（楼座人数）

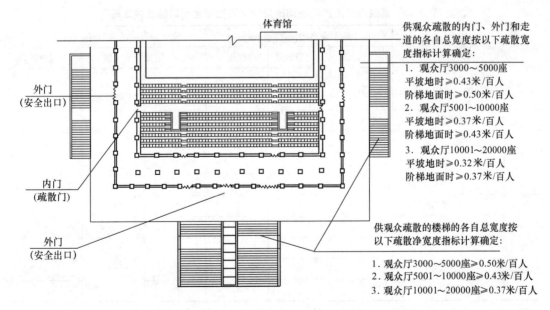

供观众疏散的内门、外门和走道的各自总宽度按以下疏散宽度指标计算确定：

1. 观众厅3000~5000座
   平坡地时≥0.43米/百人
   阶梯地面时≥0.50米/百人
2. 观众厅5001~10000座
   平坡地时≥0.37米/百人
   阶梯地面时≥0.43米/百人
3. 观众厅10001~20000座
   平坡地时≥0.32米/百人
   阶梯地面时≥0.37米/百人

供观众疏散的楼梯的各自总宽度按以下疏散净宽度指标计算确定：

1. 观众厅3000~5000座≥0.50米/百人
2. 观众厅5001~10000座≥0.43米/百人
3. 观众厅10001~20000座≥0.37米/百人

图3-61　厅、室座位布置要求

② 厅的疏散出口和厅外疏散走道的总宽度，平坡地面应按通过人数每100人不小于0.65m计算，阶梯地面应分别按通过人数每100人不小于0.75m计算。疏散出口和疏散走

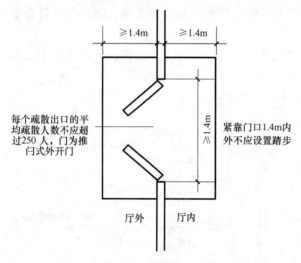

每个疏散出口的平均疏散人数不应超过250人，门为推闩式外开门

≥1.4m　≥1.4m

≥1.4m

紧靠门口1.4m内外不应设置踏步

厅外　厅内

图3-62　疏散的要求

道最小净宽均不应小于1.40m。

③疏散出口的门内、门外1.40m范围内不应设踏步，且门必须向外开，并不应设置门槛。厅内每个疏散出口的平均疏散人数不应超过250人，疏散门应为推闩式外开门，如图3-62所示。

（4）住宅建筑的户门、安全出口、疏散走道和疏散楼梯的各自总净宽度应经计算确定，且户门和安全出口的净宽度不应小于0.90m，疏散走道、疏散楼梯和首层疏散外门的净宽度不应小于1.10m。建筑高度不大于18m的住宅中一边设置栏杆的疏散楼梯，其净宽度不应小于1.0m。

3.3.4　疏散距离

安全疏散距离包括两个方面的内容，一是要考虑房间内最远点到房门或住宅户门的疏散距离，二是从房门或住宅户门到疏散楼梯间或外部出口的距离。现分述如下：

3.3.4.1　公共建筑安全疏散距离

（1）直接通向疏散走道的房间疏散门至最近安全出口的直线距离应符合表3-13的规定。

表3-13　直通疏散走道的房间疏散门至最近安全出口的直线距离　　　　m

名称			位于两个安全出口之间的疏散门			位于袋形走道两侧或尽端的疏散门		
			一、二级	三级	四级	一、二级	三级	四级
托儿所、幼儿园、老年人建筑			25	20	15	20	15	10
歌舞娱乐放映游艺场所			25	20	15	9	—	—
医疗建筑	单、多层		35	30	25	20	15	10
	高层	病房部分	24	—	—	12	—	—
		其他部分	30	—	—	15	—	—
教学建筑	单、多层		35	30	25	22	20	10
	高层		30	—	—	15	—	—
高层旅馆、公寓、展览建筑			30	—	—	15	—	—
其他建筑	单、多层		40	35	25	22	20	15
	高层		40	—	—	20	—	—

注：1. 建筑内开向敞开式外廊的房间疏散门至最近安全出口的直线距离可按本表的规定增加5m。

2. 直通疏散走道的房间疏散门至最近敞开楼梯间的直线距离，当房间位于两个楼梯间之间时，应按本表的规定减少5m；当房间位于袋形走道两侧或尽端时，应按本表的规定减少2m。

3. 建筑物内全部设置自动喷水灭火系统时，其安全疏散距离可按本表及注1的规定增加25%。

（2）直接通向疏散走道的房间疏散门至最近非封闭楼梯间的距离，当房间位于两个楼梯间之间时应按表 3-13 的规定减少 5m；当房间位于袋形走道两侧或尽端时，应按表 3-13 的规定减少 2m，如图 3-63 所示。

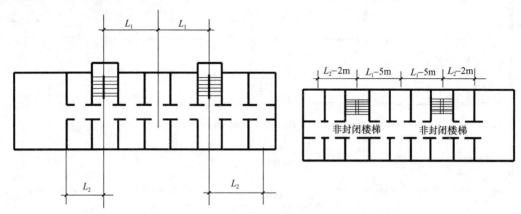

L_1—位于两个安全出口之间房间的安全疏散距离；
L_2—位于袋形走道的安全疏散距离。

图 3-63 安全疏散距离的要求

（3）房间内任一点到该房间直接通向疏散走道的疏散门的距离，不应大于表 3-13 中规定的袋形走道两侧或尽端的疏散门至安全出口的最大距离如图 3-64 所示。

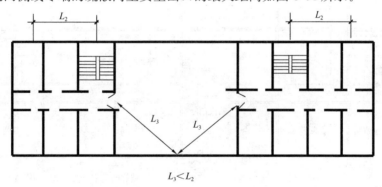

L_2—位于袋形走道的安全疏散距离；
L_3—房间内任一点到该房间直接通向疏散走道的疏散门的距离。

图 3-64 房间疏散距离的要求

（4）楼梯间的首层应设置直通室外的安全出口或在首层采用扩大封闭楼梯间或防烟楼梯间前室，如图 3-65 所示。

当层数不超过四层时可将直通室外的安全出口设置在离楼梯间小于等于 15m 处，如图 3-66 所示。

（5）建筑的安全出口应分散布置，两个安全出口之间的水平距离不应小于 5m。建筑安全疏散距离应符合表 3-13 的规定。

（6）公共建筑中位于两个安全出口之间的房间或袋形走道两侧的房间，当房间面积不超过

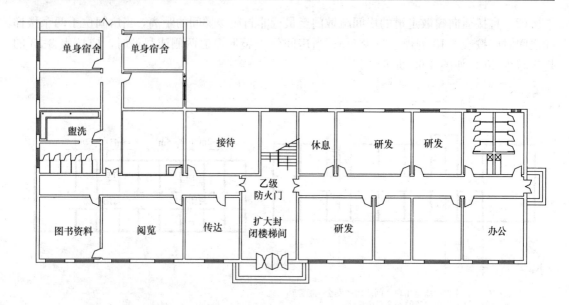

图 3-65　首层扩大封闭楼梯间

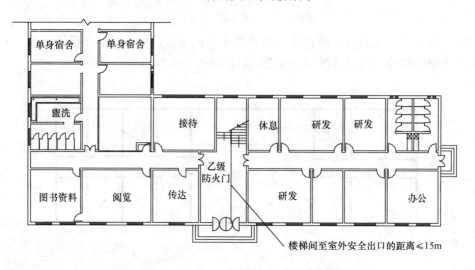

图 3-66　层数≤四层时，楼梯至安全出口距离要求

$50m^2$（或 $75m^2$，或 $120m^2$）时，允许设一个门，门的净宽不应小于 0.90m。位于走道尽端，

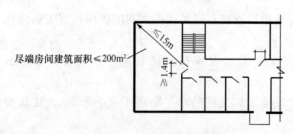

图 3-67　房间疏散门的设置要求

面积在 $200m^2$ 以内且房间内任一点至疏散门的直线距离≤15m 的房间，属于较大的房间。受平面布置的限制，有些情况下，不能开两个门。针对这样的具体情况，规范作了放宽，规定当门的宽度不小于 1.40m 时，允许设一个门，这可以使 2～3 股人流顺利疏散出来，如图 3-67 所示。

3.3.4.2　住宅建筑的安全距离

住宅建筑的安全疏散距离应符合下列规定：

（1）直通疏散走道的户门至最近安全出口的直线距离不应大于表3-14的规定。

表3-14　住宅建筑直通疏散走道的户门至最近安全出口的直线距离   m

住宅建筑类别	位于两个安全出口之间的户门			位于袋形走道两侧或尽端的户门		
	一、二级	三级	四级	一、二级	三级	四级
单、多层	40	35	25	22	20	15
高层	40	—	—	20	—	—

注：1. 开向敞开式外廊的户门至最近安全出口的最大直线距离可按本表的规定增加5m。

2. 直通疏散走道的户门至最近敞开楼梯间的直线距离，当户门位于两个楼梯间之间时，应按本表的规定减少5m；当户门位于袋形走道两侧或尽端时，应按本表的规定减少2m。

3. 住宅建筑内全部设置自动喷水灭火系统时，其安全疏散距离可按本表及注1的规定增加25%。

4. 跃廊式住宅的户门至最近安全出口的距离，应从户门算起，小楼梯的一段距离可按其水平投影长度的1.50倍计算。

（2）楼梯间应在首层直通室外，或在首层采用扩大的封闭楼梯间或防烟楼梯间前室。层数不超过4层时，可将直通室外的门设置在离楼梯间不大于15m处。

（3）户内任一点至直通疏散走道的户门的直线距离不应大于表3-14规定的袋形走道两侧或尽端的疏散门至最近安全出口的最大直线距离。

注：跃层式住宅，户内楼梯的距离可按其梯段水平投影长度的1.50倍计算。

3.3.4.3　汽车库人员安全疏散距离

多层汽车库、地下汽车库的外部出口或楼梯间至室内最远工作地点的距离不应超过45m，当设自动喷水灭火系统时为60m，如图3-68所示，单层或设在建筑物首层的汽车库，室内最远工作地点至室外出口的距离不应超过60m。

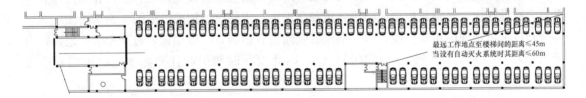

最远工作地点至楼梯间的距离≤45m
当设有自动灭火系统时其距离≤60m

图3-68　汽车库安全疏散距离

3.3.5　疏散线路、照明及标志

3.3.5.1　疏散通道条件

根据火灾事故中疏散人员的心理与行为特征，在进行建筑平面设计，尤其是布置疏散楼梯间应使疏散路线简捷，并能使建筑物内的每一个房间都能向两个方向疏散，如中心核式建筑布置环行或双向走道；一字形、L形建筑，端部应设疏散楼梯，避免出现袋形走道，合理组织疏散路线，如图3-69、图3-70所示。

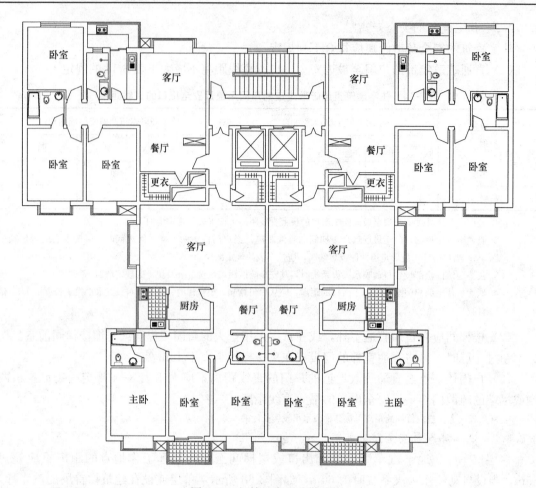

图 3-69　短捷一字形疏散路线

走道有死角和门槛或阶梯等，不仅疏散时间长，而且还会发生撞伤、挤伤和摔伤等意外事故，在设计中，必须避免疏散路线死角和凸出物，不要设置门槛，如图 3-71 所示。

疏散走道地面的粗糙程度，对安全疏散时间也有影响，一般地说，过于光滑的地面，由于摩擦力小，不仅疏散慢，而且容易跌倒，因此设计时要引起注意，地面的粗糙程度要适度。

3.3.5.2　楼梯的形式

据测定，在螺旋步和扇形步的楼梯行走要比在普通踏步的楼梯行走慢，而且在紧急时容易跌跤，延误疏散时间，因此楼梯和走道上的阶梯尽量不采用螺旋步和扇形步，如能满足如图 3-72 的要求，方可按疏散楼梯使用。

试验还说明，楼梯踏步宽度与起步高度尺寸适当，有助于加快步行速度，一般应满足下式要求：

$$2a+b=64\text{cm}$$

式中，a 为楼梯的踏步高，一般采用 15cm，a 值可根据不同疏散人员情况，酌情调整，采用 15～18cm，b 为楼梯踏步宽度，随 d 值变化而变化。

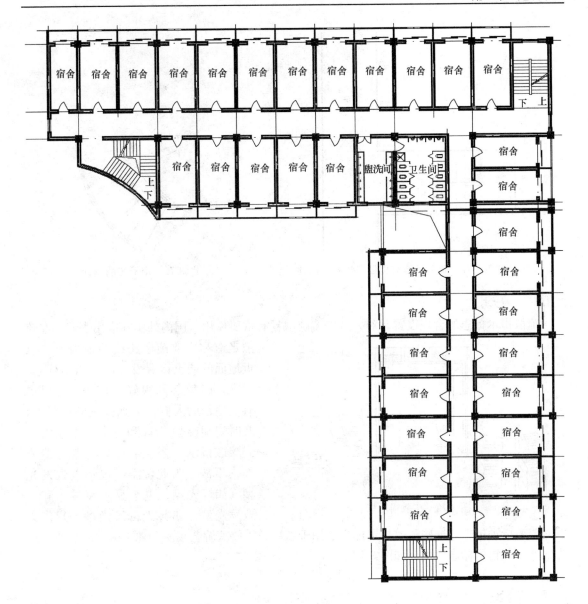

图 3-70 L 形疏散路线

3.3.5.3 事故照明

建筑发生灾害（除火灾外尚可能有其他灾害）时，常切断电源，故需采用备用电源提供灾害事故时照明，以指示人们的紧急疏散。我国规定在疏散楼梯、消防电梯及其前室、消防中心及水泵房、紧急发电机房、高层建筑内的公共活动场所等处设置灾害事故照明。其中，疏散用的宜设在疏散门的上方，走道转角距地 1m 以下的墙面或地面上，其最低照度不低于1.0lx。机房用的应保持正常照度。

为了保证消防队扑救灭火用水的紧急需要，建筑设计时，除了紧急电源外，还应按规范规定，设计消防给水系统，包括消防用水量。室外消防给水管道，消防水池和室外消火栓；室内消防给水管道、室内消火栓和消防水箱；消防水泵房和固定灭火装置等内容。

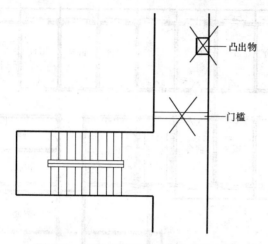

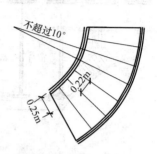

图 3-71　疏散走道避免设门槛和凸出物　　　　　图 3-72　扇形步的设计

3.3.5.4　标志

疏散指示标志的合理设置，对人员安全疏散具有重要作用，国内外实际应用表明，在疏散走道和主要疏散路线的地面上或靠近地面的墙上设置发光疏散指示标志，对安全疏散起到很好的作用，可以更有效地帮助人们在浓烟弥漫的情况下，及时识别疏散位置和方向，迅速沿发光疏散指示标志顺利疏散，避免造成伤亡事故。为此，需以包括电致发光型（如灯光型、电子显示型等）和光致发光型（如蓄光自发光型等）作为

图 3-73　疏散指示标志

发光疏散指示标志。这些疏散指示标志适用于歌舞娱乐放映游艺场所和地下大空间场所，作为辅助疏散指示标志使用，如图 3-73 所示。

3.4　楼梯、电梯

当发生火灾时，普通电梯如未采取有效的防火防烟措施，因供电中断，一般会停止运行。此时，楼梯与消防电梯就成为主要的垂直疏散设施。它们是楼内人员的避难路线，也是救护路线，还是消防人员灭火的路线，可见其重要性。

3.4.1　疏散楼梯间

3.4.1.1　《建筑设计防火规范》规定

《建筑设计防火规范》规定了疏散楼梯间设置的有关要求。建筑内设置敞开式楼梯，须根据建筑功能的要求，按规范执行。此类楼梯由于是敞开式楼梯在防火上是不安全的，它是烟火向其他楼层蔓延的主要通道，如图 3-74 所示。

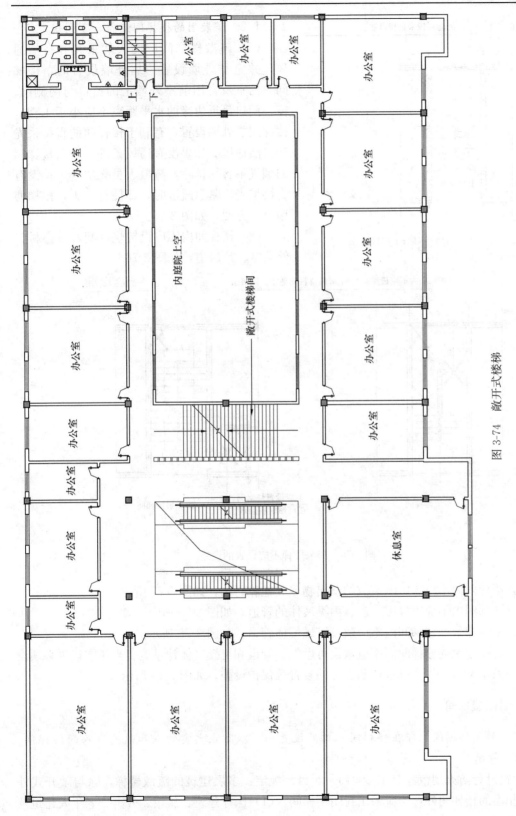

图 3-74 敞开式楼梯

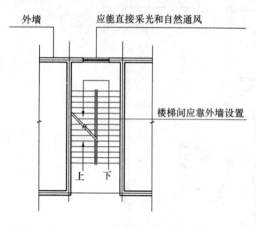

图 3-75 疏散楼梯的一般规定

3.4.1.2 疏散用的楼梯间应符合下列规定

（1）疏散楼梯间应能天然采光和自然通风，并宜靠外墙设置。靠外墙设置时，楼梯间、前室及合用前室外墙上的窗口与两侧门、窗、洞口最近边缘的水平距离不应小于 1.0m。楼梯间靠外墙设置，有利于楼梯间的直接采光和自然通风。如果没有通风条件，进入楼梯间的烟气不容易排除，疏散人员无法进入；没有直接采光，紧急疏散时，即使是白天，楼梯使用也不方便，如图 3-75 所示。

（2）楼梯间内不应设置烧水间，可燃材料储藏室、垃圾道，如图 3-76 所示。

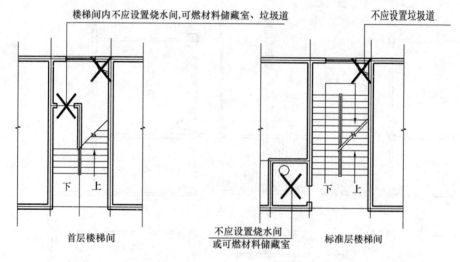

图 3-76 疏散楼梯不应设置的设施

（3）楼梯间内不应有影响疏散的凸出物或其他障碍物，如图 3-77 所示。

（4）楼梯间内不应敷设甲、乙、丙类液体的管道，如图 3-78 所示。

（5）公共建筑的楼梯间内不应敷设可燃气体管道，如图 3-78 所示。

（6）居住建筑的楼梯间内不应敷设可燃气体管道和可燃气体计量表。当住宅建筑必须设置时，应采用金属套管和设置切断气源的装置等保护设施，如图 3-79 所示。

3.4.2 封闭楼梯间

3.4.2.1 封闭楼梯间，即在楼梯入口处设置门，以防止火灾的烟和热气进入的楼梯间。如图 3-80 所示。

《建筑设计防火规范》（GB 50016—2014）规定：多层建筑的疏散楼梯，除与敞开式外廊直接相连的楼梯间外，均应采用封闭楼梯间：（1）医疗建筑、旅馆、公寓、老年人建筑及

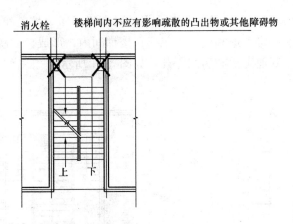

图 3-77　疏散楼梯不应设置的凸出物和障碍物

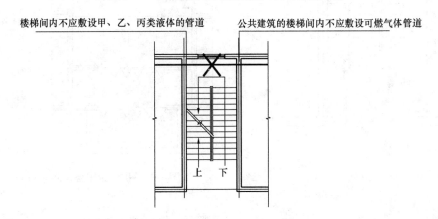

图 3-78　疏散楼梯管道敷设要求

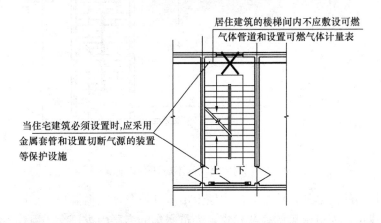

图 3-79　住宅楼梯间管道的保护设施

类似使用功能的建筑;(2)设置歌舞娱乐放映游艺场所的建筑;(3)商店、图书馆、展览建筑、会议中心及类似使用功能的建筑;(4)六层及以上的其他建筑;(5)裙房及建筑高度不大于32m的二类高层公共建筑。

3.4.2.2 设置封闭楼梯间时除应符合规范要求的疏散楼梯间的规定外，还应符合下列要求。

（1）楼梯间的首层可将走道和门厅等包括在楼梯间内，形成扩大的封闭楼梯间，但应采用乙级防火门等措施与其他走道和房间隔开，如图 3-81 所示。

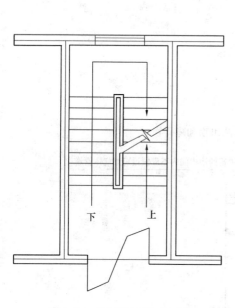

图 3-80 封闭楼梯间示意图

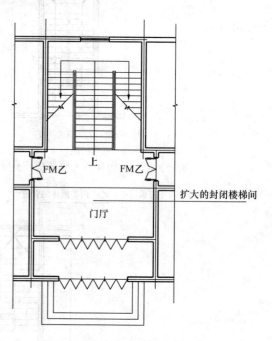

图 3-81 扩大封闭楼梯间分隔措施

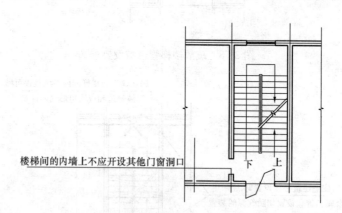

图 3-82 封闭楼梯间不应开设其他洞口

（2）除楼梯间的门之外，楼梯间的内墙上不应开设其他门窗洞口，如图 3-82 所示。

（3）高层建筑，人员密集的公共建筑，人员密集的多层丙类厂房，甲、乙类厂房，设置封闭楼梯间时，通向楼梯间的门应采用乙级防火门，并应向疏散方向开启，如图 3-83 所示。

（4）其他建筑封闭楼梯间的门可采用双向弹簧门。

（5）不能自然通风或自然通风不能满足要求时，应设置机械加压送风系统或采用防烟楼梯间。

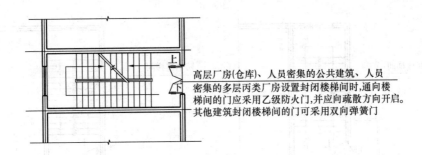

高层厂房(仓库)、人员密集的公共建筑、人员密集的多层丙类厂房设置封闭楼梯间时,通向楼梯间的门应采用乙级防火门,并应向疏散方向开启。其他建筑封闭楼梯间的门可采用双向弹簧门

图3-83 楼梯间设置乙级防火门,并向疏散方向开启的条件

3.4.2.3 住宅建筑的疏散楼梯

（1）住宅建筑的疏散楼梯设置应符合下列规定：

1）建筑高度不大于21m的住宅建筑可采用敞开楼梯间；与电梯井相邻布置的疏散楼梯应采用封闭楼梯间，当户门采用乙级防火门时，仍可采用敞开楼梯间。

2）建筑高度大于21m、不大于33m的住宅建筑应采用封闭楼梯间；当户门采用乙级防火门时，可采用敞开楼梯间。

3）建筑高度大于33m的住宅建筑应采用防烟楼梯间。同一楼层或单元的户门不宜直接开向前室，确有困难时，开向前室的户门不应大于3樘且应采用乙级防火门。

（2）住宅单元的疏散楼梯，当分散设置确有困难且任一户门至最近疏散楼梯间入口的距离不大于10m时，可采用剪刀楼梯间，但应符合下列规定：

1）应采用防烟楼梯间。

2）梯段之间应设置耐火极限不低于1.00h的防火隔墙。

3）楼梯间的前室不宜共用；共用时，前室的使用面积不应小于6m²。

4）楼梯间的前室或共用前室不宜与消防电梯的前室合用；合用时，合用前室的使用面积不应小于12m²，且短边不应小于2.4m。

5）两个楼梯间的加压送风系统不宜合用；合用时，应符合现行国家有关标准的规定。

3.4.3 防烟楼梯间

3.4.3.1 防烟楼梯间是在楼梯入口处设置防烟的前室、开敞式阳台或凹廊（统称前室）等设施，且通向前室或楼梯间的门均为防火门，以防止火灾的烟和热气进入楼梯间。一类高层公共建筑及高度超过32m的二类高层公共建筑均应设防烟楼梯间。

3.4.3.2 防烟楼梯间的设置应符合下列规定：

（1）当不能天然采光和自然通风时，楼梯间应设置防烟或排烟设施及消防应急照明设施，如图3-85所示。

（2）在楼梯间入口处应设置防烟前室、开敞式阳台或凹廊等如图3-84所示，防烟前室可与消防电梯间前室合用。

（3）前室的使用面积：公共建筑不应小于6.0m²，居住建筑不应小于4.5m²，如图3-85所示。

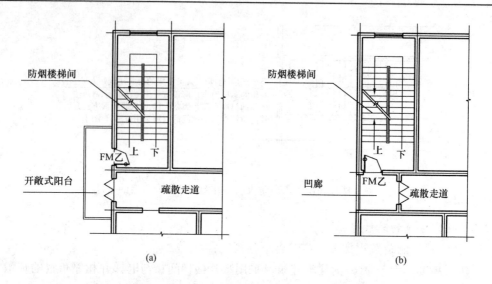

图 3-84　防烟楼梯连通开敞式阳台及连通凹廊

（a）防烟楼梯连通开敞式阳台；（b）防烟楼梯连通凹廊

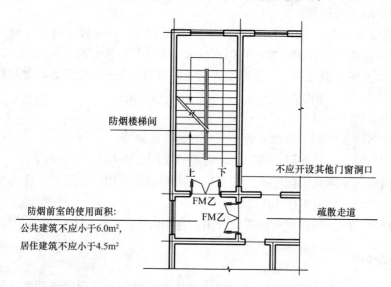

图 3-85　前室的使用面积

　　合用前室的使用面积：公共建筑、高层厂房以及高层仓库不应小于 10.0m²，居住建筑不应小于 6.0m²，如图 3-86 所示。

　　（4）疏散走道通向前室以及前室通向楼梯间的门应采用乙级防火门，并向疏散方向开启；如图 3-87 所示。

　　（5）除楼梯间门和前室门、楼梯间和前室内设置的正压送风口和住宅建筑的楼梯间前室外，防烟楼梯间及其前室的内墙上不应开设其他门、窗、洞口；如图 3-85 所示。

　　（6）楼梯间的首层可将走道和门厅等包括在楼梯间前室内，形成扩大的防烟前室，但应采用乙级防火门等措施与其他走道和房间隔开；如图 3-88 所示。

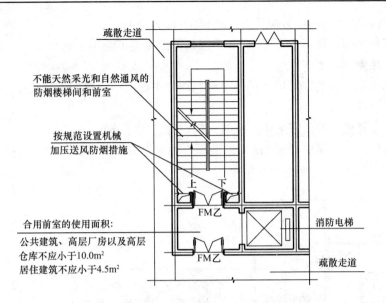

图 3-86 合用前室的使用面积

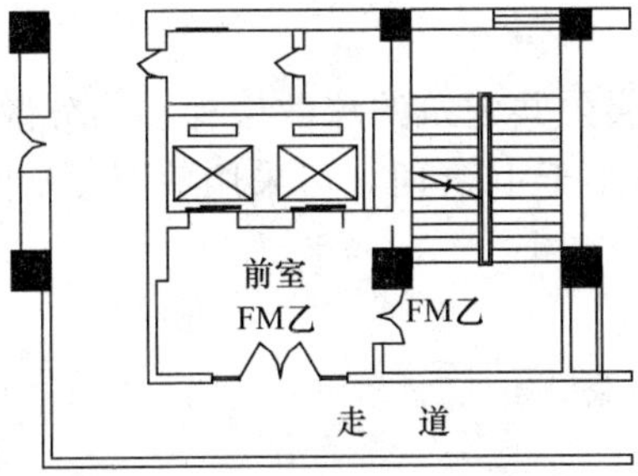

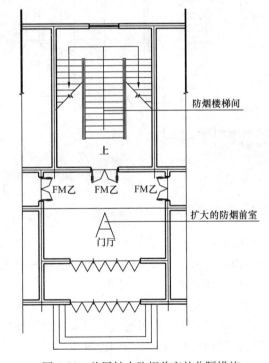

图 3-87 楼梯间门及前室门的设置要求

图 3-88 首层扩大防烟前室的分隔措施

3.4.4 室外疏散楼梯

3.4.4.1 室外疏散楼梯是简易疏散楼梯,位于标准层走廊尽端的外墙,楼梯与出口平台均应用非燃烧材料制作,可用悬挑结构,使其不占用客房层的面积,且排烟效果最好,亦为最经济的疏散楼梯。

3.4.4.2　室外疏散楼梯的设置应符合下列规定（图 3-89）：

（1）栏杆扶手的高度不应小于 1.1m，楼梯的净宽度不应小于 0.9m；

（2）倾斜角度不应大于 45°；

（3）楼梯段和平台均应采取不可燃材料制作。平台的耐火极限不应低于 1.00h，楼梯段的耐火极限不应低于 0.25h；

（4）通向室外楼梯的门宜采用乙级防火门，并应向室外开启；

（5）除疏散门外，楼梯周围 2m 内的墙面上不应设置门、窗、洞口。疏散门不应正对楼梯段（图 3-90）。

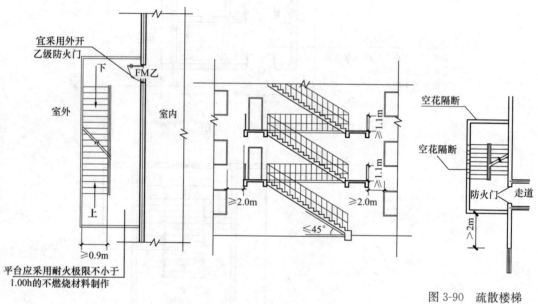

图 3-89　室外疏散楼梯的设置要求

图 3-90　疏散楼梯门、窗设置要求

3.4.5　剪刀楼梯间

《建筑设计防火规范》（GB 50016—2014）规定：高层公共建筑的疏散楼梯，当分散设置确有困难且从任一疏散门至最近疏散楼梯间入口的距离小于 10m 时，可采用剪刀楼梯间，但应符合下列规定：

（1）楼梯间应为防烟楼梯间。

（2）梯段之间应设置耐火极限不低于 1.00h 的防火隔墙。

（3）楼梯间的前室应分别设置。

（4）楼梯间内的加压送风系统不应合用。

剪刀楼梯（有的称为叠合楼梯或是套梯），是在同一楼梯间设置一对相互重叠、又互不相通的两个楼梯。在其楼层之间的梯段一般为单跑直梯段。剪刀楼梯最重要的特点是：在同一楼梯间里设置了两个楼梯，具有两条垂直方向疏散通道的功能。剪刀楼梯，在平面设计中可利用较为狭窄的空间，起两个楼梯的作用。国内外有相当数量的高层建筑的主体部分使用的是剪刀楼梯，如图 3-91 所示。

世界著名的美国芝加哥玛利娜双塔楼，是两座各为五十九层、高 177m 的塔楼，其下部十八层为汽车库，十九层是机房，再上面有四十层住宅。塔中心是剪刀楼梯，如图 3-92 所示。

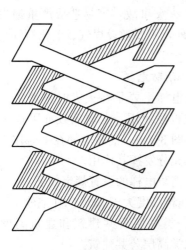

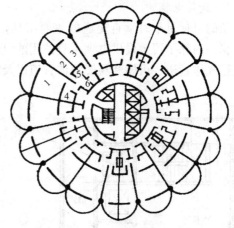

图 3-92　美国芝加哥玛
利娜双塔剪刀楼梯平面示意图
1—起居室；2—餐室；3—卧室；4—厨房；
5—浴室；6—储存间

图 3-91　剪刀楼梯

3.4.5.1　剪刀楼梯是垂直方向的两个疏散通道，两梯段之间如没有隔墙，则两条通道是处在同一空间内。若楼梯间的一个出口进烟，会使整个楼梯间充斥烟雾。为防止出现这种情况，在两个楼段之间设防火隔墙，其耐火极限不低于 1.0h，使两条疏散通道成为各自独立的空间。即便有一个楼梯进烟，还能保证另一个楼梯是无烟区。作为一项技术措施，有利于提高安全度是必要的。

3.4.5.2　剪刀楼梯是高层住宅（尤其是塔式高层住宅）设计中，常采用的较为经济、合理的处理手法，既满足了使用功能及消防的要求，又可减少公摊面积。采用了剪刀楼梯的高层住宅户门、主楼梯间的门一般开向共同使用的短过道内，使过道具有扩大前室的功能。其具体的防火措施是：开向前室的门均为乙级防火门；分隔前室的墙体为 ≥2.0h 的不燃烧墙体，楼板为 ≥1.50h 的不燃烧体楼板，以达到防火要求。

3.4.5.3　高层旅馆、办公楼的剪刀楼梯间，均为防烟楼梯间，均应分设防烟前室，且加压送风系统不应合用。剪刀楼梯是同一楼梯间的两个楼梯，楼梯之间设墙体分隔之后是两个独立空间，设计中应按这样的特点来考虑分设前室和加压送风系统，才能保证前室和楼梯间是无烟区，从而保证疏散人员的安全，如图 3-93 所示。

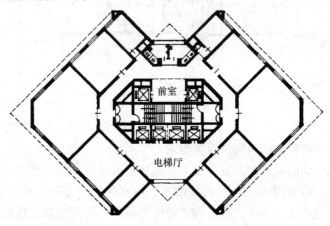

图 3-93　高层建筑剪刀楼梯分设前室

3.4.6 电梯

3.4.6.1 建筑电梯

建筑的电梯是平时垂直交通的主要工具，一旦发生火灾事故，容易造成严重损失。因此，电梯井内除了可敷设供电梯本身使用的电缆、电线外，不要敷设煤气、液化石油气、氢气等可燃气体管道、可燃和易燃液体管道以及电缆等。

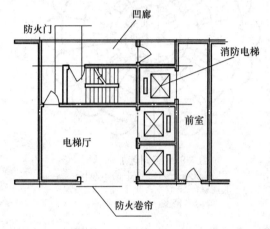

图 3-94 消防电梯与防烟楼梯间

3.4.6.2 消防电梯

消防电梯主要是在火灾时供消防人员进行灭火与救援使用，老弱病残亦可通过它进行疏散（图 3-94）。消防电梯在平时作为服务电梯，以充分发挥其作用。

（1）消防电梯的设置规定如下：

1）建筑高度大于 33m 的住宅建筑。

2）一类高层公共建筑和建筑高度大于 32m 的二类高层公共建筑。

3）设置消防电梯的建筑的地下或半地下室，埋深大于 10m 且总建筑面积大于 3000m² 的其他地下或半地下建筑（室）。

4）消防电梯应分别设置在不同防火分区内，且每个防火分区不应少于 1 台。相邻两个防火分区可共用 1 台消防电梯。

某高层塔式住宅的消防电梯设置，如图 3-95 所示。

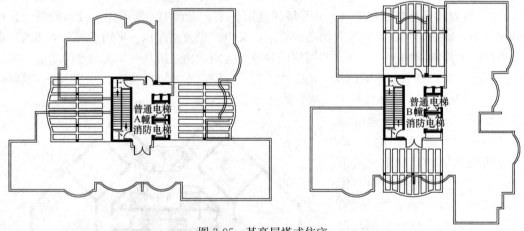

图 3-95 某高层塔式住宅

（2）消防电梯的设置要求

消防电梯的设置应根据规范规定的建筑功能、类别、层数确定。

1）消防电梯间应设置前室。前室的使用面积应符合公共建筑不应小于 6m²，居住建筑不应小于 4.5m²；合用前室的使用面积：公共建筑、高层厂房以及高层仓库不应小于 10m²，居住建筑不应小于 6m² 的要求，如图 3-96 所示。

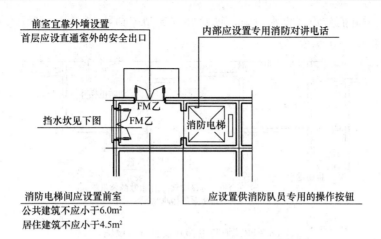

图 3-96　前室的设置

2）消防电梯前室内不应开设其他门、窗、洞口，但前室的出入口、前室内设置的正压送风口和规范规定的住宅的户门除外。

3）消防电梯前室和合用前室的门应采用乙级防火门，不应设置卷帘。

4）前室宜靠外墙设置，在首层应设置直通室外的安全出口或经过长度小于或等于 30m 的通道通向室外，如图 3-97 所示。

5）消防电梯井、机房与相邻电梯井、机房之间，应采用耐火极限不低于 2.00h 的不燃烧体隔墙隔开；当在隔墙上开门时，应设置甲级防火门，如图 3-98 所示。

6）在首层的消防电梯井外壁上应设置供消防队员专用的操作按钮。消防电梯轿厢的内装修应采用不燃烧材料且其内部应设置专用消防对讲电话。

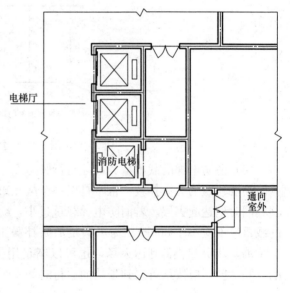

图 3-97　前室首层直通室外

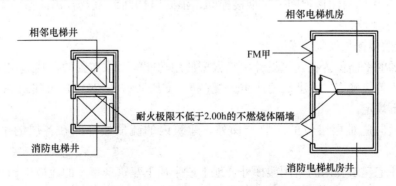

图 3-98　电梯井、机房之间的分隔

7）消防电梯井底应设置排水设施，排水井的容量不应小于 2m³，排水泵的排水量不应低于 10L/s，如图 3-99 所示。

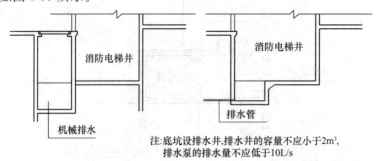

图 3-99 消防电梯井设置排水设施

消防电梯间前室门口宜设置挡水设施，如图 3-100 所示。

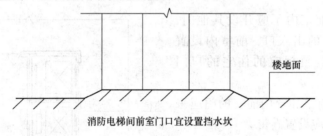

图 3-100 挡水设施

（3）消防电梯的载重量、尺寸与行驶速度

高层建筑的火灾扑救，常常是以一个战斗班为一组，计有 7～8 名消防队员，携带灭火器具同时到达起火层。若消防电梯载重过小，会影响初期火灾扑救。因此，规定了消防电梯的载重量不应小于 800kg。为了满足消防扑救工作的需要，轿厢尺寸不宜小于 1.5m×2m，满足消防队员和装备到达火场，也可以满足用担架抢救伤员的 1.5m×2m 需要；消防电梯的行驶速度，应按从首层到顶层的运行时间不超过 60s 计算确定。

3.4.7 前室及其他规定

3.4.7.1 建筑中的封闭楼梯间、防烟楼梯间、消防电梯间前室及合用前室，不应设置卷帘门，如图 3-101 所示。

3.4.7.2 疏散楼梯平面位置及要求

疏散楼梯的平面位置在建筑设计中是根据使用功能的要求布置的，其形式应按照建筑物的类型、耐火等级确定。《建筑设计防火规范》（GB 50016—2014）对建筑物中的避难层、地下室有如下规定。

（1）除通向避难层错位的疏散楼梯外，建筑内的疏散楼梯间在各层的平面位置不应改变。

（2）除住宅建筑套内的自用楼梯外，地下或半地下建筑（室）的疏散楼梯间，应符合下列规定：

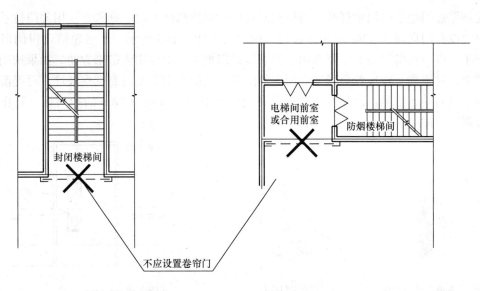

图 3-101　不应设置卷帘门的示意图

1）室内地面与室外出入口地坪高差大于 10m 或 3 层及以上的地下、半地下建筑（室），其疏散楼梯应采用防烟楼梯间；其他地下或半地下建筑（室），其疏散楼梯应采用封闭楼梯间。

2）应在首层采用耐火极限不低于 2.00h 的防火隔墙与其他部位分隔并应直通室外，确需在隔墙上开门时，应采用乙级防火门。

3）建筑的地下或半地下部分与地上部分不应共用楼梯间，确需共用楼梯间时，应在首层采用耐火极限不低于 2.00h 的防火隔墙和乙级防火门将地下或半地下部分与地上部分的连通部位完全分隔，并应设置明显的标志。

3.5　无障碍设计的安全疏散

3.5.1　门

建筑物的门通常是设在室内外及各室之间衔接的主要部位，也是促使通行和房间完整独立使用功能不可缺少的要素。由于出入口的位置和使用性质的不同，门扇的形式、规格、大小各异。开启和关闭门扇的动作对于肢体残疾者和视觉残疾者是很困难的，还容易发生碰撞的危险，因此，门的部位和开启方式的设计，需要考虑残疾人的使用方便与安全。适用于残疾人的门在顺序上是：自动门、推拉门、折叠门、平开门、轻度弹簧门、在公共建筑的入口常常设旋转门，对拄拐杖者及视残者在使用上会带来困难，有的根本无法使用，因此要求在旋转门的一侧应另设平开门，以利通行。

乘轮椅者在行进时自身的净宽度一般为 0.75m，因此要求各种门扇开启后的最小的净宽度：自动门为 1m，其他门不小于 0.80m（图 3-102）。

为了使乘轮椅者靠近门扇将门开启，在门把手一侧的墙面要留有宽 0.50m 的空间，使轮椅能够靠近门把手将门扇打开。当轮椅通过门框要将门关上时，则需要使用关门拉手，关门拉手应设在门扇高 0.90m 处并靠近门的内侧，如图 3-103 所示。不然轮椅还得倒回车去用门把手一点一点将门关上。要选用横把下压式门把手，给使用者带来方便。如果选用圆球形门把手，对手部有残疾者会带来使用上的困难。在门扇中部要设有观察玻璃，可提前知晓门扇另一面的动态情况，以免发生碰撞。在门扇的下方设置高 0.35m 的护门板，防止轮椅搁脚板将门扇碰坏。

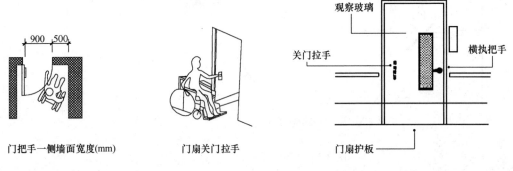

图 3-102　无障碍门的尺寸　　　　图 3-103　门扇的设施

　　肢体残疾者手的形态力度受到影响，故在设置手动推拉门和平开门时应在一只手操纵下就能轻易将门开启。乘轮椅者在地面高差大于 15mm 的情况下通过时比较困难，所以要求门槛的高度不要大于 15mm，并以斜面过渡，便于轮椅通行。

3.5.2　楼梯与台阶

　　楼梯是垂直通行空间的重要设施。楼梯的通行和使用不仅要考虑健全人的使用需要，同时更应考虑残疾人、老年人的使用要求。楼梯的形式每层按 2 跑或 3 跑直线形梯段为好，如图 3-104 所示。避免采用每层单跑式楼梯和弧形及螺旋形楼梯。这种类型的楼梯会给残疾人、老年人、妇女及幼儿产生恐惧感，容易产生劳累和摔倒事故。

　　公共建筑主要楼梯的位置要易于发现，楼梯间的光线要明亮，梯段的净宽度和休息平台的深度不应小于 1.50m，以保障拄拐杖残疾人和健全人对行通过。

　　踏面的前缘如有凸出部分，应设计成圆弧形，不应设计成直角形，如图 3-105 所示。以防将拐杖头绊落掉和对鞋面的刮碰。踏面应选用防滑材料并在前缘设置防滑条，不得选用没有踢面的镂空踏步，容易造成将拐杖向前滑出而摔倒致伤。

　　在扶手的下方要设高 50mm 的安全挡台，如图 3-106所示，防止拐杖向侧面滑出造成摔伤。在楼

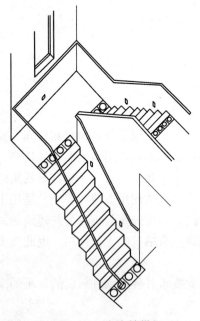

图 3-104　安全楼梯

梯的两侧需设高 0.85～0.90m 扶手，扶手要保持连贯，在起点和终点处要水平延伸 0.30m 以上，在上下楼梯的动作完毕时可协助身体保持平衡状态。在扶手面层贴上盲文说明牌，告之视觉残疾者所在层数及位置。扶手的形式要易于抓握，要安装坚固，能承受一人以上的重量。

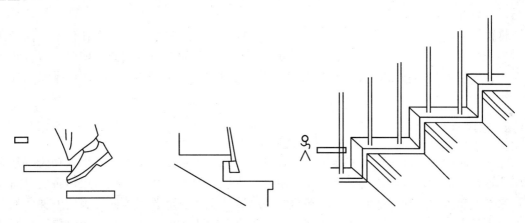

图 3-105　无踢面踏步和凸缘直角形踏步　　　　图 3-106　踏步安全挡台

踏步的踏面和踢面的色彩要有明显的对比或变换，以引起使用者的警觉和协助弱视者的辨别能力。踏面的宽度宜达到 0.30m，踢面的高度不应超过 0.16m。在踏步起点前和终点 0.30m 处，应设置宽 0.30～0.60m 宽的提示盲道，告之视觉残疾者楼梯所在位置和踏步的起点及终点处。公共建筑、居住建筑的楼梯和台阶的踏步宽度和高度，应考虑残疾人和老年人的使用因素，所以在规格上略小于《民用建筑设计通则》的有关规定。

3.5.3　扶手

扶手是残疾人在通行中的重要辅助设施，是用来保持身体的平衡和协助使用者的行进，避免发生摔倒的危险。扶手安装的位置和高度及选用的形式是否合适，将直接影响到使用效果，如图 3-107 所示。扶手不仅能协助乘轮椅者、挂拐杖者及盲人在通行上的便利，同时也给老年人的行走带来安全和方便。在坡道、台阶、楼梯、走道的两端应设扶手。扶手安装的高度为 0.85m。为了达到通行安全和平稳，在扶手的起点及终点处要延伸 0.30m。在水平扶手两端应安装盲文标志，可向视残者提供所在位置及层数的信息。

为了乘轮椅者及儿童的使用方便，在公众集中的场所和游乐场及幼儿园托儿所等处，应安装上下两层扶手，下一层扶手的高度为 0.65m。

为了避免残疾人在使用扶手完毕时产生突然感觉或使手臂滑下扶手而感到不安，所以将扶手终点加以处理，使其感觉明显有利身体安稳。

图 3-107　扶手高度示意图

当扶手安装在墙上时，扶手的内侧与墙之间要有0.35～0.45m的净空间，便于手和手臂在抓握和支撑扶手时，有适当的空间配合，使用会带来方便。

扶手要安装坚固，在任何的一个支点都要能承受100kg以上。为了保持扶手在使用上的连贯性和易于抓握及控制力度，给使用者带来安全和方便，扶手上端抓握部分的直径为0.35～0.45m。

将扶手的托件做成L形，残疾人在使用扶手时能保持连贯性。扶手和托件的总高度达到70～80mm后，促成了连贯性的作用。在扶手的起点与终点设置盲文说明牌，能告知视残者所在的位置和层数等，这在交通建筑、医疗建筑及政府接待部门等公共建筑尤为必要。

3.5.4 电梯与升降平台

电梯是人们使用最为频繁和理想的垂直通行设施，尤其是残疾人、老年人在公共建筑和居住建筑上下活动时，通过电梯可以方便地到达想去的每一楼层，在高层建筑内只需要进行水平方向上的走动。乘轮椅者在到达电梯厅后，要转换位置和等候，因此电梯厅的深度不应小于1.80m。电梯厅的呼叫按钮的高度为0.90～1.10m。电梯厅显示电梯运行层数标示的规格不应小于50mm×50mm，以方便弱视者了解电梯运行情况。在电梯入口的地面设置提示盲道标志，告知视觉残疾者电梯的准确位置和等候地点。供残疾人使用的电梯，在规格和设施配备上均有所要求，如电梯门的宽度，关门的速度，梯厢的面积，在梯厢内安装扶手、镜子、低位及盲文选层按钮、音响报层等，并在电梯厅的显著位置安装国际无障碍通用标志。

为了方便轮椅进入电梯厢，电梯门开启后的净宽不应小于0.8m。轮椅进入电梯厢的深度不应小于1.40m。如果使用1.40m×1.10m的小型电梯，轮椅进入电梯厢后不能回转，只能是正面进入倒退而出，或倒退进入正面而出。使用深1.70m、宽1.40m的电梯厢，轮椅正面进入后可直接回转180°正面驶出电梯。

电梯厢内三面需设高0.85m的扶手，扶手要易于抓握，安装要坚固。电梯厢的选层按钮高度为0.90～1.10m之间，如设置2套选层按钮，一套设在电梯门一侧外，另一套应设在轿厢靠内部的位置，以方便在不同的位置都可以使用选层按钮。选层按钮要带有凸出的阿拉伯数字或盲文数字及在轿厢中设有报层音响，这将给视觉残疾者的使用带来很大方便。在小型轿厢正面扶手的上方要安装镜子，可以使乘轮椅者从镜子中看到电梯运行情况，为退出电梯做好准备。

在高层住宅建筑设置电梯的规格中，应有一座能使急救担架进入的电梯，在紧急情况下，将起到应有的作用，反之则会严重贻误病情。

在建筑入口、大厅等位置的台阶进行无障碍改造时，常常因现场面积小而无法修建坡道，可采用占地面小的升降平台以取代坡道，如图3-108所示。升降平台系自动安全装置，自身面积只需容纳一辆轮椅即可。

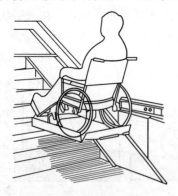

图3-108 建筑入口升降平台示意图

3.5.5 建筑物无障碍标志与盲道

3.5.5.1 标志

城市中的道路、交通和房屋建筑，应尽可能提供多种标志和信息源，以适合各种残疾人的不同要求。例如，以各种符号和标志帮助肢残者引导其行动路线和到达目的地，使人们最大范围地感知其所处环境的空间状况，缩小各种潜在的、心理上的不安因素。

国际通用的轮椅标志牌，是用来帮助残疾人在视觉上确认与其有关环境特性和引导其行动的符号，是国际康复协会于 1960 年在爱尔兰首都柏林召开国际康复大会上表决通过的，是全世界一致公认的标志，不得随意改动。

凡符合无障碍标准的道路和建筑物，能完好地为残疾人的通行和使用服务，并易于为残疾人所识别，应在显著位置上安装国际通用无障碍标志牌。悬挂醒目的无障碍轮椅标志，一是方便使用者一目了然，二是告知无关人员不要随意占用。标志牌是为残疾人指引可通行的方向和提供专用空间及可使用的有关设施而制定的，它告知乘轮椅者、挂拐杖者及其他残疾人可以通行、进入和使用的设施。如城市道路、广场、公园旅游点、停车场、室外通路、坡道、出入口、电梯、电话、洗手间、轮椅席及客房等。无障碍标志牌和图形的大小与其观看的距离相匹配，规格为 0.10m×0.10m 至 0.40m×0.40m。根据需要标志牌可同时在其一侧或下方辅以文字说明和方向指示，其意义则更加明了。国际通用轮椅标志牌，为了清晰醒目，规定了用两种对比强烈的颜色，当标志牌为白色衬底时，边框和轮椅为黑色；标志牌为黑色衬底时，边框和轮椅则为白色。轮椅的朝向应与指引通行的走向保持一致。

3.5.5.2 盲道

视觉残疾者在行进与活动时，最需要的是对环境的感知和方向上的判定，通常是依靠触觉、听觉、嗅觉等来帮助其行动，对空间特性的认识，首先是表现在具有准确的定位能力上。视觉残疾者在人行通路上行走时，往往没有准确的和规律性的直线空间定位条件，只能时左时右敲打地面，困难地慢慢行走。在遇到各种人为的障碍物无法行走时，为了避免碰撞的危险，只好选择在车行道上用盲杖敲打人行道边的路缘石（高出车行道地面 0.15～0.20m）行走。但这种行进方式对残疾人是一种危险状态，容易发生交通事故造成伤亡。因此在主要建筑物及商业街、居住区等的人行通路需设置盲道，协助视觉残疾者通过盲杖和脚底的触觉，方便安全地直线向前行走。城市中主要的公共建筑，如政府机关、交通建筑、文化建筑、商业及服务建筑、医疗建筑、老年人建筑、音乐厅、公园及旅游景点等，在入口、服务台、门厅、楼梯、电梯、电话、洗手间、站台等部位应设置盲道。

为了指引视觉残疾者向前行走和告知前方路线的空间环境将出现变化或已到达的位置，将盲道分为行进盲道（导向砖）和提示盲道（位置砖）两种。行进盲道呈条状形，每条高出砖面 5mm，走在上面会使盲杖和脚底产生感觉，主要指引视觉残疾者安全地向前直线行走。盲道的宽度随人行道的宽度而定。在大城市中人行道的宽度，是根据地段的不同性质，规定最小的宽度分别为 3.00～6.00m，而盲道的宽度则可定为 0.40～0.80m。中小城市人行道最小的宽度分别为 2.00～5.00m，其中盲道的宽度建议为 0.40～0.60m。

提示盲道呈圆点形，每个圆点高出地面 5mm，同样会使盲杖和脚底产生感觉，可告知视觉残疾者前方路线的空间环境将出现变化，提前做好心理准备，并继续向前行进。还可告知视觉残疾者已到达目的地，即可进入或使用等。

铺设提示盲道的位置如下：

（1）行进盲道的转弯位置当行进盲道要向左或右转时，在转角处要铺设不小于行进盲道宽度的提示盲道，告知视觉残疾者盲道转弯的路线位置；

（2）行进盲道的交叉位置当行进盲道有十字交叉的路线时，在交叉位置要铺设不小于行进盲道宽度的提示盲道，告知视觉残疾者出现了不同方向的盲道；

（3）地面有高差的位置在人行道、过街天桥、过街地道、室外通路、建筑入口等处往往设有台阶或坡道。在距台阶和坡道 0.25～0.40m 处要铺设提示盲道，铺设的宽度为 0.30～0.60m，铺设的长度要大于台阶或坡道宽度的一半。告知视觉残疾者前方地面将出现高差，以及前方将出现危险地带，如火车站台、地铁站台的边缘等；

（4）无障碍设施位置供残疾人使用的出入口、服务台、电梯、电话、楼梯、客房、洗手间等位置，应铺设提示盲道，告知视觉残疾人者需要到达的地点和位置，这方便了残疾人继续行进或就地等候或进入使用等。

思　考　题

1. 了解建筑平面布局的要求。
2. 熟悉建筑防火、防烟分区的内容及在设计中的应用。
3. 熟悉建筑设计中的安全疏散问题。
4. 掌握楼梯的分类、形式及在建筑设计中的应用。
5. 了解无障碍设计的设计要点。

第4章 建筑构造

【内容提要】 防火墙、隔墙、建筑幕墙、电梯井、竖向管道井、楼梯、消防电梯、防火门窗、防火卷帘、建筑缝隙、屋顶和屋面及天桥、栈道等建筑构造的防火要求

建筑构造是一门研究建筑物的组成，及其各组成部分的组合原理和构造方法的学科。它具有很强的实践性和综合性，它涉及到建筑材料、建筑结构、建筑物理、建筑设备、建筑施工等方面的知识，是建筑总体、平面、立面、剖面设计的继续和深化，是为满足使用功能，而提供安全、可靠、合理、经济的构造措施。作为建筑设计主要内容之一的防火部分中，其建筑构造的防火设计至关重要。

确切地说，组成建筑物实体的地上部分的结构支承系统，围护、分隔系统及设备系统都应有防火要求。建筑构造的防火设计就是要根据建筑构、配件的功能特征、使用要求，按照规范的规定进行设计。

本节将对建筑的主要构、配件，包括墙体、楼板、疏散楼梯、消防电梯、屋面和屋顶、门窗、管道井等列表分述。

4.1 防火墙

防火墙是防止火灾蔓延至相邻建筑或相邻水平防火分区且耐火极限不低于3.00h的不燃墙体。即是截断防火区域的火源，防止火势蔓延的竖向分隔构件。设计中应根据建筑物的性质、类别对应于规范的要求设置。

防火墙应直接设置在基础或框架、梁等承重结构上，框架、梁等承重结构的耐火极限不应低于防火墙的耐火极限。设计时应考虑防火墙一侧的屋架、梁、楼板等受到火灾影响而破坏时，不致使防火墙倒塌，且应满足表4-1的要求。

表4-1 防火墙的使用要求

构造部位	使用要求		
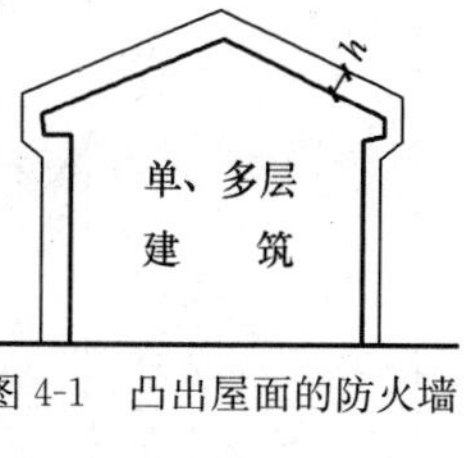 图4-1 凸出屋面的防火墙	为防止火从屋面处越过防火墙，应将防火墙砌出屋面	屋面材料	高度 h/cm
		不燃性	≥50
		可燃性	≥50
		难燃性	≥50
	凸出屋面的防火墙，如图4-1所示		

续表

<table>
<tr><th>构造部位</th><th colspan="4">使用要求</th></tr>
<tr><td rowspan="4">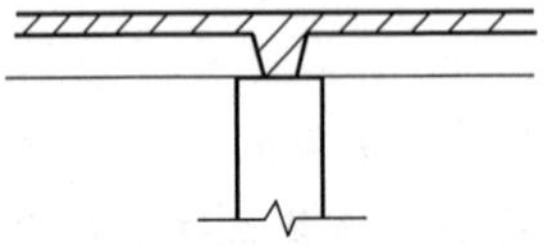
图 4-2　不凸出屋面的防火墙</td><td rowspan="3">如不凸出屋面，则屋面应满足耐火极限要求</td><td>建筑类别</td><td>屋面材料</td><td>耐火极限（h）</td></tr>
<tr><td>单层、多层建筑</td><td>不燃性</td><td>≥0.5</td></tr>
<tr><td>高层工业建筑</td><td>不燃性</td><td>≥1.0</td></tr>
<tr><td></td><td colspan="3">不凸出屋面的防火墙，如图 4-2 所示</td></tr>
<tr><td>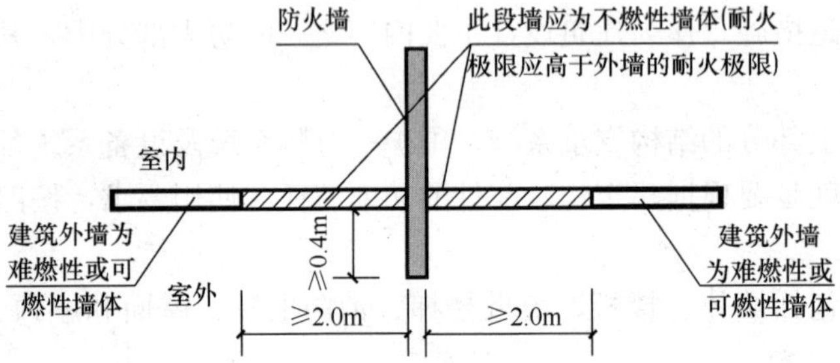

平面示意图
外墙为难燃性或可燃性墙体时，防火墙凸出墙外表面的规定
图 4-3　防火墙与外墙的关系</td><td>在高层、单、多层建筑中</td><td colspan="3">当外墙为难燃性或可燃性墙体时，防火墙应凸出外墙面 $h \geqslant 40cm$
防火墙与外墙的关系，如图 4-3 所示</td></tr>
<tr><td>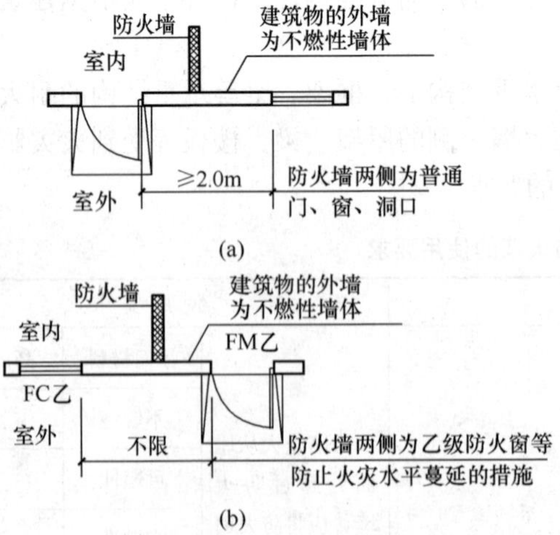

图 4-4　外墙为不燃性墙体时，防火墙不凸出墙外表面的规定</td><td>在高层，单、多层建筑中</td><td colspan="3">外墙为不燃性墙体时，防火墙不凸出墙外表面的规定
如图 4-4 所示</td></tr>
</table>

续表

构 造 部 位	使 用 要 求

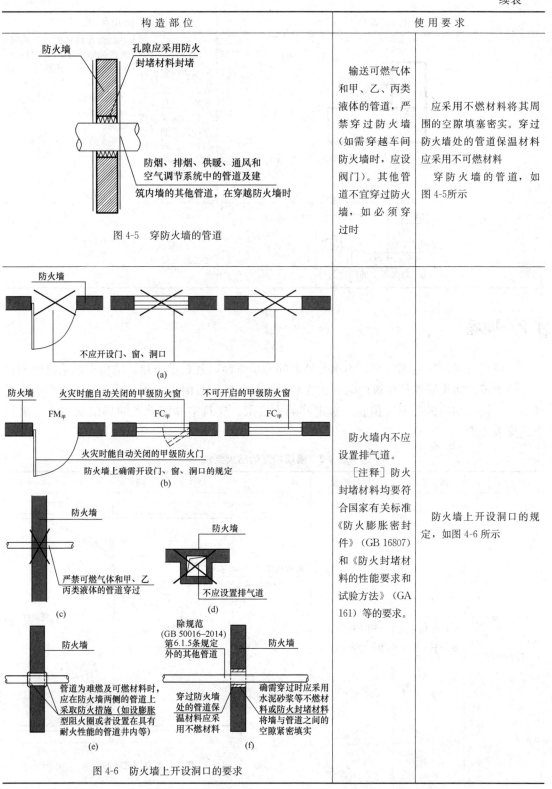

输送可燃气体和甲、乙、丙类液体的管道，严禁穿过防火墙（如需穿越车间防火墙时，应设阀门）。其他管道不宜穿过防火墙，如必须穿过时

应采用不燃材料将其周围的空隙填塞密实。穿过防火墙处的管道保温材料应采用不可燃材料

穿防火墙的管道，如图 4-5 所示

图 4-5　穿防火墙的管道

防火墙内不应设置排气道。

［注释］防火封堵材料均要符合国家有关标准《防火膨胀密封件》（GB 16807）和《防火封堵材料的性能要求和试验方法》（GA 161）等的要求。

防火墙上开设洞口的规定，如图 4-6 所示

图 4-6　防火墙上开设洞口的要求

续表

构　造　部　位	使　用　要　求
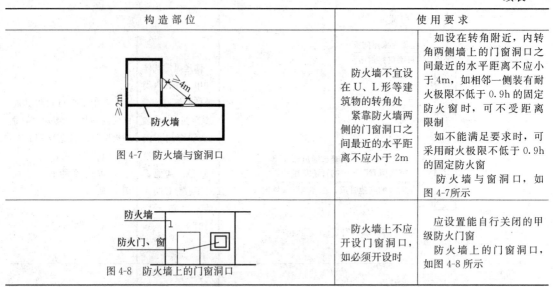 图 4-7　防火墙与窗洞口 防火墙 不宜设在 U、L 形等建筑物的转角处　紧靠防火墙两侧的门窗洞口之间最近的水平距离不应小于 2m	如设在转角附近，内转角两侧墙上的门窗洞口之间最近的水平距离不应小于 4m，如相邻一侧装有耐火极限不低于 0.9h 的固定防火窗时，可不受距离限制 　如不能满足要求时，可采用耐火极限不低于 0.9h 的固定防火窗 　防火墙与窗洞口，如图 4-7 所示
防火墙 防火门、窗 图 4-8　防火墙上的门窗洞口 防火墙上不应开设门窗洞口，如必须开设时	应设置能自行关闭的甲级防火门窗 　防火墙上的门窗洞口，如图 4-8 所示

4.2　隔墙

　　隔墙是分隔建筑内部空间，不承受外力的非承重墙，其自重由建筑结构支承系统中的相关构件承担。防火隔墙是建筑内防止火灾蔓延至相邻区域且耐火极限不低于规定要求的不燃性墙体。设计中应根据所处位置，确定其耐火极限。建筑中隔墙设置的部位及构造防火要求，见表 4-2。

表 4-2　隔墙构造的防火要求

构造部位	做法要求	材料要求	示　　图
剧院等观演建筑的舞台与观众厅之间的隔墙	应采用不燃性材料	耐火极限不低于 3.00h	耐火极限≥3.00h 的防火隔墙　防火幕　乐池　观众厅　舞台 图 4-9　舞台与观众厅之间的隔墙

构造部位	做法要求	材料要求	示　图
舞台上部与观众厅闷顶之间的隔墙 隔墙上的门	可采用不燃性材料 应采用防火门	耐火极限不低于1.50h 乙级	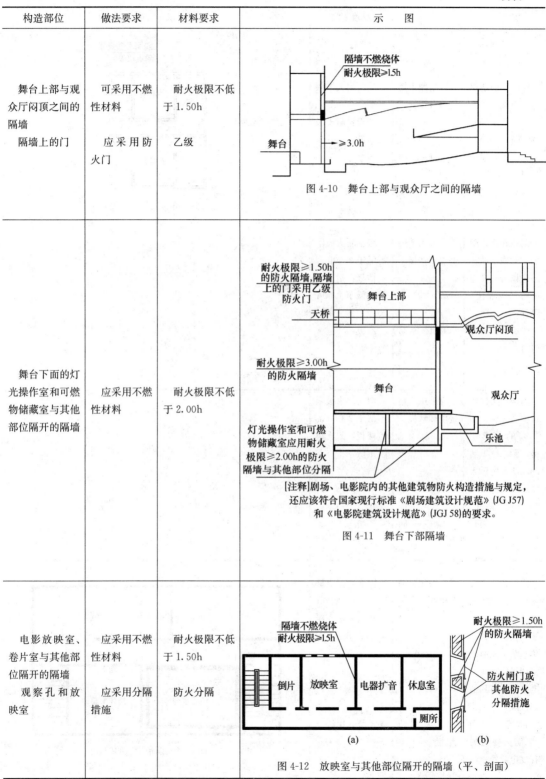
舞台下面的灯光操作室和可燃物储藏室与其他部位隔开的隔墙	应采用不燃性材料	耐火极限不低于2.00h	
电影放映室、卷片室与其他部位隔开的隔墙 观察孔和放映室	应采用不燃性材料 应采用分隔措施	耐火极限不低于1.50h 防火分隔	

图 4-10　舞台上部与观众厅之间的隔墙

图 4-11　舞台下部隔墙

[注释]剧场、电影院内的其他建筑物防火构造措施与规定，还应该符合国家现行标准《剧场建筑设计规范》(JGJ 57)和《电影院建筑设计规范》(JGJ 58)的要求。

图 4-12　放映室与其他部位隔开的隔墙（平、剖面）

构造部位	做法要求	材料要求	示　　图
医院中的洁净手术室或洁净手术部与其他场所（或部位）隔开 当墙上必须开门时	应采用不燃烧墙和楼板 应设置防火门	墙：耐火极限不低于2.00h 楼板：耐火极限不低于1.00h 乙级	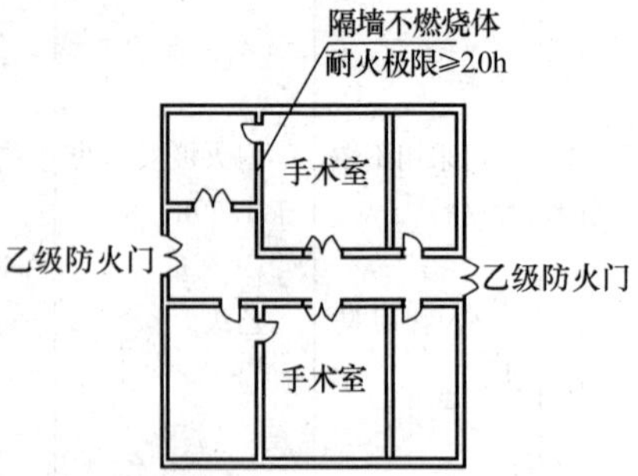 图4-13　手术室与其他场所隔开示意图
附设在建筑中的歌舞娱乐放映游艺场所与其他场所（或部位）隔开 当墙上必须开门时	应采用不燃烧墙和楼板 应设置防火门	墙：耐火极限不低于2.00h 楼板：耐火极限不低于1.00h 乙级	
附设在居住建筑中托儿所、幼儿园的儿童用房、游乐厅等活动场所及老年人建筑与其他场所（或部位）隔开 当墙上必须开门时	应采用不燃烧墙和楼板 应设置防火门	墙：耐火极限不低于2.00h 楼板：耐火极限不低于1.00h 乙级	
附设在建筑物内的消防控制室、固定灭火系统的设备室、消防水泵房和通风空调机房、变配电室等，与其他部位隔开 隔墙上的门（除防火规范另有规定者外）	应采用隔墙和楼板 应采用防火门	隔墙：耐火极限不低于2.00h 楼板：耐火极限不低于1.50h 乙级（甲级）	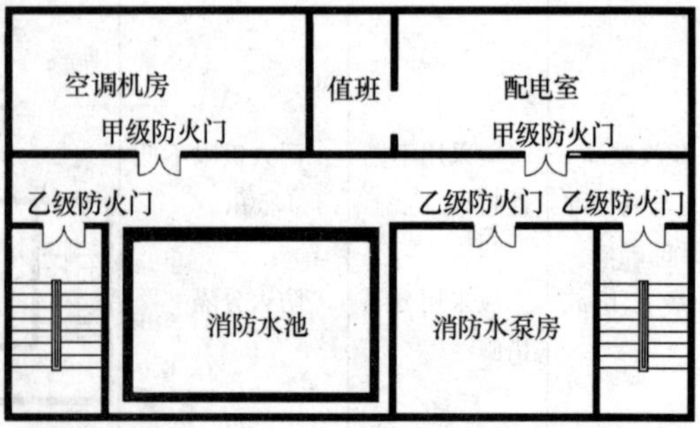 图4-14　设备用房的门

续表

构造部位	做法要求	材料要求	示　图
设置在丁、戊类库房中通风机房与其他部位隔开	应采用隔墙和楼板	隔墙：耐火极限不低于1.00h 楼板：耐火极限不低于0.50h	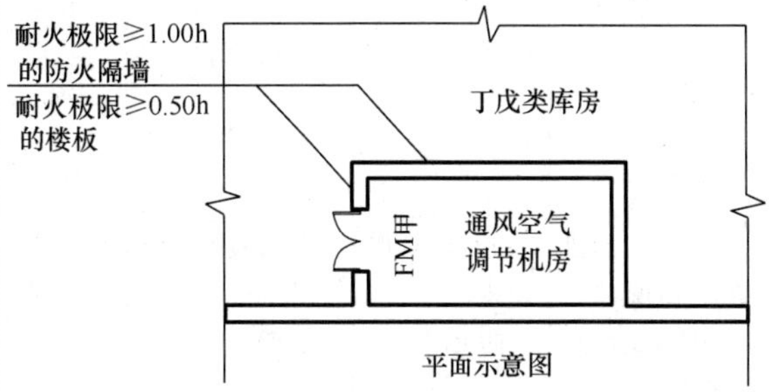 图4-15　通风机房在丁戊类库房中分隔要求
隔墙上的门（除防火规范另有规定者外）	应采用防火门	乙级	
甲、乙类厂房和使用丙类液体的厂房的隔墙 隔墙上的门窗	应用不燃烧体 防火门窗	耐火极限不低于2.00h 乙级	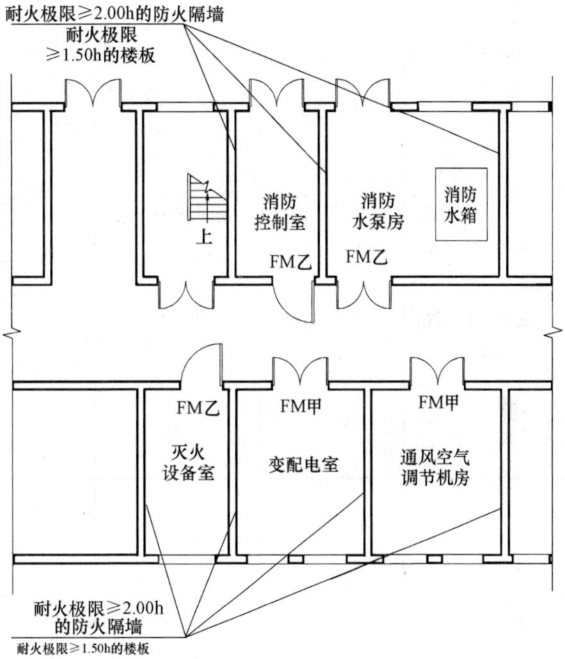 图4-16　厂房中设备用房的分隔要求
有明火和高温的厂房的隔墙 隔墙上的门窗	应用不燃烧体 防火门窗	耐火极限不低于2.00h 乙级	 图4-17　厂房的隔墙和门

构造部位	做法要求	材料要求	示　图
舞台后台的辅助用房的隔墙 隔墙上的门窗	应用不燃烧体 防火门窗	耐火极限不低于2.00h 乙级	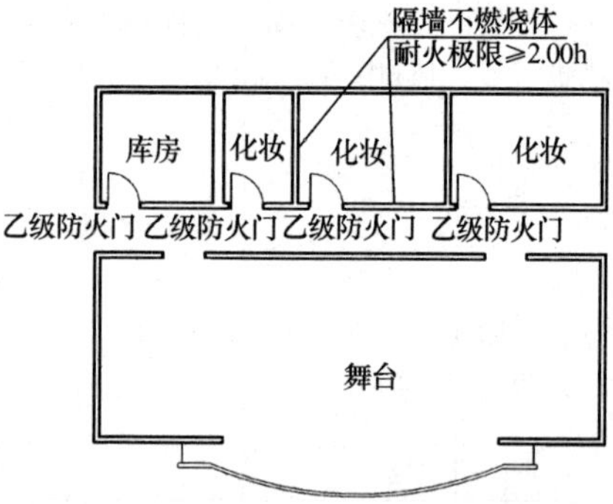 图4-18　舞台后台辅助用房的隔墙和门窗
一、二级耐火建筑的门厅的隔墙 隔墙上的门窗	应用不燃烧体 防火门窗	耐火极限不低于2.00h 乙级	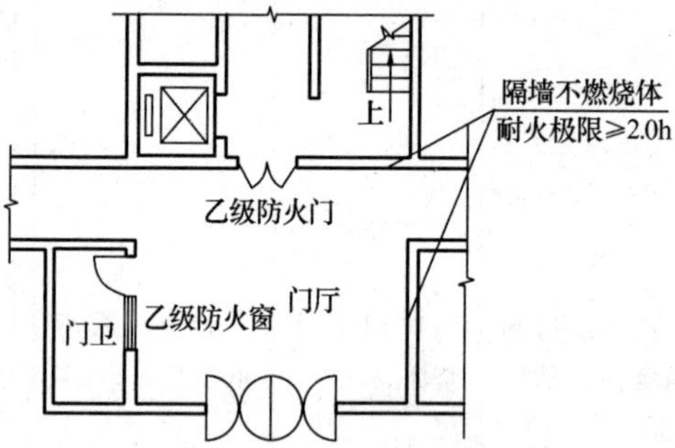 图4-19　门厅的隔墙和门
除住宅外建筑内的厨房的隔墙 隔墙上的门窗	应用不燃烧体 防火门窗	耐火极限不低于2.00h 乙级	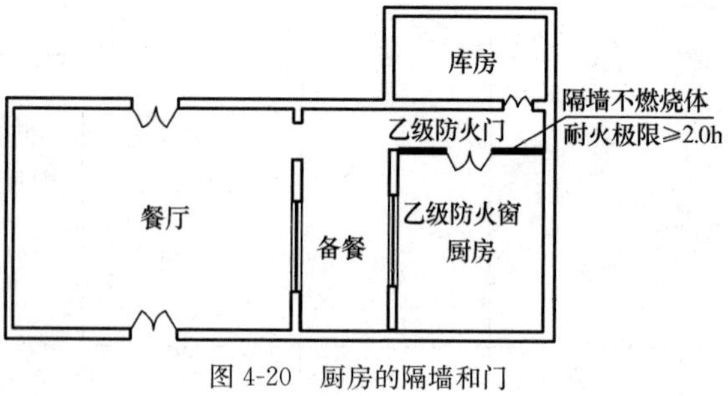 图4-20　厨房的隔墙和门
甲、乙类厂房或甲、乙、丙类仓库内布置有不同类型火灾危险性的房间的隔墙 隔墙上的门窗	应用不燃烧体 防火门窗	耐火极限不低于2.00h 乙级	见图4-16

构造部位	做法要求	材料要求	示　图
建筑内的隔墙 隔墙上的门窗	应从楼板基层隔断至顶板底面基层		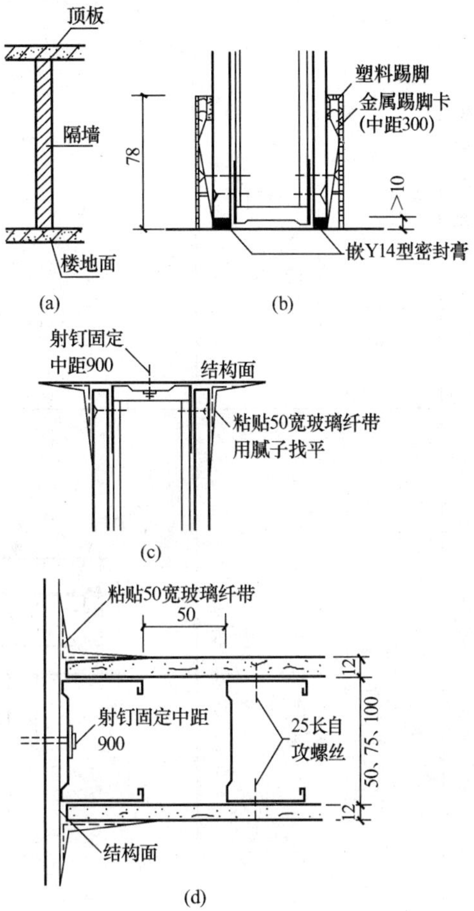 图 4-21　建筑内的隔墙 (a)隔墙；(b)隔墙与楼板；(c)隔墙与顶板；(d)隔墙与墙面
住宅分户墙和单元之间的墙	应砌至屋面板底部	耐火极限不低于 0.5h	

4.3　建筑幕墙

　　建筑幕墙是由构架与板材组成的，不承担主体结构荷载与作用的外围护结构，即是悬挂于建筑物外部骨架或楼板间的轻质外墙，有玻璃幕墙、石材幕墙、金属板幕墙等。外墙板与主体结构之间的缝隙处理是幕墙构造防火设计的关键点，建筑幕墙的构造防火设计主要控制部位及做法，见表 4-3。

表 4-3　建筑幕墙的构造防火要求

构造部位	做法要求	材料要求	示　图
窗槛墙、窗间墙的填充材料	应填塞密实	采用不燃材料	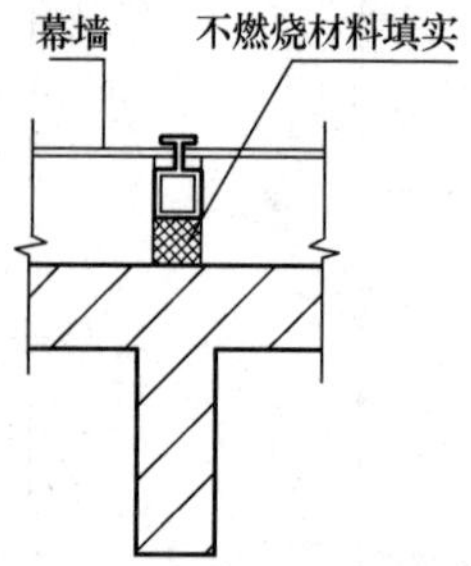 图 4-22　窗间墙的封填
窗槛墙、窗间墙的填充材料	若采用难燃材料时，其外墙面	采用耐火极限不低于 1.00h 的不燃烧体	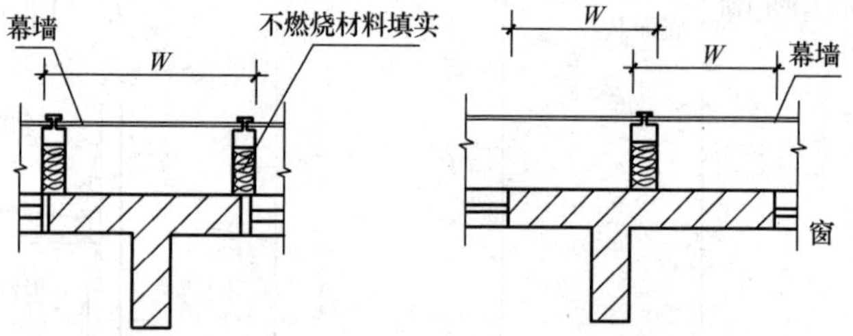 (a) (b) 图 4-23　窗间墙、窗槛墙的封填 （a）窗间墙；（b）窗槛墙
无窗间墙和窗槛墙的幕墙	应在每层楼板外设置燃烧实体墙裙	耐火极限不低于 1.00h、高度不低于 0.8m	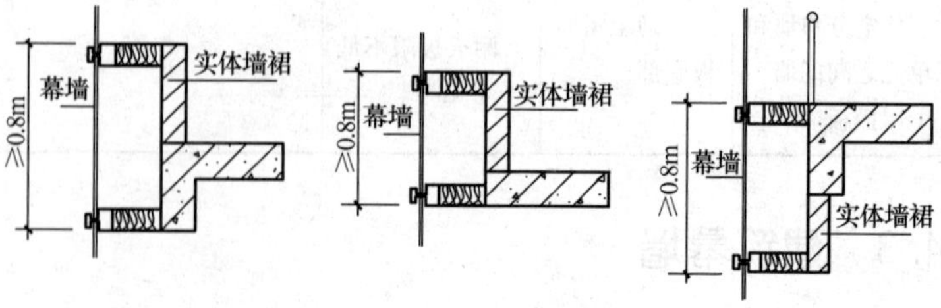 (a) (b) (c) 图 4-24　无窗槛墙的幕墙 （a）实体墙在梁上；（b）实体墙在楼板上；（c）实体墙在梁下

构造部位	做法要求	材料要求	示　图
幕墙与每层楼板、隔墙处的缝隙	应封堵	采用防火封堵材料	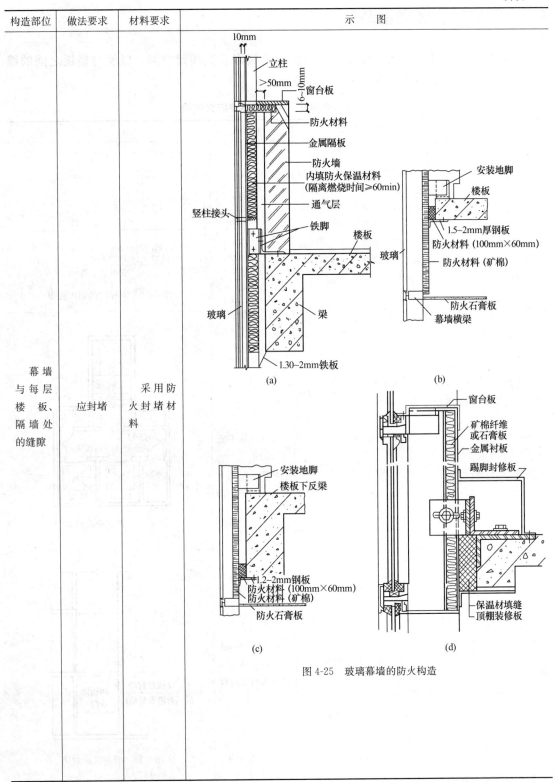

图 4-25　玻璃幕墙的防火构造

4.4 电梯井、竖向管道井

建筑物中电梯井、竖向管道井等井壁的耐火极限及其预留空洞，以及与楼板之间的缝隙，必须按规范规定的要求做好封堵，具体做法见表4-4。

表 4-4 电梯井、竖向管道井防火构造

使用部位	使用要求	材料要求	示　图
电梯井　　　　　电梯井壁　　　　　电梯门	应独立设置，井内严禁敷设可燃气体和甲、乙、丙类液体管道，并不应敷设与电梯无关的电缆、电线等　　除开设电梯门洞和通气孔洞外，不应开设其他洞口　　电梯门不应采用栅栏门	耐火极限≥1.0h	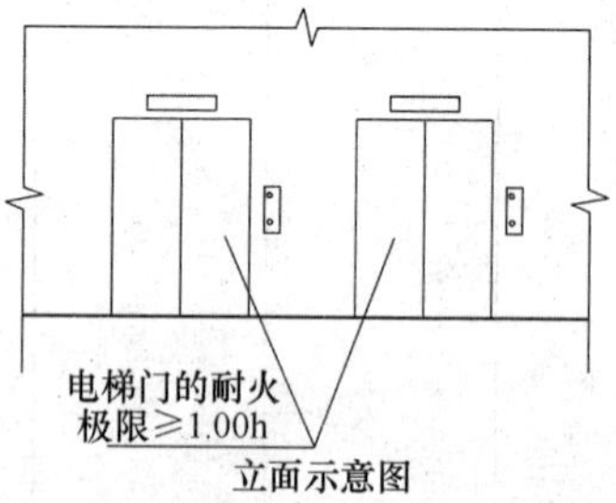 电梯门的耐火极限≥1.00h　立面示意图　图4-26　电梯门的耐火极限
电缆井、管道井、排烟道、排气道、垃圾道等竖向管道井　　井壁　　井壁上的检查门	应独立设置　　　　应为不燃烧体　　　　应采用防火门	耐火极限不低于1.00h　丙级	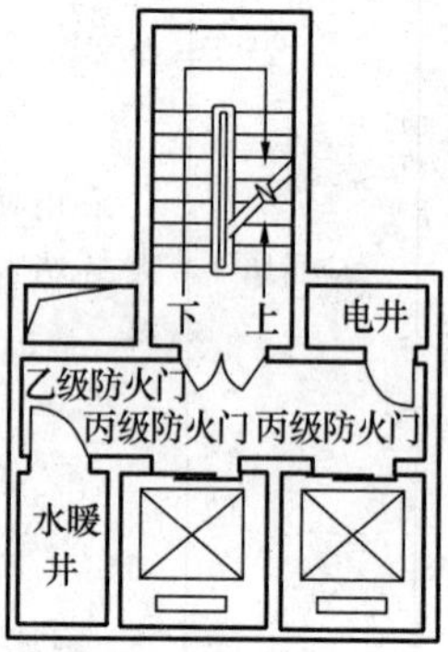 下　上　电井　乙级防火门　丙级防火门 丙级防火门　水暖井　图4-27　管井的隔墙和门
建筑内的电缆井、管道井	应在每层楼板处封堵	耐火极限不低于楼板的燃烧体或防火封堵材料	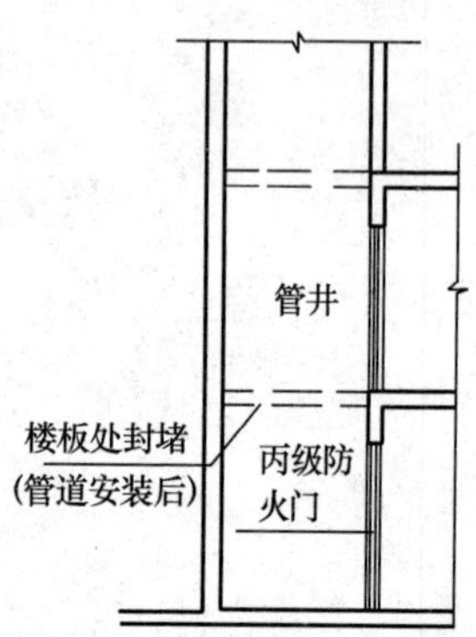 管井　楼板处封堵（管道安装后）　丙级防火门　图4-28　管井竖向封堵

使用部位	使用要求	材料要求	示　图
建筑内的电缆井、管道井与房间、走道等相连通的孔洞	应封堵	防火封堵材料	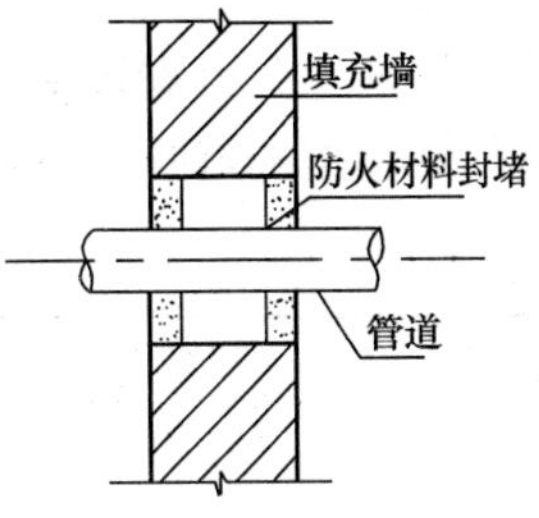 图4-29　管道孔洞封堵
位于墙、楼板两侧的防火阀、排烟防火阀之间的风管外壁	应采取防火保护措施		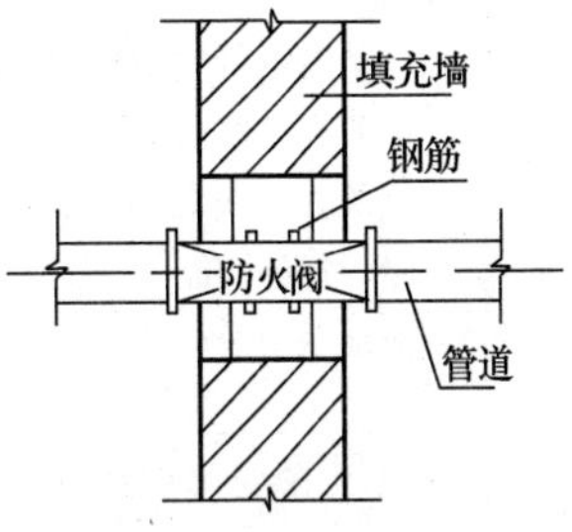 图4-30　管道孔洞封堵
疏散楼梯间	不应设置烧火间、可燃材料储藏室、垃圾道		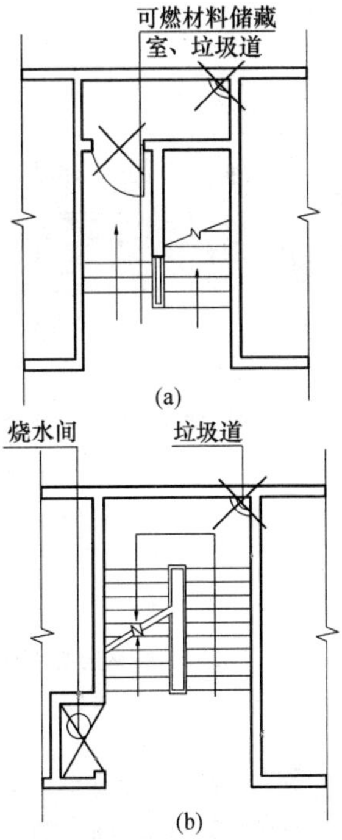 图4-31　楼梯间内不应设置烧水间、可燃材料储藏室、垃圾道 （a）首层楼梯间； （b）标准层楼梯间

4.5 防火门窗及防火卷帘

防火门窗及防火卷帘既有通行、疏散、采光等功能，又有分隔不同防火分区的功能，是起防火分隔作用的建筑构件，在需要设置的部位，其构造要求及耐火极限，见表 4-5。

表 4-5　防火门窗及防火卷帘的防火要求

构件名称	使用要求		材料要求	示　图
防火门	应为平开门且向疏散方向开启 应具有自行关闭的功能 应具有顺序关闭的功能 应能在火灾时自行关闭并有信号反馈的功能 应能手动开启		并在关闭后应能从任何一侧手动开启 双扇防火门 常开防火门 防火门内外两侧（规范另有规定者除外）	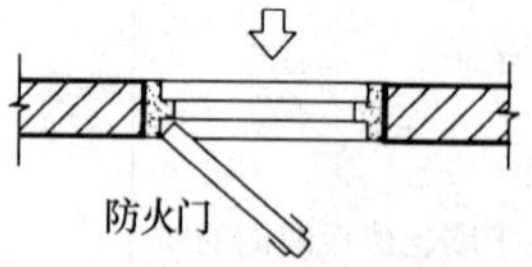 图 4-32　防火门构造
	设置在变形缝附近时，开启后		门扇不应跨越变形缝，并应设在楼层较多的一侧	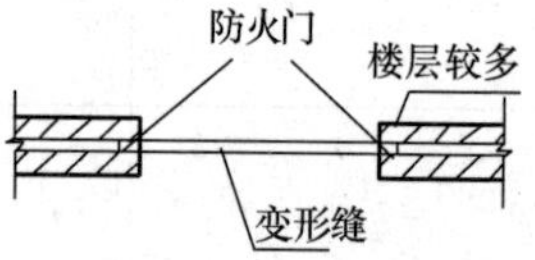 图 4-33　防火门设置在变形缝处
	分三级	甲级	耐火等级不低于 1.50h	见《防火门》(GB 12955—2008)
		乙级	耐火等级不低于 1.00h	
		丙级	耐火等级不低于 0.50h	
防火窗	作为防火分区间的分隔时		耐火极限应按有关规定执行	见《防火窗》(GB 16809—2008)
防火卷帘	作为防火分区间的分隔时 应具有防烟性能，与楼板、梁和墙、柱之间的空隙		耐火极限不应低于 3.00h 是否设置自动喷水灭火系统保护，应按国家有关标准执行 应采用防火封堵材料封堵	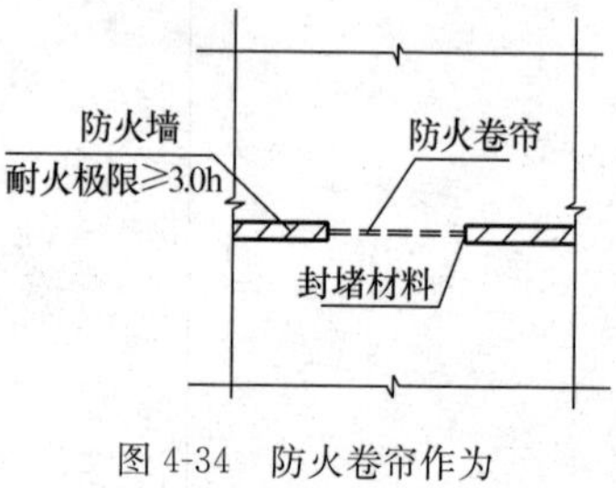 图 4-34　防火卷帘作为 防火分区间的分隔

4.6　其他构造防火要求

建筑缝隙、屋顶和屋面及天桥、栈桥和管沟构造的防火要求，见表4-6。建筑缝隙包括建筑变形缝、以及管道、管道井与主体结构之间的各种预留缝隙。

表 4-6　其他构造防火要求

使用部位	使用要求	材料要求	示　图
变形缝 变形缝内 电缆、可燃气体管道和甲、乙、丙类液体管道如穿过变形缝时	构造基层 表面装饰层 　不应敷设电缆、可燃气体管道和甲、乙、丙类液体管道 　应在穿过处加设套管 并应将套管两端空隙填塞密实	应采用不燃材料 可采用难燃材料（不低于B级） 应采用不燃材料 应采用不燃材料	 图 4-35　变形缝处防火构造
屋顶和屋面 舞台的屋顶 超过二层有吊顶的三级耐火等级建筑 吊顶内有可燃物的建筑 吊顶入口	吊顶内采用锯末等可燃材料作保温层的三、四级耐火等级建筑的屋顶 吊顶内的非金属烟囱周围50cm、金属烟囱70cm范围内应设置便于开启的排烟气窗或在侧墙上设置便于开启的高侧窗 在每个防火隔断范围内应设置老虎窗 在每个防火隔断范围内应设有不小于70cm×70cm的吊顶入口，但公共建筑的每个防火隔断范围内的吊顶入口不宜少于两个 宜布置在走道中靠近楼梯间的地方	不应采用冷摊瓦 不应采用可燃材料作可保温层 其总面积不宜少于舞台（不包括侧台）地面面积的5% 其间距不宜超过50m	 图 4-36　闷顶部分的防火要求（一） （a）三、四级耐火等级建筑的闷顶 （b）层数超过2层的三级耐火等级建筑内的闷顶

使用部位	使用要求	材料要求	示　图
屋顶和屋面	吊顶内采用锯末等可燃材料作保温层的三、四级耐火等级建筑的屋顶	不应采用冷摊瓦	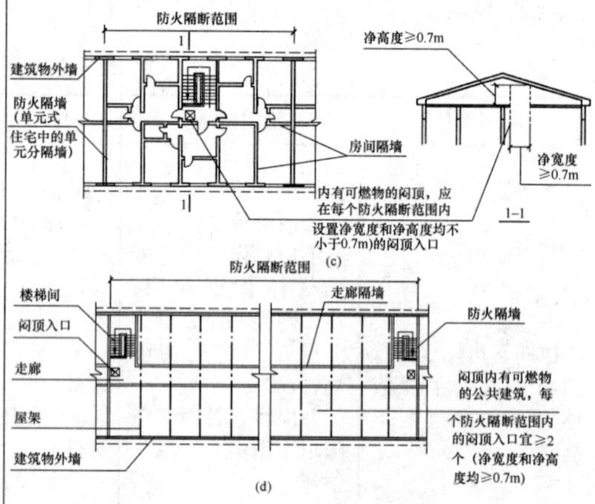
	吊顶内的非金属烟囱周围 50cm、金属烟囱 70cm 范围内	不应采用可燃材料作保温层	
舞台的屋顶	应设置便于开启的排烟气窗或在侧墙上设置便于开启的高侧窗	其总面积不宜少于舞台（不包括侧台）地面面积的 5％	
超过二层有吊顶的三级耐火等级建筑	在每个防火隔断范围内应设置老虎窗		图 4-36　闷顶部分的防火要求（二） （c）住宅顶层平面示意图 （d）公共建筑闷顶平面示意图
吊顶内有可燃物的建筑	在每个防火隔断范围内应设有不小于 70cm×70cm 的吊顶入口，但公共建筑的每个防火隔断范围内的吊顶入口不宜少于两个	其间距不宜超过 50m	
吊顶入口	宜布置在走道中靠近楼梯间的地方		
天桥、跨越房屋的栈桥，以及供输送可燃气体、可燃粉料和甲、乙、丙类液体的栈桥		均应采用不燃烧体	
运输有火灾、爆炸危险物资的栈桥，不应兼作疏散用的通道	宜设有防止火势蔓延的保护设施		
封闭天桥、栈桥与建筑物连接处的门洞以及甲、乙、丙类液体管道的封闭管沟（廊）	宜设有防止火势蔓延的保护设施		

使用部位	使用要求	材料要求	示　图
防烟、排烟、采暖、通风和空气调节系统中的管道，穿越隔墙、楼板及防火分区处	1. 防火封堵材料均要符合国家有关标准《防火膨胀密封件》（GB 16807）和《防火封堵材料》（GB 23864—2009）等的要求； 　2. 防火阀的具体位置应根据实际工程确定	采用防火封堵材料封堵	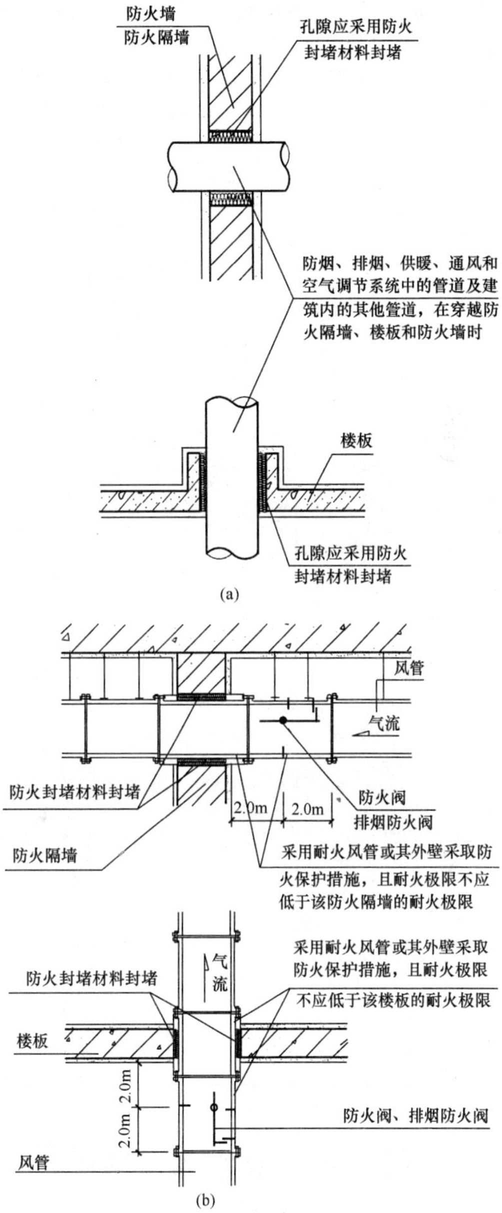

图 4-37　管道穿越隔墙、楼板的防火要求（一）

续表

使用部位	使用要求	材料要求	示　图
防烟、排烟、采暖、通风和空气调节系统中的管道，穿越隔墙、楼板及防火分区处	1. 防火封堵材料均要符合国家有关标准《防火膨胀密封件》（GB 16807）和《防火封堵材料》（GB 23864—2009）等的要求； 2. 防火阀的具体位置应根据实际工程确定	采用防火封堵材料封堵	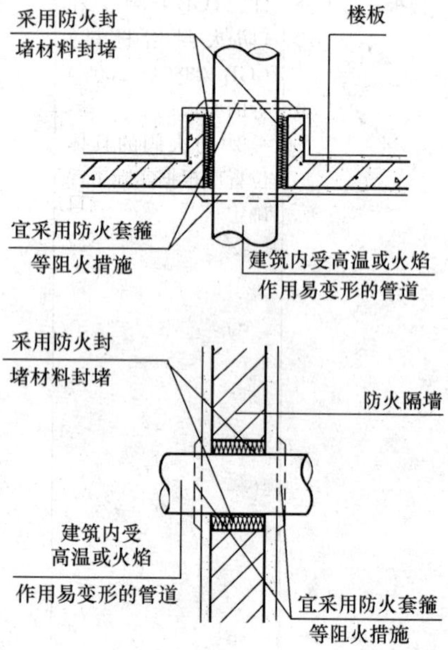

图 4-37　管道穿越隔墙、楼板的防火要求（二）

4.7　楼梯间、楼梯和疏散门

楼梯、电梯（含消防电梯）是建筑物垂直方向上的交通设施，疏散门是垂直和水平方向通行时的交汇点，其位置、数量、形式及构造方式等是影响疏散、通行的关键因素，尤其是火灾发生时，对人员的安全疏散起着决定性的作用，设计务必精心、合理。

根据使用要求的不同，分为疏散用楼梯、封闭楼梯、防烟楼梯、消防电梯及室外疏散楼梯等，其防火设计的要求，见表 4-7～表 4-12。

表 4-7　疏散用的楼梯间、封闭楼梯间防火要求

楼梯间	设计要求	示　图
疏散用的楼梯间	楼梯间	应能天然采光和自然通风，并宜靠外墙设置。靠外墙设置时，楼梯间、前室及合用前室外墙上的窗口与两侧门、窗、洞口最近边缘的水平距离不应小于 1.0m	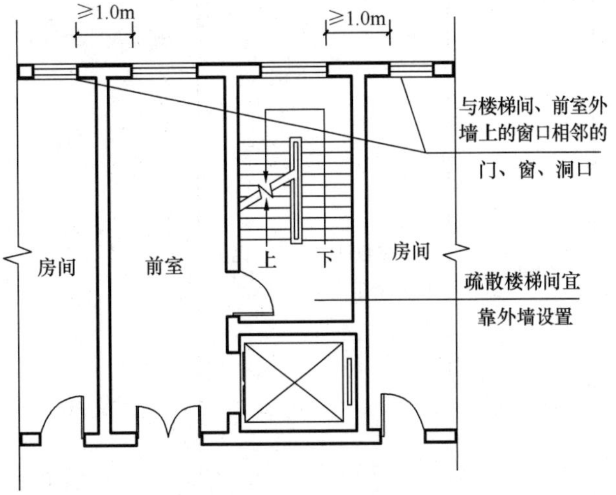 图 4-38　靠外墙设置的楼梯间
	楼梯间内	不应设置烧水间、可燃材料储藏室、垃圾道	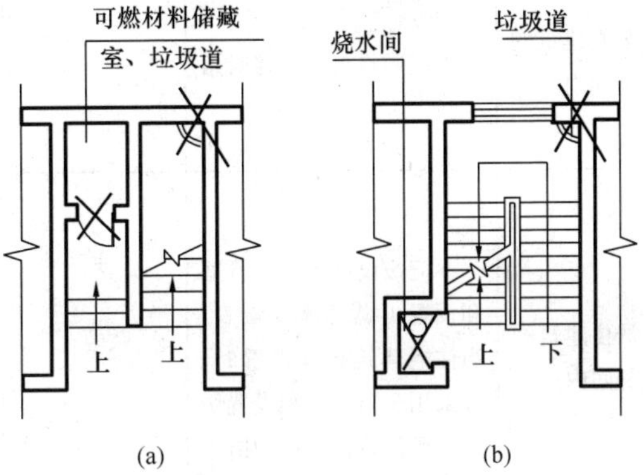 图 4-39　楼梯间不应设置烧水间、垃圾道等 （a）首层楼梯间；（b）标准层楼梯间
		不应有影响疏散的凸出物或其他障碍物	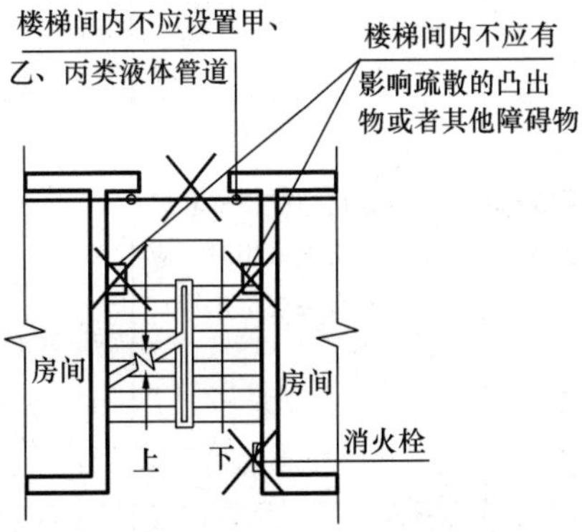 图 4-40　楼梯间内不应有影响疏散的凸出物

续表

楼梯间		设计要求	示　　图
疏散用的楼梯间	楼梯间内	不应敷设甲、乙、丙类液体管道	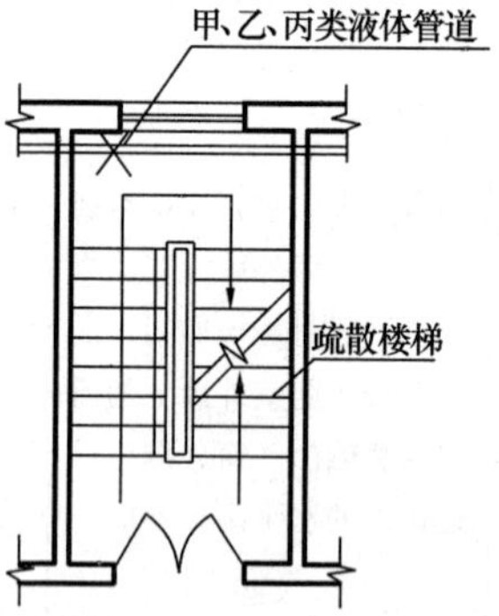 图 4-41　楼梯间不应敷设甲、乙、丙类液体管道
	公共建筑的楼梯间内	不应敷设可燃气体管道	
	居住建筑的楼梯间内	不应敷设可燃气体管道和设置可燃气体计量表。当住宅建筑必须设置时，应采用金属套管和设置切断气源的装置等保护措施	
	疏散用楼梯和疏散通道上的阶梯	不宜采用螺旋楼梯和扇形踏步（必须采用时，应按规范的有关规定执行）	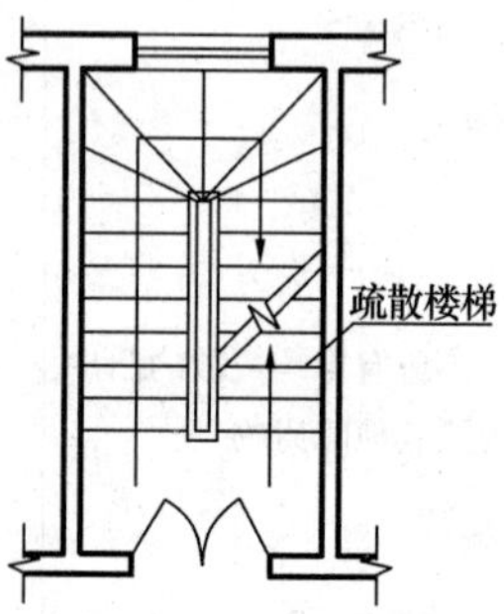 图 4-42　楼梯间不宜采用螺旋楼梯和扇形踏步

续表

楼梯间	设计要求	示　　图
封闭楼梯间	封闭楼梯间除应符合防火规范中疏散楼梯间的有关规定外，尚应符合表中所列规定 当不能天然采光和自然通风时，应设置机械加压送风系统 楼梯间的首层可将走道和门厅等包括在楼梯间内，形成扩大的封闭楼梯间，但应采用乙级防火门等措施与其他走道和房间隔开	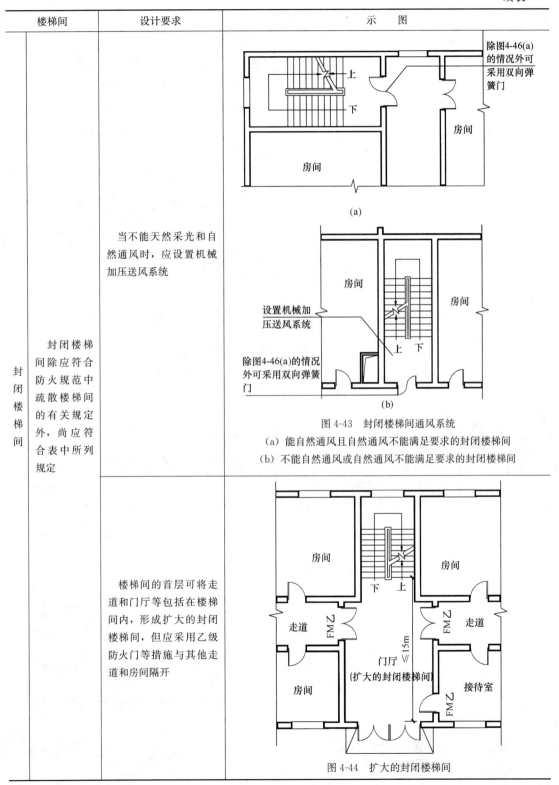

图 4-43　封闭楼梯间通风系统

（a）能自然通风且自然通风不能满足要求的封闭楼梯间

（b）不能自然通风或自然通风不能满足要求的封闭楼梯间

图 4-44　扩大的封闭楼梯间

楼梯间	设计要求	示　图
封闭楼梯间	封闭楼梯间除应符合防火规范中疏散楼梯间的有关规定外，尚应符合表中所列规定	除楼梯间的门之外，楼梯间的内墙上不应开设其他门窗洞口 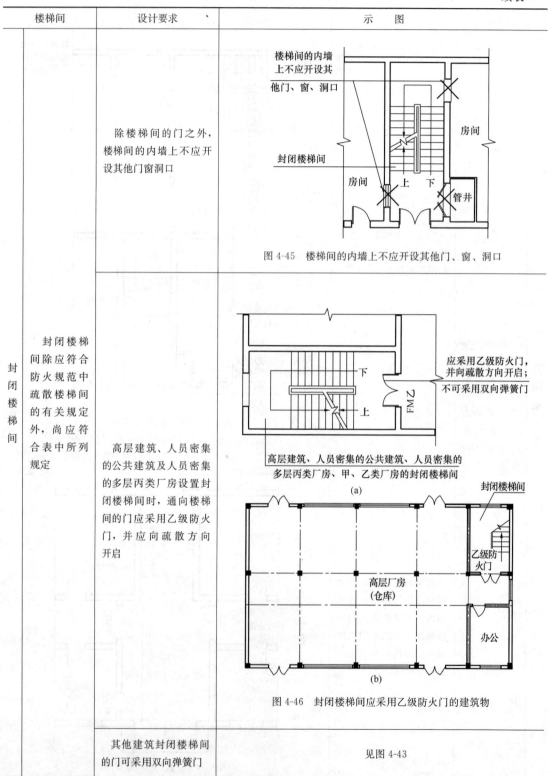 图 4-45　楼梯间的内墙上不应开设其他门、窗、洞口 高层建筑、人员密集的公共建筑及人员密集的多层丙类厂房设置封闭楼梯间时，通向楼梯间的门应采用乙级防火门，并应向疏散方向开启 图 4-46　封闭楼梯间应采用乙级防火门的建筑物 其他建筑封闭楼梯间的门可采用双向弹簧门 见图 4-43

表 4-8 防烟楼梯间防火要求

楼梯间	设计要求	示　　图
防烟楼梯间	当不能天然采光和自然通风时，楼梯间应设置防烟或排烟设施，及消防应急照明设施（按规范相应条款设计） 防烟楼梯间除应符合防火规范中疏散楼梯间的有关规定外，尚应符合表中所列规定 在楼梯间入口应设置防烟前室、开敞式阳台或凹廊等 防烟前室可与消防电梯间前室合用	 不能自然通风或自然通风不能满足要求的防烟楼梯间 图 4-47　防烟楼梯间通风要求 图 4-48　防烟楼梯间 （a）用阳台做敞开前室的防烟楼梯间；（b）用阳台做敞开前室的防烟楼梯； （c）用凹廊做敞开前室的防烟楼梯间

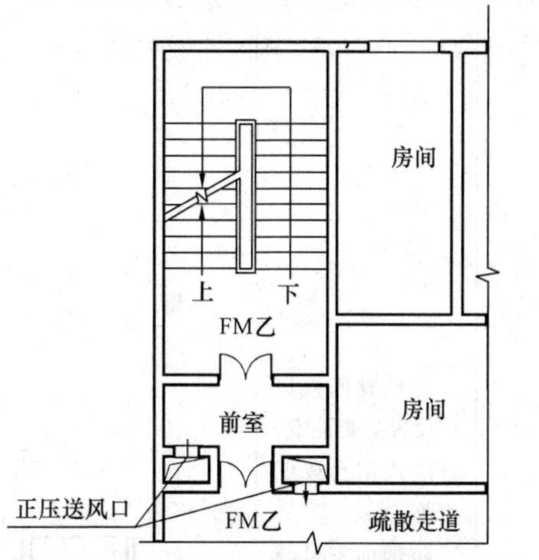

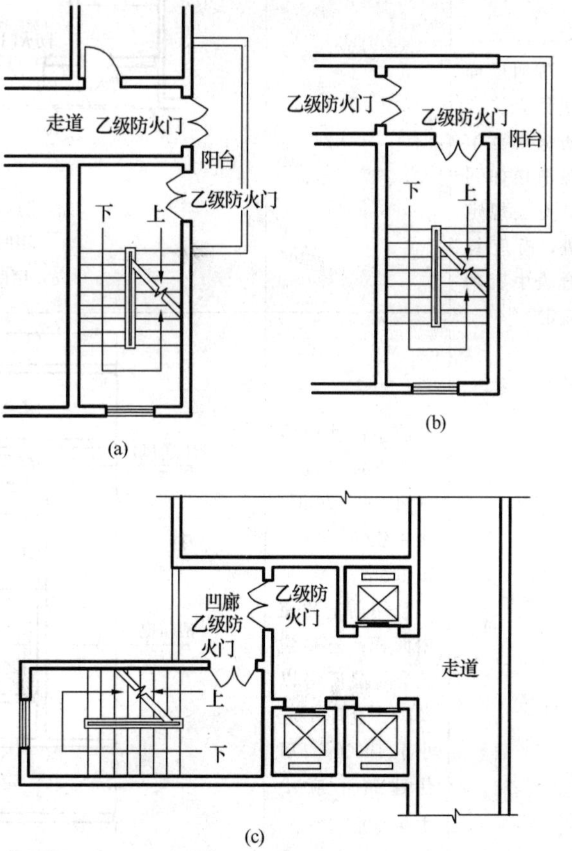

楼梯间	设计要求	示 图
防烟楼梯间	防烟楼梯间除应符合防火规范中疏散楼梯间的有关规定外，尚应符合表中所列规定	在楼梯间入口应设置防烟前室、开敞式阳台或凹廊等 防烟前室可与消防电梯间前室合用 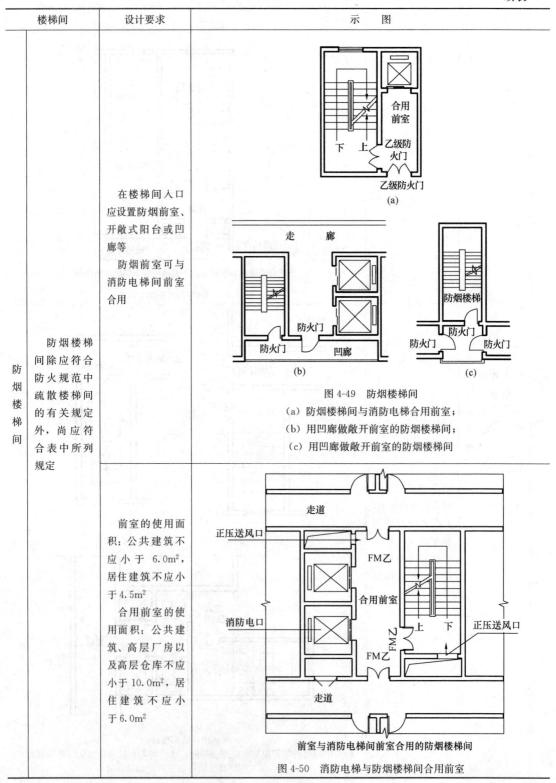

图 4-49　防烟楼梯间

(a) 防烟楼梯间与消防电梯合用前室；

(b) 用凹廊做敞开前室的防烟楼梯间；

(c) 用凹廊做敞开前室的防烟楼梯间

前室的使用面积：公共建筑不应小于 6.0m²，居住建筑不应小于 4.5m²

合用前室的使用面积：公共建筑、高层厂房以及高层仓库不应小于 10.0m²，居住建筑不应小于 6.0m²

前室与消防电梯间前室合用的防烟楼梯间

图 4-50　消防电梯与防烟楼梯间合用前室

楼梯间	设计要求	示 图
防烟楼梯间	防烟楼梯间除应符合防火规范中疏散楼梯间的有关规定外，尚应符合表中所列规定	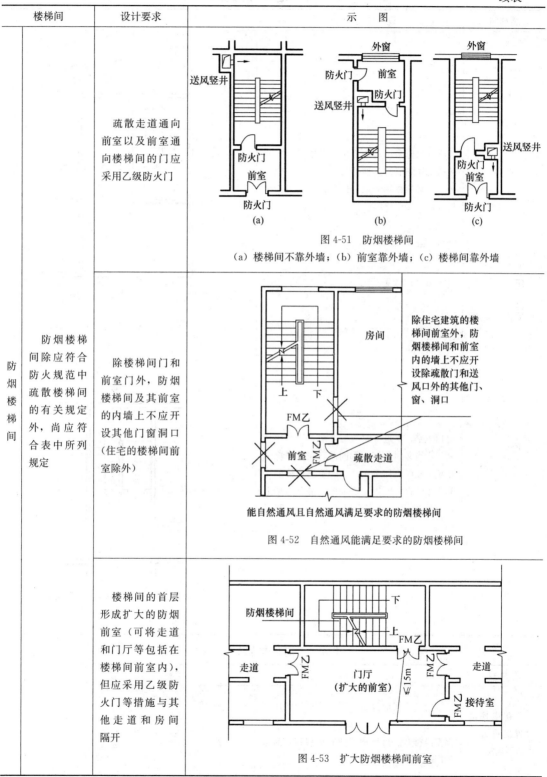

疏散走道通向前室以及前室通向楼梯间的门应采用乙级防火门

图 4-51 防烟楼梯间

（a）楼梯间不靠外墙；（b）前室靠外墙；（c）楼梯间靠外墙

除楼梯间门和前室门外，防烟楼梯间及其前室的内墙上不应开设其他门窗洞口（住宅的楼梯间前室除外）

图 4-52 自然通风能满足要求的防烟楼梯间

楼梯间的首层形成扩大的防烟前室（可将走道和门厅等包括在楼梯间前室内），但应采用乙级防火门等措施与其他走道和房间隔开

图 4-53 扩大防烟楼梯间前室

表 4-9 地下室、半地下室的楼梯间防火要求

楼梯间	设计要求	示图
地下室、半地下室的楼梯间	在首层应采用耐火极限不低于 2.00h 的不燃烧体隔墙与其他部位隔开并应直通室外,当必须在隔墙上开门时,应采用乙级防火门	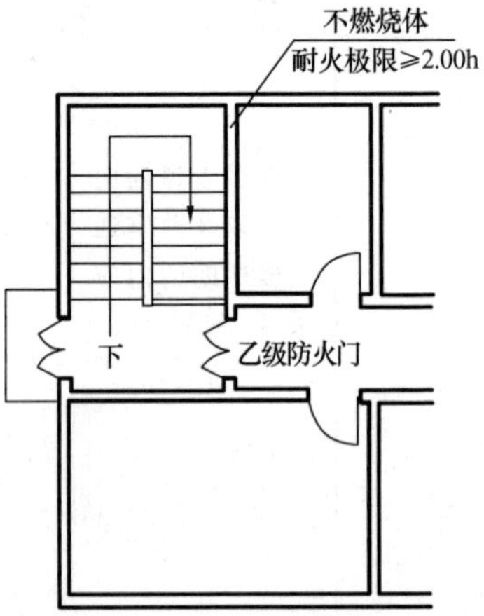 图 4-54 地下室、半地下室的楼梯间
	地下室、半地下室与地上层不应共用楼梯间,当必须共用楼梯间时,在首层应采用耐火极限不低于 2.00h 的不燃烧体隔墙和乙级防火门将地下、半地下部分与地上部分的连通部位完全隔开,并应有明显标志	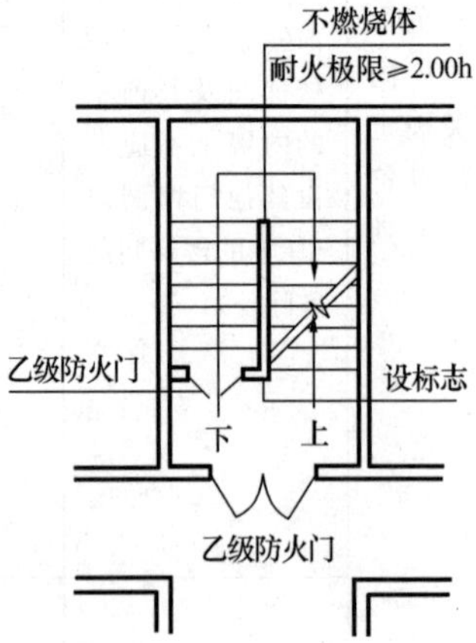 图 4-55 地下室、半地下室的楼梯间

表 4-10 消防电梯防火要求

消防电梯	设计要求	示图
消防电梯的设置应符合表中所列规定	消防电梯间应设置前室。前室的使用面积不应小于 6.0m² ;与防烟楼梯间合用的前室应符合防烟楼梯间的有关规定;前室的门应采用乙级防火门	见图 4-64

续表

消防电梯	设 计 要 求	示 图
消防电梯的设置应符合表中所列规定	前室宜靠外墙设置	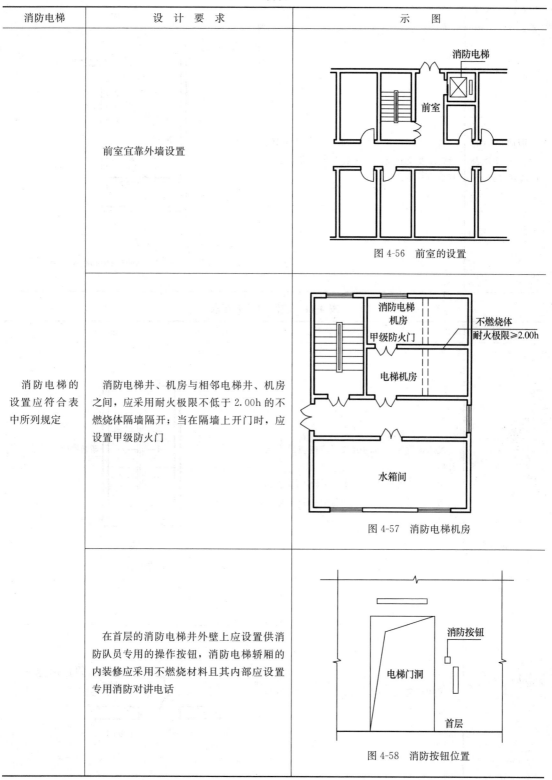图 4-56　前室的设置
	消防电梯井、机房与相邻电梯井、机房之间，应采用耐火极限不低于 2.00h 的不燃烧体隔墙隔开；当在隔墙上开门时，应设置甲级防火门	图 4-57　消防电梯机房
	在首层的消防电梯井外壁上应设置供消防队员专用的操作按钮，消防电梯轿厢的内装修应采用不燃烧材料且其内部应设置专用消防对讲电话	图 4-58　消防按钮位置

续表

消防电梯	设　计　要　求	示　　图
消防电梯的设置应符合表中所列规定	消防电梯应设置的排水设施、载重量、行驶速度及电缆、电线防水措施等均按规范中的有关规定执行	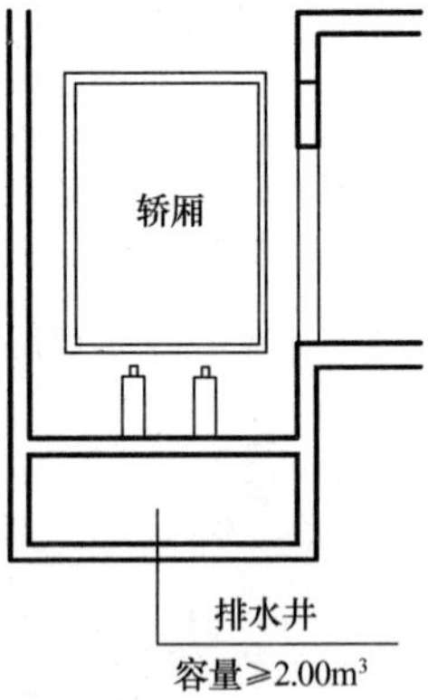 轿厢 排水井 容量≥2.00m³ 图 4-59　消防电梯排水井

表 4-11　疏散门防火要求

疏散门	设　计　要　求	示　　图
建筑中的疏散门应符合表中所列规定	民用建筑和厂房的疏散门应向疏散方向开启 除甲、乙类生产房间外，人数不超过60人的房间且每樘门的平均疏散人数不超过30人时，其门的开启方向不限	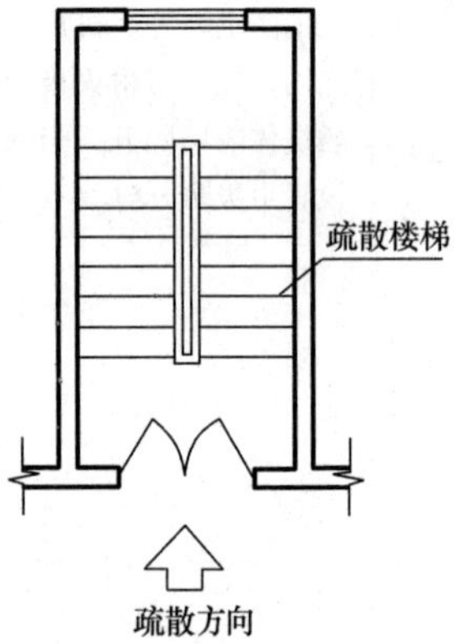 疏散楼梯 疏散方向 图 4-60　疏散门（一）
	民用建筑及厂房的疏散门应采用平开门，不应采用推拉门、卷帘门、吊门、转门	 不应采用推拉门、卷帘门、转门等 图 4-61　疏散门（二）

续表

疏散门	设 计 要 求	示 图
建筑中的疏散门应符合表中所列规定	仓库的疏散用门应为平开门，且向疏散方向开启 首层靠墙的外墙可设推拉门或卷帘门，但甲、乙类仓库不应采用推拉门或卷帘门	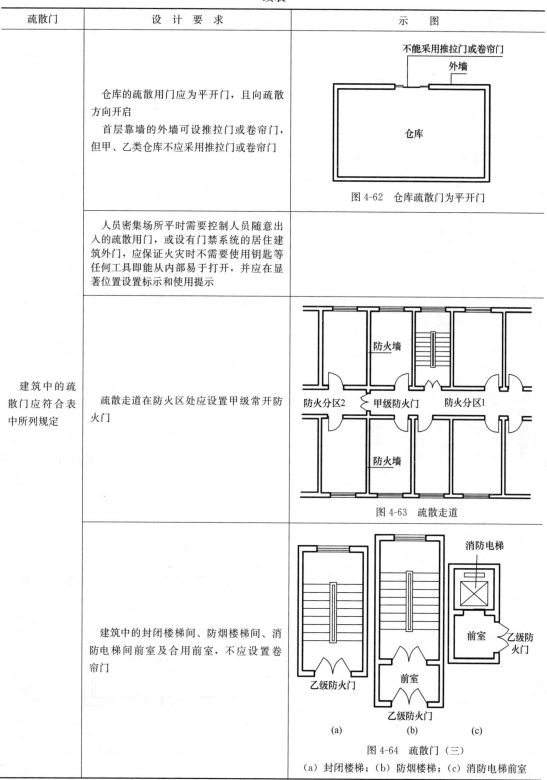 图 4-62　仓库疏散门为平开门
	人员密集场所平时需要控制人员随意出入的疏散用门，或设有门禁系统的居住建筑外门，应保证火灾时不需要使用钥匙等任何工具即能从内部易于打开，并应在显著位置设置标示和使用提示	
	疏散走道在防火区处应设置甲级常开防火门	图 4-63　疏散走道
	建筑中的封闭楼梯间、防烟楼梯间、消防电梯间前室及合用前室，不应设置卷帘门	图 4-64　疏散门（三） （a）封闭楼梯；（b）防烟楼梯；（c）消防电梯前室

表 4-12　室外疏散楼梯防火要求

室外疏散楼梯	设　计　要　求	示　　图
室外楼梯作为疏散楼梯时应符合表中所列规定	倾斜角度不应大于 45°	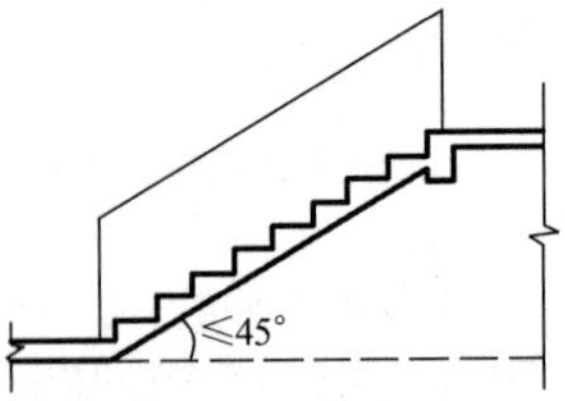 图 4-65　室外楼梯（一）
	楼梯段和平台均应采用不燃烧材料制作 平台的耐火极限不应低于 1.00h 楼梯段的耐火极限不应低于 0.25h	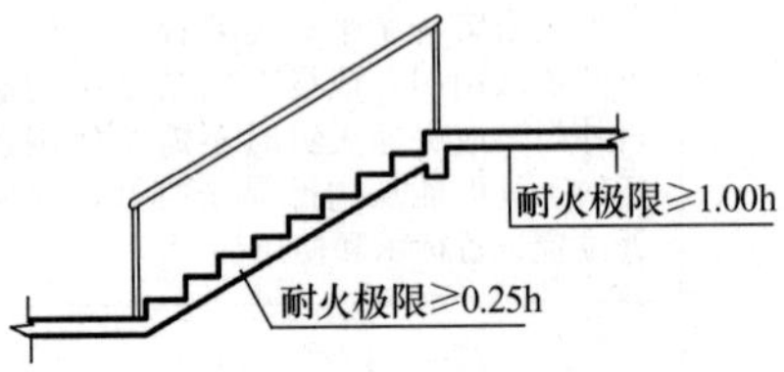 图 4-66　室外楼梯（二）
	通向室外楼梯的门宜采用乙级防火门，并应向室外开启	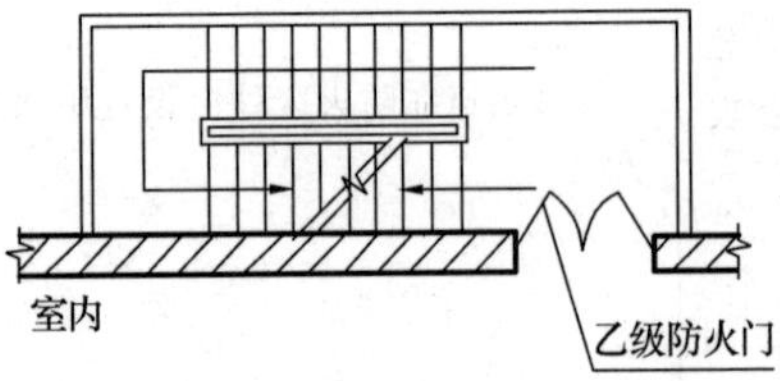 图 4-67　室外楼梯（三）
	除疏散门外，楼梯周围 2m 内的墙面上不应设置门窗洞口	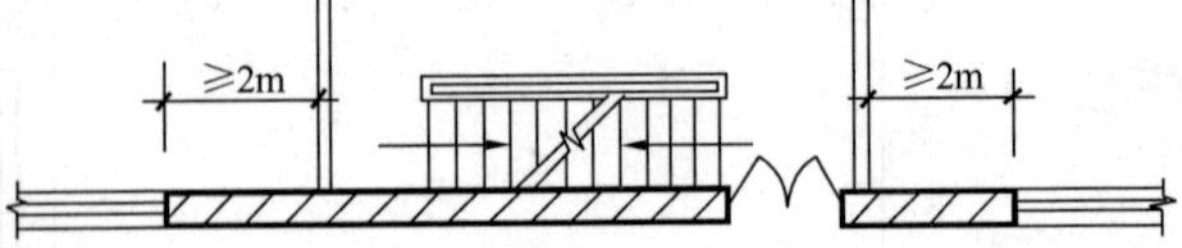 图 4-68　室外楼梯（四）
	疏散门不应正对楼梯段	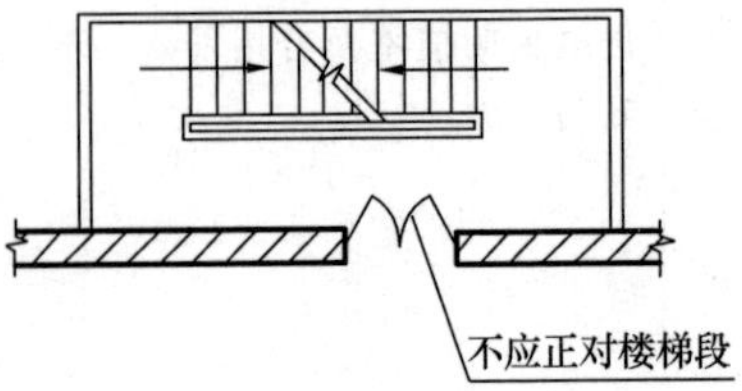 图 4-69　室外楼梯（五）

续表

室外疏散楼梯	设　计　要　求	示　　图
室外楼梯作为疏散楼梯时应符合表中所列规定	栏杆扶手的高度不应小于 1.1m 梯段的净宽不应小于 0.9m	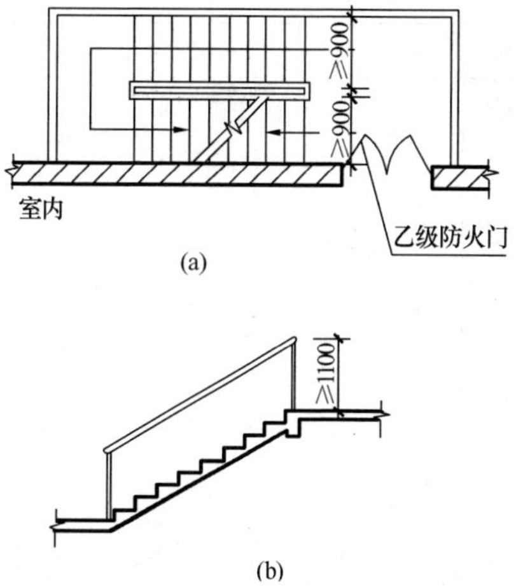 图 4-70　楼梯栏杆 （a）楼梯梯段；（b）楼梯栏杆
	高度大于 10m 的二级耐火等级建筑应设置通至屋顶的室外消防梯 消防梯不应面对老虎窗，宽度不应小于 0.6m，且从离地面 3.0m 高处设置	

4.8　建筑外保温材料的燃烧性能及构造要求

在建筑外保温设计中，对不同类型建筑物的相关部位，选用符合规范要求的保温材料及构造做法，是防止建筑外保温系统火灾事故的有效措施。

1. 与基层墙体、装饰层之间的建筑外墙外保温及屋面外保温材料的规定

（1）人员密集场所的建筑，其外墙外保温材料的燃烧性能应为 A 级；见表 4-13。

表 4-13　建筑高度与基层墙体、装饰层之间有空腔的建筑外墙保温系统的技术要求

场所	建筑高度（h）	A 级保温材料	B_1 级保温材料
人员密集场所	—	应采用	不允许
非人员密集场所	$h>24m$	应采用	不允许
	$h\leqslant24m$	宜采用	可采用，每层设置防火隔离带

（2）按建筑高度确定外墙外保温材料的燃烧性能等级：

1) 住宅建筑，见表 4-14。

2) 除住宅建筑和设置人员密集场所的建筑外的其他建筑，见表 4-14。

表 4-14　基层墙体、装饰层之间无空腔的建筑外墙保温系统的技术要求

建筑及场所	建筑高度（h）	A 级保温材料	B₁ 级保温材料	B₂ 级保温材料
人员密集场所	—	应采用	不允许	不允许
住宅建筑	$h>100m$	应采用	不允许	不允许
	$100m \geqslant h>27m$	宜采用	可采用：1. 每层设置防火隔离带；2. 建筑外墙上门、窗的耐火完整性不应低于 0.50h	不允许
	$h \leqslant 27m$	宜采用	可采用，每层设置防火隔离带	可采用：1. 每层设置防火隔离带；2. 建筑外墙上门、窗的耐火完整性不应低于 0.50h
除住宅建筑和设置人员密集场所的建筑外的其他建筑	$h>50m$	应采用	不允许	不允许
	$50m \geqslant h>24m$	宜采用	可采用：1. 每层设置防火隔离带；2. 建筑外墙上门、窗的耐火完整性不应低于 0.50h	不允许
	$h \leqslant 24m$	宜采用	可采用，每层设置防火隔离带	可采用：1. 每层设置防火隔离带；2. 建筑外墙上门、窗的耐火完整性不应低于 0.50h

注：1. 防火隔离带应采用燃烧性能为 A 级的材料。防火隔离带的高度不应小于 300mm。

　　2. 有耐火完整性要求的窗，其耐火完整性按照现行国家标准《镶玻璃构件耐火试验方法》（GB/T 12513）中对非隔热性镶玻璃构件的试验方法和判定标准进行测定。有耐火完整性要求的门，其耐火完整性按照国家标准《门和卷帘的耐火试验方法》（GB/T 7633）的有关规定进行测定。

（3）屋面外保温材料要求，见表 4-15。

表 4-15　屋面外保温材料设置要求

屋面板耐火极限	保温材料	防护层要求
$\geqslant 1.00h$	不应低于 B₂ 级	不燃材料厚度 $\geqslant 10mm$
$<1.00h$	不应低于 B₁ 级	

2. 设置防火隔离带要求

防火隔离带是设置在可燃、难燃保温材料外墙外保温工程中，按水平方向分布，采用不

燃保温材料制成、以阻止火灾沿外墙面或在外墙外保温系统内蔓延的防火构造。

（1）外墙外保温防火隔离带，见表4-16。

（2）屋面防火隔离带，见表4-16。

表4-16 防火隔离带设置要求

使用部位	材料燃烧性能等级	示　图
外立面	A级	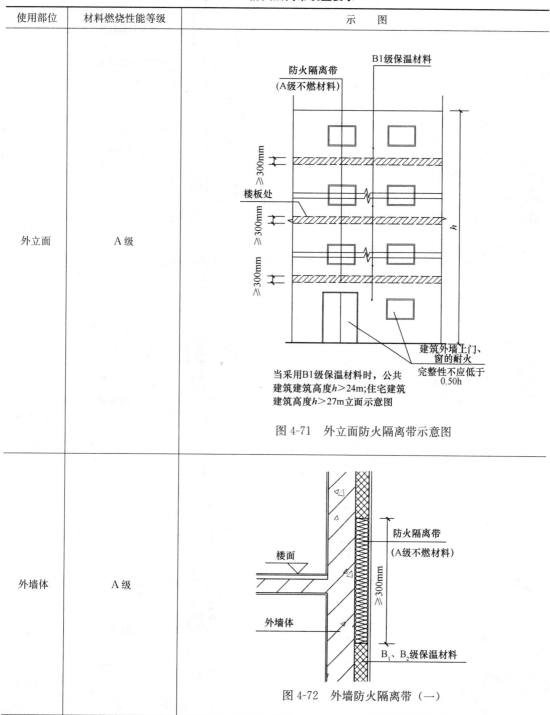
外墙体	A级	图4-72 外墙防火隔离带（一）

图4-71 外立面防火隔离带示意图

当采用B1级保温材料时，公共建筑建筑高度h>24m;住宅建筑建筑高度h>27m立面示意图

使用部位	材料燃烧性能等级	示　图
外墙体	A级	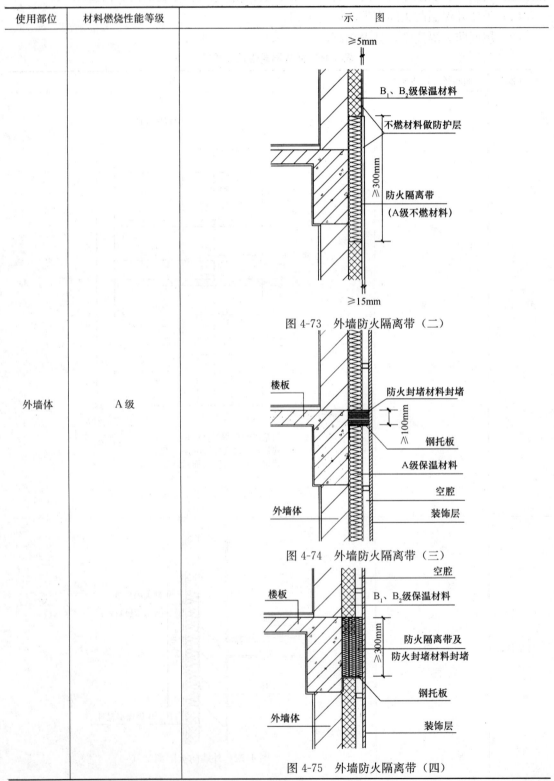

图 4-73　外墙防火隔离带（二）

图 4-74　外墙防火隔离带（三）

图 4-75　外墙防火隔离带（四）

续表

使用部位	材料燃烧性能等级	示　　图
屋面	A 级	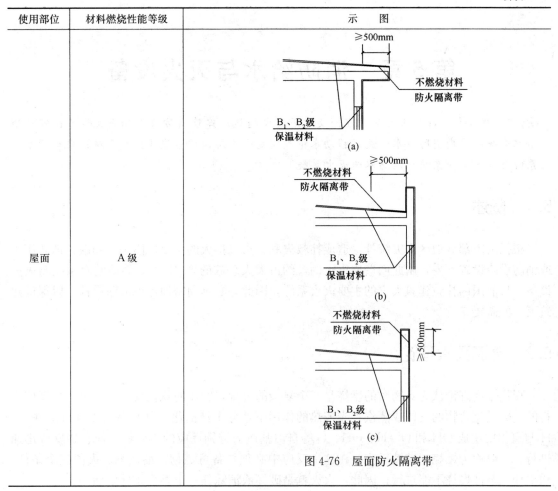 图 4-76　屋面防火隔离带

思　考　题

1. 了解建筑构造的防火设计的主要内容。

2. 了解防火墙、隔墙等各类墙体设置的依据及其构造要点。

3. 了解建筑幕墙构造防火设计的主要部位及其要点。

4. 了解防火门窗、防火卷帘的分类、耐火等级及设置要求与开启方向。

5. 了解变形缝、管道及竖向管道井等预留缝隙处理的构造要点。

6. 了解疏散楼梯、封闭楼梯、楼梯防烟、消防电梯等设置要求及构造要点。

第5章　消防给水与灭火设备

【内容提要】　建筑灭火基础理论及常用灭火措施；建筑消防给水和灭火设备；室外消防给水系统；室内消防给水系统；移动水枪或固定水冷却设施、泡沫灭火系统；自动喷水灭火系统及其各类分系统；消防水炮灭火系统。

5.1　概述

根据国内部分地区火灾统计，造成扑救失利、火灾扩大的主要原因是火场缺少消防用水或消防设施设置不妥，由此而造成火灾的，约占大火总数的 81.59%。消防给水系统与灭火设备是目前国内扑救建筑火灾的主要灭火系统，因此，必须周密地考虑消防设计，以保证建筑灭火的需要。

5.2　建筑灭火理论

现代燃烧理论认为：物质的燃烧是一个复杂的过程，物质的氧化反应是通过链式反应进行的，碳氢化合物的气体或蒸汽在光或热的作用下，分子被活化，分裂出活泼氢自由基 H，H 与氧作用生成 OH 和 O。H、OH、O 等自由基成为链锁反应的媒介物，使燃烧反应迅速进行。一般称为燃烧的链锁反应。在这个反应中必须具备可燃物、助燃剂、火源三个条件，缺少任一条件燃烧不能进行。因此，灭火就是破坏或消除任一个燃烧条件的活动。

灭火方法可归纳成冷却、窒息、隔离和化学抑制四种。前三种灭火方法是通过物理过程进行灭火，后一种方法是通过化学过程灭火。不论是移动式灭火设备、固定式灭火装置进行灭火，还是采用其他机械方法灭火，都是通过上述四种作用的一种或综合作用而灭火的。

5.2.1　冷却法灭火

可燃物燃烧的条件（因素）之一，是在火焰和热的作用下，达到燃点、裂解、蒸馏或蒸发出可燃气体，使燃烧得以持续。若将可燃固体冷却到自燃点以下，火焰就会熄灭；将可燃液体冷却到闪点以下，并隔绝外来的热源，使其不能挥发出足以维持燃烧的气体，火焰就会被扑灭。

冷却性能最好的灭火剂，首推是水，水具有较大的热容量和很高的汽化潜热，冷却性能很好，特别是采用雾状水流灭火，效果更为显著。

建筑水消防设备不仅投资少、操作方便，灭火效果好，管理费用低，是冷却法灭火的主要灭火设施。

5.2.2　窒息法灭火

可燃物燃烧都必须维持燃烧所需的最低氧浓度，低于这个浓度，燃烧就不能进行，火焰即被扑灭。

降低空间内空气中的氧浓度的窒息法灭火，采用的灭火剂一般有二氧化碳、氮气、水蒸气以及烟雾剂等。但可燃物体本身为化学氧化剂物质，是不能采用窒息灭火的。

重要的计算机房、贵重设备间可设置二氧化碳灭火设备扑救初期火灾，高温设备间可采用蒸汽灭火设备，重油储罐可采用烟雾灭火设备，石油化工等易燃易爆设备可采用氮气保护，以利及时控制或扑灭初期火灾，减少损失。

5.2.3　隔离法灭火

可燃物是燃烧必备的条件，为燃烧反应提供基本条件。若把可燃物与火焰、氧气隔离开来，燃烧即停止，火灾就被扑灭。

石油化工装置及其输送管道（特别是气体管路）发生火灾，关闭易燃、可燃液体的来源，将易燃、可燃液体或气体与火焰隔开，残余易燃、可燃液体（或气体）烧尽后，火灾就被扑灭了。电机房的油槽（或油罐）可设一般泡沫固定灭火设备；汽车库、压缩机房设泡沫喷洒灭火设备；易燃、可燃液体储罐除可设固定泡沫灭火设备外，还可设置倒罐传输设备；气体储罐可设倒罐传输设备外，还可设放空火炬设备；易燃、可燃液体和可燃气体装置，可设消防控制阀门等。一旦这些设备发生火灾事故，可采用相应的隔离法灭火。

5.2.4　化学抑制法灭火

化学抑制法灭火对于有焰燃烧火灾效果好，但对深部火灾，由于渗透性较差，灭火效果不理想，在条件许可的情况下，应与水、泡沫等灭火剂联用，会取得满意的效果。

卤代烷灭火曾经应用广泛，但由于其会反应出一种破坏大气臭氧层的物质，根据国际公约，我国已全面禁用。

卤代烷灭火剂可以抑制易燃和可燃液体火灾（汽油、煤油、柴油、醇类、酮类、酯类、苯以及其他有机溶剂等）、电气设备（发电机、变压器、旋转设备以及电子设备）、可燃气体（甲烷、乙烷、丙烷、城市煤气等）、可燃固体物质（纸张、木材、织物等）的表面火灾。

卤代烷灭火系统按其保护方式，可分成全淹没系统和局部应用系统。全淹没系统是在封闭空间内喷射卤代烷灭火剂，使其在保护空间内形成浓度比较均匀的卤代烷气体与空气的混合物，并使其在灭火浓度的要求下，保持必须的"浸渍"时间。局部应用系统是在保护对象的区域内喷射一定的卤代烷灭火剂，使其有效地扑灭火灾。

卤代烷灭火设备一般适用于贵重设备机房、电子计算机房、电子设备室、图书档案馆等既怕水又怕污染的场所，危险性较大且重要的易燃和可燃液体、气体储室的火灾场所，建筑内发电机房、变压器室、油浸开关、采油平台 、地下工程重要部位。

干粉灭火剂的化学抑制作用也很好，且近来年不少类型干粉可与泡沫联用，灭火效果很显著。凡是卤代烷能抑制的火灾，干粉均能达到同样效果，但干粉灭火有污染。

化学抑制法灭火速度快，使用得当，可有效地扑灭初期火灾，减少人员和财产的损失。

5.3 消防设施的设置

5.3.1 消防设施设置的一般要求

消防给水设施的设置应根据建筑用途及其重要性、火灾危险特性和环境条件等因素综合确定。消防给水设施按其系统组成和灭火原理可分为室内消火栓给水系统、自动喷水灭火系统、泡沫灭火系统和固定消防炮灭火系统，工业厂区移动或固定水冷却设施等。

5.3.2 室外消火栓消防系统

室外消火栓系统是设置在建筑物外的消防给水管网，主要供消防车取水实施灭火，也可以直接连接水带、水枪出水灭火，是扑救火灾的重要消防设施之一。按压力可分为高压消防给水系统、临时高压消防给水系统、低压消防给水系统；室外消防给水系统按用途分为生活、消防合用给水系统，生产、消防合用给水系统，生产、生活消防合用给水系统，独立的消防给水系统；室外消防给水系统按管网布置形式分为环状管网给水系统和枝状管网给水系统。如图 5-1 所示。

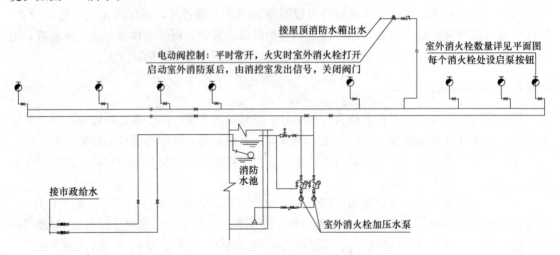

图 5-1 室外消火栓消防系统原理图

室外消火栓安装形式又可分为地上式、地下式、直埋伸缩式。室外消火栓通常安装于市政给水管网上，室外直埋伸缩式消火栓，具有不用时以直立状态埋于地面以下、使用时拉出地面工作的特点，与地上式消火栓相比，能有效避免碰撞，减少对景观的影响，防冻效果好；与地下式消火栓相比，不需要建筑地下井室，占地面积很小，安装、使用更加方便。

5.3.3 固定水冷却方式和移动式水枪冷却方式

甲、乙、丙类液体钢质固定顶储罐发生火灾时需用大量水进行冷却，储罐冷却器方式有固定水冷却设施和移动式水枪两种方式。固定水冷却设施一次投资大，平常维护费用小；移动式水枪冷却方式则恰恰相反。固定水冷却设施适用范围广，效果有保证，一般用于较大的储罐；移动式水枪冷却方式受安全、技术等因素的限制，一般适用于较小的储罐（区）。如图 5-2、图 5-3 所示。

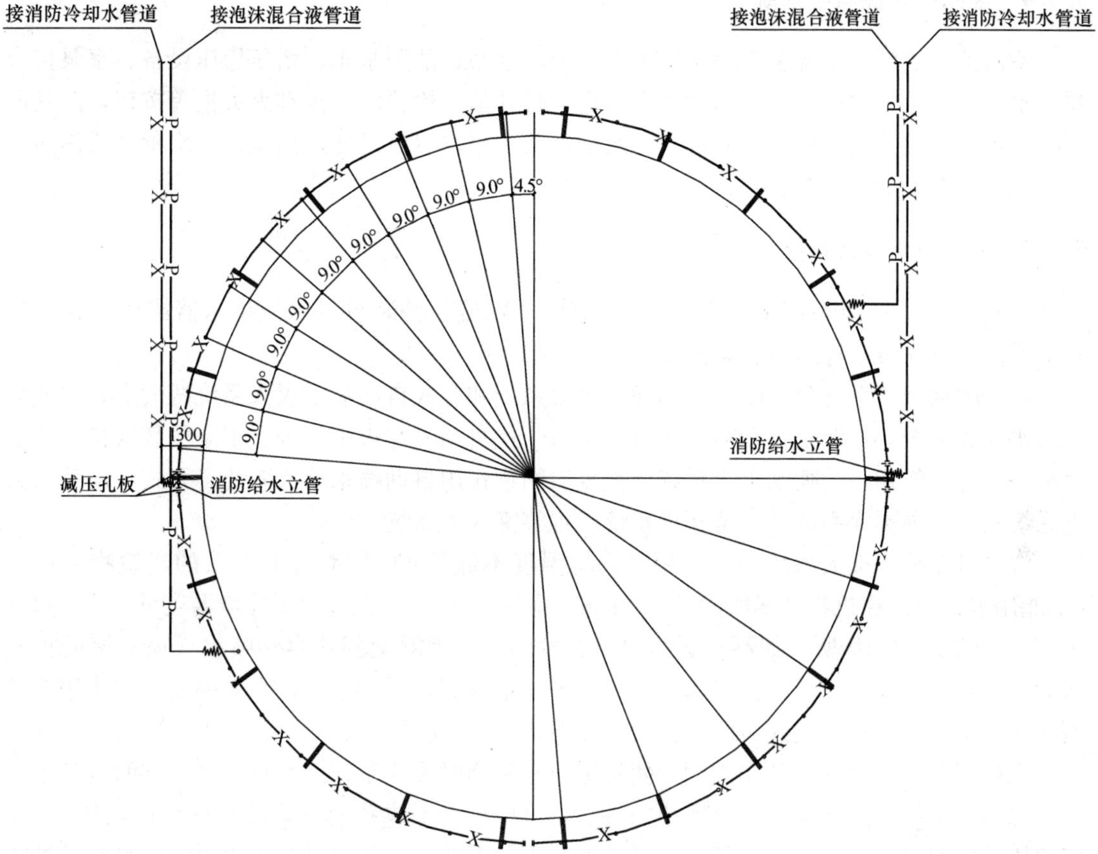

接消防冷却水管道　　接泡沫混合液管道　　　　　　接泡沫混合液管道　　接消防冷却水管道

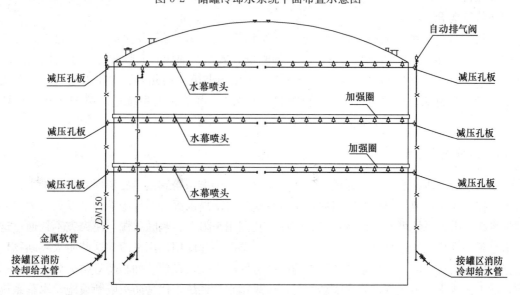

图 5-2　储罐冷却水系统平面布置示意图

图 5-3　储罐冷却水系统剖面布置示意图

5.3.4 室内消火栓消防系统

室内消火栓消防系统主要由消防水池、消防水泵、消防水箱、增压稳压设备、水泵接合器、水带、水枪、水喉组成。当发现火灾后，打开消火栓箱门，按动火灾报警按钮，由其向消防控制中心发火灾报警信号或远距离启动消防水泵，然后迅速拉出水带、水枪（或消防水喉），将水向着火点喷射实施灭火。如图 5-4 所示。

5.3.5 自动喷水灭火系统

自动喷水灭火系统由洒水喷头、报警阀组、水流报警装置（水流指示器或压力开关）、管道系统、供水设施等组成。如图 5-5 所示。

自动喷水灭火系统分为闭式自动喷水灭火系统和开式自动喷水灭火系统两大类。闭式自动喷水灭火系统包括湿式自动喷水灭火系统、干式自动喷水灭火系统、干湿交替式自动喷水灭火系统、预作用自动喷水灭火系统、重复启闭预作用自动喷水灭火系统。开式自动喷水灭火系统包括雨淋灭火系统、水幕灭火系统、水喷雾灭火系统。

湿式自动喷水灭火系统一般适用于环境温度不低于 4℃且不高于 70℃的建筑物和场所（不能用水扑救的建筑物和场所除外）。干式自动喷水灭火系统适用于环境温度低于 4℃和高于 70℃的建筑物和场所，如不采暖的建筑、冷库等。干湿交替式自动喷水灭火系统的报警阀为干湿两用报警阀或干式报警阀与湿式报警阀组合阀，适用范围广，效率高。预作用自动喷水灭火系统平时预作用阀后的管网充以低压压缩空气或氮气（也可以是空管），火灾时，由火灾探测系统自动开启预作用阀，使管道充水呈临时湿式系统。预作用系统同时具备了干式喷水灭火系统和湿式喷水灭火系统的特点，可以用于干式系统、湿式系统和干湿式系统所能使用的任何场所。重复启闭预作用自动喷水灭火系统不但能自动喷水灭火，而且当火被扑灭后又能自动关闭；当火灾再发生时，系统仍能重新启动喷水灭火，但系统造价较高，一般只用在特殊场合。

自动喷水灭火系统适用于各类工业及民用建筑，例如厂房及其生产部位、仓库、高层民用建筑、单（多）层民用建筑、特（甲）等剧场、展览、商店、餐饮和旅馆建筑以及医院建筑中的病房楼、门诊楼和手术部、办公建筑、大型图书馆、幼儿园、老年人建筑、地下或半地下商店、歌舞娱乐放映游艺场所（除游泳场所外）。自动灭火系统适用范围在建筑设计防火规范中已有明确的要求，此处不再复述。

5.3.6 水幕灭火系统

水幕系统（也称水幕灭火系统）是由水幕喷头、雨淋报警阀组或感温雨淋阀、供水与配水管道、控制阀及水流报警装置等组成，水幕系统是自动喷水灭火系统中唯一不以灭火为主要目的的系统。水幕系统可安装在舞台口、门窗、孔洞用来阻火、隔断火源，使火灾不致通过这些通道蔓延。水幕系统还可以配合防火卷帘、防火幕等一起使用，用来冷却这些防火隔断物，以增强它们的耐火性能。水幕系统还可作为防火分区的手段，在建筑面积超过防火分区的规定要求，而工艺要求又不允许设防火隔断物时，可采用水幕系统来代替防火隔断设施。水幕系统的适用范围在建筑设计防火规范中已有明确的要求，此处不再复述。如图 5-6 所示。

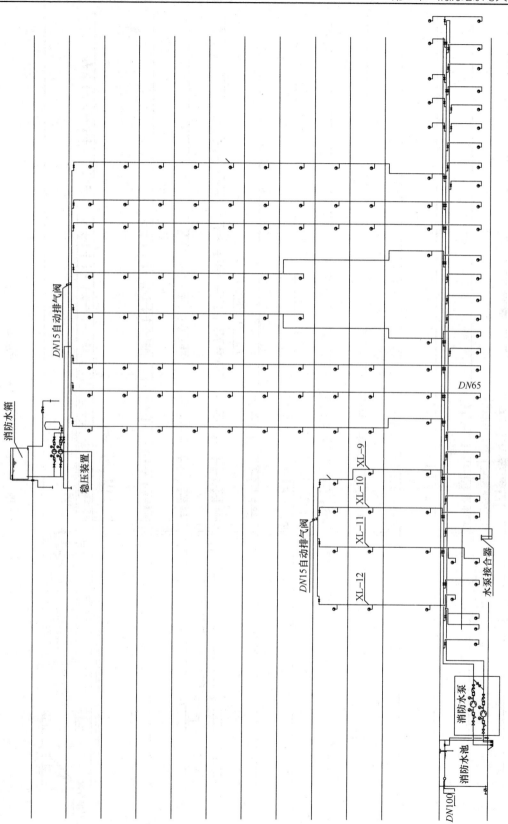

图 5-4　室内消火栓消防系统示意图

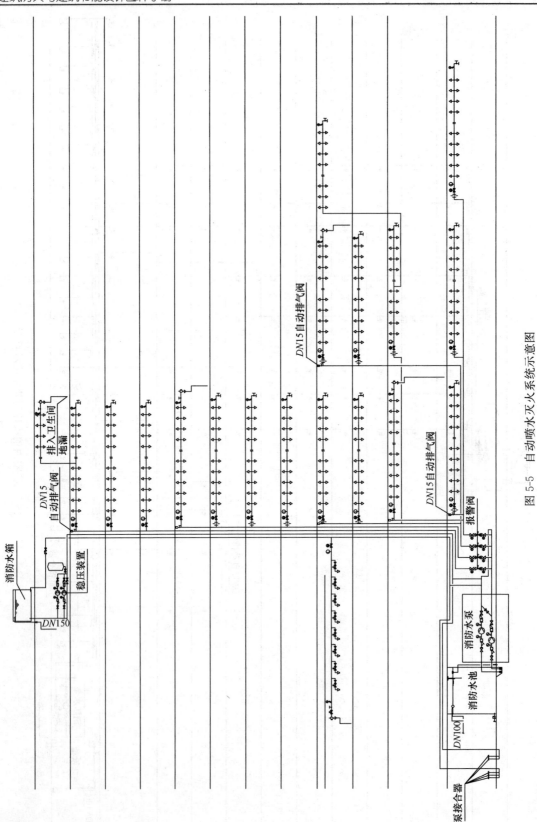

图 5-5 自动喷水灭火系统示意图

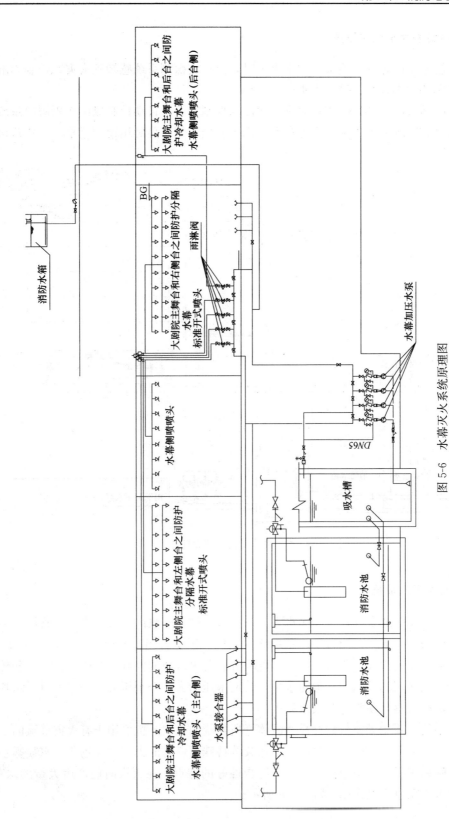

图 5-6　水幕灭火系统原理图

141

5.3.7 雨淋自动喷水灭火系统

雨淋系统采用的是开式喷头，发生火灾时，由火灾探测系统感知到火灾，控制雨淋阀开启，接通水源和雨淋管网，喷头出水灭火。

雨淋系统通常由三部分组成：火灾探测传动控制系统，自动控制成组作用阀门系统，带开式喷头的自动喷水灭火系统。雨淋系统适用于燃烧猛烈、蔓延迅速的严重危险建筑构成场所。如图 5-7 所示。

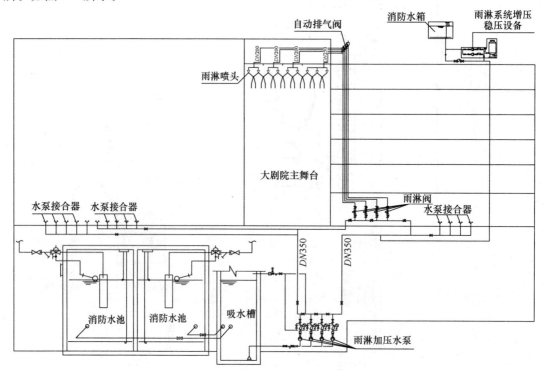

图 5-7　雨淋灭火系统原理图

5.3.8 水喷雾灭火系统

水喷雾灭火系统属于开式自动喷水灭火系统的一种，一般由水喷雾喷头、管网、高压水供水设备、控制阀、火灾探测自动控制系统等组成。平时管网里充以低压水，火灾发生时，由火灾探测器探测到火灾，通过控制箱，电动开启着火区域的控制阀，或由火灾探测传动系统自动开启着火区域的控制阀和消防水泵，管网水压增大，当水压大于一定值时，水喷雾头上的压力起动帽脱落，喷头一起喷水灭火。

水喷雾系统主要用于扑救贮存易燃液体场所贮罐的火灾，也可用于有火灾危险的工业装置，有粉尘火灾危险的车间，以及电气、橡胶等特殊可燃物的火灾危险场所。水喷雾系统具有水压高，喷射水滴小，分布均匀，水雾绝缘性好的特点，在灭火时能产生大量的水蒸气，具有冷却灭火、窒息灭火作用。如图 5-8 所示。

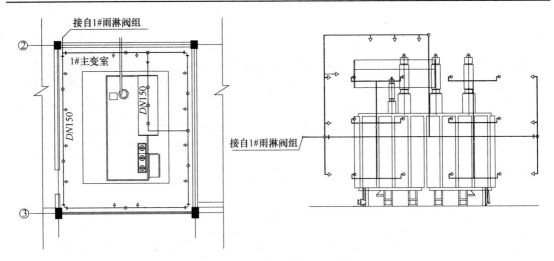

图 5-8　水喷雾灭火系统示意图

5.3.9　气体灭火系统

气体灭火系统和自动报警系统相连接，当自动报警系统收到报警信号后自动发送信号给气体灭火系统的控制盘并启动气体钢瓶顶部的启动电磁阀，电磁阀动作来开启钢瓶顶部的阀门，使钢瓶内的气体释放出来。如图 5-9、图 5-10 所示。

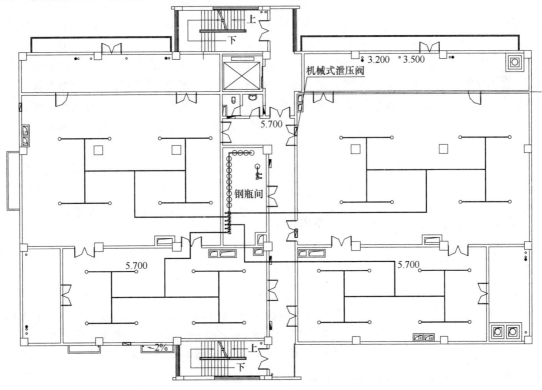

图 5-9　气体灭火系统平面布置示意图

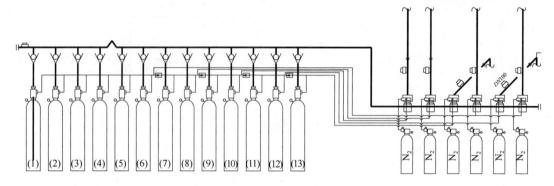

图 5-10　气体灭火系统钢瓶间示意图

气体灭火系统通过向着火区域释放"SDE"或二氧化碳灭火剂来抑制燃烧的化学反应、降低可燃区域空气中的含氧量和温度，使可燃物的燃烧终止或逐渐窒息。该系统主要用于忌水的重要场所，如变电所、印刷车间、电子计算机房和重要文库等场合。二氧化碳与"SDE"成本低廉，同时具有不沾污物品、无水渍损失和不导电等优点。

5.3.10　泡沫灭火系统

泡沫灭火系统在发生火灾时闭式喷头出水，报警阀打开，消防水进入管网。当消防水通过比例混合器管路时，一部分水通过进水管路进入泡沫液贮罐，通过消防水的引射作用，将泡沫液掺进消防水中形成泡沫混合液流。泡沫混合液从喷头喷出，在遇空气后自动生成灭火泡沫。泡沫灭火系统按发泡倍数分类为：低、中、高倍数泡沫灭火系统。低倍数泡沫灭火系统适用于开采、提炼加工、储存运输、装卸和使用甲、乙、丙类液体的场所。中、高倍数适用于汽油、煤油、柴油、工业苯等 B 类火灾，木材、纸张、橡胶、纺织品等 A 类火灾，封闭带电设备场所的火灾，液化石油气流淌火灾。抗溶泡沫灭火器还可以扑救水溶性易燃、可燃液体火灾。泡沫灭火剂不适宜扑救忌水化学物品、电气和 C、D 类火灾。如图 5-11～图 5-14所示。

泡沫灭火系统又可分为固定式泡沫灭火系统、移动式泡沫灭火系统、半固定式泡沫灭火系统。固定式泡沫灭火系统适用于单罐容量大于 $1000m^3$ 的甲、乙、丙类液体储罐，而罐壁高度小于 7m 或容量不大于 $200m^3$ 的储罐可采用移动式泡沫灭火系统，同时其他储罐宜采用半固定式泡沫灭火系统。

5.3.11　消防水炮灭火系统

消防水炮灭火系统主要用于商贸中心、展览中心、大型博物馆、高大厂房等室内大空间的火灾重点保护场所。按系统启动方式分为远控和手动消防炮灭火系统；按应用方式分为移动式和固定式消防炮灭火系统；按喷射介质分为水炮、泡沫炮和干粉炮灭火系统；按驱动动力装置可分为气控炮、液控炮和电控炮灭火系统。消防炮灭火系统主要由消防炮、泵、阀门和管道、动力源等组成。如图 5-15 所示。

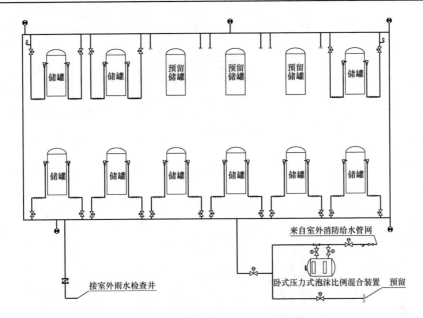

图 5-11 罐区泡沫灭火系统示意图

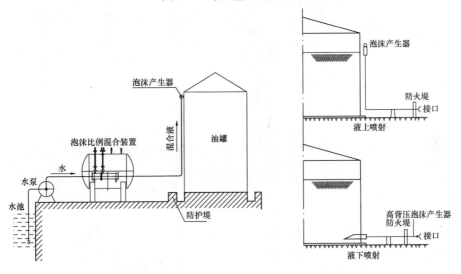

图 5-12 固定式泡沫灭火系统示意图   图 5-13 半固定式泡沫灭火系统示意图

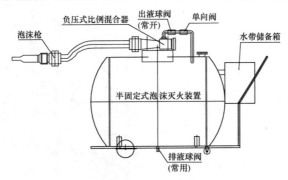

图 5-14 移动式泡沫灭火系统示意图

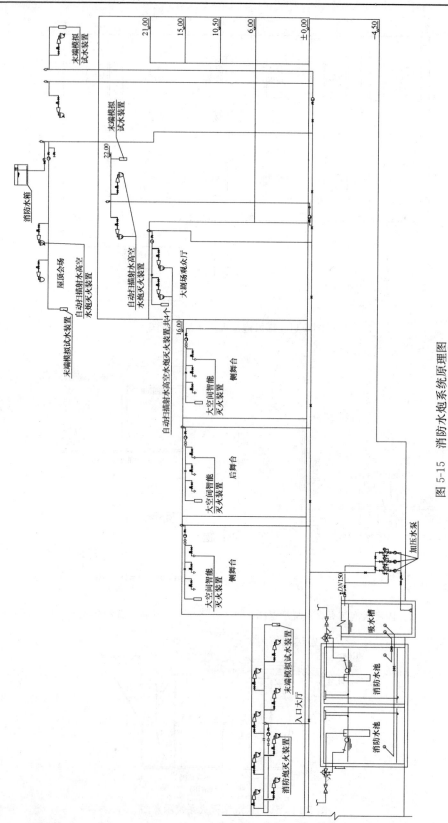

图 5-15　消防水炮系统原理图

5.3.12 灭火器的设置

住宅建筑的公共部位和公共建筑内及厂房、仓库、储罐（区）和堆场等工业建筑应设置灭火器。

灭火器是一种可携式灭火工具，存放在公众场所或可能发生火灾的地方，不同种类的灭火筒内装填的成分不一样，是专为不同的火警而设。灭火器的种类很多，按其移动方式可分为手提式和推车式；按驱动灭火剂的动力来源可分为储气瓶式、储压式、化学反应式；按所充装的灭火剂则又可分为泡沫灭火器、干粉灭火器、二氧化碳灭火器、清水灭火器等。如图5-16、图5-17所示。

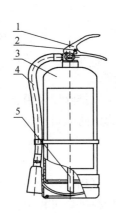

图 5-16　手提式干粉灭火器

1—虹吸管；2—喷筒总成；3—筒体
总成；4—保险装置；5—器头总成

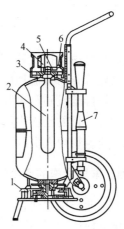

图 5-17　推车式干粉灭火器

1—出粉管；2—钢瓶；3—护罩；4—压
力表；5—进气压杆；6—提环；7—喷枪

思 考 题

1. 熟悉并了解物质燃烧的基本条件及建筑灭火理论。
2. 熟悉并掌握消防设施设置的基本要求。
3. 明确消火栓消防系统的基本构成，全面了解消火栓消防系统的工作原理。
4. 重点了解自动喷水灭火系统的组成和分类以及各系统的特点。
5. 熟知各类自动喷水灭火系统的适用范围和运行特点。
6. 结合实践工作，运用消防基本理论，锻炼解决实际问题的能力。

第6章 采暖、通风及空气调节与防烟、排烟

【内容提要】 防烟、排烟设施的作用、方式；民用建筑的防排烟；自然排烟；加压送风及机械排烟；空调通风系统的防火；采暖、通风系统的防火。

6.1 概述

防排烟系统，都是由送排风管道，管井，防火阀，门开关设备，送、排风机等设备组成的。建筑的防烟设施应分为机械加压送风的防烟设施和可开启外窗的自然排烟设施。建筑的排烟设施应分为机械排烟设施和可开启外窗的自然排烟设施。

防烟、排烟设计的目的是将火灾产生的大量烟气及时予以排除以及阻止烟气向防烟分区以外扩散，以确保建筑物内人员的顺利疏散、安全避难和为消防队员创造有利扑救条件。

6.1.1 设置防烟、排烟设施的必要性

现代化的各种工业与民用建筑，可燃装修材料较多，还有相当多的高层建筑使用了大量塑料装修材料、化纤地毯和用泡沫填充的家具，这些可燃物在燃烧过程中会产生大量的有毒烟气和热，同时要消耗大量的氧气。日本、英国对火灾中人员伤亡原因的统计表明，由于一氧化碳中毒窒息死亡或被其他有毒烟气熏死者一般占火灾总死亡人数的 $40\%\sim50\%$，最高达 65% 以上。

6.1.2 防烟、排烟设施的作用

在建筑中设置防烟、排烟设施的作用主要有以下三个方面：

6.1.2.1 为安全疏散创造有利条件

防烟排烟设计，与安全疏散和消防扑救关系密切，是综合防火设计的一个组成部分，在进行建筑平面布置和室内装修材料以及防烟排烟方式的选择上，应综合加以考虑。

建筑物发生火灾时，其室内可燃物燃烧时，产生大量烟气，烟气中含有多种有毒成分，这些烟气如未能及时排除，则烟的粒子产生遮光作用，能见度下降，致使人们在火灾时看不到疏散方向，不能辨认疏散通路，给安全疏散带来极大的困难，最终造成不应有的损失和伤亡事故。

6.1.2.2 为消防扑救创造有利条件

火场实际情况表明，建筑物发生火灾时处于熏烧阶段，房间充满烟雾、门窗处于关闭状态，在这种情况下，当消防人员进入火灾场区时，由于浓烟和热气的作用，往往使消防人员看不清火场情况，不能迅速准确地找到起火点，大大影响了灭火战斗。但如果采取了防排烟措施，则情况就有很大不同，消防人员进入火场时，火场区域内的情况看得比较清楚，可迅

速而准确地确定起火点，判断出火势蔓延的方向，因而能够较有成效地控制火势蔓延扩大，减少火灾损失。

6.1.2.3 可控制火势蔓延扩大

试验情况表明，设有完善排烟设施的高层建筑（采用正压送风的防烟方式除外），发生火灾时既可排除大量烟气，又能排除一场火灾的 70%～80% 的热量，起到控制火势蔓延的作用。

6.1.3 防烟、排烟方式的选择

防排烟系统是防烟系统和排烟系统的总称。防烟系统采用机械加压送风方式或自然通风方式，防止烟气进入疏散通道的系统；排烟系统采用机械排烟方式或自然通风方式，将烟气排至建筑物外的系统。如图 6-1 所示。

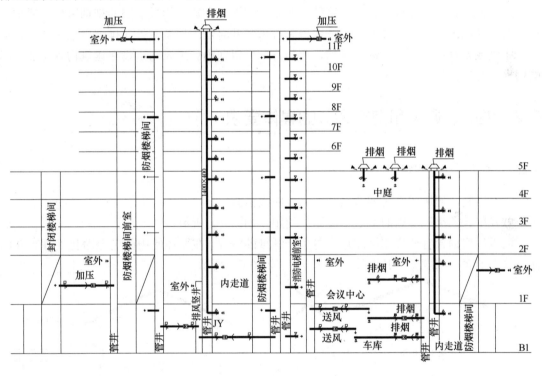

图 6-1　加压送风及排烟系统原理图

6.1.3.1 自然排烟方式

自然排烟，是利用室内外空气对流作用进行的排烟方式。建筑内或房间内发生火灾时，可燃物燃烧产生的热量，使室内空气温度升高，由于室内外空气容重不同，产生热压，室外空气流动（风力的作用）产生风压，形成对流。具体做法为：在房间或走道的上部设置可控制的外窗或排烟口，使着火房间的烟气自然排到室外。这种排烟方式的优点是：不需用电源，设备简单，可节约投资，还可兼作平时换气用；缺点是：排烟效果受室外气温、风向、风速的影响，特别是排烟口设置在上风向（迎风面时），排烟效果很不理想，应设置在背风面（下风向）。这种排烟方式一般适用于适合采用自然排烟的房间、走道和前室、楼梯间。

6.1.3.2　机械防烟、排烟相结合的方式

大致区分为以下三种：

（1）正压送风和机械排烟相结合的方式。这种方式多适用于性质重要，对防烟、排烟要求较为严格的高层建筑。在做法上是，对防烟楼梯和消防电梯厅，采用正压送风方式，保证火灾时的烟气不进入，保证安全疏散；对需要排烟的房间、走廊，采用机械排烟，为安全疏散和消防扑救创造条件。

（2）机械排烟机械进风的方式。这种方式是利用排烟抽风机，通过设在建筑物各功能空间上部的排烟口、排烟竖井将烟气排至室外。进风则同样利用送风机通过进风口、风道、竖井将室外空气送入。排烟口应有自动开启装置或手动开启装置，但设置自动开启装置必须设有手动开启装置。这种排烟方式主要应用于高层建筑地下室、地下汽车库及其他大空间建筑内部的防排烟系统。应当注意的是，送风量应略小于排烟量。

（3）机械排烟自然进风方式。这种方式是利用设置在建筑物最上层的排烟风机，通过设在建筑物各功能空间或走廊上部的排烟口和排烟竖井将烟气排至室外。排烟口平时关闭，火灾时手动或自动开启排烟口进行排烟，并与排烟风机联锁。进风则由设在建筑物各功能空间的门窗及开口部位自然进风。

6.2　供暖、通风和空气调节的具体要求

6.2.1　通风的一般规定

（1）供暖、通风和空气调节系统应采取防火措施。

（2）甲、乙类厂房内的空气不应循环使用。如图 6-2 所示。

丙类厂房内含有燃烧或爆炸危险粉尘、纤维的空气，在循环使用前应经净化处理，并应使空气中的含尘浓度低于其爆炸下限 25%。如图 6-3 所示。

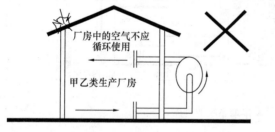

图 6-2　甲、乙类厂房内的空气不应循环使用

图 6-3　丙类厂房内的空气循环使用

（3）为甲、乙类厂房服务的送风设备与排风设备应分别布置在不同通风机房内，且排风设备不应和其他房间的送、排风设备布置在同一通风机房内。如图 6-4 所示。

（4）民用建筑内空气中含有容易起火或爆炸危险物质的房间，应设置自然通风或独立的机械通风设施，且其空气不应循环使用。如图 6-5 所示。

（5）当空气中含有比空气轻的可燃气体时，水平排风管全长应顺气流方向上坡度敷设。如图 6-6所示。

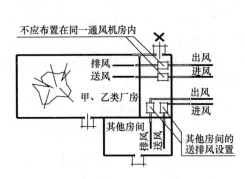

图 6-4　甲、乙类厂房送、排风设备布置

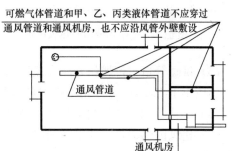

图 6-5　独立的通风设施

（6）可燃气体管道和甲、乙、丙类液体管道不应穿过通风机房，且紧贴通风管道的外壁敷设。如图 6-7 所示。

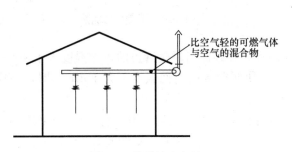

图 6-6　管道坡度布置

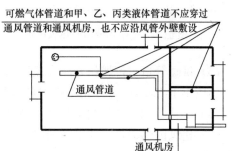

图 6-7　可燃气体管道和甲、乙、丙类液体
管道的错误布置

6.2.2　供暖系统的一般规定

（1）在散发可燃粉尘、纤维的厂房内，散热器表面平均温度不应超过 82.5 ℃。输煤廊的散热器表面平均温度不应超过 130℃。如图 6-8 所示。

（2）甲、乙类厂房（仓库）内严禁采用明火和电散热器供暖。如图 6-9 所示。

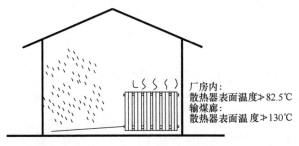

图 6-8　散热器表面平均温度

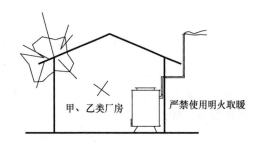

图 6-9　甲、乙类厂房（仓库）内严禁
采用明火和电散热器供暖

（3）生产过程中散发的可燃气体、蒸气、粉尘或纤维与供暖管道、散热器表面接触能引起燃烧的厂房，生产过程中散发的粉尘受到水、水蒸气的作用能引起自燃、爆炸或产生爆炸性气体的厂房，应采用不循环使用的热风供暖。如图 6-10 所示。

（4）供暖管道不应穿过存在与供暖管道接触能引起燃烧或爆炸的气体、蒸气、粉尘的房间，确需穿过时，应采用不燃材料隔热。如图 6-11 所示。

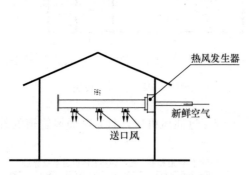

图 6-10　不循环使用的热风供暖

图 6-11　不燃材料隔热

（5）供暖管道与可燃物之间应保持一定距离，并确保当供暖管道的表面温度大于 100℃时，不应小于 100mm 或采用不燃材料隔热；当供暖管道的表面温度不大于 100℃时，不应小于 50mm 或采用不燃材料隔热。如图 6-12 所示。

（6）建筑内供暖管道和设备的绝热材料，确保对于甲、乙类厂房（仓库），应采用不燃材料，同时对于其他建筑，宜采用不燃材料，不得采用可燃材料。如图 6-13 所示。

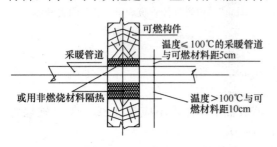

图 6-12　供暖管道与可燃物之间的距离

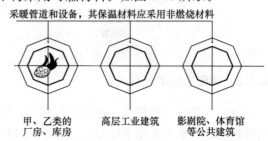

图 6-13　供暖管道和设备的绝热材料

6.2.3　通风和空气调节系统的设施要求

（1）空气中含有易燃、易爆危险物质的房间，其送排风系统应采用防爆型的通风设备。当送风机布置在单独分隔的通风机房内且送风干管上设置防止回流设施时，可采用普通型的通风设备。如图 6-14 所示。

（2）含有燃烧和爆炸危险粉尘的空气，在进入排风机前应采用不产生火花的除尘器进行处理。对于遇水可能形成爆炸的粉尘，严禁采用湿式除尘器。如图 6-15 所示。

（3）处理有爆炸危险粉尘的除尘器、排风机的设置应与其他普通型的风机、除尘器分开设置，并宜按单一粉尘分组布置。如图 6-16 所示。

（4）净化有爆炸危险粉尘的干式除尘器和过滤器宜布置在厂房外的独立建筑内，建筑外墙与所属厂房的防火间距不应小于 10m。如图 6-17 所示。

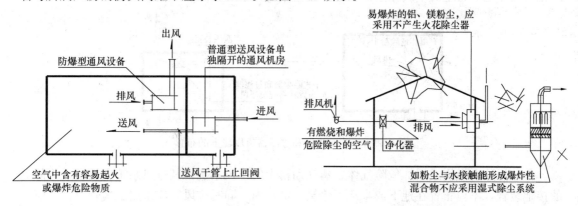

图 6-14 易燃、易爆危险物质的房间送排风系统

图 6-15 含有燃烧和爆炸危险
粉尘的空气排风系统布置

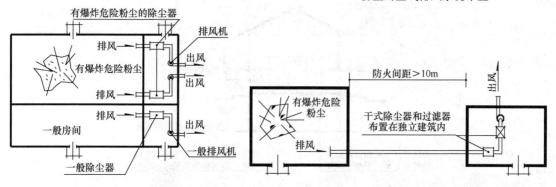

图 6-16 爆炸危险粉尘的排风机布置

图 6-17 干式除尘器和过滤器的布置

具备连续清灰功能，或具有定期清灰功能且风量不大于 15000m³/h、集尘斗的储尘量小于 60kg 的干式除尘器和过滤器，可布置在厂房内的单独房间内，但应采用耐火极限不低于 3.00h 的防火隔墙和 1.50h 的楼板与其他部位分隔。如图 6-18 所示。

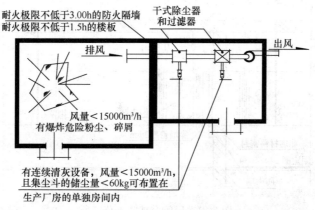

图 6-18 干式除尘器和过滤器宜单独布置

（5）净化或输送有爆炸危险粉尘和碎屑的除尘器、过滤器或管道，均应设置泄压装置。净化有爆炸危险粉尘的干式除尘器和过滤器应布置在系统负压段上。如图 6-19 所示。

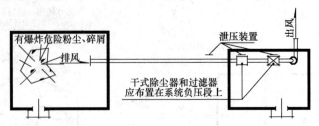

图 6-19　干式除尘器和过滤器负压段上的布置

（6）排除有燃烧或爆炸危险气体、蒸气和粉尘的排风系统，其排风系统应设置导除静电的接地装置，不应布置在地下或半地下建筑（室）内，同时排风管应采用金属管道，并应直接通向室外安全地点，不应暗设。如图 6-20 所示。

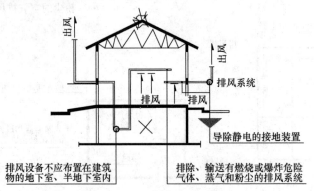

图 6-20　接地装置的布置

（7）通风、空气调节系统的风管在穿越防火分区处，穿越通风、空气调节机房以及重要或火灾危险性大的房间隔墙和楼板处，穿越防火分隔处的变形缝两侧、竖向风管与每层水平风管交接处的水平管段上应设置公称动作温度为 70℃ 的防火阀。如图 6-21、图 6-22 所示。

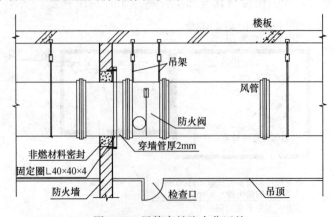

图 6-21　风管穿越防火分区处

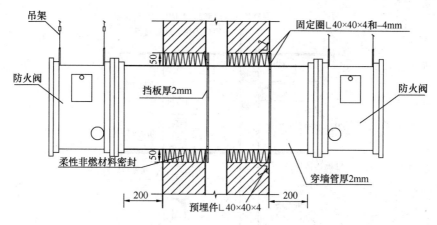

图 6-22　风管穿越变形缝处

（8）公共建筑的浴室、卫生间和厨房竖向排风管，应采取防止回流措施并宜在支管上设置公称动作温度为 70℃ 的防火阀。如图 6-23 所示。

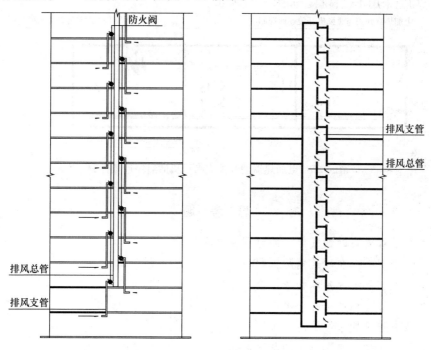

图 6-23　防回流措施及防火阀安装

（9）防火阀宜靠近防火分隔处设置，防火阀暗装时，应在安装部位设置方便维护的检修口，同时在防火阀两侧各 2.0m 范围内的风管及其绝热材料应采用不燃材料。如图 6-24 所示。

（10）设备和风管的绝热材料、用于加湿器的加湿材料、消声材料及其粘结剂，宜采用不燃材料，确有困难时，可采用难燃材料。风管内设置电加热器时，电加热器的开关应与风机的启停连锁控制。电加热器前后各 0.8m 范围内的风管和穿过有高温、火源等容易起火房

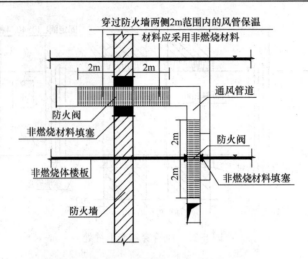

图 6-24　风管穿越墙体和楼板示意图

间的风管，均应采用不燃材料。如图 6-25 所示。

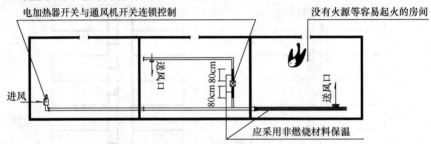

图 6-25　电加热器的开关应与风机的启停连锁控制

思 考 题

1. 熟悉并了解火灾时烟气产生的过程及其危害。
2. 了解防排烟系统在建筑消防工程中的作用。
3. 明确防排烟系统的基本构成，全面了解防排烟系统的工作原理。
4. 重点了解防排烟系统的分类以及各系统的特点。
5. 熟知各类防排烟系统的适用范围。
6. 着重了解采暖、通风系统的防火要求。

第7章 电 气

【内容提要】消防电源及其配电；消防电源负荷及供电要求；消防控制室；火灾报警系统；火灾应急照明系统；导线选择及敷设；智能建筑火灾自动报警。

7.1 消防电源及其配电

消防供电是建筑防火设计的重要组成部分。现代建筑尤其是高层建筑、重要的公共建筑对消防供电的要求越来越高。为满足各种使用功能上的需要，建筑，特别是高层公共建筑内（如旅馆、办公楼、综合楼、大型商场等）常常需要采用大量机械化、自动化、电气化的设备，需要较大的电能供应。消防供电的设计，对于火灾的预防、火灾的扑救、人员疏散等至关重要。

7.1.1 消防电源的负荷等级划分

7.1.1.1 消防电源

建筑物内的消防控制室照明、消防水泵、消防电梯、防烟排烟设施、火灾探测与报警系统、自动灭火系统或装置、应急照明和疏散指示标志、电动的防火门窗、卷帘、阀门等设施设备在正常和应急情况下的用电即为消防用电。

7.1.1.2 消防用电设备的负荷等级划分原则

根据对供电可靠性的要求及中断供电在政治、经济上所造成损失或影响的程度进行分级，称为负荷分级。电气负荷常分为三个等级。

（1）符合下列情况之一时，应为一级负荷：

1）中断供电将造成人身伤亡时。

2）中断供电将在政治、经济上造成重大损失时。例如：重大设备损坏、重大产品报废、用重要原料生产的产品大量报废，国民经济中重点企业的连续生产过程被打乱需要长时间才能恢复等。

3）中断供电将影响有重大政治、经济意义的用电单位的正常工作。例如：重要交通枢纽、重要通信枢纽、重要宾馆、大型体育场馆、经常用于国际活动的大量人员集中的公共场所等用电单位中的重要电力负荷。

在一级负荷中，当中断供电将发生中毒、爆炸和火灾等情况的负荷，以及特别重要场所的不允许中断供电的负荷，应视为特别重要的负荷。

（2）符合下列情况之一时，应为二级负荷：

1）中断供电将在政治、经济上造成较大损失时。例如：主要设备损坏、大量产品报废、连续生产过程被打乱需较长时间才能恢复、重点企业大量减产等。

2) 中断供电将影响重要用电单位的正常工作。例如：交通枢纽、通信枢纽等用电单位中的重要电力负荷，以及中断供电将造成大型影剧院、大型商场等较多人员集中的重要的公共场所秩序混乱。

3) 不属于一级和二级负荷者应为三级负荷。

7.1.1.3 消防用电设备的负荷等级

按照上述负荷分级的原则，建筑消防设施的用电负荷分级应为：

(1) 一级负荷

1) 一类高层建筑的消防控制室、消防水泵、消防电梯、防烟排烟设施、火灾探测与报警、自动灭火系统、应急照明、疏散指示标志和电动的防火门、窗、卷帘、阀门等消防用电应按一级负荷要求供电。

2) 建筑高度大于 50m 的乙、丙类厂房和丙类仓库的消防用电应按一级负荷要求供电。

3) Ⅰ类汽车库的消防水泵、火灾自动报警、自动灭火、排烟设施、火灾应急照明、疏散指示标志等的消防用电应按一级负荷供电。

4) 建筑面积大于 5000m² 的人防工程，其消防用电应按一级负荷要求供电。

(2) 二级负荷

1) 二类高层建筑的消防控制室、消防水泵、消防电梯、防烟排烟设施、火灾探测与报警、自动灭火系统、应急照明、疏散指示标志和电动的防火门、窗、卷帘、阀门等消防用电，应按二级负荷要求供电。

2) 下列建筑物、储罐和堆场的消防用电，应按二级负荷供电：

①室外消防用水量超过 30L/s 的厂房（仓库）。

②室外消防用水量超过 35L/s 的可燃材料堆场、甲类和乙类液体储罐（区）、可燃气体储罐（区）。

③超过 1500 个座位的电影院、剧场，超过 3000 个座位的体育馆、任一层建筑面积大于 3000m² 的商店和展览建筑，省（市）级及以上的广播电视楼、电信楼和财贸金融楼，室外消防用水量大于 25L/s 的其他公共建筑。

3) Ⅱ、Ⅲ类汽车库和Ⅰ类修车库的消防水泵、火灾自动报警、自动灭火、排烟设施、火灾应急照明、疏散指示标志等的消防用电应按二级负荷供电。

4) 建筑面积小于或等于 5000m² 的人防工程，其消防用电应按二级负荷要求供电。

(3) 除上述以外的建筑物储罐（区）和堆场等的消防用电可按三级负荷供电。

7.1.2 不同负荷级别的供电要求

(1) 一级负荷的供电要求

1) 一级负荷应由两个电源供电。当一个电源发生故障时，另一个电源不致于同时受到损坏。

供给一级负荷的两个电源宜在最末一级配电盘（箱）处自动切换。

2) 一级负荷中特别重要的负荷，除由两个电源供电外，尚应增设应急电源，并严禁将其他负荷接入应急供电系统。结合消防用电设备的特点，具备下列条件之一的供电可视为满足一级负荷供电，如图 7-1 所示：

①电源来自两个不同的发电厂；

②电源来自两个区域变电站（电压一般在35kV及35kV以上）；

③电源来自一个区域变电站，并且设有自备发电设备。

（2）二级负荷的供电要求

二级负荷的供电系统应做到当电力变压器或电力线路发生常见故障时不致于中断供电或中断供电能迅速恢复。二级负荷宜由两个电源供电，或用两回路送到适宜的配电点。

（3）三级负荷对供电无特殊要求

采用单回路供电，但应使系统简洁可靠，低压配电级数一般不超过四级。

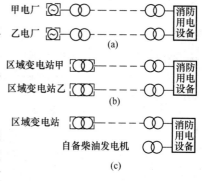

图7-1 一级负荷供电示意图
(a) 电源来自两个不同的发电厂；(b) 电源来自两区域变电站；(c) 电源一个来自区域变电站，另一个来自备柴油发电机

7.1.3 消防用电的供电措施

7.1.3.1 高层建筑的消防控制室、消防水泵房、消防电梯、防烟和排烟风机等的供电，应在最末一级配电箱处设置自动切换装置，如图7-2所示。

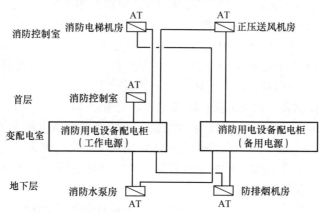

图7-2 重要消防用电负荷双电源末端切换示意图

7.1.3.2 消防用电设备应采用专用的供电回路，当建筑内的生产、生活用电被切断时，应仍能保证消防用电。备用消防电源的供电时间和容量，应满足该建筑火灾延续时间内各消防用电设备的要求。其配电设备应设有明显标志。其配电线路和控制回路宜按防火分区划分，消防配电支线不宜穿越防火分区。

7.1.3.3 对于容量较大或较集中的消防用电设施（如消防电梯、消防水泵等）应由配电室采用放射式供电。

7.1.3.4 对于火灾应急照明、消防联动控制设备、火灾报警控制器等设施，若采用分散供电时，在各层应设置专用消防配电箱，如图7-3所示。

7.1.3.5 对于分散的小容量的一级负荷如电话机房、消防控制室应急照明等亦可采用设备

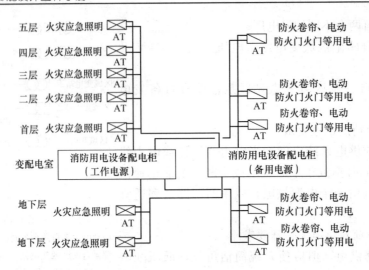

图 7-3　消防用电负荷双电源末端切换示意图

自带的蓄电池或集中供电的 EPS 作为自备应急电源，但应急时间应符合规范规定。

7.1.4　火灾自动报警系统的电源

7.1.4.1　火灾自动报警系统，应设置交流电源和蓄电池备用电源。

7.1.4.2　火灾自动报警系统的交流电源应采用消防电源、备用电源可采用火灾报警控制器和消防联动控制器自带的蓄电池电源或消防设备应急电源。当备用电源采用消防设备应急电源时，火灾报警控制器和消防联动控制器应采用单独的供电回路，并能保证在消防系统处于最大负载状态下不影响报警控制器和消防联动控制器的正常工作。

7.1.4.3　消防联动控制装置的直流操作电源电压，应采用 24V。

7.1.4.4　火灾自动报警系统中的 CRT 显示设备、消防通信设备等的交流电源宜由 UPS 装置或消防设备应急电源供电。消防设备应急电源输出功率应大于火灾自动报警及联动控制系统全负荷功率的 120%，蓄电池组的容量应保证，火灾自动报警及联动控制系统在火灾状态同时工作负荷条件下连续工作 3h 以上。

7.1.4.5　火灾自动报警系统主电源的保护开关不应设置剩余电流动作保护和过负荷保护装置，当必须采用漏电保护开关时，漏电电流动作保护只能作用于报警，不应直接作用于切断电路。

7.1.5　消防用电的自备电源

7.1.5.1　消防用电的自备柴油发电设备，应设置自动启动装置，并能在 30s 内供电。当市电转换到自备应急电源时，自动装置应执行先停后送程序，并保证一定的时间间隔。在接到"市电恢复"信号后，也应延长一定时间，再进行自备电源对市电的切换。

7.1.5.2　消防用电设备的供电要求不能保证时，应设置 EPS 应急电源系统。

7.2　消防控制室

消防控制室是火灾报警控制设备和消防控制设备的专用房间，用于接收、显示、处理火灾报警信号，控制有关消防设施，因此，国外一些法规将其称为"消防中心"，还有些国家将防盗报警设备与消防设备合设在同一室内叫"防灾中心"。关于消防控制室的设计，有关规范已作了明确规定。

7.2.1 一般规定

7.2.1.1 《火灾自动报警系统设计规范》（GB 50116—2013）规定，消防控制室的设置应符合国家现行有关建筑设计规范的规定，主要指的是：

1. 《建筑设计防火规范》（GB 50016—2014）；
2. 《人民防空工程设计防火规范》（GB 50098—2009）；
3. 《汽车库、修车库、停车场设计防火规范》（GB 50067—2014）。

上述规范对不同类型建筑物内的消防控制室，其设置的位置、建筑结构、耐火等级、通风、电气线路等都有不同的要求，其目的是火灾时在一定时间范围内，保证值班人员的人身安全，火灾时坚持工作，保证控制室内设备的正常运行。

《建筑设计防火规范》规定："设有火灾自动报警系统和需要联动控制的消防设备的建筑（群），应设置消防控制室。"

"单独建造的消防控制室，其耐火等级不应低于二级；附设在建筑物内的消防控制室，宜设在建筑物内的首层（或地下一层）靠外墙部位；严禁与消防控制室无关的电气线路和管路穿过；不应设置在电磁场干扰较强及其他可能影响消防控制设备正常工作的房间附近，疏散门应直通室外或安全出口"。还规定："附设在建筑物内的消防控制室、灭火设备室、消防水泵房和通风空调机房，应采用耐火极限不低于2.00h的隔墙和1.50h的楼板与其他部位隔开。隔墙上的门应采用乙级防火门"。消防水泵房和消防控制室应采取防水淹的技术措施。

《汽车库、修车库、停车场设计防火规范》规定："设有火灾报警系统和自动化系统的汽车库、修车库应设置消防控制室，消防控制室宜独立设置，也可与其他控制室、值班室组合设置。"

《人民防空工程设计防火规范》规定："设有火灾自动报警系统、自动喷水灭火系统，机械防烟排烟设施等的人防工程，应设置消防控制室，并且：消防控制室设置在地下一层，并应邻近直道接通向地面的安全出口；消防控制室可设置在值班室、变配电室等房间内；当地面建筑设置有消防控制室时，可与地面建筑消防控制室合用。"

又规定"消防控制室、消防水泵房、排烟机房、灭火剂储瓶室、变配电室、通信机房、通风和空调机房、可燃物存放量平均值超过30kg/m³火灾荷载密度的房间等，采用的耐火极限不低于2.00h的墙和楼板与其他部位隔开。隔墙上的门应采用常闭的甲级防火门。"

7.2.1.2 消防控制室内消防控制设备应由下列部分或全部控制装置组成：

（1）火灾报警控制器。

（2）消防联动控制器。

（3）消防控制室图形显示装置。

（4）消防专用电话总机。

（5）消防应急广播控制装置。

（6）消防应急照明和疏散指示系统控制装置。

（7）消防电源监控器。

（8）手动控制盘。

（9）消防通信设备。

（10）防火门控制器。

7.2.1.3　消防控制设备应根据建筑的形成，工程规模、管理体制及功能要求合理确定其控制方式。

（1）单体建筑宜集中控制。

（2）大型建筑宜采用分散与集中相结合控制。

7.2.1.4　消防控制设备的控制电源及信号回路电压均应采用直流 24V。

7.2.2　消防控制室

7.2.2.1　火灾报警控制器和消防联动控制器应设置在消防控制室内或有人值班的房间和场所。

7.2.2.2　消防控制室的门应向疏散方向开启且入口应设置明显的标志，如果消防控制室设在首层，消防控制室门的上方应设标志牌或标志灯，地下的消防控制室门上的标志必须是带灯光的装置。

7.2.2.3　消防控制室的送回风管在其穿墙处应设防火阀。

7.2.2.4　消防控制室内严禁与其无关的电气线路及管路穿过。

7.2.2.5　消防控制室周围不应布置电磁场干扰较强及其他影响消防控制设备工作的房间附近。

7.2.2.6　消防控制室应设有用于火灾报警的外线电话。

7.2.2.7　消防控制室应有相应的竣工图纸、各分系统控制逻辑关系说明、设备使用说明书、系统操作规程、应急预案、值班制度、维护保养制度及值班记录等文件资料。

7.2.2.8　消防控制室内设备的布置应符合下列要求：

（1）设备面盘前的操作距离：单列布置时不应小于 1.5m；双列布置时不应小于 2m。

（2）在值班人员经常工作的一面，设备面盘与墙的距离不应小于 3m。

（3）设备面盘后的维修距离不宜小于 1m。

（4）设备面盘的排列长度大于 4m 时，其两端应设置宽度不小于 1m 的通道。

（5）火灾报警控制器或消防联动控制器安装在墙面上时，其底边距地面高度宜为 1.5～1.8m，其靠近门轴的侧面距墙不应小于 0.5m，正面操作距离不应小于 1.2m。

消防控制室内设备的布置如图 7-4 所示。

（6）与建筑其他弱电系统合用的消防控制室内，消防设备应集中设置，并应与其他设备间有明显间隔。

7.2.3　消防控制设备的功能

7.2.3.1　消防控制设备应有下列控制及显示功能

（1）控制消防设备的启、停，并应显示其工作状态。

（2）消防水泵、防烟和排烟风机的启停，除自动控制外还应能手动直接控制。

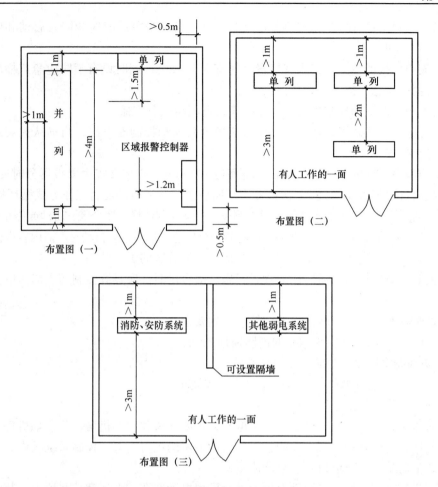

图 7-4 消防控制室设备布置图

（3）显示火灾报警，故障报警部位。

（4）显示保护对象的重点部位，疏散通道及消防设备所在位置的平面图或模拟图等。

（5）显示系统供电电源的工作状态。

（6）消防控制室应设置火灾警报装置与应急广播的控制装置，其控制程序应符合下列要求：

1）火灾自动报警系统应设置火灾声光警报器，并应在确认火灾后启动建筑内的所有火灾声光警报器。

2）未设置消防联动控制器的火灾自动报警系统，火灾声光警报器应由火灾报警控制器控制；设置消防联动控制器的火灾自动报警系统，火灾声光警报器应由火灾报警控制器或消防联动控制器控制。

3）公共场所宜设置具有同一种火灾变调声的火灾声警报器；具有多个报警区域的保护对象，宜选用带有语音提示的火灾声警报器；学校、工厂等各类日常使用电铃的场所，不应使用警铃作为火灾声警报器。

4）火灾声警报器设置带有语音提示功能时，应同时设置语音同步器。

5) 同一建筑内设置多个火灾声警报器时，火灾自动报警系统应能同时启动和停止所有火灾声警报器工作。

6) 火灾声警报器单次发出火灾警报时间宜为 8～20s，同时设有消防应急广播时，火灾声警报应与消防应急广播交替循环播放。

7) 集中报警系统和控制中心报警系统应设置消防应急广播。

8) 消防应急广播系统的联动控制信号应由消防联动控制器发出。当确认火灾后，应同时向全楼进行广播。

9) 消防应急广播的单次语音播放时间宜为 10～30s，应与火灾声警报器分时交替工作，可采取 1 次火灾声警报器播放、1 次或 2 次消防应急广播播放的交替工作方式循环播放。

10) 在消防控制室应能手动或按预设控制逻辑联动控制选择广播分区、启动或停止应急广播系统，并应能监听消防应急广播。在通过传声器进行应急广播时，应自动对广播内容进行录音。

11) 消防控制室内应能显示消防应急广播的广播分区的工作状态。

12) 消防应急广播与普通广播或背景音乐广播合用时，应具有强制切入消防应急广播的功能。

（7）消防控制室的消防网络设备应符合下列要求：

1) 消防专用电话网络应为独立的消防通信系统。

2) 消防控制室应设置消防专用电话总机。

3) 电话分机或电话塞孔的设置，应符合相关要求

下列部位应设置消防专用电话分机：

①消防水泵房、备用发电机房、配变电室、主要通风和空调机房、防排烟机房、消防电梯机房及其他与消防联动控制有关的且经常有人值班的机房。灭火控制系统操作装置处或控制室。企业消防站、消防值班室、总调度室。

②设有手动火灾报警按钮或消火栓等处宜设置电话塞孔，电话塞孔在墙上安装时，其底边距地面高度宜为 1.3～1.5m，并宜选择带有电话插孔的手动报警按钮。

③特级保护对象的各避难层应每隔 20m 设置一个消防专用电话分机或电话塞孔。

④消防控制室、消防值班室或企业消防站等处，应设置可直接报警的外线电话。

（8）消防控制室在确认火灾后应能切断有关部位的非消防电源，并接通警报装置及火灾应急照明灯和疏散标志灯。

（9）消防控制室在确认火灾后应能发出联动控制信号强制所有电梯全部停于首层或电梯转换层，并接收其反馈信号。电梯轿厢内应设置能直接与消防控制室通话的专用电话。

7.2.3.2　消防控制设备对室内消火栓系统应有下列控制显示功能

控制消防水泵的启、停；显示消防水泵的工作故障状态；显示消火栓按钮的位置。消火栓控制系统如图 7-5 所示。

消火栓灭火系统控制图如图 7-6 所示。

7.2.3.3　消防控制设备对自动喷水灭火系统和水喷雾灭火系统应有下列控制显示功能

控制系统的启、停；显示消防水泵的工作故障状态；显示水流指示器、报警阀、安全信号阀的工作状态。

自动喷水灭火系统控制框图如图 7-7 所示。

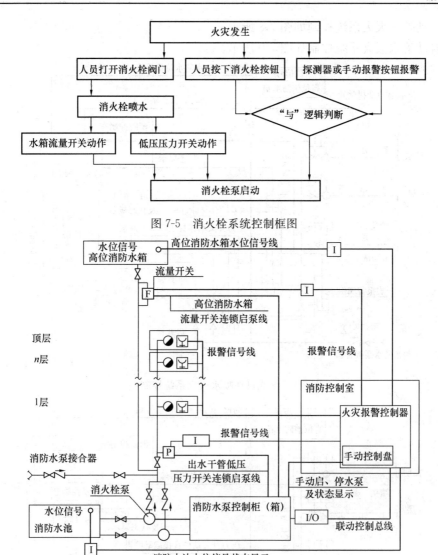

图 7-5　消火栓系统控制框图

图 7-6　消火栓灭火系统控制图

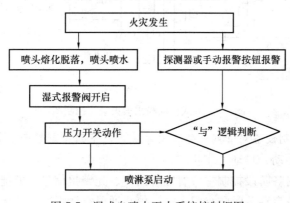

图 7-7　湿式自喷水灭火系统控制框图

干式自动喷水灭火系统控制如图 7-8 所示。

湿式自动喷水灭火系统控制如图 7-9 所示。

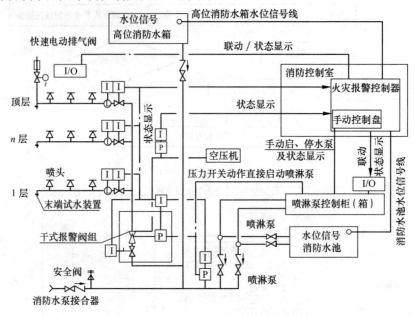

图 7-8　干式自动喷水灭火系统控制图

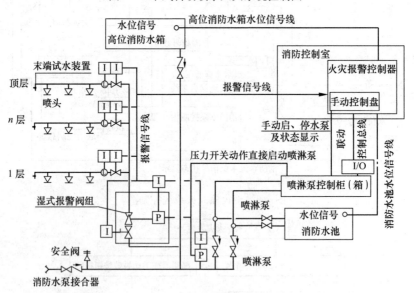

图 7-9　湿式自动喷水灭火系统控制图

7.2.3.4　消防控制设备对管网气体灭火系统应有下列控制显示功能

（1）显示系统的手动、自动工作状态；

（2）在报警、喷射各阶段控制室应有响应的声、光警报信号，并能手动切除声响信号；

（3）在延时阶段应自动关闭防火门、窗，停止通风空调系统，关闭有关部位的防火阀；

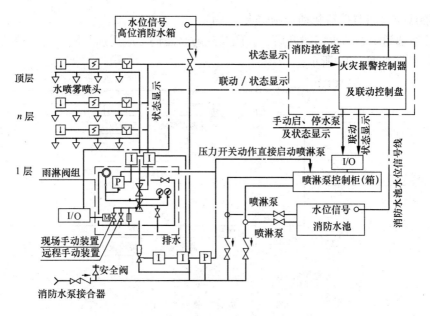

图 7-10　水喷雾灭火系统控制图

（4）被保护场所主要进入口处，应设置手动紧急启、停控制按钮；

（5）主要出入口上方应设气体灭火剂喷放指示控制灯及相应的声光警报信号；

（6）宜在防护区外的适当部位设置气体灭火控制盘的组合分配系统及单元控制系统；

（7）气体灭火系统防护区的报警、喷放及防火门（帘）、通风空调等设备的状态信号应送至消防控制室。

灭火区分散的气体灭火控制图如图 7-11 所示。接到两个独立的火灾信号方可启动自动控制方式。

7.2.3.5　消防控制设备对泡沫灭火系统应有下列控制显示功能

（1）控制泡沫泵及消防泵的启、停；

（2）控制泡沫灭火有关电动阀门的开启、关闭；

（3）显示系统的工作状态。

7.2.3.6　消防控制设备对常开防火门的控制应符合下列要求

（1）应由常开防火门所在防火分区内的两只独立的火灾探测器或一只火灾探测器与一只手动火灾报警按钮的报警信号，作为常开防火门关闭的联动触发信号，联动触发信号应由火灾报警控制器或消防联动控制器发出，并应由消防

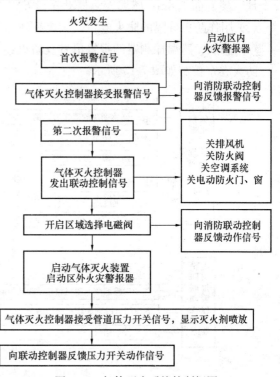

图 7-11　气体灭火系统控制框图

167

联动控制器或防火门监控器联动控制防火门关闭。

（2）疏散通道上各防火门的开启、关闭及故障状态信号应反馈至防火门监控器。

防火门控制如图 7-12 所示。

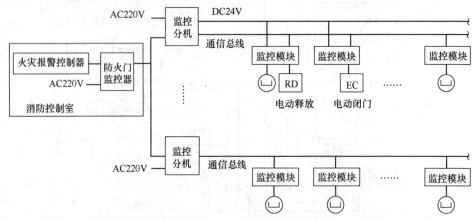

图 7-12 防火门监控系统图

7.2.3.7 消防控制设备对防火卷帘的控制应符合下列要求

（1）疏散通道上的防火卷帘两侧应设置感烟、感温火灾控制器组及其警报装置且两侧应设置手动控制按钮；

（2）疏散通道上的防火卷帘，应按下列程序自动控制下降，感烟探测器动作后，卷帘下降至地（楼）面 1.8m；感温探测器动作后卷帘下降到底；

（3）用作防火分隔的防火卷帘，火灾探测器报警后，卷帘应下降到底；

（4）感烟、感温探测器的报警信号及防火卷帘的关闭信号应送至消防控制室。

防火卷帘控制如图 7-13 所示。

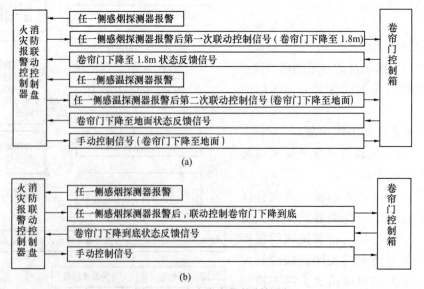

图 7-13 防火卷帘门控制框图

（a）疏散通道上的防火卷帘门控制框图；（b）用作防火分隔的防火卷帘门控制框图

7.2.3.8　火灾报警后消防控制设备防烟、排烟设施应有下列控制显示功能
（1）停止有关部位的空调机、送风机，关闭电动防火阀，并接收其反馈信号；
（2）启动有关部位的防烟、排烟风机、排烟阀等，并接收其反馈信号；
（3）控制挡烟垂壁等防烟设施。

防排烟风机控制框图，如图 7-14 所示。
防排烟风机控制示意图，如图 7-15 所示。

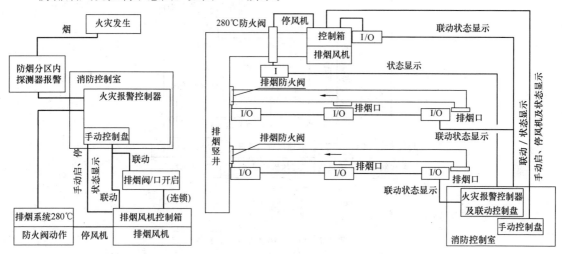

图 7-14　排烟风机控制框图　　　　　　　图 7-15　排烟风机控制示意图

正压风机控制框图及控制图，如图 7-16 所示。

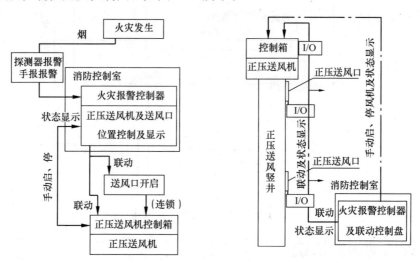

图 7-16　正压送风机控制框图及控制示意图

双速风机控制框图，如图 7-17 所示。
双速风机控制图，如图 7-18 所示。

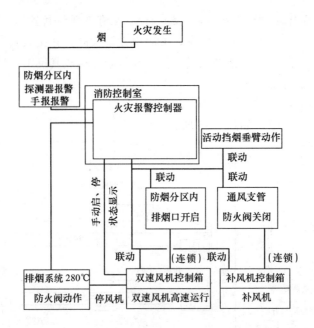

图 7-17　双速风机控制框图

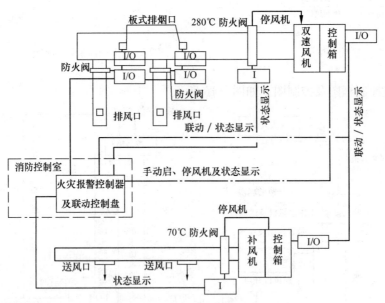

图 7-18　双速风机控制示意图

7.3　火灾自动报警系统

7.3.1　一般规定

设置火灾自动报警系统是为了预防和减少火灾危害，保护人身和财产安全。

火灾自动报警系统的设计应遵循国家有关方针、政策，针对保护对象的特点，做到安全可靠，技术先进，经济合理。

火灾自动报警系统的设计除执行《火灾自动报警系统设计规范》外，还应符合现行的有关国家标准、规范的规定。

7.3.2　应设火灾自动报警系统的建筑或场所和火灾探测器的设置范围

7.3.2.1　应设置火灾自动报警系统的建筑或场所

是否需要设置火灾自动报警系统由《建筑设计防火规范》（GB 50016—2014）规定。应设置火灾自动报警系统的建筑或场所有：

（1）任一层建筑面积大于 1500m² 或总建筑面积大于 3000m² 的制鞋、制衣、玩具、电子等类似用途的厂房。

（2）每座占地面积大于 1000m² 的棉、毛、丝、麻、化纤及其制品的仓库，占地面积大于 500m² 或总建筑面积大于 1000m² 的卷烟仓库。

（3）任一层建筑面积大于 1500m² 或总建筑面积大于 3000m² 的商店、展览、财贸金融、客运和货运等类似用途的建筑，总建筑面积大于 500m² 的地下或半地下商店。

（4）图书或文物的珍藏库，每座藏书超过 50 万册的图书馆，重要的档案馆。

（5）地市级及以上广播电视建筑、邮政建筑、电信建筑，城市或区域性电力、交通和防灾等指挥调度建筑。

（6）特等、甲等剧场，座位数超过 1500 个的其他等级的剧场或电影院，座位数超过 2000 个的会堂或礼堂，座位数超过 3000 个的体育馆。

（7）大、中型幼儿园的儿童用房等场所，老年人建筑，任一层建筑面积大于 1500m² 或总建筑面积大于 3000m² 的疗养院的病房楼、旅馆建筑和其他儿童活动场所，不少于 200 床位的医院门诊楼、病房楼和手术部等。

（8）歌舞娱乐放映游艺场所。

（9）净高大于 2.6m 且可燃物较多的技术夹层，净高大于 0.8m 且有可燃物的闷顶或吊顶内。

（10）电子信息系统的主机房及其控制室、记录介质库，特殊贵重或火灾危险性大的机器、仪表、仪器设备室、贵重物品库房，设置气体灭火系统的房间。

（11）二类高层公共建筑内建筑面积大于 50m² 的可燃物品库房和建筑面积大于 500m² 的营业厅。

（12）其他一类高层公共建筑。

（13）设置机械排烟、防烟系统、雨淋或预作用自动喷水灭火系统、固定消防水炮灭火系统等需与火灾自动报警系统连锁动作的场所或部位。

7.3.2.2　建筑高度大于 100m 的住宅建筑，应设置火灾自动报警系统。

建筑高度大于 54m、但不大于 100m 的住宅建筑，其公共部位应设置火灾自动报警系统，套内宜设置火灾探测器。

建筑高度不大于 54m 的高层住宅建筑，其公共部位宜设置火灾自动报警系统。当设置需联动控制的消防设施时，公共部位应设置火灾自动报警系统。高层住宅建筑的公共部位应设置具有语音功能的火灾声警报装置或应急广播。

住宅建筑火灾自动报警系统设置见表7-1。

表7-1 住宅建筑中火灾自动报警系统的设置要求

住宅建筑高度 h	住宅公共部位	住宅套内
$h > 100m$	应设置火灾自动报警系统	应设置火灾自动报警系统
$54m < h \leqslant 100m$	应设置火灾自动报警系统	宜设置火灾探测器
$27m < h \leqslant 54m$	宜设置火灾自动报警系统 当设置需要联动控制的消防设施时， 应设置火灾自动报警系统	—

7.3.2.3 建筑内可能散发可燃气体、可燃蒸气的场所应设置可燃气体报警装置。

7.3.2.4 火灾探测器可设置在下列部位：

（1）财贸金融楼的办公室、营业厅、票证库。

（2）电信楼、邮政楼的机房和办公室。

（3）商业楼、商住楼的营业厅、展览楼的展览厅和办公室。

（4）旅馆的客房和公共活功用房。

（5）电力调度楼、防灾指挥调度楼等的微波机房、计算机房、控制机房、动力机房和办公室。

（6）广播电视楼的演播室、播音室、录音室、办公室、节目播出技术用房、道具布景房。

（7）图书馆的书库、阅览室、办公室。

（8）档案楼的档案库、阅览室、办公室。

（9）办公楼的办公室、会议室、档案室。

（10）医院病房楼的病房、办公室、医疗设备室、病历档案室、药品库。

（11）科研楼的办公室、资料室、贵重设备室、可燃物较多的和火灾危险性较大的实验室。

（12）教学楼的电化教室、理化演示和实验室、贵重设备和仪器室。

（13）公寓（宿舍、住宅）的卧房、书房、起居室（前厅）、厨房。

（14）甲、乙类生产厂房及其控制室。

（15）甲、乙、丙类物品库房。

（16）设在地下室的丙、丁类生产车间和物品库房。

（17）堆场、堆垛、油罐等。

（18）地下铁道的地铁站厅、行人通道和设备间，列车车厢。

（19）体育馆、影剧院、会堂、礼堂的舞台、化妆室、道具室、放映室、观众厅、休息厅及其附设的一切娱乐场所。

（20）陈列室、展览室、营业厅、商业餐厅、观众厅等公共活动用房。

（21）消防电梯、防烟楼梯的前室及合用前室、走道、门厅、楼梯间。

（22）可燃物品库房、空调机房、配电室（间）、变压器室、自备发电机房、电梯机房。

（23）净高超过2.6m且可燃物较多的技术夹层。

（24）敷设具有可延燃绝缘层和外护层电缆的电缆竖井、电缆夹层、电缆隧道、电缆配线桥架。

（25）贵重设备间和火灾危险性较大的房间。

（26）电子计算机的主机房、控制室、纸库、光或磁记录材料库。

（27）经常有人停留或可燃物较多的地下室。

（28）歌舞娱乐场所中经常有人滞留的房间和可燃物较多的房间。

（29）高层汽车库，Ⅰ类汽车库，Ⅰ、Ⅱ类地下汽车库，机械立体汽车库，复式汽车库，采用升降梯作汽车疏散出口的汽车库（敞开车库可不设）。

（30）污衣道前室、垃圾道前室、净高超过 0.8m 的具有可燃物的闷顶、商业用或公共厨房。

（31）以可燃气为燃料的商业和企、事业单位的公共厨房及燃气表房。

（32）其他经常有人停留的场所、可燃物较多的场所或燃烧后产生重大污染的场所。

（33）需要设置火灾探测器的其他场所。

7.3.3 报警区域与探测区域的划分

7.3.3.1 报警区域将火灾自动报警系统的警戒范围按防火分区或楼层划分的单元

报警区域应根据防火分区或楼层布局划分，一个报警区域宜由一个或同层相邻几个防火分区组成。对于高层建筑来说，一个报警监视区域一般不超过一个楼层。根据建筑物不同用途和性质，可以有不同的方式来划分报警区域，有的按防火分区划分报警区域比较合理，有的则需要按楼层划分报警区域才显得合理。

一般保护对象的主楼以楼层划分报警区域比较合理，而裙房一般按防火分区划分报警区域为宜。当保护面积较大，或是由多个建筑组成的时候，一般把除主楼以外的其他独立建筑单独划分报警区域。

一个报警区域内一般设置一台区域报警控制器或一台区域显示器。

7.3.3.2 探测区域将报警区域按部位划分的单元

一个报警区域通常面积比较大，为了快速准确可靠地探测出被探测范围的哪个部位发生火灾，有必要将被探测的范围划分成若干区域，这就是探测区域。探测区域可以是由一只探测器所组成的保护区域，也可由几只或多只探测器所监视的区域。

探测区域的划分应符合下列规定：

（1）探测区域应按独立的房（套）间划分。一个探测区域的面积不宜超过 $500m^2$，从主入口能看清其内部，且面积不超过 $1000m^2$ 的房间，也可划分为一个探测区域。

（2）红外光束线型感烟火灾探测器的探测区域长度不宜超过 100m；缆式感温火灾探测器的探测区域的长度不宜超过 100m。空气管差温火灾探测器，其有效探测长度宜在 20～100m 之间。

7.3.3.3 下列场所应分别单独划分探测区域：

（1）敞开或封闭楼梯间、防烟楼梯间。

（2）防烟楼梯间前室，消防电梯前室、消防电梯与防烟楼梯间合用的前室。

（3）走道、坡道、电气管道井、通信管道井、电缆隧道。

（4）建筑物闷顶、夹层。

7.3.4 系统设计

7.3.4.1 一般要求

（1）火灾自动报警系统可用于人员居住和经常有人滞留的场所、存放重要物资或燃烧后产生严重污染需要及时报警的场所。

（2）火灾自动报警系统应设有自动和手动两种触发装置。

（3）火灾自动报警系统设备应选择符合国家有关标准和有关市场准入制度的产品。

（4）系统中各类设备之间的接口和通信协议的兼容性应符合现行国家标准《火灾自动报警系统组件兼容性要求》（GB 22134）的有关规定。

（5）任一台火灾报警控制器所连接的火灾探测器、手动火灾报警按钮和模块等设备总数和地址总数，均不应超过 3200 点，其中每一总线回路连接设备的总数不宜超过 200 点，且应留有不少于额定容量 10％ 的余量；任一台消防联动控制器地址总数或火灾报警控制器（联动型）所控制的各类模块总数不应超过 1600 点，每一联动总线回路连接设备的总数不宜超过 100 点，且应留有不少于额定容量 10％ 的余量。如图 7-19 所示。

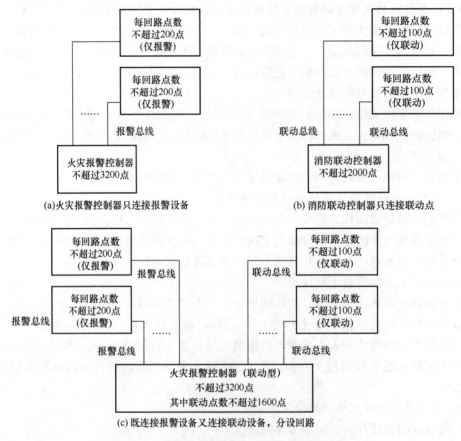

图 7-19 火灾报警控制器和消防联动控制器的设置（一）

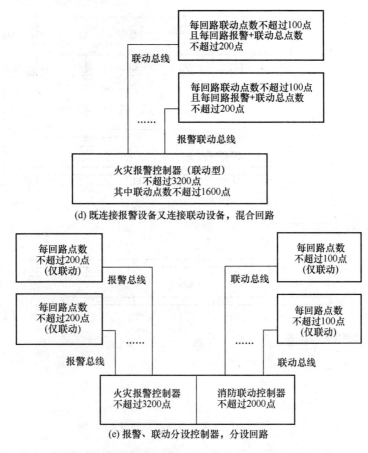

图 7-19　火灾报警控制器和消防联动控制器的设置（二）

（6）系统总线上应设置总线短路隔离器，每只总线短路隔离器保护的火灾探测器、手动火灾报警按钮和模块等消防设备的总数不应超过 32 点，如图 7-20 所示；总线穿越防火分区时，应在穿越处设置总线短路隔离器。如图 7-21 所示。

（7）高度超过 100m 的建筑中，除消防控制室内设置的控制器外，每台控制器直接控制的火灾探测器、手动报警按钮和模块等设备不应跨越避难层。

（8）水泵控制柜、风机控制柜等消防电气控制装置不应采用变频启动方式。

（9）地铁列车上设置的火灾自动报警系统，应能通过无线网络等方式将列车上发生火灾的部位信息传输给消防控制室。

7.3.4.2　系统的形式和设计要求

（1）火灾自动报警系统形式的选择，应符合下列规定：

1）仅需要报警，不需要联动自动消防设备的保护对象宜采用区域报警系统。

2）不仅需要报警，同时需要联动自动消防设备，且只设置一台具有集中控制功能的火灾报警控制器和消防联动控制器的保护对象，应采用集中报警系统，并应设置一个消防控制室。

3）设置两个及以上消防控制室的保护对象，或已设置两个及以上集中报警系统的保护

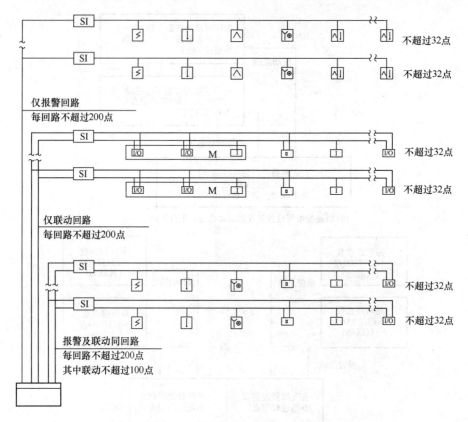

图 7-20　总线短路隔离器的设置

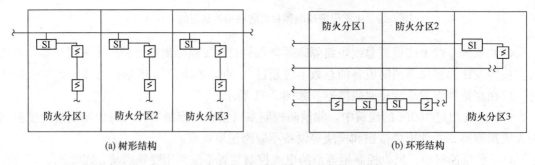

图 7-21　总线穿越防火分区时总线短路隔离器的设置

对象，应采用控制中心报警系统。

火灾自动报警系统形式的选择见表 7-2。

（2）区域报警系统的设计应符合下列规定：

1）系统应由火灾探测器、手动火灾报警按钮、火灾声光警报器及火灾报警控制器等组成，系统中可包括消防控制室图形显示装置和指示楼层的区域显示器。

2）火灾报警控制器应设置在有人值班的场所。

3）系统设置消防控制室图形显示装置时，该装置应具有传输报警规范附录 A 和附录 B 规定的有关信息的功能；系统未设置消防控制室图形显示装置时，应设置火警传输设备。

表 7-2　火灾自动报警系统的形式

系统形式	保护对象	系统构成
区域报警系统	仅需要报警，不需要联动自动消防设备的保护对象	系统由火灾探测器、手动报警按钮、火灾声光警报器及火灾报警控制器等组成，也可包括消防控制室图形显示装置和指示楼层的区域显示器，系统不包括消防联动控制器
集中报警系统	不仅需要报警，同时需要联动自动消防设备的保护对象，且只设置一台具有集中控制功能的火灾报警控制器和消防联动控制器的保护对象	系统由火灾探测器、手动报警按钮、火灾声光警报器、消防应急广播、消防专用电话、消防控制室图形显示装置、火灾报警控制器、消防联动控制器等组成
控制中心报警系统	设置了两个以上消防控制室的保护对象，或设置了两个以上集中报警系统的保护对象	设置了两个以上消防控制室或设置了两个及以上集中报警系统，且符合集中报警系统的规定

（3）集中报警系统的设计，应符合下列规定：

1）系统应由火灾探测器、手动火灾报警按钮、火灾声光警报器、消防应急广播、消防专用电话、消防控制室图形显示装置、火灾报警控制器、消防联动控制器等组成。

2）系统中的火灾报警控制器、消防联动控制器和消防控制室图形显示装置、消防应急广播的控制装置、消防专用电话总机等起集中控制作用的消防设备，应设置在消防控制室内。

3）系统设置的消防控制室图形显示装置时，该装置应具有传输报警规范附录 A 和附录 B 规定的有关信息的功能。

（4）消防控制中心报警系统的设计，应符合下列规定：

1）有两个及以上消防控制室时，应确定一个主消防控制室。

2）主消防控制室应能显示所有火灾报警信号和联动控制状态信号，并应能控制重要的消防设备；各分消防控制室内消防设备之间可互相传输、显示状态信息，但不应互相控制。

3）系统设置的消防控制室图形显示装置应具有传输规范附录 A 和附录 B 规定的有关信息的功能。

4）其他设计应符合集中报警系统的规定。

7.3.4.3　消防联动控制设计要求

（1）当消防联动设备的编码控制模块和火灾探测器编码底座在同一总线回路上传输时其传输线路敷设应按照联动控制线路要求。

（2）消防水泵、防烟、排烟风机等重要消防装置的启、停控制，若采用总线编码模块控制时，为确保这些设备的控制，还应在消防控制设置独立于总线的专用控制线路能够手动控制其启动、停止。

（3）设置在消防控制室以外的消防联动控制设备动作状态信号均应送至消防控制室。

7.3.4.4　火灾应急广播系统

（1）集中报警系统和控制中心报警系统应设置火灾应急广播。

（2）火灾应急广播扬声器的设置应符合下列要求：

1）民用建筑内扬声器应设置在走道和大厅等公共场所，每个扬声器的额定功率不应小于 3W，其数量应保证能够从一个防火分区内的任何部位到最近一个扬声器的步行距离不大于 25m。走道最后一个扬声器距走道末端不大于 12.5m。

2）环境噪声大于 60dB 的场所设置的扬声器，其播放范围内最远点的播放声压级应高于背景噪声 15dB。

3）客房设专用扬声器时，其功率不宜小于 1.0W。

（3）火灾应急广播与公共广播合用时应符合下列要求：

1）火灾时应能在消防控制室将火灾疏散层的扬声器和公共广播强制转入火灾应急广播状态。

2）消防控制室应能监控用于火灾应急广播的扩音机的工作状态，并能用遥控开起扩音机和扬声器播音。

3）床头柜内设置有服务性音乐广播扬声器时应有火灾应急广播功能。

4）应设置火灾应急广播备用扩音机，其容量不应小于火灾时同时广播的火灾应急广播扬声器最大容量总和的 1.5 倍。

（4）高度超过 100m 的建筑物各避难层内应设置可独立监控的火灾应急广播系统。

7.3.4.5 火灾警报装置

（1）火灾自动报警系统应装设火灾声光警报装置，并应在确认火灾后启动建筑内所有火灾声光警报器。

（2）火灾光警报器应设在各楼层楼梯口、消防电梯前室、建筑内部拐角等处的明显部位，且不宜与安全出口指示灯具设在同一面墙上。

（3）每个报警区域内应均匀设置火灾警报器，其声压级不应小于 60dB；在环境噪声大于 60dB 的场所设置火灾警报装置时，其声警报器的声级应高于背景噪声 15dB。

（4）当火灾警报器采用壁挂方式安装时，其底边距地面高度应大于 2.2m。

7.3.4.6 系统接地应符合下列要求

（1）火灾自动报警系统应在消防控制室设置专用的接地端子板。接地装置的接地电阻值应符合下列要求：

1）采用专用接地装置时，接地电阻值不应大于 4Ω。

2）采用共用接地装置时，接地电阻不应大于 1Ω。

（2）火灾自动报警系统应设专用接地干线，由消防控制室接地端子板引至接地极。

（3）专用接地干线应采用铜芯绝缘导线，其芯线截面不小于 25mm²。专用接地干线应穿硬质塑料管埋设至接地极。

（4）由消防控制室接地端子板引至各消防电子设备的专用接地线应选用铜芯绝缘导线，其芯线截面不小于 4mm²。

（5）消防控制室内的电气和电子设备的金属外壳、机柜、机架和金属管、槽等，应采用等电位连接。

7.3.5 火灾探测器的选择

7.3.5.1 一般要求

根据火灾的特征选择火灾探测器时，应符合下列规定：

1）火灾初期有阴燃阶段，产生大量的烟和少量的热，很少或没有火焰辐射时，应选用感烟探测器。

2）火灾发展迅速，产生大量热烟和火焰辐射，可选用感温探测器、感烟探测器、火焰探测器或其组合。

3）火灾发展迅速，有强烈的火焰辐射和少量的烟、热，应选用火焰探测器。

4）对火灾初期有阴燃阶段，且需要早期探测的场所宜增设一氧化碳火灾探测器。

5）使用、生产可燃气体或可燃蒸气的场所应选用可燃气体探测器。

6）应根据保护场所可能发生火灾的部位和燃烧材料的分析，以及火灾探测器的类型、灵敏度和响应时间等选择相应的火灾探测器，对火灾形成特征不可预料的场所，可根据模拟试验结果选择火灾探测器。

7）同一探测区域内设置多个火灾探测器时，可选择具有复合判断火灾功能的火灾探测器和火灾报警控制器。

7.3.5.2 点型火灾探测器的选择

（1）对不同高度的房间可按表 7-3 选择点型火灾探测器。

表 7-3　根据房间高度选择火灾探测器

房间高度 h/m	点型感烟探测器	感温探测器			火焰探测器
		A1A2	B	C、D、E、F、G	
$12 < h \leqslant 20$	不适合	不适合	不适合	不适合	适　合
$8 < h \leqslant 12$	适　合	不适合	不适合	不适合	适　合
$6 < h \leqslant 8$	适　合	适　合	不适合	不适合	适　合
$4 < h \leqslant 6$	适　合	适　合	适　合	不适合	适　合
$h \leqslant 4$	适　合	适　合	适　合	适　合	适　合

注：表中 A1、A2、B、C、D、E、F、G 为点型感温探测器的不同类别，具体参数应符合规范（GB 50116—2014）附录 C 的规定。

（2）下列场所宜选用点型感烟探测器：

1）饭店、旅馆、教学楼、办公楼的厅堂、卧室、办公室，商场、列车载客车厢等。

2）电子计算机房、通信机房、电影或电视放映室等。

3）楼梯、走道、电梯机房、车库等。

4）书库、档案库等。

5）有电气火灾危险的场所。

（3）符合下列条件之一的场所，不宜选用离子感烟探测器：

1）相对湿度经常大于 95%。

2）气流速度大于 5m/s。

3）有大量粉尘、水雾滞留。

4）可能产生腐蚀性气体。

5）在正常情况下有烟滞留。

6）产生醇类、醚类、酮类等有机物质。

（4）符合下列条件之一的场所，不宜选用点型光电感烟探测器：

1）有大量粉尘、水雾滞留。

2）可能产生蒸气和油雾。

3）高海拔地区。

4）正常情况下有烟滞留。

（5）符合下列条件之一的场所，宜选用点型感温探测器，且应根据使用场所的典型应用温度和最高应用温度选择适当类别的感温火灾探测器：

1）相对湿度经常高于95%。

2）可能发生无烟火灾。

3）有大量粉尘。

4）吸烟室等在正常情况下有烟或蒸气滞留的场所。

5）厨房、锅炉房、发电机房、烘干车间等不宜安装感烟火灾探测器的场所。

6）需要联动熄灭"安全出口"标志的安全出口内侧。

7）其他无人滞留且不适合安装感烟探测器但发生火灾时需要及时报警的场所。

（6）可能产生阴燃火，或者如发生火灾不及早报警将造成重大损失的场所，不宜选用点型感温探测器；温度在0℃以下的场所，不宜选用定温探测器，正常情况下温度变化较大场所，不宜选用差温特性的探测器。

（7）符合下列条件之一的场所宜选用火焰探测器：

1）火灾时有强烈的火焰辐射。

2）可发生液体燃烧等无阴燃阶段的火灾。

3）需要对火焰做出快速反应。

（8）符合下列条件之一的场所不宜选用点型火焰探测器或图像型火焰探测器：

1）在火焰出现前有浓烟扩散。

2）探测器的镜头易被污染。

3）探测器的视线易被油雾、烟雾、水雾和冰雪遮挡。

4）探测区域内的可燃物是金属和无机物。

5）探测器易受阳光、白炽灯等光源直接或间接照射。

（9）探测区域内正常情况下有高温物体的场所，不宜选择单波段红外火焰探测器。

（10）正常情况下有明火作业，探测器易受X射线、弧光和闪电等影响的场所，不宜选择紫外火焰探测器。

（11）下列场所应选择可燃气体探测器：

1）使用可燃气体的场所。

2）燃气站和燃气表房以及存储液化石油气罐的场所。

3）其他散发可燃气体和可燃蒸气的场所。

（12）在火灾初期产生一氧化碳的下列场所可选择点型一氧化碳火灾探测器：

1）烟不容易对流或顶棚下方有热屏障的场所。

2）在棚顶下无法安装其他点型火灾探测器的场所。

3）需要多信号复合报警的场所。

（13）污物较多且必须安装感烟火灾探测器的场所，应选择可断吸气的点型采样吸气式感烟火灾探测器或具有过滤网和管路自清洗功能的管路采样吸气式感烟火灾探测器。

7.3.5.3 线性火灾探测器的选择

（1）无遮挡的大空间或有特殊要求的房间，宜选择线型光束感烟火灾探测器。

（2）符合下列条件之一的场所，不宜选择线型光束感烟火灾探测器：

1）有大量粉尘、水雾滞留。

2）可能产生蒸气和油雾。

3）在正常情况下有烟滞留。

4）固定探测器的建筑结构由于振动等原因会产生较大位移的场所。

（3）下列场所或部位，宜选择缆式线型感温火灾探测器：

1）电缆隧道、电缆竖井、电缆夹层、电缆桥架。

2）不易安装点型探测器的夹层、闷顶。

3）各种皮带输送装置。

4）其他环境恶劣不适合点型探测器安装的场所。

（4）下列场所或部位，宜选择线型光纤感温火灾探测器：

1）除液化石油气外的石油储罐。

2）需要设置线型感温火灾探测器的易燃易爆场所。

3）需要监测环境温度的地下空间等场所宜设置具有实时温度监测功能的线型光纤感温火灾探则器。

4）公路隧道、敷设动力电缆的铁路隧道和城市地铁隧道等。

（5）线型定温火灾探测器的选择，应保证其不动作温度符合设置场所的最高环境温度的要求。

7.3.5.4 吸气式感烟火灾探测器的选择

（1）下列场所宜选择吸气式感烟火灾探测器：

1）具有高速气流的场所。

2）点型感烟、感温火灾探测器不适宜的大空间、舞台上方、建筑高度超过 12m 或有特殊要求的场所。

3）低温场所。

4）需要进行隐蔽探测的场所。

5）需要进行火灾早期探测的重要场所。

6）人员不宜进入的场所。

（2）灰尘比较大的场所，不应选择没有过滤网和管路自清洗功能的管路采样式吸气感烟火灾探测器。

7.3.6 火灾探测器与手动报警器按钮的装设

7.3.6.1 点型火灾探测器的设置数量和布局

（1）探测区域内的每个房间至少应设置一只火灾探测器，即使房间面积远小于探测器保护面积，亦不可以用一只探测器保护几个房间。

（2）感烟探测器、感温探测器的保护面积和保护半径，应按表 7-4 确定。

表 7-4　感烟、感温探测器的保护面积和保护半径

火灾探测器的种类	地面面积 S/m^2	房间高度 h/m	一只探测器的保护面积 A 和保护半径 R					
			屋顶坡度 θ					
			$\theta \leqslant 15°$		$15° < \theta \leqslant 30°$		$\theta \geqslant 30°$	
			A/m^2	R/m	A/m^2	R/m	A/m^2	R/m
火灾探测器	$S \leqslant 80$	$h \leqslant 12$	80	6.7	80	7.2	80	8.0
	$S > 80$	$6 < h \leqslant 12$	80	6.7	100	8.0	120	9.9
		$h \leqslant 6$	60	5.8	80	7.2	100	9.0
感温探测器	$S \leqslant 30$	$h \leqslant 6$	30	4.4	30	4.9	30	5.5
	$S > 30$	$h \leqslant 6$	20	3.6	30	4.9	40	6.3

需要说明的是：

1）当探测器装于不同坡度的顶棚上时，随着顶棚坡度的增大，烟雾沿斜顶棚和屋脊聚集，使得安装在屋脊或顶棚的探测器进烟或感受热气流的机会增加。因此，探测器的保护半径可相应地增大。

2）当探测器监视的地面面积 $S > 80$m^2，安装在其顶棚上的感烟探测器受其他环境条件的影响较小。房间越高，火源和顶棚之间的距离越大，则烟均匀扩散的区域越大。因此，随着房间高度增加，探测器保护的地面面积也增大。

3）随着房间顶棚高度增加，使感温探测器能响应的火灾规模相应增大，因此感温探测器需按不同的顶棚高度划分三个灵敏度级别，较灵敏的探测器宜使用于较大的顶棚高度，见表 7-3。

（3）感烟、感温探测器的安装间距不应超过图 7-22 中由极限曲线 $D_1 - D_{11}$（含 D'_9）所规定的范围。

感温感烟探测器保护面积是指一只探测器能有效地探测的地面面积。由于建筑物房间内的地面通常为矩形。因此，所谓有效探测的地面面积，实际上是指探测器能探测到的矩形的地面面积。

探测器的保护半径是指一只探测器能有效探测的单向最大水平距离，实际上是上述矩形对角线长度的一半。

感烟探测器、感温探测器的保护面积和保护半径，应按表 7-4 确定。

感烟探测器感温探测器的安装间距 a、b 是指图 7-23 中，1♯探测器和 2～5♯相邻探测器之间的距离，而非 1♯探测器与 6～9♯探测器之间的距离，探测器的安装间距 a、b 的极限曲线 $D_1 \sim D_{11}$（含 D'_9）是按照下列方程

$$ab = A$$

$$a^2 + b^2 = (2R)^2$$

绘制的这些极限曲线端点和坐标值。即安装间距 a、b 在极限曲线端点的一组数值见表 7-5。

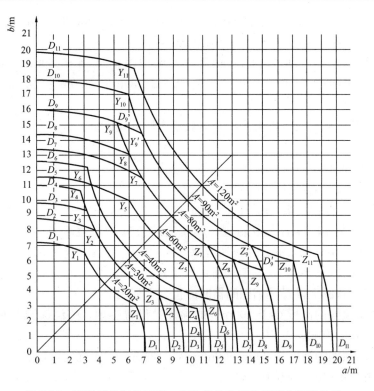

图 7-22 探测器的保护面积、保护半径和安装间距之间的关系

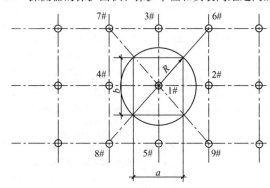

图 7-23 探测器的安装间距

表 7-5 极限曲线端点 Y_i、Z_i 点的坐标值

极限曲线	Y 点	X 点	极限曲线	Y 点	X 点
D_1	$Y_1(3.1,6.5)$	$Z_1(6.5,3.1)$	D_7	$Y_7(7.0,11.4)$	$Z_7(11.4,7.0)$
D_2	$Y_2(3.8,7.9)$	$Z_2(7.9,3.8)$	D_8	$Y_8(6.1,13.0)$	$Z_8(13.0,6.1)$
D_3	$Y_3(3.2,9.2)$	$Z_3(9.3,3.2)$	D_9	$Y_9(5.3,11.5)$	$Z_9(15.1,5.3)$
D_4	$Y_4(2.8,10.6)$	$Z_4(10.6,2.8)$	D_9'	$Y_9'(6.9,14.4)$	$Z_9'(14.4,6.9)$
D_5	$Y_5(6.1,9.9)$	$Z_5(9.9,6.1)$	D_{10}	$Y_{10}(5.9,17.0)$	$Z_{10}(17.0,5.9)$
D_6	$Y_6(3.3,12.2)$	$Z_6(12.2,3.3)$	D_{11}	$Y_{11}(6.4,18.7)$	$Z_{11}(18.7,6.4)$

极限曲线 $D_1 \sim D_4$ 和 D_6 适宜于保护面积 A 等于 20m²、30m² 和 40m² 及其保护半径 $R=$ 3.6m、4.4m、4.9m、5.5m、6.3m 的感温探测器曲线。

极限曲线 D_5 和 $D_7 \sim D_{11}$（含 D'_9）适宜于保护面积 A 等于 60m²、80m²、100m² 和 120m² 及其保护半径 R 等于 5.8m、6.7m、7.2m、8.0m、9.0m 和 9.9m 的感烟探测器曲线。

（4）一个探测区域内所需设置的探测器数量应按下式计量：

$$N \geqslant S/（KA）$$

式中　N——应设置的探测器数量（只），N 取整数；

　　　S——该探测区域面积（m²）；

　　　A——探测器保护面积（m²）；

　　　K——修正系数，容纳人数超过 10000 人的公共场所宜取 0.7～0.8；容纳人数为 2000～10000 人的公共场所宜取 0.8～0.9；容纳人数为 500～2000 人的公共场所宜取 0.9～1.0，其他场所可取 1.0。

（5）在有梁的顶棚上设置感烟探测器时应符合下列规定：

1）当梁凸出顶棚的高度小于 200mm 的顶棚上设置感烟、感温探测器时，可不考虑梁对探测器保护面积的影响。

2）当梁凸出顶棚的高度在 200～600mm 时，应按图 7-24 确定梁的影响，按表 7-6 确定一只探测器能够保护梁间区域的个数。

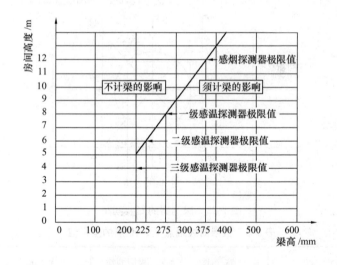

图 7-24　不同高度的房间梁对探测器设置的影响

由图 7-24 知，当房间高度在 5m 以上，梁高大于 200mm 时，探测器保护面积受梁高的影响按房间高度与梁高之间的线性关系考虑。还可看出，三级感温探测器房间高度极限为 4m，梁高限度为 200mm；二级感温探测器房间极限值为 6m，梁高限度为 225mm；一级感温探测器房间极限值为 8m。梁高限度为 275mm；感烟探测器均按房高极限值为 12m，梁高限度为 375mm。若梁高超过上述限度，即线性曲线右边部分均须考虑梁的影响。

表 7-6　按梁间区域面积确定一只探测器能够保护的梁间区域的个数

探测器的保护面积 A/m^2		梁隔断的梁间区域面积 Q/m^2	一只探测器保护的梁间区域的个数	探测器的保护面积 A/m^2		梁隔断的梁间区域面积 Q/m^2	一只探测器保护的梁间区域的个数
感温探测器	20	$Q > 12$	1	感烟探测器	60	$Q > 36$	1
		$8 < Q \leqslant 12$	2			$24 < Q \leqslant 36$	2
		$6 < Q \leqslant 8$	3			$18 < Q \leqslant 24$	3
		$4 < Q \leqslant 6$	4			$12 < Q \leqslant 18$	4
		$Q \leqslant 4$	5			$Q \leqslant 12$	5
	30	$Q > 18$	1		80	$Q > 48$	1
		$12 < Q \leqslant 18$	2			$32 < Q \leqslant 48$	2
		$9 < Q \leqslant 12$	3			$24 < Q \leqslant 32$	3
		$6 < Q \leqslant 9$	4			$16 < Q \leqslant 24$	4
		$Q \leqslant 6$	5			$Q \leqslant 16$	5

一只探测器保护几个梁间区域面积布置，如图 7-25 所示。

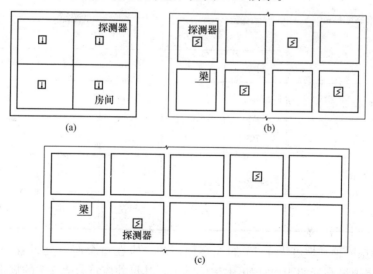

图 7-25　探测器保护梁间区域布置图

（a）探测器在房间均匀布置图；（b）探测器保护两个梁间区域布置图；

（c）探测器保护 5 个梁间区域布置图

3）当梁凸出顶棚高度大于 600mm 时，被梁隔断的每个梁间区域至少应设置一只探测器。

4）当被梁隔断的区域面积超过一只探测器的保护面积时，则应将被梁隔断的区域视为一个探测区域，并应按计算探测器的设置数量。

（6）当梁间净宽小于 1m 时，可视为平顶棚，不计梁对探测器保护面积的影响。

（7）在宽度小于 3m 的内走道顶棚设置探测器时，宜居中布置。感温探测器的安装间距不应超过 10m。感烟探测器的间距不应超过 15m，探测器距端墙的距离不应大于探测器安装间距的一半。

（8）探测器至墙壁、梁边的水平距离不应小于 0.5m。

（9）探测器周围 0.5m 内不应有遮挡物。

（10）房间被书架设备或隔断等分隔，其顶部至顶棚或梁的距离小于房间梁高的 5% 时，则每个被隔开的部分至少应安装一只探测器。

（11）探测器至空调送风口的水平距离不应小于 1.5m，并宜接近回风口安装，探测器至多孔送风顶棚孔口的水平距离不应小于 0.5m。

第（6）～（10）条如图 7-26（a）、（b）、（c）、（d）、（e）所示。

（12）当房间顶部有热屏障时，感烟探测器下表面至顶棚的距离，应符合表 7-7 规定。

表 7-7　感烟探测器下表面距顶棚（或屋顶）的距离

探测器的安装高度 h/m	感烟探测器下表面距顶棚（或屋顶）的距离 d/mm					
	屋顶坡度 θ/°					
	$\theta \leqslant 15°$		$15° < \theta \leqslant 30°$		$\theta \geqslant 30°$	
	最小	最大	最小	最大	最小	最大
$h \leqslant 6$	30	200	200	300	300	500
$6 < h \leqslant 8$	70	250	250	400	400	600
$8 < h \leqslant 10$	100	300	300	500	500	700
$10 < h \leqslant 12$	150	350	350	600	600	800

（13）锯齿型屋顶和坡度大于 15° 的人字型屋顶，应在每个屋脊处设置一排探测器，探测器下表面距屋顶最高处的距离，如图 7-27 所示，其尺寸应符合表 7-7 的规定。

（14）探测器宜水平安装如必须倾斜安装时倾斜不应大于 45°，如图 7-28 所示。

（15）在电梯井、升降机井设置探测器时，其位置宜在井道上方的机房顶棚上，如图 7-29 所示。

（16）一氧化碳火灾探测器可设置在气体能够扩散到的任何部位。

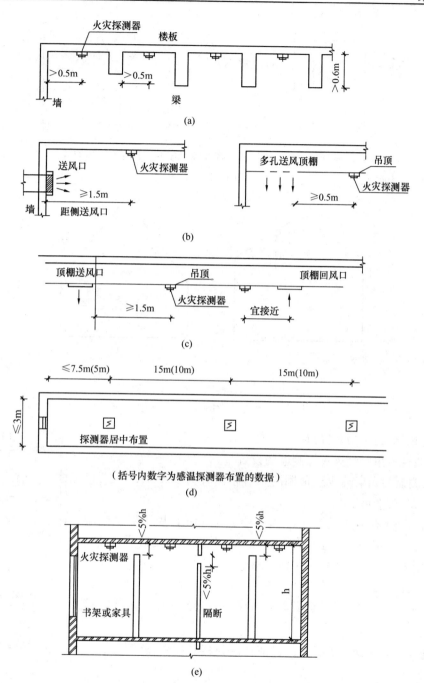

图 7-26　探测器布置图

（a）火灾探测器距墙及距梁安装；（b）火灾探测器远离送风口安装；（c）火灾探测器
接近回风口安装；（d）火灾探测器在宽度小于 3m 的走道安装；（e）房间有分隔时，
探测器布置图

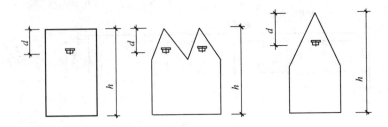

图 7-27　感烟探测器在不同形状顶棚或屋顶下，其下表至顶棚或屋
顶的距离 d

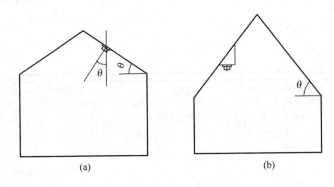

(a)　　　　　　　　　　　　　　　(b)

图 7-28　感烟探测器坡度屋顶安装

（a）$\theta<45°$时探测器直接安装；（b）$\theta\geqslant45°$时探测器加校正平台安装

7.3.6.2　线性火灾探测器的设置

（1）线性光束感烟火灾探测器的设置

1）探测器的光束轴线至顶棚的垂直距离宜为 0.3～1.0m，距
地高度不宜超过 20m。

2）相邻两组探测器的水平距离不应大于 14m，探测器至侧墙
水平距离不应大于 7m，且不应小于 0.5m，探测器的发射器和接收
器之间的距离不宜超过 100m。

3）探测器应设置在建筑顶部固定结构上。

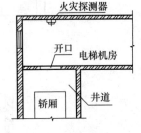

图 7-29　电梯井道
探测器安装图

4）探测器的设置应保证其接收端避开日光和人工光源直接
照射。

5）选择反射式探测器时，应保证在反射板与探测器间任何部位进行模拟试验时，探测
器均能正确响应。

6）探测器宜采用分层组网的探测方式。

7）建筑高度不超过 16m 时，宜在 6～7m 增设一层探测器；建筑高度超过 16m 但不超
过 26m 时，宜在 6～7m 和 11～12m 处各增设一层探测器。

8）由开窗或通风空调形成的对流层为 7～13m 时，可将增设的一层探测器设置在对流
层下面 1m 处。

9）分层设置的探测器保护面积可按常规计算，并宜与下层探测器交错布置。

（2）线型感温火灾探测器的设置

1）探测器在保护电缆、堆垛等类似保护对象时，应采用接触式布置；在各种皮带输送装置上设置时，宜设置在装置的过热点附近。

2）设置在顶棚下方的线型感温火灾探测器，至顶棚的距离应为0.1m。探测器的保护半径应符合点型感温火灾探测器的保护半径要求；探测器至墙壁的距离宜为1～1.5m。

3）光栅光纤感温火灾探测器每个光栅的保护面积和保护半径，应符合点型感温火灾探测器的保护面积和保护半径要求。

4）设置线型感温火灾探测器的场所有联动要求时，宜采用两只不同火灾探测器的报警信号组合。

5）与线型感温火灾探测器连接的模块不宜设置在长期潮湿或温度变化较大的场所。

7.3.6.3 管路采样式吸气感烟火灾探测器的设置应符合下列规定：

1）非高灵敏型探测器的采样管网安装高度不超过16m；高灵敏型探测器的采样管网安装高度可超过16m；采样管网安装高度超过16m时，灵敏度可调的探测器应设置为高灵敏度，且应减小采样管长度和采样孔数量。

2）探测器的每个采样孔的保护面积、保护半径等应符合感烟火灾探测器的保护面积、保护半径的要求。

3）一个探测单元的采样管总长不宜超过200m，单管长度不宜超过100m，同一根采样管不应穿越防火分区。采样孔总数不宜超过100个，单管上的采样孔数量不宜超过25个。

4）当采样管道采用毛细管布置方式时，毛细管长度不宜超过4m。

5）吸气管路和采样孔应有明显的火灾探测器标识。

6）有过梁、空间支架的建筑中，采样管路应固定在过梁、空间支架上。

7）当采样管道布置形式为垂直采样时，每2℃温差间隔或3m间隔（取最小者）应设置一个采样孔，采样孔不应背对气流方向。

8）采样管网应按经过确认的设计软件或方法进行设计。

9）探测器的火灾报警信号、故障信号等信息应传给火灾报警控制器，涉及消防联动控制时，探测器的火灾报警信号还应传给消防联动控制器。

10）探测器的采样管宜采用水平和垂直结合的布管方式，并应保证至少有两个采样孔在16m以下，并宜有2个采样孔设置在开窗或通风空调对流层下面1m处。

11）可在回风口处设置起辅助报警作用的采样孔。

7.3.6.4 手动报警按钮的设置

（1）每个防火分区至少设置一只手动报警按钮。从一个防火分区内的任何位置到最近的一个手动火灾报警按钮的步行距离不应大于30m。手动报警按钮宜设置在公共活动场所的出入口处。列车上设置的手动火灾报警按钮，应设置在每节车厢的出入口和中间部位。

（2）手动火灾报警按钮应设置在明显和便于操作的部位，当采用壁挂方式安装时，其底边距地（楼）面高度宜为1.3～1.5m，且应有明显的标志。

（3）手动火灾报警按钮宜在下列部位装设：

1）各楼层的楼梯间、电梯前室；

2）大厅、过厅、主要公共活动场所出入口；

3）餐厅、多功能厅等处的主要出入口；

4）主要通道等经常有人通过的地方。

（4）手动报警按钮应在火灾报警控制器或消防控制室的控制、报警盘上有专用的报警显示部位号，不应与火灾自动报警显示部位号混合布置或排列，并应有明显标志。

（5）手动报警按钮系统的布线宜独立设置。

7.4 火灾应急照明系统

7.4.1 火灾应急照明的种类

火灾应急照明分为备用照明、疏散照明，其设置符合下列规定：

（1）供消防作业及救援人员继续工作的场所，应设置备用照明。

（2）供人员疏散，并为消防人员撤离火灾现场的场所，应设置疏散指示标志灯和疏散通道照明。

7.4.2 建筑物的疏散照明

除建筑高度小于 27m 的住宅建筑外，民用建筑、厂房和丙类仓库的下列部位应设置疏散照明：

（1）封闭楼梯间、防烟楼梯间及其前室、消防电梯间的前室或合用前室、避难走道、避难层（间）。

（2）观众厅、展览厅、多功能厅和建筑面积大于 200m² 的营业厅、餐厅、演播室等人员密集的场所。

（3）建筑面积大于 100m² 的地下或半地下公共活动场所。

（4）公共建筑内的疏散走道。

（5）人员密集厂房内的生产场所及疏散走道。

7.4.3 建筑物的备用照明

建筑物的下列部位应装设备用照明：

消防控制室、消防水泵房、自备发电机房、配电室、防排烟机房以及发生火灾时仍需正常工作的消防设备房应设置备用照明，其作业面的最低照度不应低于正常照明的照度。

火灾应急照明设置要求见表 7-8。

表 7-8 火灾应急照明设置要求

名 称	建筑或场所	设置要求
火灾疏散照明	高度小于 27m	建筑高度小于 27m 的住宅建筑不设
	民用建筑、厂房和丙类仓库	封闭楼梯间、防烟楼梯间及其前室、消防电梯间的前室或合用前室、避难走道、避难层（间）
	人员密集的场所	观众厅、展览厅、多功能厅和建筑面积大于 200m² 的营业厅、餐厅、演播室等

续表

名　称	建筑或场所	设置要求
火灾疏散照明	地下或半地下	建筑面积大于100m²的地下或半地下公共活动场所
	疏散走道	公共建筑内的疏散走道； 人员密集厂房内的生产场所及疏散走道
继续工作的备用照明	重要用房	消防控制室、消防水泵房、自备发电机房、配电室、防排烟机房以及发生火灾时仍需正常工作的消防设备房

7.4.4　火灾应急照明的供电时间和照明要求

（1）建筑内消防应急照明和灯光疏散指示标志的备用电源的连续供电时间应符合下列规定：

1）建筑高度大于100m的民用建筑，不应小于1.5h。

2）医疗建筑、老年人建筑、总建筑面积大于100000m²的公共建筑和总建筑面积大于20000m²的地下、半地下建筑，不应少于1.0h。

3）其他建筑，不应少于0.5h。

火灾应急照明的供电时间要求见表7-9。

表7-9　应急照明最低水平照度

名　称	参考平面	场　所	照度要求
火灾疏散照明	地面	疏散走道	不应低于1.0lx
		人员密集场所、避难层（间）	不应低于3.0lx
		病房楼或手术部的避难间	不应低于10.0lx
		楼梯间、前室或合用前室、避难走道	不应低于5.0lx
继续工作的备用照明	作业面	消防控制室、消防水泵房、自备发电机房、配电室、防排烟机房以及发生火灾时仍需正常工作的消防设备房	最低照度不应低于正常照明的照度

（2）建筑内疏散照明的地面最低水平照度应符合下列规定：

1）对于疏散走道，不应低于1.0lx。

2）对于人员密集场所、避难层（间），不应低于3.0lx；对于病房楼或手术部的避难间，不应低于10.0lx。

3）对于楼梯间、前室或合用前室、避难走道，不应低于5.0lx。

4）备用照明作业面的最低照度不应低于正常照明的照度。

火灾应急照明的照度要求见表7-10。

表 7-10 应急照明的备用电源的连续供电时间

名 称	建筑或场所	连续供电时间
火灾疏散照明	建筑高度大于 100m 的民用建筑	不应小于 1.5h
	医疗建筑、老年人建筑、总建筑面积大于 100000m² 的公共建筑	不应少于 1.0h
	总建筑面积大于 20000m² 的地下、半地地建筑	不应少于 1.0h
	其他建筑	不应少于 0.5h
继续工作的备用照明	消防控制室、消防水泵房、自备发电机房、配电室、防排烟机房以及发生火灾时仍需正常工作的消防设备房	连续

7.4.5 应急照明位置设置要求

疏散照明灯具应设置在出口的顶部、墙面的上部或顶棚上；备用照明灯具应设置在墙面的上部或顶棚上。

公共建筑、建筑高度大于 54m 的住宅建筑、高层厂房（库房）和甲、乙、丙类单、多层厂房，应设置灯光疏散指示标志，并应符合下列规定：

（1）应设置在安全出口和人员密集场所的疏散门的正上方。

（2）应设置在疏散走道及其转角处距地面高度 1.0m 以下的墙面或地面上。灯光疏散指示标志的间距不应大于 20m；对于袋形走道，不应大于 10m；在走道转角区，不应大于 1.0m。

疏散指示灯的设置原则如图 7-30 所示。

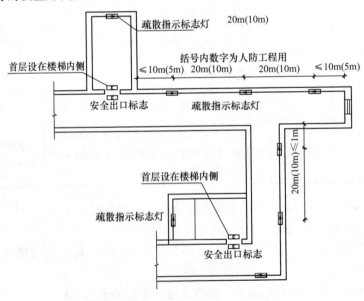

图 7-30 疏散标志灯设置示意图

7.4.6　疏散指示标志设置要求

下列建筑或场所应在疏散走道和主要疏散路径的地面上增设能保持视觉连续的灯光疏散指示标志或蓄光疏散指示标志：

（1）总建筑面积大于 8000m² 的展览建筑。

（2）总建筑面积大于 5000m² 的地上商店。

（3）总建筑面积大于 500m² 的地下或半地下商店。

（4）歌舞娱乐放映游艺场所。

（5）座位数超过 1500 个的电影院、剧场，座位数超过 3000 个的体育馆、会堂或礼堂。

（6）车站、码头建筑和民用机场航站楼中建筑面积大于 3000m² 的候车、候船厅和航站楼的公共区。

7.4.7　相关标准

建筑内设置的消防疏散指示标志和消防应急照明灯具，除应符合《建筑设计防火规范》（GB 50016—2014）的规定外，还应符合现行国家标准《消防安全标志》（GB 13495）和《消防应急照明和疏散指示系统》（GB 17945）的规定。

7.4.8　应急照明设置要求的相关规定

有关应急照明的设置要求应符合下列规定：

（1）应急照明在正常电源断电后，其电源转换时间应满足：

疏散照明 ≤5s。

备用照明≤15s（金融商业交易场所≤1.5s）。

（2）疏散照明平时应处于点亮状态，但下列情况可以例外：

1）在假日、夜间定期无人工作或使用而仅由值班或警卫人员负责管理时。

2）可由外来光线识别的安全出口和疏散方向时。

（3）安全出口标志灯宜安装在疏散门口的上方，在首层的疏散楼梯应安装在楼梯且里侧的上方。安全出口标志灯距地高度宜不低于 2m。

（4）疏散走道上的安全出口标志灯可明装，而厅堂内宜采用暗装。安全出口标志灯应按照国家标准配置图形和文字符号，在有无障碍设计要求时，宜同时设有音响指示信号。

（5）影剧院的观众厅应设置可调光型安全出口标志灯。在正常情况下减光使用，火灾事故时应有自动接通至全亮状态。

（6）疏散照明宜设在安全出口的顶部、疏散走道及其转角处距地 1m 以下的墙面上。当在交叉口处墙面下侧安装，难以明确表示疏散方向时，也可将疏散标志灯安装在顶部，疏散走道上的标志灯应按国家标准配置图形和文字符号。楼梯间的疏散标志灯宜安装在休息平台上方的墙角处或墙壁上，并应用箭头及阿拉伯数字表明上、下层层号。

（7）疏散照明位置的确定，还应满足可容易找寻在疏散线路上的所有手动报警器呼叫通信装置和灭火设备等设施的要求。

（8）装设在地面上的疏散标志灯应防止重物或受外力所损伤。

（9）疏散标志灯的设置，应不影响正常通行，并不应在其周围存放有容易同以及遮挡疏散标志灯的其他标志牌等。

（10）疏散标志灯，包括电致发光型（如灯光型、电子显示型）和光致发光型（如蓄电发光型）等。

（11）应急照明灯规格标准，见表7-11。

表 7-11　应急照明灯规格的建议标准

类　别	标志灯规格		采用荧光灯时的光源功率（W）
	长边/短边	长边的长度（cm）	
Ⅰ型	4∶1或5∶1	＞100	≥30
Ⅱ型	3∶1或4∶1	50～100	≥20
Ⅲ型	2∶1或3∶1	36～50	≥10
Ⅳ型	2∶1或3∶1	25～35	≥6

其中要注意的是：

1）Ⅰ型标志灯内所装光源的数量不宜少于2个。

2）疏散标志灯安装在地面上时，长宽比可取1∶1或2∶1，长边最小尺寸不宜小于40cm。

3）应急照明灯规格型式的选择方案，参见表7-12。

表 7-12　应急照明灯规格的选择方案

建筑物类别	安全出口标志灯		疏散标志灯	
	建筑总面积/m²		每层建筑面积/m²	
	＞10000	＜10000	＞1000	＜1000
旅　馆	Ⅰ型或Ⅱ型	Ⅱ型或Ⅲ型	Ⅲ型或Ⅳ型	
医　院	Ⅰ型或Ⅱ型	Ⅱ型或Ⅲ型	Ⅲ型或Ⅳ型	
影剧院	Ⅰ型或Ⅱ型	Ⅱ型或Ⅲ型	Ⅲ型或Ⅳ型	
俱乐部	Ⅰ型或Ⅱ型	Ⅱ型或Ⅲ型	Ⅱ型或Ⅲ型	Ⅲ型或Ⅳ型
商　店	Ⅰ型或Ⅱ型	Ⅱ型或Ⅲ型	Ⅱ型或Ⅲ型	Ⅲ型或Ⅳ型
餐　厅	Ⅰ型或Ⅱ型	Ⅱ型或Ⅲ型	Ⅱ型或Ⅲ型	Ⅲ型或Ⅳ型
地下街	Ⅰ型	Ⅰ型	Ⅱ型或Ⅲ型	Ⅱ型或Ⅲ型
车　库	Ⅰ型	Ⅰ型	Ⅱ型或Ⅲ型	Ⅱ型或Ⅲ型

7.5　导线选择与线路敷设

7.5.1　导线选择

7.5.1.1　火灾自动报警系统传输线路和采用50V以下供电的控制线路，应采用电压等级不低于交流 300V/500V 的铜芯绝缘导线或铜芯电缆。采用交流 220V/380V 的供电和控制线路，应采用电压等级不低于交流 450V/750V 的铜芯绝缘导线或铜芯电缆。

7.5.1.2　超高层建筑内的电力、照明、自控等线路应采用阻燃型电线和电缆；但重要消防设备（如消防泵、消防梯、防烟排烟风机等）的供电线路，有条件时可采用耐火型电缆和 MI（矿物绝缘）电缆。

7.5.1.3　一类高低层建筑内的电力、照明、自控等线路宜采用阻燃电线和电缆，但重要的消防设备（如消防泵、消防梯、防烟排烟风机等）的供电线路，有条件时可采用耐火型电缆、MI（矿物绝缘）电缆或采用其他防火措施以达到耐火要求。

7.5.1.4　二类高层、低层建筑内的消防用电设备宜采用阻燃型电线和电缆。

7.5.1.5　火灾自动报警系统传输线路芯线截面的选择除应满足自动报警装置技术条件要求外，还应满足机械强度的要求，绝缘导线、电缆芯线的最小截面不应小于表 7-13 规定。

表 7-13　铜芯绝缘电线、电缆的最小截面

符　号	类　别	芯线最小截面/mm²
1	穿管敷设的导线	1.00
2	线槽内敷设的绝缘导线	0.75
3	多芯导线	0.50

7.5.1.6　火灾自动报警系统的供电线路、消防联动控制线路应采用耐火铜芯电线电缆，报警总线、消防应急广播和消防专用电话等传输线路应采用阻燃或阻燃耐火电线电缆。

7.5.2　线路敷设

7.5.2.1　火灾自动报警系统传输线路应穿金属管、可挠（金属）电气导管，B_1 级以上的刚性塑料管或封闭式线槽保护方式布线。

7.5.2.2　消防配电线路应满足火灾时连续供电的需要，其敷设应符合下列规定：

（1）明敷时（包括敷设在吊顶内），应穿金属导管或采用封闭式金属槽盒保护，金属导管或封闭式金属槽盒应采取防火保护措施；当采用阻燃或耐火电缆并敷设在电缆井、沟内时，可不穿金属导管或采用封闭式金属槽盒保护；当采用矿物绝缘类不燃性电缆时，可直接明敷。

（2）暗敷时，应穿管并应敷设在不燃性结构内且保护层厚度不应小于 30mm。

（3）消防配电线路宜与其他配电线路分开敷设在不同的电缆井、沟内；确有困难需敷设在同一电缆井、沟内时，应分别布置在电缆井、沟的两侧，且消防配电线路应采用矿物绝缘类不燃性电缆。

7.5.2.3　火灾自动报警系统的线路敷设应符合下列要求：

（1）暗敷设时，应采用金属管、可挠（金属）电气导管或 B_1 级以上的刚性塑料管保护，并应敷设在不燃烧体的结构层内，且保护层厚度不宜小于 30mm。

（2）线路明敷设时，应采用金属管、可挠（金属）电气导管或金属封闭线槽保护。矿物绝缘类不燃性电缆可直接明敷。

（3）火灾自动报警系统用的电缆竖井，宜与电力、照明用的低压配电线路电缆竖井分别

设置。受条件限制必须合用时，应将火灾自动报警系统用的电缆和电力、照明用的低压配电线路电缆分别布置在竖井的两侧。

（4）不同电压等级的线缆不应穿入同一根保护管内，当合用同一线槽时，线槽内应有隔板分隔。

（5）采用穿管水平敷设时，除报警总线外，不同防火分区的线路不应穿入同一根管内。

（6）从接线盒、线槽等处引到探测器底座盒、控制设备盒、扬声器箱的线路，均应加金属保护管保护。

（7）火灾探测器的传输线路，宜选择不同颜色的绝缘导线或电缆。正极"＋"线应为红色，负极"－"线应为蓝色或黑色。同一工程中相同用途导线的颜色应一致，接线端子应有标号。

耐热配线、耐火配线定义见表7-14。

表 7-14　耐火配线、耐热配线定义

配　线　类　别	电　线　种　类	配　线　方　式
耐热配线	0.45/0.75kV 耐热绝缘电线 四氟化乙烯绝缘电线 石棉绝缘电线 母线槽 桥架上聚乙烯绝缘护套电缆 铝包电缆 铅包电缆 钢带铠装电缆 氯丁橡胶绝缘电缆 阻燃型电缆 耐热电线（BV－105，AF－250） 耐火电线（NH－BV） 耐火电缆 MI（矿物绝缘）电缆	采用金属管。软金属管或金属线槽（或其他非燃性线槽）配线，但在符合耐火等级的电气专用房间内布线可不受此限 当在电气专用房间内与其他配线共同敷设时，相互间距大于15cm并应用不燃烧材料制成的隔板加以隔开 在电缆工程施工或类似的设施中采用
耐火配线	0.45/0.75kV 耐热绝缘电线 四氟化乙烯绝缘电线 石棉绝缘电线 母线槽 桥架上聚乙烯绝缘护套电缆 铝包电缆 铅包电缆 钢带铠装电缆 氯丁橡胶绝缘电缆 阻燃型电缆	采用金属管。软金属管或合成树脂管暗配于混凝土或其他耐火材料的横板，墙体内且保护层厚度应大于3cm；但在符合耐火等级的电气专用房间内布线可不受此限 当在电气专用房间内与其他配线共同敷设时，相到间距大于15cm并应用不燃烧材料制成的隔板加以隔开 当在施工中难以将管线暗配时，也可采用与上述耐火效果相同或更好的其他保护方法
	耐火电线（NH－BV） 耐火电缆 MI（矿物绝缘）电缆	在电缆工程施工或类似的设施中采用

7.6　智能建筑火灾自动报警系统

智能建筑以建筑为平台，兼备建筑设备、办公自动化及通信网络系统，集结构、系统服务、管理及它们之间的最优化组合，向人们提供一个安全、高效、舒适、便利的建筑环境。

建筑设备自动化系统（BAS）是将建筑物或建筑群内的电力、照明、空调、给排水、防灾、保安、车库管理等设备或系统，以集中监视、控制和管理为目的，构成的综合系统。

火灾自动报警系统，通常作为建筑设备自动化系统（BAS）的一个非常重要的独立的子系统。

由于智能建筑比较传统建筑虽可有效地开展资讯的处理能力，大大提高了工作效率，但同时也投资了许多先进而昂贵的精密设备，一旦发生火灾事故，除了造成人员伤亡事故外，对设施及建筑物遭受的损害也比一般建筑物损害严重的多，因此智能建筑中防火报警系统的设计也就显得相当重要。

7.6.1 智能建筑火灾自动报警系统的设置与设计

智能建筑火灾自动报警系统的设置，首先应按照现行国家标准《建筑设计防火规范》（GB 50016—2014）等的有关规定执行。

智能建筑火灾自动报警系统及消防联动系统的设计，应按照现行国家标准《火灾自动报警系统设计规范》（GB 50116—2013）的有关规定执行。

7.6.2 智能建筑的消防控制室

消防控制室的照明灯具宜采用无眩光灯具，照明线路应接在应急照明回路上，室内环境应按智能建筑环境要求设计。

消防控制室可单独设置，当与 BA、SA 系统合用控制室时，有关设备在室内应占有独立的区域，且相互之间不会产生干扰。火灾自动报警系统主机及控制盘应设在消防控制室内。

7.6.3 火灾自动报警系统与探测器

智能建筑的重要场所宜选择智能型火灾探测器。在采用单一型火灾探测器不能有效探测火灾的场所，可采用复合型火灾探测器。

火灾自动报警系统应设置有带汉化操作的界面，可利用汉化的 CRT 显示和中文屏幕菜单直接对消防联动设备进行操作。

消防控制室在确认火灾后，宜向 BAS 及时传输、显示火灾报警信息，且能接受必要的其他信息。

火灾自动报警系统应能具有电磁兼容性保护。

7.6.4 智能建筑的建筑管理系统（BMS）

应提供与火灾自动报警系统及联动控制系统互连所必须的标准通信接口和特殊接口协议。在智能建筑管理系统的平台上能够观测到与火灾自动报警系统有关的以下信息：

（1）集成系统应具有多功能智能卡系统接口，实施显示烟感、温感等探头和手动报警器的位置及状态。

（2）实时显示消防水泵运行及过载报警等信息状态。

（3）实时显示切断事故区域及相关区域内非消防电源、接通疏散照明的状态信息。

（4）实时显示切断事故所在楼层及上下层通风与空调系统（当消防加压风机与排烟风机自动投入运行后，方可关断上一层的通风与空调系统）的状态信息。

（5）实时显示发生火警时，紧急广播转换到火警状态，对全楼进行消防广播。

（6）实时显示发生火警时，消防电梯运行及位置信息。

以上监视信息的增减以客户的要求为准，并应满足规范的要求。

7.6.5　智能建筑公共广播系统和安全出入口系统

智能建筑内设置的公共广播系统应与大楼的紧急广播系统相连。

智能建筑内安全防范系统中出入口控制系统应与火灾自动报警系统联动。火灾事故时，自动解除"出"方向的门禁控制，显示门禁位置和状态。

7.7　电气火灾监控系统

为了准确监控电气线路的故障和异常状态，能发现电气火灾的火灾隐患，及时报警提醒人员去消除这些隐患，设置电气火灾监控系统。

7.7.1　电气火灾监控系统的设置场所

《建筑设计防火规范》（GB 50016—2014）规定下列建筑或场所的非消防用电负荷宜设置电气火灾监控系统：

（1）建筑高度大于50m的乙、丙类厂房和丙类仓库，室外消防用水量大于30L/s的厂房（仓库）。

（2）一类高层民用建筑。

（3）座位数超过1500个的电影院、剧场，座位数超过3000个的体育馆，任一层建筑面积大于3000m² 的商店和展览建筑，省（市）级及以上的广播电视、电信和财贸金融建筑，室外消防用水量大于25L/s的其他公共建筑。

（4）国家级文物保护单位的重点砖木或木结构的古建筑。

7.7.2　电气火灾监控系统的设置要求

如何设置电气火灾监控系统由《火灾自动报警系统设计规范》（GB 50116—2013）规定。

（1）电气火灾监控系统可用于具有电气火灾危险的场所。

（2）电气火灾监控系统应由下列部分或全部设备组成：

1）电气火灾监控器。

2）剩余电流式电气火灾监控探测器。

3）测温式电气火灾监控探测器。

（3）电气火灾监控系统应根据建筑物的性质及电气火灾危险性设置，并应根据电气线路敷设和用电设备的具体情况，确定电气火灾监控探测器的形式与安装位置。在无消防控制室且电气火灾探测器设置数量不超过 8 只时，可采用独立式电气火灾监控探测器。

（4）非独立式电气火灾监控探测器不应入火灾报警控制器的探测器回路。

（5）在设置消防控制室的场所，电气火灾监控器的报警信息和故障信息应在消防控制室图形显示装置或起集中控制功能的火灾报警控制器上显示，但该类信息与火灾报警信息的显示应有区别。

（6）电气火灾监控系统的设置不应影响供电系统的正常工作，不宜自动切断供电电源。

（7）当线型感温火灾探测器用于电气火灾监控时，可接入电火灾监控器。

思 考 题

1. 掌握消防电源的负荷等级划分及不同负荷等级的供电要求。

2. 了解消防控制室的设备组成及消防控制室设置要求。

3. 了解火灾自动报警系统的形式。

4. 熟悉火灾探测器设置部位。

5. 了解报警区域及探测区域划分原则。

6. 熟悉系统形式的选择及其设计要求。

7. 掌握火灾自动报警系统的设置场所及消防联动设计要求。

8. 了解火灾应急广播设计要求。

9. 了解火灾警报装置设置规定。

10. 了解消防专用电话设置要求。

11. 熟悉火灾探测器及手动报警按钮的设置要求。

12. 掌握火灾应急照明的种类及火灾应急照明设置要求。

13. 掌握消防线路导线的选择及线路敷设要求。

14. 熟悉智能建筑火灾自动报警系统的要求。

15. 熟悉智能建筑的建筑管理系统与火灾自动报警系统的关系。

16. 了解电气火灾监控系统的目的。

17. 熟悉电气火灾监控系统的设置部位。

18. 熟悉电气火灾监控系统的设置要求。

第8章 地 下 建 筑

【内容提要】　地下建筑的火灾特点；使用功能、规模及防火分区；安全出口；防排烟。

8.1 地下建筑的火灾特点

地下建筑是在地下通过开挖、修筑而成的建筑空间，其外部由岩石或土层包围，只有内部空间，无外部空间。由于施工困难及建筑造价等原因，地下建筑与建筑外部相连的通道少，而且宽度、高度等尺寸较小。地下建筑开窗较少，或不能开设窗户，这些因素决定了地下建筑发生火灾时的特点。

8.1.1 地下建筑火灾燃烧的特点

地下建筑与外界连通的出口少，发生火灾后，烟热不能及时排出去，热量集聚，建筑空间温度上升快，可能较早地出现轰燃，使火灾温度很快升高到 800℃以上，房间的可燃物会全部烧着，烟气体积急剧膨胀。因通风不足，燃烧充分，一氧化碳、二氧化碳等有毒气体的浓度迅速增加，高温烟气的扩散流动，不仅使所到之处的可燃物蔓延燃烧，更严重的是导致疏散通道能见距离降低，影响人员疏散和消防队员救火。

地下建筑发生火灾时，其燃烧状况，在一定意义上说，是由外界的通风所决定的。由于出入口数量少，特别是对于只有一个出入口的地下室，氧气供给不充分，发生不完全燃烧，火灾室烟雾很浓，并逐步扩散，当烟雾充满整个地下室时，就会从出入口向外排烟。另一方面，还要通过这个出入口向地下建筑流进新鲜空气。因而就会出现中性面，其位置，在火灾初期时较高，以后逐步降低。

地下建筑内部烟气流动是复杂的，它受地面的风向、风速的影响而变化。尤其是对于具有两个以上出入口的地下建筑，一般说来，自然形成的排烟口与进风口是分开的，而且，当开口较多时，火灾燃烧的速度也比较快。

8.1.2 疏散困难

（1）地下建筑由于受到条件限制，出入口较少，疏散步行距离较长，火灾时，人员疏散只能通过出入口，而云梯车之类消防救助工具，对地下建筑的人员疏散的就无能为力。地面建筑火灾时，人只要跑到火灾层以下便安全了，而地下建筑不跑出建筑物之外，总是不安全的。

（2）火灾时，平时的出入口在没有排烟设备的情况下，将会成为喷烟口，高温浓烟的扩散方向与人员疏散的方向一致，而且烟的扩散比人群速度快得多，人们无法逃避高温浓烟的危险，而多层地下建筑则危险更大。国内外研究证明，烟的垂直上升速度为 3～4m/s，水平扩散速度为 0.5～0.8m/s；在地下建筑烟的扩散实验中证实，当火源较大时，对于倾斜面的吊顶来说，烟流速度可达 3m/s。由此看来，无论体力多好的人，都无法跑过烟的。

（3）地下建筑火灾时因无自然光，一旦停电，漆黑中又有热烟等毒性作用，无论对人员疏散还是灭火行动都带来很大困难。即便在无火灾情况下，一旦停电，人们也很难走出建筑物之外，国际上的研究结论认为，只要人的视觉距离降到 3m 以下，逃离火场就根本不可能。

8.1.3 扑救困难

消防人员无法直接观察地下建筑中起火部位的燃烧情况，这给现场组织指挥灭火活动造成困难。在地下建筑火灾扑救中造成火场侦察员牺牲的案例不少。别无他路，而出入口又极易成为"烟筒"，消防队员在高温浓烟情况下难以接近着火点。可用于地下建筑的灭火剂比较少，对于人员较多的地下公共建筑，如无一定条件，则毒性较大的灭火剂不宜使用。地下建筑火灾中通讯设备差，步话机设备难以使用，通讯联络困难，照明条件比地面差得多。由于上述原因，从外部对地下建筑内的火灾要进行有效的扑救是很难的，因此，要重视地下建筑的防火设计。

8.2 地下建筑的防火设计

从我国目前地下建筑的建设和使用情况来看，地下建筑逐渐的使用起来，如地下商场、地下办公、地下车库、地下车间、地下娱乐场所等，并且今后随着城市用地紧张、节约能源来看，还会有一定程度的发展，而大量投入使用的是由人民防空地下设施改造的、平战结合的地下建筑。目前，我国对地下建筑设计防火问题，有了部分相应的规范，如《建筑设计防火规范》（GB 50016—214）、《人民防空工程设计防火规范》（GB 50098—2009）等均对地下建筑规定了相应的防火措施。但是，已经投入使用的地下建筑，缺乏强有力的防火管理措施，消防设备不足，大量使用火源、电源、火灾隐患很多，有的甚至发生大火，造成严重损失。

地下建筑防火设计，要坚持"预防为主，防消结合"的方针，从重视火灾的预防和扑救初期的角度出发，制定正确的防火措施，建设比较完善的灭火设施，以确保地下建筑的安全使用。

8.2.1 地下建筑的使用功能、规模和防火分区

8.2.1.1 地下一层的使用功能

人员密集的公共建筑应设在地下一层。如歌舞厅、录像厅、夜总会、放映厅、卡拉 OK 厅、游艺厅、桑拿浴室、网吧等歌舞娱乐场所等设在地下一层时，地下一层地面与室外入口地坪的高差不应大于 10m。如图 8-1 所示，其目的是为了缩短疏散距离，使发生火灾后人员能够迅速疏散出来，应设在地下一层，不应埋设很深，更不能设在地下二层及二层以下。

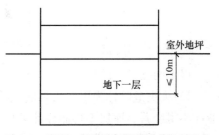

图 8-1 地下一层为歌舞娱乐活动场所示意

8.2.1.2 地下商店应符合下列要求

（1）《建筑设计防火规范》规定：地下商店的营业厅不宜设置在地下三层及三层以下，且不应经营和储存火灾危险性为甲、乙类储存物品属性的商品。

（2）当设置火灾自动报警系统和自动灭火系统，且建筑内部装修符合现行国家标准《建筑内部装修设计防火规范》（GB 50222—1995）规定时，其营业厅每个防火分区的最大允许建筑面积可增加到 2000m²。总建筑面积大于 20000m² 的地下或半地下商店，应采用无门、窗、洞口的防火墙、耐火极限不低于 2.00h 的楼板分隔为多个建筑面积不大于 20000m² 的区域。相邻区域确需局部连通时，应采用下沉式广场等室外开敞空间、防火隔间、避难走道、防烟楼梯间等方式进行连通，并应符合规范的有关规定。如图 8-2 所示。

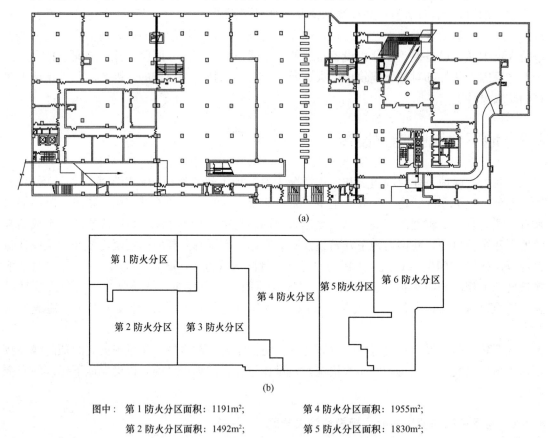

(a)

(b)

图中： 第 1 防火分区面积：1191m²;   第 4 防火分区面积：1955m²;

第 2 防火分区面积：1492m²;   第 5 防火分区面积：1830m²;

第 3 防火分区面积：1982m²;   第 6 防火分区面积：1469m²;

图 8-2 地下商业超市防火分区示意图

（a）地下商业超市；（b）防火分区示意图

以上两条条文的规定说明：

1）火灾危险性为甲、乙类储存物品属性的商品，极易燃烧，难以扑救，故严格规定营业厅不得经营、库房不得储存此类物品。

2）商业营业厅设置在地下三层及三层以下时，由于经营和储存的商品数量多，火灾荷载大，垂直疏散距离较长，一旦发生火灾，火灾扑救，烟气排除和人员疏散都较为困难，故规定不宜设置在地下三层及三层以下。规定"不宜"是考虑如经营不燃或难燃的商品，则可根据具体情况，设置在地下三层及三层以下。

　　3）地下建筑，有的规模大，层数多，而且很多用于商业服务业，有的甚至用于文化娱乐等人员密集的公共设施。对于这样的大型地下建筑，由于人员密集，可燃物较多或火灾危险性较大，应该划分成若干个防火分区，对于防止火灾的扩大和蔓延是非常必要的，一旦发生火灾，能使火灾限制在一定的范围内。

　　从减少火灾损失的观点来看，地下建筑的防火分区面积以小为好，以商业性地下建筑为例，如果每个店铺都能形成一个独立的防火分区，当发生火灾时，关闭防火门或防火卷帘，防止烟火涌向中间的通道，可以使火灾损失控制在极小的范围内。然而从建筑费用来看，造价就要提高，实际建造和使用也有一定的困难。因此，还要把若干店铺划分在一个防火分区内，该防火分区的最大允许面积为 $2000m^2$。

8.2.1.3　地下建筑的防火分区

　　目前，建筑物设有地下室、半地下室的日益增多，但地下、半地下室发生火灾时，人员不易疏散，消防人员扑救困难。如某市一旅馆在半地下室内存放被褥等物品，由于小孩玩火引燃了棉花和棉布，烟雾弥漫，一时找不到火源，消防人员进入扑救也很困难。又如某所大学，在教学楼的地下室内擅自存放化学试剂，由于电气设备不符合防爆要求，电气火花引燃积聚的易燃气体，管理人员被炸死，地下室顶板被炸裂破损。故对地下室及半地下室的防火分区应控制得严一些，地下、半地下室的每个防火分区面积不超过 $500m^2$，如图 8-3 所示。

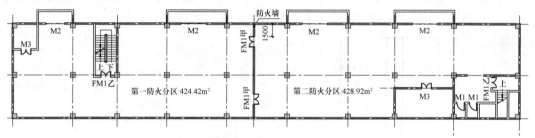

图 8-3　地下建筑防火分区示意图

8.2.2　地下建筑的防排烟

　　地下建筑没有别的开口，火灾时通风不足，造成不完全燃烧，产生大量的烟气，充满地下建筑，涌入地下人行通道。而且，地下通道狭窄，烟层迅速加厚，烟流速度加快，对人员疏散和消防队员救火均带来极大困难。所以，对于地下建筑来说，如何控制烟气流的扩散，是防火问题的重点。

8.2.2.1　地下建筑的防烟分区

　　地下建筑的防烟分区应与防火分区相同，其面积不超过 $500m^2$。且不得跨越防火分区。在地下商业街等大型地下建筑的交叉道口处，两条街道的防烟分区不得混合，如图8-4所示，这样，不仅能提高相互交叉的地下街道的防烟安全性，而且防烟分区的形状简单，还可以提高排烟效果。

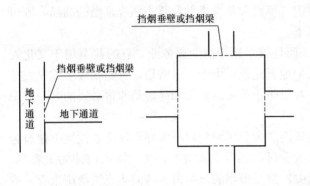

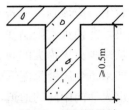

图8-4　交错叉道口处的防烟分区设计　　　　图8-5　挡烟梁设计

地下建筑的防烟分区大多数用挡烟垂壁形成，有时用挡烟梁取代挡烟垂壁，如图8-5所示，其蓄烟量是很有限的。研究表明，当火灾发展到轰燃期时，由于温度升高，发烟量剧增，防烟分区储存不了剧增的烟量，所以，一般与感烟探测器联动的排烟设备配合使用。

挡烟垂壁是用不燃烧材料制成，从顶棚下垂不小于500mm的固定或活动的挡烟设施。活动挡烟垂壁系指火灾时因感温、感烟或其他控制设备的作用，自动下垂的挡烟垂壁。

8.2.2.2　排烟口与风道

地下建筑的每个防烟分区均应设置排烟口，其数量不少于一个，其位置应设在顶棚上或靠顶棚的墙面上，且与附近安全出口沿走道方向相邻边缘之间的最小水平距离不应小于1.50m。设在顶棚上的排烟口，距可燃构件或可燃物（如白炽灯等）的距离不应小于1.00m。防烟分区内的排烟口距最远点的水平距离不应超过30m，如图8-6所示。

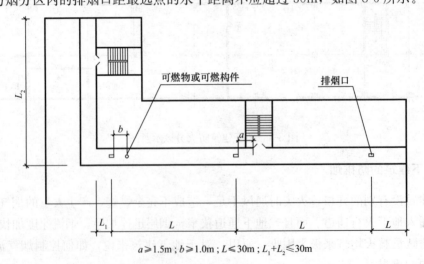

$a \geqslant 1.5m$；$b \geqslant 1.0m$；$L \leqslant 30m$；$L_1 + L_2 \leqslant 30m$

图8-6　走道排烟口至防烟分区最远水平距离示意图

为了防止烟气扩散，提高防烟、防火安全性，要求地下建筑内的走道与房间的排烟风道，要分别独立设置。

8.2.2.3 自然排烟

当排烟口面积较大，而且能够直接通向大气时，可采用自然排烟的方式。

设置自然排烟设施，必须注意的问题是，要防止地面的风从排烟口倒灌到地下建筑内，为此，排烟口应高出地表面。以增加排烟效果，同时要做成不受外界风力影响的形状。

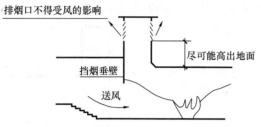

图 8-7 安全出口处的自然排烟构造示意图

负压排烟，造成各个疏散口正压进入的条件，烟的设计要求，详见第 6 章。

特别是对于安全出口，一定要确保火灾时无烟。然而，采用自然排烟方式是不能控制烟的流动方向的，所以，实际上安全出口可能成为排烟口，就会对人员疏散和消防队员救火带来极大困难，为此，在安全出口设置自然排烟时，按图 8-7 的构造设计。

8.2.2.4 机械排烟

地下建筑机械排烟的方式，一般应采用确保楼梯间和主要疏散通道无烟。关于机械排

8.3 主体结构和防火要求

地下建筑的耐火等级应为一级，其主体结构的墙、柱、梁、板等构件的燃烧性和耐火极限不应低于表 8-1 的规定。既要保证结构尺度，又要满足构造的防火要求，如门窗的耐火极限、楼梯的构配件等。

表 8-1 建筑构件的燃烧性能和耐火极限

构件名称		耐火等级
		一 级
墙	防火墙	不燃烧性 4.00
	和垂墙、楼梯间、电梯井的墙	不燃烧性 3.00
	非和垂外墙疏散走道两侧的隔墙	不燃烧性 1.00
	房间隔墙	不燃烧性 0.75
柱	支承多层的柱	不燃烧性 3.00
	支承单层的柱	不燃烧性 2.50
梁		不燃烧性 2.00
楼板		不燃烧性 1.50
屋顶承重构件		不燃烧性 1.50
疏散楼梯		不燃烧性 1.50

8.4 地下建筑的安全出口

安全出口就是保证人员安全疏散的楼梯或直通室外地平面的出口。

（1）地下、半地下建筑内每个防火分区的安全出口数目不应少于2个。当地下、半地下建筑内有2个或2个以上防火分区相邻布置时，每个防火分区利用防火墙上一个通向相邻分区的防火门作为第二安全出口，这是因为考虑到相邻防火分区同时起火的可能性较小，所以相邻分区之间防火墙上的防火门可作为第二安全出口。但每个防火分区必须有1个直通室外的安全出口（包括通过符合规范要求的底层楼梯间再到达室外的安全出口），如图8-3所示。

（2）面积不超过50m²，且人数不超过15人的地下、半地下建筑，可设一个直通地上的安全出口。

（3）不超过30人且建筑面积不大于500m²的地下、半地下建筑，其垂直金属梯可作为第二安全出口，如图8-8所示。

为避免紧急疏散时人员拥挤或烟火封口，安全出口宜按不同方向分散均匀布置，且安全疏散距离要满足以下要求：

图8-8　地下室安全出口示意

1）房间内最远点到房间门口的距离不能超过《建筑设计防火规范》（GB 50016—2014）规定的相关要求；

2）房间门至最近安全出口的距离不应大于表8-2；

3）建筑中相邻2个安全出口或疏散出口最近边缘之间的水平距离不应小于5m。

（4）直接通向地面的门、楼梯的总宽度应按其通过人数每100人不小于1m（或0.75m）计算；每层走道的宽度应按其通过人数每100人不小于1m（或0.75m）计算。

例如，地下室某层人数为250人（人数最多的一层），其楼梯总宽度为2.5m。

表8-2　安全疏散距离

房间名称	房间口到最近安全出口的最大距离/m	
	位于两个安全出口之间的房间	位于袋形走道两侧或尽端的房间
医院病房	24	12
旅　馆	30	15
其他建筑（单、多层）	40	22

思　考　题

1. 了解地下建筑的火灾特点。

2. 熟悉地下建筑防火、防烟分区的面积。

3. 熟悉地下建筑的耐火等级及其每个防火分区的安全出口。

4. 熟悉地下室防火墙的耐火极限。

5. 某地下室只有一层，其人数为435人，试计算其楼梯疏散宽度。

第9章　工业建筑防火设计

【内容提要】　生产的火灾危险性分类；储存物品的火灾危险性分类；总平面布置；厂房的平面布置；厂房的安全疏散及防火间距；厂房的耐火等级及规模控制；库房的耐火等级、安全疏散及防火间距；液体与气体类储罐、堆场的布置与防火间距；消防车道及进场铁路线；管道井、天桥、栈桥及疏散楼梯。

9.1　概述

近几年来，工业建筑发展很快，特别高层工业建筑，如北京、上海、广州、杭州等地，相继建造了一批高层工业建筑，有的高达50多米。可以预料，随着现代化建设的不断发展，今后各地将兴建更多的高层工业建筑。像这类建筑，如果在设计中对消防设施缺乏考虑，一旦发生火灾，往往造成严重的人身伤亡和经济损失，带来各种不良影响。

同时，由于大型工业化生产建筑的发展需要，出现了大量的轻钢结构建筑。这种建筑的特点是施工速度快、投资较少、适于大跨度建筑、易于形成大空间，但是耐火性能较低，若按照现行规范规定，很难达到较高的耐火等级，因而对其防火分区或建筑物的建筑面积或占地面积有较严格的限制。

因此，对于这类工业建筑要求设计中采取消防技术措施，设置必要的消防设施，这一问题已引起消防和设计部门的重视。

国内外工业厂房发生火灾的案例不少，如1984年9月11日发生在香港大生工业楼的火灾，当时火灾发生在8层的一家塑胶厂，大火从8层烧到16层（顶层），连续焚烧了68h，损失1000万港币以上。

1993年8月5日发生在深圳市安贸危险品储运公司清水河仓库4号库的火灾，火灾引发爆炸，而爆炸又促使火灾蔓延，引发了一连串的爆炸，前后共发生了2次大爆炸和7次小爆炸，18处起火燃烧。这场火灾共伤亡817人，其中死亡18人，重伤136人，烧毁、炸毁建筑39000m² 及大量化学物品，直接经济损失达2.5亿元。事后查明导致火灾的直接原因是仓库内将过硫酸铵、硫酸钠等化学危险品混储，由于化学反应而起火成灾。

1996年1月1日发生在深圳市宝安区龙华镇青湖村胜立圣诞饰品有限公司的火灾，烧死20人，烧伤109人，烧毁建筑3000m² 及塑料制品1万余件，直接财产损失469万元。火灾系职工睡觉时，未熄灭蜡烛所致。

因此，工业建筑不同于民用建筑，其发生的火灾给国家和人民造成的损失是巨大的。归纳起来工业建筑的火灾有以下几个特点：

（1）原料、成品量大，而且大多是可燃物、化学物品和易爆炸的物品；

（2）每层面积大，不做防火分区，防烟措施不当、楼梯开敞造成火灾扩大蔓延；

（3）人员比较集中繁杂；

（4）厂房本身的结构耐火性能较低。

工业建筑的设计，首先要做厂区总平面布置，考虑分区、日照、防火间距等，而单体要做生产的火灾危险性分类、耐火等级确定、防火分区处理、安全疏散距离及出口的设置以及构造设计。

9.1.1　生产的火灾危险性分类

9.1.1.1　生产的火灾危险性分类

生产的火灾危险性分类要看整个生产过程中的每个环节，是否有引起火灾的可能性（生产的火灾危险性分类按其中最危险的物质确定），主要考虑以下几个方面：

（1）生产中使用的全部原材料的性质；

（2）生产中操作条件的变化是否会改变物质的性质；

（3）生产中产生的全部中间产物的性质；

（4）生产中最终产品及副产物的性质。

许多产品可能有若干种工艺生产方法，其中使用的原材料各不相同，所以火灾危险性也各不相同，分类时应注意区别对待。

各项生产的火灾危险性分类见表 9-1。

表 9-1　生产的火灾危险性分类

生产的火灾危险性类别	使用或产生下列物质生产的火灾危险性特征
甲	使用或产生下列物质的生产： 1. 闪点<28℃的液体 2. 爆炸下限<10％的气体 3. 常温下能自行分解或在空气中氧化能导致迅速自燃或爆炸的物质，生产中的物质在常温下可以逐渐分解，释放出大量的可燃气体并且迅速放热引起燃烧，或者物质与空气接触后能发生猛烈的氧化作用，同时放出大量的热，而温度越高其氧化反应速度越快，产生的热越多使温度升高越快，如此互为因果而引起燃烧或爆炸。如硝化棉、赛璐珞、黄磷生产等 4. 常温下受到水或空气中水蒸气的作用，能产生可燃气体并引起燃烧或爆炸的物质，生产中的物质遇水或空气中的水蒸气发生剧烈的反应，产生氢气或其他可燃气体，同时产生热量引起燃烧或爆炸。该种物质遇酸或氧化剂也能发生剧烈反应，发生燃烧爆炸的危险性比遇水或水蒸气时更大。如金属钾、钠、氧化钠、氢化钙、碳化钙、磷化钙等的生产 5. 遇酸、受热、撞击、摩擦、催化以及遇有机物或硫磺等易燃的无机物极易引起燃烧或爆炸的强氧化剂，生产中的物质有较强的夺取电子的能力，即强氧化性。有些过氧化物中含有过氧基（—O—O—）性质极不稳定，易放出氧原子，具有强烈的氧化性，促使其他物质迅速氧化，放出大量的热量而发生燃烧爆炸的危险。该类物质对于酸、碱、热、撞击、摩擦、催化或与易燃品、还原剂等接触后能发生迅速分解，极易发生燃烧或爆炸。如氯酸钠、氯酸钾、过氧化氢、过氧化钠生产等 6. 受撞击、摩擦或与氧化剂、有机物接触时能引起燃烧或爆炸的物质，生产中的物质燃点较低易燃烧、受热、撞击、摩擦或与氧化剂接触能引起剧烈燃烧或爆炸，燃烧速度快，燃烧产物毒性大。如赤磷、三硫化磷生产等 7. 在密闭设备内操作温度等于或超过物质本身自燃点的生产，生产中操作温度较高，物质被加热到自燃温度以上，此类生产必须是在密闭设备内进行，因设备内没有助燃气体，所以设备内的物质不能燃烧。但是，一旦设备或管道泄漏，没有其他的火源，该物质就会在空气中立即起火燃烧。这类生产在化工、炼油、医药等企业中很多，火灾的事故也不少，不应忽视

续表

生产的火灾危险性类别	使用或产生下列物质生产的火灾危险性特征
乙	使用或产生下列物质的生产： 1. 闪点≥28℃至小于 60℃ 的液体 2. 爆炸下限≥10% 的气体 3. 不属于甲类的氧化剂，是二级氧化剂，即非强氧化剂。这类生产的特性是比甲类第 5 项的性质稳定些，其物质遇热、还原剂、酸、碱等也能分解产生高热，遇其他氧化剂也能分解发生燃烧甚至爆炸。如过二硫酸钠、高碘酸、重铬酸钠、过醋酸等类的生产 4. 不属于甲类的化学易燃危险固体，生产中的物质燃点较低、较易燃烧或爆炸，燃烧性能比甲类易燃固体差，燃烧速度较慢，同时也可放出有毒气体。如硫磺、樟脑或松香等类的生产 5. 助燃气体，生产中的助燃气体虽然本身不能燃烧（如氧气），在有火源的情况下，如遇可燃物会加速燃烧，甚至有些含碳的难燃或不燃固体也会迅速燃烧 6. 能遇空气形成爆炸性混合物的浮游状态的粉尘、纤维、闪点≥60℃液体雾滴，生产中可燃物质的粉尘、纤维、雾滴悬浮在空气中与空气混合，当达到一定浓度时，遇火源立即引起爆炸。这些细小的物质表面吸附包围了氧气。当温度提高时，便加速了它的氧化反应，反应中放出的热促使它燃烧。这些细小的可燃物质比原来块状固体或较大量的液体具有较低的自燃点，在适当的条件下，着火后以爆炸的速度燃烧 另外"丙类液体的雾滴"因从《石油化工生产防火手册》、《可燃性气体和蒸汽的安全技术参数手册》和《爆炸事故分析》等资料中可查到，可燃液体的雾滴可以引起爆炸
丙	使用或产生下列物质的生产： 1. 闪点≥60℃ 的液体 2. 可燃固体，生产中的物质燃点较高，在空气中受到火烧或高温作用时能够起火或微燃，当火源移走后仍能持续燃烧或微燃。如对木料、橡胶、棉花加工等类的生产
丁	具有下列的生产： 1. 对非燃烧物质进行加工，并在高热或熔化状态下经常产生强辐射热、火花或火焰的生产中被加工的物质不燃烧，而且建筑物内很少有可燃物。所以生产中虽有赤热表面、火花、火焰也不易引起火灾。如炼钢、炼铁、热轧或制造玻璃制品等类的生产 2. 利用气体、液体、固体作为燃料或将气体、液体进行燃烧作其他用的各种生产虽然利用气体、液体或固体为原料进行燃烧，是明火生产，但均在固定设备内燃烧，不易造成火灾，虽然也有一些爆炸事故，但一般多属于物理性爆炸。这类生产如锅炉、石灰焙烧、高炉车间等 3. 常温下使用或加工难燃烧物质的生产中使用或加工的物质（原料、成品）在空气中受到火烧或高温作用时难起火、难微燃、难碳化，当火源移走后燃烧或微燃立即停止。而且厂房内是常温，设备通常是敞开的。一般热压成型的生产。如铝塑材料、酚醛泡沫塑料的加工等类型的生产
戊	常温下使用或加工非燃烧物质的生产中使用或加工的液体或固体物质在空气中受到火烧时，不起火、不微燃、不碳化，不会因使用的原料或成品引起火灾，而且厂房内是常温的。如制砖、石棉加工、机械装配等类型的生产

注：1. 在生产过程中，如使用或生产易燃、可燃物质的量较少，不足以构成爆炸或火灾危险时，可以按实际情况确定其火灾危险性的类别。
　　2. 一座厂房内或防火分区内有不同性质的生产时，其分类应按火灾危险性较大的部分确定，但火灾危险性大的部分占本层或本防火分区面积的比例小于 5%（丁、戊类生产厂房的油漆工段小于 10%），且发生事故时不足以蔓延至其他部位，或采取防火措施能防止火灾蔓延时，可按火灾危险性较小的部分确定。
　　3. 丁、戊类生产厂房的油漆工段，当采用封闭喷漆工艺时，封闭喷漆空间内保持负压、且油漆工段设置可燃气体浓度报警系统或自动抑爆系统时，油漆工段占其所在防火分区面积的比例不应超过 20%。

9.1.1.2 生产的火灾危险性分类举例

生产的火灾危险性分类举例见表 9-2。

表 9-2 生产的火灾危险性分类举例

生产类别	举 例
甲	1. 闪点<28℃的油品和有机溶剂的提炼、回收或洗涤部位及其泵房，橡胶制品的涂胶和胶浆部位，二硫化碳的粗馏、精馏工段及其应用部位，青霉素提炼部位，原料药厂的非纳西汀车间的烃化、回收及电感精馏部位，皂素车间的抽提、结晶及过滤部位，冰片精制部位，农药厂乐果厂房、敌敌畏的合成厂房，磺化法糖精厂房，氯乙醇厂房，环氧乙烷、环氧丙烷工段，苯酚厂房的磺化、蒸馏部位，焦化厂吡啶工段，胶片厂片基厂房，汽油加铅室，甲醇、乙醇、丙酮、丁酮异丙醇、醋酸乙酯、苯等的合成或精制厂房，集成电路工厂的化学清洗间（使用闪点<28℃的液体），植物油加工厂的浸出厂房 2. 乙炔站，氢气站，石油气体分馏（或分离）厂房，氯乙烯厂房，乙烯聚合厂房，天然气、石油伴生气、矿井气、水煤气或焦炉煤气的净化（如脱硫）厂房压缩机室及鼓风机室，液化石油气罐瓶间，丁二烯及其聚合厂房，醋酸乙烯厂房，电解水或电解食盐厂房，环乙酮厂房，乙基苯和苯乙烯厂房，化肥厂的氢氮气压缩厂房，半导体材料厂使用氢气的拉晶间，硅烷热分解室 3. 硝化棉厂房及其应用部位，赛璐珞厂房，黄磷制备厂房及其应用部位，三乙基铝厂房，染化厂某些能自行分解的重氮化合物生产，甲胺厂房，丙烯腈厂房 4. 金属钠、钾加工厂房及其应用部位，聚乙烯厂房的一氯二乙基铝部位、三氯化磷厂房，多晶硅车间三氯氢硅部位，五氧化磷厂房 5. 氯酸钠、氯酸钾厂房及其应用部位，过氧化氢厂房，过氧化钠、过氧化钾厂房，次氯酸钙厂房 6. 赤磷制备厂房及其应用部位，五硫化二磷厂房及其应用部位 7. 洗涤剂厂房石蜡裂解部位，冰醋酸裂解厂房
乙	1. 闪点在28～60℃之间的油品和有机溶剂的提炼、回收、洗涤部位及其泵房，松节油或松香蒸馏厂房及其应用部位，醋酸酐精馏厂房，己内酰胺厂房，甲酚厂房，氯丙醇厂房，樟脑油提取部位，环氧氯丙烷厂房，松针油精制部位，煤油罐桶间 2. 一氧化碳压缩机室及净化部位，发生炉煤气或鼓风炉煤气净化部位，氨压缩机房 3. 发烟硫酸或发烟硝酸浓缩部位，高锰酸钾厂房，重铬酸钠（红矾钠）厂房 4. 樟脑或松香提炼厂房，硫磺回收厂房，焦化厂精萘厂房 5. 氧气站，空分厂房 6. 铝粉或镁粉厂房，金属制品抛光部位，煤粉厂房、面粉厂的碾磨部位，活性炭制造及再生厂房，谷物筒仓工作塔，亚麻厂的除尘器和过滤器室雾滴
丙	1. 闪点≥60℃的油品和有机液体的提炼、回收工段及其抽送泵房，香料厂的松油醇部位和乙酸松油脂部位，苯甲酸厂房，苯乙酮厂房，焦化厂焦油厂房，甘油、桐油的制备厂房，油浸变压器室，机器油或变压油罐桶间，柴油罐桶间，润滑油再生部位，配电室（每台装油量>60kg的设备），沥青加工厂房，植物油加工厂的精炼部位 2. 煤、焦炭、油母页岩的筛分、转运工段和栈桥或储仓，木工厂房，竹、藤加工厂房，橡胶制品的压延、成型和硫化厂房，针织品厂房，纺织、印染、化纤生产的干燥部位，服装加工厂房，棉花加工和打包厂房，造纸厂备料、干燥厂房，印染厂成品厂房，麻纺厂粗加工厂房，谷物加工厂房，卷烟厂的切丝、卷制、包装厂房，印刷厂的印刷厂房，毛涤厂选毛厂房，电视机、收音机装配厂房，显像管厂装配工段烧枪间，磁带装配厂房，集成电路工厂的氧化扩散间、光刻间，泡沫塑料厂的发泡、成型、印片压花部位，饲料加工厂房

续表

生产类别	举 例
丁	1. 金属冶炼、煅造、铆焊、热轧、铸造、热处理厂房 2. 锅炉房，玻璃原料熔化厂房，灯丝烧拉部位，保温瓶胆厂房，陶瓷制品的烘干、烧成厂房，蒸汽机车库，石灰焙烧厂房，电石炉部位，耐火材料烧成部位，转炉厂房，硫酸车间焙烧部位，电极煅烧工段配电室（每台装油量≤60kg 的设备） 3. 铝塑材料的加工厂房，酚醛泡沫塑料的加工厂房，印染厂的漂炼部位，化纤厂后加工润湿部位
戊	制砖车间，石棉加工车间，卷扬机室，不燃液体的泵房和阀门室，不燃液体的净化处理工段，金属（镁合金除外）冷加工车间，电动车库，钙镁磷肥车间（焙烧炉除外），造纸厂或化学纤维厂的浆粕蒸煮工段，仪表、器械或车辆装配车间，氟利昂厂房，水泥厂的轮窑厂房，加气混凝土厂的材料准备、构件制作厂房

9.1.2 储存物品的火灾危险性分类

9.1.2.1 储存物品的火灾危险性分类

生产和贮存的火灾危险性分类应分别列出，主要是因为生产和贮存的火灾危险性有相同之处，也有不同之处。如甲、乙、丙类液体在高温、高压下进行生产时，其温度往往超过液体本身的自燃点，当其设备或管道损坏时，液体喷出就会起火。有些生产的原料、成品都不危险，但生产中的条件变了或经化学反应后产生了中间产物，就增加了火灾危险性。丁、戊类物品本身虽然是难燃烧或不燃烧的，但其包装很多是可燃的（如木箱、纸盒等）。

储存物品的火灾危险性可按表 9-3 分为五类。

表 9-3 储存物品的火灾危险性分类

生产类别	火灾危险性特征	分类说明
甲	1. 闪点＜28℃的液体 2. 爆炸下限＜10%的气体，以及受到水或空气中水蒸气的作用，能产生爆炸下限＜10%的气体的固体物质 3. 常温下能自行分解或在空气中氧化即能导致迅速自燃或爆炸的物质 4. 常温下受到水或空气中水蒸气的作用，能产生可燃气体并引起燃烧或爆炸的物质 5. 遇酸、受热、撞击、摩擦、催化以及遇有机物或硫磺等易燃的无机物极易引起燃烧或爆炸的强氧化剂 6. 受撞击、摩擦或与氧化剂、有机物接触时能引起燃烧或爆炸的物质	主要依据《危险货物运输规则》中一级易燃固体、一级易燃液体、一级氧化剂、一级自燃物品和可燃气体的特性划分的。这类物品易燃、易爆，燃烧时还放出大量有害气体。有的遇水发生剧烈反应，产生氢气或其他可燃气体，遇火燃烧爆炸。有的具有强烈的氧化性能，遇有机物或无机物极易燃烧爆炸。有的因受热、撞击、催化或气体膨胀而可能发生爆炸，或与空气混合容易达到爆炸浓度，遇火而发生爆炸
乙	1. 闪点≥28℃至＜60℃的液体 2. 爆炸下限＞10%的气体 3. 不属于甲类的氧化剂 4. 不属于甲类的化学易燃危险固体 5. 助燃气体 6. 常温下与空气接触能缓慢氧化，积热不散能引起自燃的物质	主要是根据《危险货物运输规则》中二级易燃固体、二级易燃液体、二级氧化剂、助燃气体、二级自燃物品的特性划分的，这类物品的火灾危险性仅次于甲类

生产类别	火灾危险性特征	分类说明
丙	1. 闪点≥60℃的液体 2. 可燃固体	包括闪点在 60℃ 或 60℃ 以上的可燃液体和可燃固体物质。这类物品的特性是液体闪点较高、不易挥发。火灾危险性比甲、乙类液体要小些。可燃固体在空气中受到火烧或高温作用时能立即起火，即使火源拿走，仍能继续燃烧
丁	难燃烧物品	指难燃烧物品。这类物品的特性是在空气中受到火烧或高温作用时，难起火、难燃或微燃，将火源拿走，燃烧即可停止
戊	不燃烧物品	指不燃物品。这类物品的特性是在空气中受到火烧或高温作用时，不起火、不微燃、不碳化

注：同一座仓库或仓库的任一防火分区内储存不同火灾危险性物品时，该仓库或防火分区的火灾危险性应按其中火灾危险性最大的类别确定。

丁、戊类储存物品的可燃包装重量大于物品本身重量 1/4 或可燃包装体积大于物品本身体积的 1/2 时的仓库，其火灾危险性应按丙类确定。

9.1.2.2 储存物品的火灾危险性分类举例

储存物品的火灾危险性分类举例见表 9-4。

表 9-4 储存物品的火灾危险性分类举例

储存物品类别	举 例
甲	1. 乙烷、戊烷，石脑油，环戊烷，二硫化碳，苯、甲苯，甲醇、乙醇，乙醚，蚁酸甲酯、醋酸甲酯、硝酸乙酯，汽油，丙酮，丙烯，乙醚，乙醛，60°以上的白酒 2. 乙炔，氢，甲烷，乙烯，丙烯，丁二烯，环氧乙烷，水煤气，硫化氢，氯乙烯，液化石油气，电石，碳化铝 3. 硝化棉，硝化纤维胶片，喷漆棉，火胶棉，赛璐珞棉，黄磷 4. 金属钾、钠、锂、钙、锶，氢化锂，四氢化锂铝，氢化钠 5. 氯酸钾、氯酸钠，过氧化钾，过氧化钠，硝酸铵 6. 赤磷，五硫化磷，三硫化磷
乙	1. 煤油，松节油，丁烯醇，异戊醇，丁醚，醋酸丁酯，硝酸戊酯，乙酰丙酮，环己胺，溶剂油，冰醋酸，樟脑油，蚁酸 2. 氨气、液氯 3. 硝酸铜，铬酸，亚硝酸钾，重铬酸钠，铬酸钾，硝酸，硝酸汞，硝酸钴，发烟硫酸，漂白粉 4. 硫磺，镁粉，铝粉，赛璐珞板（片），樟脑，萘，生松香，硝化纤维漆布，硝化纤维色片 5. 氧气，氟气 6. 漆布及其制品，油布及其制品，油纸及其制品，油绸及其制品

储存物品类别	举 例
丙	1. 动物油，植物油，沥青，蜡，润滑油，机油，重油，闪点≥60℃的柴油，糠醛，50°～60°的白酒 2. 化学、人造纤维及其织物，纸张，棉、毛、丝、麻及其织物，谷物、面粉，天然橡胶及其制品，竹、木及其制品，中药材，电视机、收录机等电子产品，计算机房已录数据的磁盘储存间，冷库中的鱼、肉间
丁	自熄性塑料及其制品，酚醛泡沫塑料及其制品，水泥刨花板
戊	钢材、铝材、玻璃及其制品，搪瓷制品，陶瓷制品，不燃气体，玻璃棉、岩棉、陶瓷棉、硅酸铝纤维、矿棉，石膏及其无纸制品，水泥、石、膨胀珍珠岩

9.2 总平面布置

为了使工业建筑总平面布局合理，满足功能及工程技术方面的要求，在总平面布置时，需要对予以解决的诸多因素加以分析，寻求恰当的解决方法，主要有以下几点要求。

（1）满足工艺流程的要求

工艺流程是总平面设计的基本依据，应力求工艺路程短，不交叉，不逆行。生产联系密切的车间尽可能地靠近或集中，以缩短工艺流程的运行路线。工艺流程在总平面设计中可概括为三种方式：直线式，环状式，迂回式。可结合该厂区的具体条件，项目多寡，与工艺设计人员商定。

（2）合理组织货流和人流

货流和人流的含义中都包含着量和方向两个要素。即合理分析人、货流的流向、流量，组织线形，并确定其入口的位置。一般工厂的主要出入口布置在厂前区，面向工人居住区和城市的主要干道，职工数量大的车间要靠近主要出入口。货流入口主要布置在厂后临近仓库区。

（3）节约用地

1）建筑外形规整简洁，并使其面积的大小、形状和厂内道路网形成的区带取得一致。建筑物平面形状不必追求曲折复杂，否则必然在其周围出现一些不便于利用的零星小块的地块。

2）恰当地确定建筑物、构筑物的间距。厂内建筑物的间距是根据卫生、防火、工程管网布置以及建筑空间处理的要求确定的。建筑空间处理对间距的要求与工厂的规模、道路两侧建筑的高度、道路的主次以及通风等要求有关。

3）厂房合并，有效地节约用地。

4）增加建筑层数是节约用地的另一有效措施。

（4）满足卫生、安全和防震等要求

工业企业总平面中建筑物和构筑物的布置应遵守国家卫生标准及防火规范等有关规定。

有些企业在生产过程中产生和散发有害物质。为了避免和减少有害物对居住区的影响，总图布置时，必须了解当地的全年主导风向和夏季主导风向的资料。由于一般是夏季生产条件恶化，开窗生产，故以夏季主导风向作为考虑车间相对位置的依据。居住区布置在上风向，与污染源二者之间保持一定的距离——卫生防护带。

为了很好的组织厂房自然通风，当厂房平面为矩形时，应将厂房的纵轴与夏季主导风向垂直或大于45°角并与其他平行厂房保持一定间距。当厂房为凵形或山形时，主导风向应吹向缺口，并与缺口的纵轴平行45°角，建筑物两翼的间距不小于相对建筑物高度之和的一半，但至少为15m，保证车间有比较好的日照，如图9-1所示。

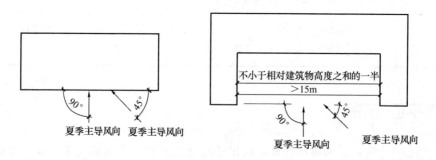

图 9-1　风向与建筑物布置的关系

布置工厂总平面时，还应考虑防火防爆的要求。各个建筑物和构筑物的布置应符合防火规范的有关规定。凡是有明火火源和散发火花的车间，均应布置在易燃材料的堆场、仓库及极易发生火灾危险的车间的下风向，并应有一定的防火距离。在厂房四周应设消防通道。

精密性生产的车间以及铸工车间的造型工部等都有防震要求，应与震源保持一定的距离，洁净厂房还有防尘的要求，这类厂房均应远离污染源并位于其上风向，如图9-2所示。

（5）考虑地形和地质条件

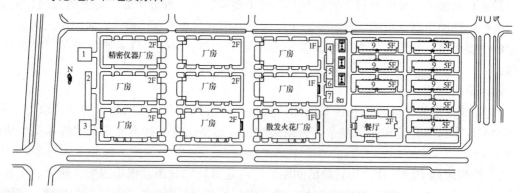

图 9-2　某厂房总平面布置图

1—氢氢混合气，氩气；2—污水处理厂；3—附房；4—变电室；5—换热站；6—锅炉房；
7—水泵房；8—煤气调压站；9—宿舍

总平面设计时，应充分考虑厂区地段的地形条件，以便保证生产运输必要的坡度，合理组织地面雪水的排除，减少施工时的土方工程量。结合地形布置，最基本的方法就是使总平面长轴或建筑物的长边以及铁路线路等与地面的等高线平行。当工厂建在山坡或丘陵地带时，为了减少土石方工程量，常常是顺着等高线把厂区设计成不同标高的台地。在自然地形坡度大的情况下，台地的宽度不宜过大。坡度小时，台地可宽些。随着坡度大小而增减台地的宽窄其目的是为了减少土石方工程量。当地形复杂，不适宜采用普通道路时，可采用架空索道或其他机械化运输方式。荷载大，有地下设备的厂房应布置在土壤承载力高和地下水位低的地段上。在地质条件差的地段上，可以布置露天堆场或其他辅助建筑物。有地下室的厂房宜布置在回填的地段上，以减少土方量。

（6）考虑扩建，为工厂的发展留有余地

为了满足工厂发展的需要，在总图中要留有余地。扩建时可在旧房的一侧或两侧接建，也可以在预先留出的地段上新建。

上述六个方面，是影响工厂总平面布局的重要因素。在考虑这些要求的基础上，组合工厂建筑群时，还应注意建筑空间的艺术处理。工厂不仅是工人辛勤劳动的场所，而且是工人上班时活动的场所。生产环境的状况直接影响他们的心理状态，在某种程度上影响劳动生产率；同时，工厂建筑群又是城市规划中的重要组成部分，对于建筑质量必需给以应有的重视。在设计中，对于建筑体量，比例造型和建筑处理，组合的空间大小，疏密变化，以及工厂干道，广场的绿化和建筑小品的设计等方面，运用建筑手法和美学的规律，使其与生产建筑统一起来，并和周围环境协调，创造一个既有工业建筑特色，而又具有艺术质量的工业建筑群，如图 9-3 所示。

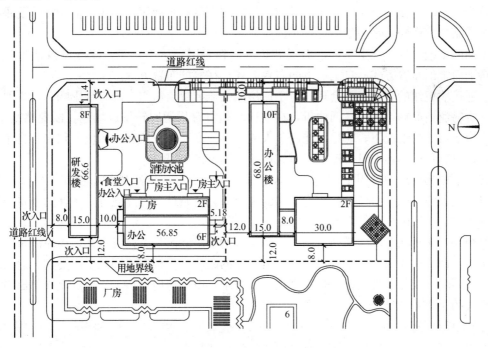

图 9-3　某科研区总平面图

9.3 厂房的平面设计

在功能上，民用建筑是满足人们生活上的需要，而工业建筑是满足生产上的需要。在工业建筑中，产品加工过程中各个工序之间的衔接及其对建筑的要求往往左右着建筑布局。由于生产类别非常多，它涉及到经济建设的各个部门，对厂房的要求也不尽相同。所以设计中必须有工艺设计人员密切配合，共同协作。

在技术上，工业建筑比一般民用建筑复杂。在设计中除了满足复杂的工艺要求外，在厂房中一般都配有各种动力管道以及各种运输设施。这些都为工业建筑的设计和建造带来了复杂性。

（1）多层厂房

多层厂房与单层厂房相比较，具有下列特点：

1）占地面积小；外维护结构面积小；屋盖构造简单。多层厂房宽度一般都比单层的小，可以利用侧面采光，不设天窗，因而简化了屋面构造，清理积雪以及排除雨、雪水都比较方便。

2）柱网小，工艺布置受到一定的限制。

3）增加了垂直交通运输设施——电梯和楼梯。宜于布置在多层内的企业，基本上可以分为六类：生产上需要垂直运输的企业、生产上要求在不同层高操作的企业、工艺对生产环境有特殊要求的企业、仓储性厂房及设施、租售用商品性企业用房、生产上无特殊要求，但设备及产品都比较轻，运输量也比较小的企业。

不同的工艺流程，产生不同的布局和造型，在多层厂房中，工艺流程可概括为三种方式：自下而上的布置方式；自上而下的布置方式；往复的布置方式。

交通运输枢纽的布置是否合理，对于厂房的人流和货流组织有着直接影响。首先要保证人员、货物流通顺畅，避免迂回曲折，在电梯前须留有货运回转堆放场地，以免堵塞交通。其次在货运量大的情况下，应尽可能避免人流、货流交叉。人流和货流应分别有各自单独的出入口。只有货运量不大时货流出入口方可兼做人流出入口。

楼、电梯是厂房中的固定设施，一旦建成，很难更改，枢纽最好布置在大空间的翼边侧，以保证大空间的完整性，从而为厂房的灵活性创造条件。除此之外，楼梯的数量及位置还应满足防火疏散的要求。

楼梯间的防火间距：楼梯间或安全入口位置的确定除满足工艺要求外，还应满足防火规范的要求。即由楼梯或安全出入口至厂房最远点的距离，需根据不同的生产类别、建筑耐火等级，按照防火规范的规定，满足安全疏散的要求。由厂房内最远工作地点至外部出口或楼梯间最大的距离要满足安全疏散距离，如图9-4所示。

（2）单层厂房

就建筑结构方面，单层厂房具有难以取代的一些特点：

1）厂房的面积及柱网尺寸较大，一般平面结构型式的厂房，柱距为6～12m（局部可达24m，甚至更大），跨度可达60m以上；采用空间结构的厂房跨度可达90m或更大。

2）厂房构架和地面上下的承载力较大，重大型生产设备和加工件的置放较方便，有些

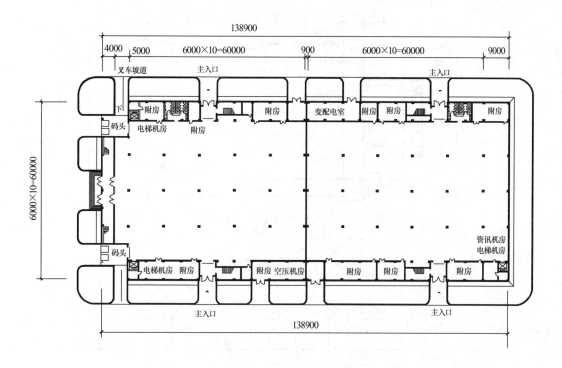

图 9-4　某多层厂房一层平面图

生产还需要在地面上设地坑或地沟，选用的起重运输工具多样化，对施工安装技术条件的要求亦比较高。

3）内部空间大，需要开敞，有些巨型产品需用高大设备加工和起吊运输，车间高度可达 40m 以上，能通行大型运输工具，甚至在排架柱列上设置多重吊车，远非一般多层敞厅式厂房可比拟。

4）层面面积大，横剖面形状复杂，连跨或成片的联合厂房需利用层盖"高低错落"或设置各种天窗来解决天然采光和自然通风问题，如图 9-5 所示。

有些化工类企业的生产车间与库房经常处于爆炸和火灾的威胁之中。它们除在总图布置时须妥善考虑位置应符合防火、防爆、风向这类要求外，车间也须选用相应耐火等级的构件和一定量的门窗、出入口，以保证必要的安全疏散。有爆炸危险的车间和工部尚应在围护构件的选材和泄压构件上采取一些措施，使爆炸气浪产生的破坏限制在最低范围内。泄压构件（屋面、墙面以及门窗）的开向及大小，如不是开敞或半开敞，其面积不应小于0.05～0.10的车间体积，使车间骨架整体得以保全。因此，承重结构的方案选择也应重视。泄压面的具体位置应布置合理，靠近爆炸部位且不应面对人员集中部位和主要交通。

散发重于空气的可燃气体、蒸气，以及有粉尘和纤维爆炸危险的车间，在地面的集料选型中应避免用摩擦撞击可起火花的材料。在设计中采取特殊的防爆措施。

217

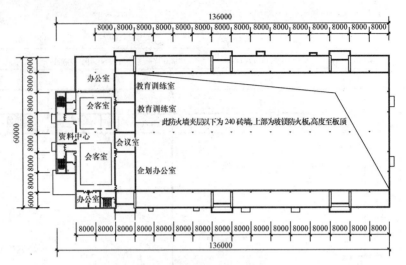

某单层厂房高窗平面

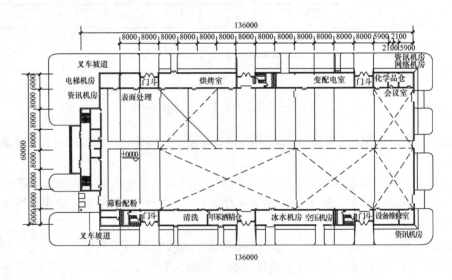

图 9-5　某单层厂房平面图

9.4　厂房的安全疏散

9.4.1　厂房的安全出口

　　厂房安全出口的数目，不应少于两个。足够数量的安全出口，对保证人和物资的安全疏散极为重要。火灾实例中常有因出口设计不当或在实际使用中将部分出口堵住，造成人员无法疏散而伤亡惨重的事实。故要求一般厂房应有两个出口。但符合下列要求的可设一个：

　　（1）甲类厂房，每层建筑面积不超过 100m² 且同一时间的生产人数不超过 5 人；

　　（2）乙类厂房，每层建筑面积不超过 150m² 且同一时间的生产人数不超过 10 人；

（3）丙类厂房，每层建筑面积不超过 250m² 且同一时间的生产人数不超过 20 人；

（4）丁、戊类厂房，每层建筑面积不超过 400m² 且同一时间的生产人数不超过 30 人；

（5）地下或半地下室厂房（包括厂房的地下或半地下室），每层建筑面积不大于 50m²，且同一时间内的作业人数不超过 15 人。

地下室、半地下室如用防火墙隔成几个防火分区时，每个防火分区可利用防火墙上通向相邻分区的甲级防火门作为第二安全出口，但每个防火分区必须有一个直通室外的安全出口。

9.4.2　安全疏散距离

厂房疏散以安全到达安全出口，即认为到达安全地带为前提。安全出口包括直接通向室外的出口和安全疏散楼梯间。厂房内最远工作地点到外部出口或楼梯的距离，不应超过表 9-5 的规定。

表 9-5　厂房安全疏散距离　　　　　　　　　　　　　　　　　　　　　　m

生产类别	耐火等级	单层厂房	多层厂房	高层厂房	地下、半地下室厂房（包括厂房的地下室、半地下室）
甲	一、二级	30	25	—	—
乙	一、二级	75	50	30	—
丙	一、二级	80	60	40	30
	三级	60	40	—	
丁	一、二级	不限	不限	50	45
	三级	60	50	—	
	四级	50	—	—	
戊	一、二级	不限	不限	75	60
	三级	100	75	—	
	四级	60	—	—	

考虑单层、多层、高层厂房设计中实际情况，对甲、乙、丙、丁、戊类厂房分别做了不同的规定。将甲类厂房定为 30m、25m 是以人流米/秒的疏散速度也即疏散时间需 30s、25s。从火灾实例中看，当发生事故时以极快速度跑出，上述值尚能满足要求。而乙、丙类厂房较甲类厂房危险性少，蔓延速度慢些，同时甲、乙类厂房一般人员不多，疏散较快，故乙类厂房参照国外规范定为 75m。考虑纺织厂房一般占地面积大的特点，丙类厂房中人较多，则 80m 的距离疏散时间也只要 2min 就行了。丁、戊类厂房一般面积大、空间大，火灾危险性小，人的安全疏散可以得到较多的时间。丁、戊类厂房如是一、二级建筑，在人员不是太集中的情况下行动速度按 60m/min 在 5min 内可走 300m。一般厂房布置出入口时，疏散距离不可能超过 300m。因此，对一、二级耐火等级的丁、戊类厂房的安全疏散距离未作规定，三级耐火等级的丁、戊类厂房，因建筑耐火等级低，安全疏散距离限在 100m。四级耐火等级的丁、戊类厂房，由于火灾危险性大，和丙、丁类的三级耐火等级厂房相同，将安全疏散距离定在 60m。

9.4.3　疏散楼梯、走道、门

厂房每层的疏散楼梯、走道、门的各自总宽度，应按表 9-6 的规定计算确定。当各层人数不相等时，其楼梯总宽度应分层计算，下层楼梯总宽度按其上层人数最多的一层人数计算，但楼梯最小宽度不宜小于 1.10m。门的最小净宽度不宜小于 0.90m。

表 9-6　厂房内疏散楼梯、走道和门的最小疏散净宽度　　　　　　　　米/百人

厂房层数	一、二层	三层	≥四层
最小疏散净宽度/（米/百人）	0.60	0.80	1.00

底层外门的总宽度，应按该层或该层以上人数最多的一层人数计算，且该门的最小净宽度不应小于 1.20m；疏散走道的净宽度不宜小于 1.40m。如图 9-6 所示。

甲、乙、丙类多层厂房和高层厂房的疏散楼梯应采用封闭楼梯间或室外楼梯，高度超过

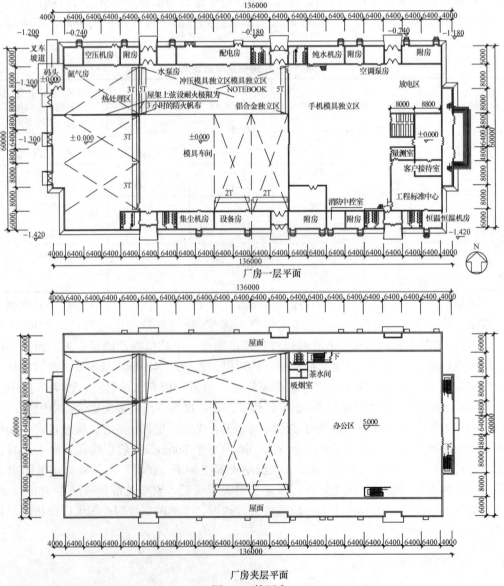

厂房一层平面

厂房夹层平面

图 9-6　某厂房

32m 的且每层人数超过 10 人的高层厂房，应采用防烟楼梯间或室外楼梯，如图 9-7 所示。

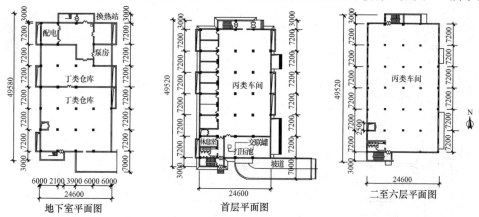

图 9-7 某厂房

防烟楼梯间及前室的要求应按《建筑设计防火规范》（GB 50016—2014）的有关规定执行。

高度超过 32m 的设有电梯的高层厂房、仓库，每个防火分区内宜设一台消防电梯，并符合下列条件：

（1）消防电梯间应设前室，其面积不应小于 6.00m²，与防烟楼梯间合用的前室，其面积不应小于 10.00m²；

（2）消防电梯前室宜靠外墙，在底层应设直通室外的出口，或经过长度不超过 30m 的通道通向室外；

（3）消防电梯井、机房与相邻电梯井、机房之间，应采用耐火极限不低于 2.00h 的防火隔墙隔开；在隔墙上开门时，应设甲级防火门；

（4）消防电梯间前室或合用前室的门，应采用乙级防火门，不应设置防火卷帘；

（5）消防电梯的首层入口处，应设置供消防队员用的操纵按钮；

（6）消防电梯的井底，应设置排水设施；消防电梯间前室的门口宜设置挡水设施。

对于高度超过 32m 的设有电梯的高层塔架，当任一层工作平台人数不超过 2 人时，可不设消防电梯；对于丁、戊类厂房，当局部建筑高度超过 32m 且局部升起部分的每层建筑面积不超过 50m² 时，可不设消防电梯。

对于独立设置在建（构）筑物旁的消防楼（或电）梯，因为它直通室外有良好的通风排烟条件，可不设置楼（或电）梯前室。

9.5 厂房的防火间距

9.5.1 厂房的防火间距

厂房的防火间距主要是考虑满足火灾时消防扑救需要，防止火势向邻近建筑蔓延扩大以及节约用地等因素确定的。厂房之间的防火间距不应小于表 9-7 的规定，如图 9-8 所示。

图 9-8 某厂房总平面布置图

表 9-7 厂房之间及与乙、丙、丁、戊类仓库、民用建筑等的防火间距 m

名 称			甲类厂房	乙类厂房（仓库）			丙、丁、戊类厂房（仓库）					民用建筑				
			单、多层	单、多层		高层	单、多层			高层		裙房，单、多层			高层	
			一、二级	一、二级	三级	一、二级	一、二级	三级	四级	一、二级		一、二级	三级	四级	一类	二类
甲类厂房	单、多层	一、二级	12	12	14	13	12	14	16	13		25			50	
乙类厂房	单、多层	一、二级	12	10	12	13	10	12	14	13						
		三级	14	12	14	15	12	14	16	15						
	高层	一、二级	13	13	15	13	13	15	17	13						

续表

名称			甲类厂房	乙类厂房（仓库）			丙、丁、戊类厂房（仓库）				民用建筑				
			单、多层	单、多层		高层	单、多层			高层	裙房，单、多层			高层	
			一、二级	一、二级	三级	一、二级	一、二级	三级	四级	一、二级	一、二级	三级	四级	一类	二类
丙类厂房	单、多层	一、二级	12	10	12	13	10	12	14	13	10	12	14	20	15
		三级	14	12	14	15	12	14	16	15	12	14	16	25	20
		四级	16	14	16	17	14	16	18	17	14	16	18	25	20
	高层	一、二级	13	13	15	13	13	15	17	13	13	15	17	20	15
丁、戊类厂房	单、多层	一、二级	12	10	12	13	10	12	14	13	10	12	14	15	13
		三级	14	12	14	15	12	14	16	15	12	14	16	18	15
		四级	16	14	16	17	14	16	18	17	14	16	18	18	15
	高层	一、二级	13	13	15	13	13	15	17	13	13	15	17	15	13
室外变、配电站	变压器总油量（t）	≥5, ≤10	25	25	25	25	12	15	20	12	15	20	25	20	
		>10, ≤50	25	25	25	25	15	20	25	15	20	25	30	25	
		>50	25	25	25	25	20	25	30	20	25	30	35	30	

厂房的防火间距是按照厂房的耐火等级确定的基本数据，一般均为低限值。

设计中还应按厂房的类别，相邻外墙的高低、材料及开洞率等因素，进行调整，为此，防火规范又做了细化解释，具体内容如下：

（1）建筑之间的防火间距应按相邻建筑外墙的最近距离计算，如外墙有凸出的燃烧构件，应从其凸出部分外缘算起。

（2）乙类厂房与重要公共建筑之间的防火间距不宜小于 50.0m，与明火或散发火花的地点不宜小于 30m。单层、多层戊类厂房之间及其与戊类仓库之间的防火间距，可按表 9-7 的规定减少 2.0m，与民用建筑的防火间距可将戊类厂房等同民用建筑按民用建筑的防火间距确定。为丙、丁、戊类厂房服务而单独设立的生活用房应按民用建筑确定，与所属厂房之间的防火间距不应小于 6.0m。必须相邻建造时，应符合下述（3）、（4）的规定。

（3）两座厂房相邻较高一面的外墙为防火墙时，其防火间距不限，但甲类厂房之间不应小于 4.0m。两座丙、丁、戊类厂房相邻两面的外墙均为不燃烧体，当无外露的燃烧体屋檐，每面外墙上的门窗洞口面积之和各小于等于该外墙面积的 5%，且门窗洞口不正对开设时，其防火间距可按表 9-7 的规定减少 25%。

（4）两座一、二级耐火等级的厂房，甲、乙类厂房（仓库）不应与规定的办公室、休息室外的其他建筑贴邻。当相邻较低一面外墙为防火墙且较低一座厂房的屋顶耐火极限不低于 1.00h，或相邻较高一面外墙的门窗等开口部位设置甲级防火门窗或防火分隔水幕或设置防火卷帘时，甲、乙类厂房之间的防火间距不应小于6.0m；丙、丁、戊类厂房之间的防火间距不应小于4.0m。

（5）变压器与建筑之间的防火间距应从距建筑最近的变压器外壁算起。发电厂内的主变压器，其油量可按单台确定。

（6）耐火等级低于四级的既有厂房，其耐火等级应按四级确定。

（7）当丙、丁、戊类厂房与丙、丁、戊类仓库相邻时，应符合上述（3）、（4）条的规定。

9.5.2 确定厂房的防火间距需注意的问题

（1）甲类厂房与重要公共建筑之间的防火间距不应小于50.0m，与明火或散发火花地点之间的防火间距不应小于30.0m。

（2）当丙、丁、戊类厂房与公共建筑的耐火等级均为一、二级时，其防火间距可按下列规定执行：

1）当较高一面外墙为不开设门窗洞口的防火墙，或比相邻较低一座建筑屋面高15.0m及以下范围内的外墙为不开设门窗洞口的防火墙时，其防火间距可不限；

2）相邻较低一面外墙为防火墙，且屋顶不设天窗、屋顶耐火极限不低于1.00h，或相邻较高一面外墙为防火墙，且墙上开口部位采取了防火保护措施，其防火间距可适当减小，但不应小于4.0m。

（3）厂房外附设有化学易燃物品的设备，其外壁与相邻厂房室外附设设备的外壁或与相邻厂房外墙之间的防火间距，不应小于表9-7的规定，如图9-9所示。用不燃烧材料制作的室外设备，可按一、二级耐火等级建筑确定。

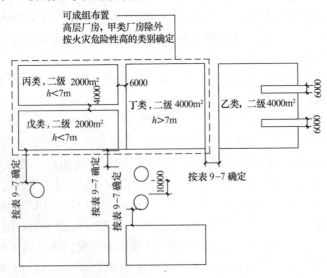

图9-9 成组厂房、山形厂房、室外设备的防火间距示意图

总储量小于等于15m³的丙类液体储罐，当直埋于厂房外墙外，且面向储罐一面4.0m范围内的外墙为防火墙时，其防火间距可不限。

（4）同一座 U 形或山形厂房中，相邻两翼之间的防火间距不宜超过表 9-7 的规定。但当该厂房的占地面积小于表 9-10 规定的防火分区最大允许占地面积，防火间距可为 6m。

（5）数座厂房（高层厂房和甲类厂房除外）的占地面积总和不超过规范规定的防火分区最大允许占地面积时，可成组布置，但允许占地面积应综合考虑组内各个厂房的耐火等级、层数和生产类别，按其中允许占地面积较小的一座确定，但防火分区的最大允许建筑面积不限者，不应大于 $10000m^2$。组内厂房之间的间距：当厂房高度不超过 7m 时，不应小于 4m；超过 7m 时，不应小于 6m。

组与组或组与相邻建筑之间的防火间距应符合表 9-7 的规定，高层厂房扑救困难，甲类厂房危险性大，是不允许搞成组布置的；组内厂房之间最小间距 4m 是一个消防车道的要求，也是考虑消防扑救的需要，见图 9-9。

（6）对于散发可燃气体、可燃蒸气的甲类厂房与铁路、道路等的防火间距不应小于表 9-8 的规定，但甲类厂房所属厂内铁路装卸线，当有安全措施时，防火间距不受表 9-8 规定的限制。

表 9-8　散发可燃气体、可燃蒸气的甲类厂房与铁路、道路等的防火间距　　　　　　m

名称	厂外铁路线中心线	厂内铁路线中心线	厂外道路路边	厂内道路路边	
				主要	次要
甲类厂房	30	20	15	10	5

（7）一级汽车加油站、一级汽车加气站和一级汽车加油加气合建站不应布置在城市建成区内。

（8）城市汽车加油站的加油机、地下油罐与建筑物、铁路、道路之间的防火间距应符合现行国家标准《汽车加油加气站设计与施工规范》（GB 50156）的规定，见表 9-9，如图 9-10所示。

表 9-9　汽车加油站的加油机、地下油罐与建筑物、铁路、道路之间的防火间距

名　　称			防火间距/m
民用建筑、明火或散发火花的地点			25
独立的加油机管理室距地下油罐			5
靠地下油罐一面墙上无门窗的独立加油机管理室距地下油罐			不限
独立的加油机管理室距加油机			不限
其他建筑（本规范另规定较大间距者除外）	耐火等级	一、二级	10
		三级	12
		四级	14
厂外铁路线（中心线）			30
厂内铁路线（中心线）			20
道　路（路边）			5

汽车加油站的油罐应采用地下卧式油罐，并宜直接埋设。甲类液体总储量不应超过 $60m^3$，单罐容量不应超过 $20m^3$，当总储量超过时，其与建筑物的防火间距应按储罐、堆场

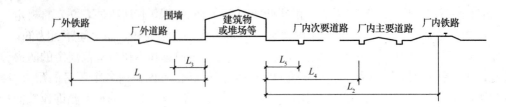

图 9-10　汽车加油站的加油机、地下油罐与建筑物、铁路、道路之间的防火间距示意

与建筑物的防火距离的规定执行；储罐上应设有直径不小于 38mm 并带有阻火器的放散管，其高度距地面不应小于 4m，且高出管理室屋面应不小于 50cm；汽车加油机、地下油罐与民用建筑之间如设有高度不低于 2.2m 的非燃烧体实体围墙隔开，其防火间距可适当减少，如图 9-11 所示。

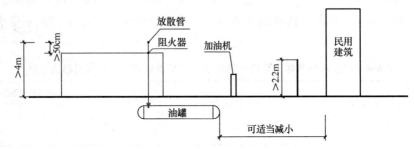

图 9-11　汽车加油机、地下油罐与民用建筑之间的关系

汽车加油站的防火间距是以加油机、油罐的外壁起算。

表 9-9 中其他建筑一栏的防火间距，当为高层工业建筑、甲类厂房时，应分别按表列数据各增加 3m、2m。

厂外铁路线当行驶电力机车时，与加油机、地下油罐的防火间距可减为 20m。

（9）电力系统电压为 35～500kV 且每台变压器容量不小于 10MV·A 的室外变、配电站以及工业企业的变压器总油量大于 5t 的室外降压变电站，与其他建筑的防火间距不应小于表 9-7、表 9-15 的规定。

（10）厂区围墙与厂内建筑的间距不宜小于 5m，围墙两侧建筑物之间应满足防火间距要

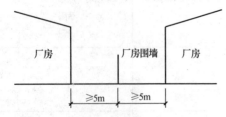

图 9-12　围墙与两侧厂房的间距

求。厂房与本厂区围墙的间距不宜小于 5m，是考虑本厂区与相邻单位的建筑物之间基本防火间距的要求，厂房之间最小防火间距是 10m，每方各留出一半即为 5m，同时也符合一个消防车道的要求，如图 9-12 所示。

当围墙外是空地，相邻单位拟建何类建（构）筑物尚不明了时，则可按上述建（构）筑物与一、二级厂房应有防火间距的一半确定其与本厂区围墙的距离，其余部分由相邻单位在以后兴建工程时考虑。例如甲类厂房与一、二级厂房的防火间距为 12m，则其与本厂区围墙的间距应定为 6m。

工厂建设如因用地紧张，在满足与相邻单位建筑物之间防火间距的前提下，丙、丁、戊类厂房可不受距围墙 5m 间距的限制。例如厂区围墙外隔有城市道路，街区的建筑红线宽度已能满足防火间距的需要，则厂房与本厂区围墙的间距可以不限。但甲、乙类厂（库）房及火灾危险性较大的储罐、堆场不得沿围墙建筑，仍应执行 5m 间距的规定。

9.5.3 厂房的耐火等级、层数与占地面积

厂房和仓库的耐火等级可分为一、二、三、四级。对工业建筑而言，根据不同的生产火灾危险性类别，正确选择厂房的耐火等级，并分别对厂房的层数和占地面积作出规定，是防止火灾发生和蔓延扩大的有效措施之一。

各类厂房的耐火等级、层数和每个防火分区最大允许建筑面积应符合表 9-10 的要求（另有规定者除外）。高层工业建筑的预制钢筋混凝土装配式结构，其节点缝隙或金属承重构件节点的外露部位，应做防火保护层，其耐火极限不应低于建筑物燃烧性能和耐火极限相应构件的规定。

表 9-10　厂房的耐火等级、层数和防火分区的最大允许建筑面积

生产类别	耐火等级	最多允许层数	每个防火分区的最大允许建筑面积/m²			
			单层厂房	多层厂房	高层厂房	厂房的地下室和半地下室，地下、半地下厂房
甲	一级 二级	除生产必须采用多层者外，宜采用单层	4000 3000	3000 2000	— —	— —
乙	一级 二级	不限 6	5000 4000	4000 3000	2000 1500	— —
丙	一级 二级 三级	不限 不限 2	不限 8000 3000	6000 4000 2000	3000 2000 —	500 500 —
丁	一、二级 三级 四级	不限 3 1	不限 4000 1000	不限 2000 —	4000 — —	1000 — —
戊	一、二级 三级 四级	不限 3 1	不限 5000 1500	不限 3000 —	6000 — —	1000 — —

注：1. 防火分区之间应采用防火墙分隔。除甲类厂房外的一、二级耐火等级厂房，当其防火分区的建筑面积大于本表规定，且设置防火墙确有困难时，可采用防火卷帘或防火分隔水幕分隔。
　　2. 除麻纺厂房外，一级耐火等级的多层纺织厂房和二级耐火等级的单层、多层纺织厂房，其每个防火分区的最大允许建筑面积可按本表的规定增加 0.5 倍，但厂房内的原棉开包、清花车间与厂房内其他部位之间均应采用不低于 2.50h 的防火墙分隔；需要开设窗洞口时应设置甲级防火门窗。
　　3. 一、二级耐火等级的单层、多层造纸生产联合厂房，其每个防火分区的最大允许建筑面积可按本表的规定增加 1.5 倍。一、二级耐火等级的湿式造纸联合厂房，当纸机烘缸罩内设置自动灭火系统，完成工段设置有效灭火设施保护时，其每个防火分区的最大允许建筑面积可按工艺要求确定。
　　4. 一、二级耐火等级的谷物筒仓工作塔，当每层工作人数不超过 2 人时，其层数不限。
　　5. 一、二级耐火等级卷烟生产联合厂房内的原料、备料及成组配方、制丝、储丝和卷接包、辅料周转、成品暂存、二氧化碳膨胀烟丝等生产用房划为独立的防火分区单元，当工艺条件许可时，应采用防火墙进行分隔。其中制丝、储丝和卷接包车间可划分为一个防火分区，且每个防火分区的最大允许建筑面积可按工艺要求确定。但制丝、储丝及卷接包车间之间应采用耐火极限不低于 2.00h 的墙体和 1.00h 的楼板进行分隔。厂房内各水平和竖向分隔间的开口应采取防止火灾蔓延的措施。
　　6. 厂房内的操作平台、检修平台，当使用人数少于 10 人时，平台的面积可不计入所在防火分区的建筑面积内。
　　7. 本表中"—"表示不允许。

二级耐火等级的多层和高层工业建筑内存放可燃物的平均重量超过 $200kg/m^2$ 的房间，其梁、楼板的耐火极限应符合一级耐火等级的要求，但设有自动灭火设备时，其梁、楼板的耐火极限仍可按二级耐火等级的要求。

承重构件为非燃烧体的工业建筑（甲、乙类库房和高层库房除外），其非承重外墙为非燃烧体时，其耐火极限可降低到 0.25h，为难燃烧体时，可降低到 0.5h。

二级耐火等级建筑的楼板（高层工业建筑的楼板除外），如耐火极限达到 1.00h 有困难时，可降低到 0.5h。

厂房内设置自动灭火系统时，每个防火分区的最大允许建筑面积可按表 9-10 的规定增加 1.0 倍。当丁、戊类的地上厂房内设置自动灭火系统时，每个防火分区的最大允许建筑面积不限。

厂房内局部设置自动灭火系统时，其防火分区增加面积可按该局部面积的 1.0 倍计算。

特殊贵重的机器、仪表、仪器等应设在一、二级耐火等级的建筑内。

在小型企业中，面积不超过 $300m^2$ 独立的甲、乙类厂房，可采用三级耐火等级的单层建筑。

使用或产生丙类液体的厂房和有火花、赤热表面、明火的丁类厂房均应采用一、二级耐火等级的建筑，但上述丙类厂房面积不超过 $500m^2$，丁类厂房面积不超过 $1000m^2$，也可采用三级耐火等级的单层建筑。

厂房内严禁设置员工宿舍。

办公室、休息室等不应设置在甲、乙类厂房内，当必须与本厂房贴邻建造时，其耐火等级不应低于二级，并应采用耐火极限不低于 3.00h 的不燃烧体防爆墙隔开和设置独立的安全出口。

在丙类厂房内设置的办公室、休息室，应采用耐火极限不低于 2.50h 的不燃烧体隔墙和 1.00h 的楼板与厂房隔开，并应至少设置一个独立的安全出口。如隔墙上需开设相互连通的门时，应采用乙级防火门。

厂房内设置甲、乙类中间仓库时，其储量不宜超过一昼夜的需要量。

中间仓库应靠外墙布置，并应采用防火墙和耐火极限不低于 1.50h 的不燃烧体楼板与其他部分隔开。

厂房内设置丙类仓库时，必须采用防火墙和耐火极限不低于 1.50h 的楼板与厂房隔开，设置丁、戊类仓库时，必须采用耐火极限不低于 2.50h 的不燃烧体隔墙和 1.00h 的楼板与厂房隔开。

厂房中的丙类液体中间储罐应设置在单独房间内，其容积不应大于 $5m^3$。设置该中间储罐的房间，其围护构件的耐火极限不应小于 3.00h 的防火隔墙、1.50h 的楼板的相应要求，房间的门应采用甲级防火门。

锅炉房应为一、二级耐火等级的建筑，但每小时锅炉的总蒸发量不超过 4t 的燃煤锅炉房可采用三级耐火等级的建筑。

可燃油油浸电力变压器室、高压配电装置室的耐火等级不应低于二级。

变、配电所不应设置在甲、乙类厂房内或贴邻建造，且不应设置在爆炸性气体、粉尘环境的危险区域内。供甲、乙类厂房专用的 10kV 及以下的变、配电所，当采用无门窗洞口的防火墙隔开时，可一面贴邻建造。

乙类厂房的配电所必须在防火墙上开窗时，应设置密封固定的甲级防火窗。

耐火等级和面积应符合表 9-10 的规定，其库房和厂房的占地面积总和不应超过一座厂房的允许占地面积，例如丙类二级多层厂房内附设丙类 2 项物品库房，厂房允许占地面积为 $6000m^2$，每座库房允许占地面积为 $3000m^2$，防火墙间允许占地面积为 $1000m^2$，则该厂房和库房允许占地面积总和仍为 $6000m^2$。假定在一层布置库房，只能在 $6000m^2$ 面积中划出 $3000m^2$ 作为库房，库房内还要设三个防火隔间才能符合要求。

9.5.4 厂房的防爆

厂房的防爆设计是根据有爆炸危险性的生产类别，主要考虑厂房的平面形状、结构类型、泄压面积及其构造措施，达到防爆的要求。

防爆厂房的平面形状宜矩形，多层厂房宽度不宜大于 18m。建筑物的长轴应与主导风向垂直，或大于 45°交角以利通风。建筑物耐火等级不低于二级。常用的通风形式有敞开式、天窗通风、机械排风、排风帽。加强隔热降温，防止日光暴晒。双层轻质屋面隔热、架空板隔热、吊顶隔热。采用不发火花的地面及可靠的防雷设施。

有爆炸危险的甲、乙类厂房宜独立设置，并宜采用敞开或半敞开式。

厂房柱宜采用钢筋混凝土柱或钢柱，若为钢柱承重的框架或排架结构，钢柱宜采用防火保护层。

有爆炸危险的厂房，应设有足够的泄压面积，一旦发生爆炸时，就可大大减轻爆炸时的破坏强度，不致因主体结构遭受破坏而造成人员重大伤亡。因此防爆厂房要求有较大的泄压面积和较好的抗爆性能。

框架或排架结构形式便于墙面开大面积的门窗洞口作为泄压面积，为厂房作成敞开式，半敞开式的建筑形式提供了有利条件，同时框架或排架的结构整体性强，较之砖墙承重结构的抗爆性能好，如图 9-13 所示。

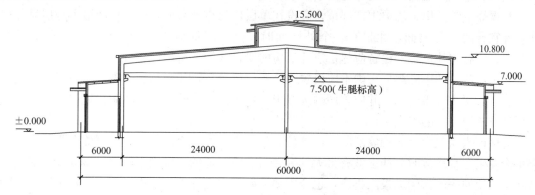

图 9-13 某厂房剖面图

有爆炸危险的厂房或厂房内有爆炸危险的部位，应设置泄压设施，泄压设施宜采用轻质屋盖作为泄压面积，易于泄压的门、窗、轻质墙体也可作为泄压面积。作为泄压面积的轻质屋盖和轻质墙体的每平方米重量不宜超过 60kg。屋顶上的泄压设施应采用防冰雪积聚措施。

易于泄压的门窗、轻质墙体、轻质屋盖是指门窗重量轻、玻璃较薄、墙体屋盖材料比重较小、门窗选用的小五金断面较小，构造节点的处理上要求易摧毁、脱落，门窗玻璃采用安全玻璃等在爆炸时不产生尖锐碎片的材料。如：用于泄压的门窗可采用楔形木块固定，门窗上用的金属百页、插销等可选用断面小一些的，门窗的开启方向选择向外开。这样一旦发生爆炸时，因室内压力大，原关着的门窗上的小五金可能遭冲击波破坏，门窗则自动打开或自行掉落以达到泄压的目的。

泄压面积与厂房体积的比值（m^2/m^3）宜采用 0.05～0.22。爆炸介质威力较强或爆炸压力上升速度较快的厂房，应尽量加大比值。

泄压面积的设置应避开人员集中的场所和主要交通道路，并宜靠近容易发生爆炸的部位。泄压面积的计算应按规范规定的要求执行。

散发较空气轻的可燃气体、可燃蒸气的甲类厂房，宜采用全部或局部轻质屋盖作为泄压设施。顶棚应尽量平整避免死角，厂房上部空间要通风良好。

因可燃气体容易积聚在厂房上部，爆炸部位易发生在厂房上部，故厂房上部采取泄压措施较合适。并以采用轻质屋盖效果为好。采用轻质屋盖泄压有如下的优点：（1）爆炸时屋盖掀掉可不影响房屋的梁柱承重构件；（2）泄压面积较大。

当爆炸介质比空气轻时，为防止气流向上在死角处积聚，排不出去，导致气体达到爆炸浓度，故规定顶棚应尽量平整，避免死角，厂房上部空间要求通风良好。

散发较空气重的可燃气体，可燃蒸气的甲类厂房以及有粉尘、纤维爆炸危险的乙类厂房，应采用不发生火花的地面。如采用绝缘材料作整体面层时，应采取限防静电措施。地面下不宜设地沟，如必须设置时，其盖板应严密，地沟应采用防止可燃气体、可燃蒸气和粉尘纤维在地沟积聚的有效措施，且应与相邻厂房连通处采取非燃烧材料紧密填实；与相邻厂房连通处，应采用非燃烧材料密封。散发可燃粉尘、纤维的厂房内表面应平整、光滑，并易于清扫。为防止地坪因摩擦打出火花和避免车间地面、墙面因为凹凸不平积聚粉尘，故对地面、墙面、地沟、盖板的敷设等提出了要求。

有爆炸危险的甲、乙类生产部位，宜设在单层厂房靠外墙或多层厂房的最上一层靠外墙处。并宜有两个外墙面，如只有一个外墙面时。则外墙面应占甲、乙类生产区段周长的 25% 以上。有爆炸危险的设备应尽量避开厂房的梁、柱等承重构件布置。

有爆炸危险的甲乙类厂房内不应设置办公室、休息室，如必须贴邻本厂房设置时，应采用一、二级耐火等级建筑，并应采用耐火极限不低于 3.00h 的非燃烧体防护墙隔开和设置直通室外或疏散楼梯的安全出口。

为保证人身安全用防护墙隔断生产部位和休息室、办公室，是因为有爆炸危险的甲、乙类生产发生爆炸事故时，冲击波有很大的摧毁力。用普通的砖墙因不能抗御爆炸强度而遭受破坏，即使原来墙体耐火极限再高，也会因墙体破坏失去性能，故提出用有一定抗爆强度的防护墙隔断。防护墙的做法有几种：钢筋混凝土墙；砖墙配筋；夹砂钢木板。防爆厂房如若发生爆炸，在泄压墙面或其他泄压设施还未来得及泄压以前，而在千分之几秒内，其他各墙已承受了内部压力。

有爆炸危险的甲、乙类厂房总控制室应独立设置，其分控制室可毗邻外墙设置，并应用耐火极限不低于 3.00h 的非燃烧体墙与其他部分隔开。

使用和生产甲、乙、丙类液体的厂房管、沟不应和相邻厂房的管、沟相通，该厂房的下水道应设有隔油设施。

因为发生生产事故时易造成液体在地面流淌或滴漏至地下管沟里，万一遇火源即会引起燃烧爆炸事故，为避免殃及相邻厂房，故规定地面管沟不应与相邻厂房相通。并考虑到甲、乙、丙类液体通过下水道流失也易造成事故，因此下水道需设水封设施。

有爆炸危险区域内的楼梯间、室外楼梯或防爆区与非防爆区之间应该尽量采用外廊和阳台联系，必须在室内联系时应设置安全门斗。门斗的隔板应为耐火极限不低于2.00h的防火隔板，门应采用甲级防火门并应与楼梯间的门错位设置。防爆隔墙不可用作承重结构。门窗过梁宜采用钢筋混凝土过梁，不可采用钢筋砖过梁，如图9-14所示，应优先采用（a）、（b）、（c），有困难时可选用（d）。

高低跨比邻的防爆厂房，当低跨厂房的屋盖为钢筋混凝土屋盖时，高跨厂房侧窗窗台距低跨屋面应≥2m，当低跨厂房的屋盖为轻质泄压屋盖时，高跨厂房侧窗窗台距低跨屋面应≥6m，且应考虑低跨屋盖上的安全措施，如图9-13所示。

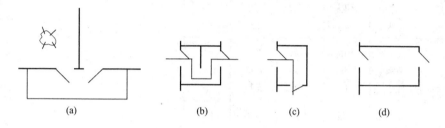

优先选用（a）、（b）、（c），有困难时可采用（d）

图9-14　安全门斗示意图

（a）平行分隔；（b）凵形分隔；（c）L形分隔；（d）一字形直通

9.6　库房

9.6.1　库房的耐火等级、层数、占地面积和安全疏散

建筑防火规范对库房的耐火等级、层数和防火分区的最大允许建筑面积的规定见表9-11的要求。

表9-11　库房的耐火等级、层数和防火分区的最大允许建筑面积

储存物品类别		耐火等级	最多允许层数	每个防火分区最大允许建筑面积/m²						库房的地下室、半地下室或地下、半地下库房
				单层库房		多层库房		高层库房		
				每座库房	防火墙间	每座库房	防火墙间	每座库房	防火墙间	防火墙间
甲	3、4项	一级	1	180	60	—	—	—	—	—
	1、2、5、6项	一、二级	1	750	250	—	—	—	—	—

续表

储存物品类别		耐火等级	最多允许层数	每个防火分区最大允许建筑面积/m²						库房的地下室、半地下室或地下、半地下库房
				单层库房		多层库房		高层库房		
				每座库房	防火墙间	每座库房	防火墙间	每座库房	防火墙间	防火墙间
乙	1、3、4项	一、二级	3	2000	500	900	300	—	—	—
		三级	1	500	250	—	—	—	—	—
	2、5、6项	一、二级	5	2800	700	1500	500	—	—	—
		三级	1	900	300	—	—	—	—	—
丙	1项	一、二级	5	4000	1000	2800	700	—	—	150
		三级	1	1200	400	—	—	—	—	—
	2项	一、二级	不限	6000	1500	4800	1200	4000	1000	300
		三级	3	2100	700	1200	400	—	—	—
丁		一、二级	不限	不限	3000	不限	1500	4800	1200	500
		三级	3	3000	1000	1500	500	—	—	—
		四级	2	2100	700	—	—	—	—	—
戊		一、二级	不限	不限	不限	不限	2000	6000	1500	1000
		三级	3	3000	1000	2100	700	—	—	—
		四级	1	2100	700	—	—	—	—	—

注：1. 仓库中的防火分区之间必须采用防火墙分隔。甲、乙类仓库内防火分区之间的防火墙不应开设门、窗、洞口；地下或半地下仓库（包括地下或半地下室）的最大允许占地面积，不应大于相应类别地上仓库的最大允许占地面积。

2. 石油库内桶装油品仓库应按现行国家标准《石油库设计规范》（GB 50074）的有关规定执行。

3. 一、二级耐火等级的煤均化库，每个防火分区的最大允许建筑面积不应大于12000m²。

4. 独立建造的硝酸铵仓库、电石仓库、聚乙烯等高分子制品仓库、尿素仓库、配煤仓库、造纸厂的独立成品仓库以及车站、码头、机场内的中转仓库，当建筑的耐火等级不低于二级时，每座仓库的最大允许占地面积和每个防火分区的最大允许建筑面积可按本表的规定增加1.0倍。

5. 一、二级耐火等级粮食平房仓的最大允许占地面积不应大于12000m²，每个防火分区的最大允许建筑面积不应大于3000m²；三级耐火等级粮食平房仓的最大允许占地面积不应大于3000m²，每个防火分区的最大允许建筑面积不应大于1000m²。

6. 一、二级耐火等级且占地面积不大于2000m²的单层棉花库房，其防火分区的最大允许建筑面积不应大于2000m²。

7. 一、二级耐火等级冷库的最大允许占地面积和防火分区的最大允许建筑面积，应按现行国家标准《冷库设计规范》（GB 50072）的有关规定执行。

8. 本表中"—"表示不允许。

　　仓库内设置自动灭火系统时，每座仓库最大允许占地面积和每个防火分区最大允许建筑面积可按本表的规定增加1.0倍。

　　库房的耐火等级、层数和面积均严于厂房和民用建筑。主要是库房储存物资集中，价值高，危险性大，疏散扑救困难等。

库房火灾的实例教训很多，设计时分清储存物品的火灾危险性类别至关重要。储存甲、乙类物品库房的火灾，爆炸危险大。因为这类物品起火后，燃速快，火势猛烈，其中有不少物品还会发生爆炸。甲类物品库房，其耐火等级，一般不应低于二级，宜为单层，这样做有利于控制火势蔓延，便于扑救，以达到减少损失的目的。

根据各地各类库房采用的耐火等级、层数、面积，现分别举例如下：

（1）甲、乙类物品库房见表9-12。

表9-12 甲、乙类物品库房

储藏物品名称	每栋库房总面积/m²	防火分区面积/m²
甲醇、乙醚等物体	120	120
甲苯、丙酮等液体	240	120
亚硫酸铁等	16	16
乙醚等醚类	44	44
金属钾、钠等	50	50
火柴等	820	410

（2）丙类物品库房见表9-13。

表9-13 丙类物品库房

储藏物品名称	耐火等级	层数	每座库房总面积/m²	每个防火分区面积/m²	备 注
纺织品、针织品	一、二级	4	19810	890	
纺织品、针织品	一、二级	3	3370	756～1260	用防火墙分隔
日用百货	一、二级	2	1440	720	
植物油	一、二级	2	1240	620	桶装植物油
化纤、棉布等	一、二级	5	1020	1020	
糖、色酒	一、二级	1	980	980	低浓度色酒
棉花	三级	1	750	750	
香烟	三级	1	780	780	
棉花	三级	1	1200	600	中转仓库
棉花	三级	1	1000	500	
棉花	三级	1	1000	1000	
纸张	三级	1	1000	500	
毛织品	三级	2	1000	500	

高层库房储存物品量大、集中、价值高，且疏散扑救困难，故分隔要求比多层严。

地下室、半地下室的出口，发生火灾时，是疏散出口，又是扑救的进入口，也是排烟排热口。由于火灾时温度高，浓度大，烟气毒性大，而且威胁上部库房的安全。因此要求严些。

特殊贵重物品（如货币、金银、邮票、重要文物、资料、档案库以及价值特高的其他物品库等）是消防保卫的重点部位，一旦起火，容易造成巨大损失，因此，要求这类库房必须是一级耐火等级建筑。

一、二级耐火等级的冷库，每座库房的最大允许占地面积和防火分区面积，可按《冷库设计规范》（GB 50072）有关规定执行。《冷库设计规范》（GB 50072）规定的每座冷库最大允许占地面积见表9-14。

表 9-14　冷库最大允许占地面积　　　　　　　　　　　　m²

冷库的耐火等级	最多允许层数	单层		多层	
		每座库房面积	防火分区面积	每座库房面积	防火分区面积
一、二级	不限	7000	3500	4000	2000
三级	3	2100	700	1200	400

在国内外，冷库发生火灾，从失火原因来看，主要是采用聚苯乙烯硬泡沫作隔热材料，其中又有软木易燃物质所引起的。因此，有些国家对冷库采用可燃塑料作隔热材料有较严格的限制，在规范中确定小于150m²的冷库才允许用可燃材料隔热层，故为了防止隔热层造成火势蔓延扩大，规定应作防火带。

在同一座库房或同一个防火隔间内，如储存数种火灾危险性不同的物品时，其库房或隔间的最低耐火等级、最多允许层数和最大允许占地面积，应按其中火灾危险性最大的物品确定。

甲、乙类物品库房、厂房不应设在建筑物的地下室、半地下室。50°以上的白酒库房不宜超过三层。

库房设计除耐火等级、层数占地面积外，对安全疏散及构造防护措施规范都有严格的要求。安全出口疏散楼梯都有详细规定。

库房或每个防火隔间（冷库除外）的安全出口数目不宜少于两个。但一座多层库房的占地面积不超过300m²时，可设一个疏散楼梯，面积不超过100m²的防火隔间，可设置一个门。

高层库房应采用封闭楼梯间。

库房（冷库除外）的地下室、半地下室的安全出口数目不应少于两个，但面积不超过100m²时可设一个。

除一、二级耐火等级的戊类多层库房外，供垂直运输物品的升降机，宜设在库房外。当必须设在库房内时，应设在耐火极限不低于2.00h的井筒内，井筒壁上的门，应采用乙级防火门。

库房、筒仓的室外金属梯可作为疏散楼梯，但其净宽度不应小于60cm，倾斜度不应大于60°。栏杆扶手的高度不应小于0.8m。

高度超过32m的高层库房应参照9.4.3节设置消防电梯。

仓库内严禁设置员工宿舍。

甲、乙类仓库内严禁设置办公室、休息室等，并不应贴邻建造。

在丙、丁类仓库内设置的办公室、休息室，应采用耐火极限不低于2.50h的不燃烧体隔墙和1.00h的楼板与库房隔开，并应设置独立的安全出口。如隔墙上需开设相互连通的门时，应采用乙级防火门。

高架仓库的耐火等级不应低于二级。

粮食筒仓的耐火等级不应低于二级；二级耐火等级的粮食筒仓可采用钢板仓。

粮食平房仓的耐火等级不应低于三级；二级耐火等级的散装粮食平房仓可采用无防火保护的金属承重构件。

甲、乙类厂房（仓库）内不应设置铁路线。

丙、丁、戊类厂房（仓库），当需要出入蒸气机车和内燃机车时，其屋顶应采用不燃烧体或采取其他防火保护措施。

甲、乙、丙类液体库房，应设置防止液体流散的设施。遇水燃烧爆炸的物品库房，应设有防止水浸渍损失的设施。

防止液体流散设施的做法基本有两种：一是在桶装库房门修筑缓坡，一般高为15~30cm；二是在库门口砌高15~30cm的门槛，再在门槛两边填沙土，形成缓坡，便于装卸。

遇水燃烧爆炸的物品（如金属钾、钠、锂、钙、锶、氯化钾等）的库房。规定设有防止水浸渍的设施，如室内地面高出室外地面；库房屋面严密遮盖，防止渗漏雨水；装卸这类物品的库房栈台，有防雨水的遮挡等措施。

有粉尘爆炸危险的筒仓，其顶部盖板应设置必要的泄压面积。谷物粉尘爆炸，必须具备一定浓度、助燃氧气和火源三个条件。

9.6.2 库房的防火间距

确定防火间距，主要是满足消防扑救、防止初期火灾（20min内）向邻近建筑蔓延扩大以及节约用地三个因素。

甲类仓库之间及其与其他建筑、明火或散发火花地点、铁路、道路等的防火间距不应小于表9-15的规定，厂内铁路装卸线与设置装卸站台的甲类仓库的防火间距，可不受表9-15规定的限制。

表 9-15　甲类仓库之间及其与其他建筑、明火或散发火花地点、铁路等的防火间距　　m

名　称		甲类仓库及其储量/t			
		甲类储存物品第3、4项		甲类储存物品第1、2、5、6项	
		≤5	>5	≤10	>10
重要公共建筑、高层民用建筑		50.0			
甲类仓库		20.0			
裙房、其他民用建筑、明火或散发火花地点		30	40	25	30
厂房、乙、丙、丁、戊类仓库	一、二级耐火等级	15	20	12	15
	三级耐火等级	20	25	15	20
	四级耐火等级	25	30	20	25
电力系统电压为35~500kV且每台变压器容量在10MV·A以上的室外变、配电站工业企业的变压器总油量大于5t的室外降压变电站		30	40	25	30
厂外铁路线中心线		40			
厂内铁路线中心线		30			
厂外道路路边		20			
厂内道路路边	主要	10			
	次要	5			

注：甲类仓库之间的防火间距，当第3、4项物品储量小于等于2t，第1、2、5、6项物品储量小于等于5t时，不应
　　小于12m，甲类仓库与高层仓库之间的防火间距不应小于13m。

本条防火间距主要从两方面考虑：

（1）甲类易燃易爆物品，一旦发生事故、燃速快，燃烧猛烈，祸及范围远等。

（2）目前各地建设的专门危险物品仓库（其中大多为甲类物品，少数为乙类物品），除了库址选择在城市边界较安全地带外，库区内的库房之间的距离，小的在20m，大的在35m以上，现举例见表9-16。

表9-16　甲类物品库房之间的防火间距举例

储存物品名称	每座库房占地面积/m²	库房之间的防火间距/m
赛璐珞	36～46	28
金属钾、钠等	50～56	30
醚类液体	44	25
酮类液体	56	20
亚硫酸铁	50	22

乙、丙、丁、戊类仓库之间及其与民用建筑之间的防火间距，不应小于表9-17的规定。

表9-17　乙、丙、丁、戊类仓库之间及与民用建筑的防火间距　　　　m

名称			乙类仓库			丙类仓库					丁、戊类仓库			
			单、多层		高层	单、多层			高层		单、多层			高层
			一、二级	三级	一、二级	一、二级	三级	四级	一、二级		一、二级	三级	四级	一、二级
乙、丙、丁、戊类仓库	单、多层	一、二级	10	12	13	10	12	14	13		10	12	14	13
		三级	12	14	15	12	14	16	15		12	14	16	15
		四级	14	16	17	14	16	18	17		14	16	18	17
	高层	一、二级	13	15	13	13	15	17	13		13	15	17	13
民用建筑	裙房，单、多层	一、二级	25			10	12	14	13		10	12	14	13
		三级	25			12	14	16	15		12	14	16	15
		四级	25			14	16	18	17		14	16	18	17
	高层	一类	50			20	25	25	20		15	18	18	15
		二类	50			15	20	20	15		13	15	15	13

注：1. 单、多层戊类仓库之间的防火间距，可按本表的规定减少2m。

　　2. 两座仓库的相邻外墙均为防火墙时，防火间距可以减小，但丙类仓库，不应小于6m；丁、戊类仓库，不应小于4m。两座仓库相邻较高一面外墙为防火墙，且总占地面积不大于《建筑设计防火规范》（GB 50016—2014）第3.3.2条一座仓库的最大允许占地面积规定时，其防火间距不限。

　　3. 除乙类第6项物品外的乙类仓库，与民用建筑的防火间距不宜小于25m，与重要公共建筑的防火间距不应小于50m，与铁路、道路等的防火间距不宜小于表9-15中甲类仓库与铁路、道路等的防火间距。

当丁、戊类仓库与公共建筑的耐火等级均为一、二级时，其防火间距可按下列规定执行：

（1）当较高一面外墙为不开设门窗洞口的防火墙，或比相邻较低一座建筑屋面高 15.0m 及以下范围内的外墙为不开设门窗洞口的防火墙时，其防火间距可不限；

（2）相邻较低一面外墙为防火墙，且屋顶不设天窗、屋顶耐火极限不低于 1.00h，或相邻较高一面外墙为防火墙，且墙上开口部位采取了防火保护措施，其防火间距可适当减小，但不应小于 4.0m。

有不少乙类物品不仅火灾危险性大，燃速快，燃烧猛烈，而且有爆炸危险性。为了保障民用建筑特别是重要的公共建筑的安全，故规定分别不小于 25m、50m 的防火间距。

火灾实例说明，乙类 6 项物品，主要是桐油漆布及其制品、油纸油绸及其制品、浸油的豆饼、浸油金属屑等。这些物品在常温下与空气接触能够慢慢地氧化，如果积蓄的热量不能散发出来，就会引起自燃，但燃速不快，也不爆炸，故这些物品库房与民用建筑的防火间距可不增大。

乙、丙、丁、戊类物品库房与其他建筑之间的防火间距，应按 9-15 表规定执行；与甲类物品库房之间的防火间距，应按表 9-16 规定执行，与甲类厂房之间的防火间距，应按表 9-15 的规定增加 2m。

屋顶承重构件和非承重外墙均为非燃烧体的库房，当耐火极限达不到规范规定的二级耐火等级要求时，其防火间距应按三级耐火等级建筑确定。

库区的围墙与库区内建筑的距离不宜小于 5m，并应满足围墙两侧建筑物之间的防火间距要求。

9.6.3　甲、乙、丙类液体储罐、堆场的布置和防火间距

甲、乙、丙类液体储罐宜布置在地势较低的地带，若要布置在地势较高的地带，应采取安全防护设施。

桶装、瓶装甲类液体不应露天布置。因桶装、瓶装甲类液体（指闪点低于 28℃的液体，如汽油、苯、甲醇等）存放在露天，在夏季炎热天中因超压爆炸起火的事故累有发生，故不应露天布置。应设置加强防火堤或另外增设防护墙等可靠的防护措施。

甲、乙、丙类液体的储罐区和乙、丙类液体的桶罐堆场与建筑物的防火间距，不应小于表 9-18 的规定。

表 9-18　储罐、堆场与建筑物的防火间距　　　　　　　　　　　　　　　　　　m

名　称	一个罐区或堆场的总储量/m³	建筑物				室外变、配电站
		一、二级		三级	四级	
		高层民用建筑	裙房，其他建筑			
甲、乙类液体储罐区	1～50	40	12	15	20	30
	51～200	50	15	20	25	35
	201～1000	60	20	25	30	40
	1001～5000	70	25	30	40	50

续表

名　称	一个罐区或堆场的总储量/m³	建筑物				室外变、配电站
		一、二级		三级	四级	
		高层民用建筑	裙房，其他建筑			
丙类液体储罐区	5～250	40	12	15	20	24
	251～1000	50	15	20	25	28
	1001～5000	60	20	25	30	32
	5001～25000	70	25	30	40	40

注：1. 防火间距应从建筑物最近的储罐外壁、堆垛外缘算起。但储罐防火堤外侧基脚线至相邻建筑物的距离不小于10m。

2. 甲、乙、丙类液体的固定顶储罐区、半露天堆场和乙、丙类液体堆场与甲类厂（库）房以及民用建筑的防火间距，应按本表的规定增加25%。且甲、乙类液体的固定储罐区、半露天堆场和乙、丙类液体桶装堆场与上述建筑物的防火间距不应小于25m，与明火或散发火花地点的防火间距，应按本表四级建筑的规定增加25%。

3. 浮顶储罐或闪点大于120℃的液体储罐与建筑物的防火间距，可按本表的规定减少25%。

4. 当数个储罐区布置在同一库区内时，储罐之间的防火间距不应小于本表相应储量储罐与四级耐火等级建筑的较大值。

5. 计算一个储罐区的总储量时，1m³的甲、乙类液体按5m³的丙类液体折算。

6. 直埋地下的甲、乙、丙类液体卧式罐，当单罐容积小于等于50m³，总容积小于等于200m³时，与建筑物之间的防火间距可按本表规定减少50%。

7. 室外变、配电站指电力系统电压为35～500kV且每台变压器容量在10MVA以上的室外变、配电站以及工业企业的变压器总油量大于5t的室外降压变电站。

甲、乙、丙类液体储罐之间的防火间距，不应小于表9-19的规定。

表 9-19　甲、乙、丙类液体储罐之间的防火间距　　　　　　　　　　m

液体类别	单罐容量/m³	储罐形式				
		固定顶储罐			浮顶储罐或设置充氮设备的储罐	卧式储罐
		地上式	半地下式	地下式		
甲类	≤1000	0.75D	0.5D	0.4D	0.4D	不小于0.8m
乙类	>1000	0.6D				
丙类	不论容量大小	0.4D	不限	不限	—	

注：1. D为相邻立式储罐中较大罐的直径，m；矩形储罐的直径为长边与短边之和的一半。

2. 不同液体、不同形式储罐之间的防火间距，应采用本表规定的较大值。

3. 两排卧罐间的防火间距不应小于3m。

4. 设有充氮保护设备的液体储罐之间的防火间距，可按浮顶储罐的间距确定。

5. 单罐容量不超过1000m³的甲、乙类液体的地上式固定储罐之间的防火间距，如采用固定冷却消防方式时，其防火间距可不小于0.6D。

6. 同时装有液下喷射泡沫灭火设备、固定冷却水设备和扑救防火堤内液体火灾的泡沫灭火设备时，储罐之间的间距可适当减少，但地上储罐不宜小于0.4D。

7. 闪点超过120℃的液体，且储罐容量大于1000m³时，其储罐之间的防火间距可为5m；小于1000m³时，其储罐之间的防火间距可为2m。

油罐之间防火间距说明如下：

（1）满足扑救火灾操作的需要。

（2）储罐之间留出一定安全间距是完全必要的。要求防火堤的高度为1～1.6m。有两点考虑：一是太矮占地面积太大，故最低1m以上；二是1.6m以下，主要是为了方便消防人员扑救和观察防火堤内的火灾燃烧情况，以便针对火势发展具体情况采取对策。

甲、乙、丙类液体储罐成组布置时应符合下列要求：

（1）甲、乙、丙类液体储罐的储量不超过表9-20的规定时，可成组布置。

表9-20　液体储罐成组布置的限量

储罐名称	单罐最大储量/m³	一级最大储量/m³
甲、乙类液体	200	1000
丙类液体	500	3000

（2）组内储罐的布置不应超过两行。甲、乙类液体储罐之间的间距，立式储罐不应小于2m，丙类液体的储罐之间的间距不限。卧式储罐不应小于0.8m。

（3）储罐组之间的距离，应按储罐组储罐的形式和总储量相同的标准单罐确定，按表9-19的规定执行。

甲、乙、丙类液体的地上、半地下储罐或储罐组，应设置非燃烧材料的防火堤，并应符合下列要求：

（1）防火堤内储罐的布置不宜超过两排，但单罐容量不超过1000m³且闪点超过120℃的液体储罐，可不超过四排。

（2）防火堤内的有效容量不应小于最大罐的容量，但浮顶罐可不小于最大储罐容量的一半。

（3）防火堤内侧基脚线至立式储罐外壁的距离，不应小于罐壁高的一半。卧式储罐至防火堤内基脚线的水平距离不应小于3m。

（4）防火堤的高度宜为1～2.2m，其实际高度应比计算高度高出0.2m。

（5）沸溢性液体地上、半地下储罐，每个储罐应设一个防火堤或防火隔堤；在防火堤的适当位置应设置便于灭火救援人员进出防火堤的踏步。

（6）含油污水排水管在出防火堤处应设水封设施，雨水排水管应设置阀门等封闭隔离装置。

下列情况之一的储罐、堆场，如有防止液体流散的设施，可不设防火堤：

（1）闪点超过120℃的液体储罐、储罐区。

（2）桶装的乙、丙类液体堆场。

（3）甲类液体半露天堆场。

地上、半地下储罐的每个防火堤分隔范围内，宜布置同类火灾危险性的储罐。沸溢性与非沸溢性液体储罐或地下储罐与地上、半地下储罐，不应布置在同一防火堤范围内。

甲、乙、丙类液体储罐与其泵房、装卸鹤管的防火间距，不应小于表9-21的规定。

甲、乙、丙类液体装卸鹤管与建筑物的防火间距不应小于表9-22的规定，如图9-15所示。

表 9-21　液体储罐与泵房、装卸鹤管的防火间距　　　　　　　　　　　　　　m

储罐名称		项　别		
		泵房	铁路装卸鹤管	汽车装卸鹤管
甲、乙类液体	拱顶罐	15	20	20
	浮顶罐	12	15	15
丙类液体		10	12	12

注：1. 总储量不超过 1000m³ 的甲、乙类液体储罐和总储量不超过 5000m³ 的丙类液体储罐的防火间距，可按本表的
　　　规定减少 25%。

　　2. 泵房、装卸鹤管与储罐防火堤外侧基脚线的距离不应小于 5m。

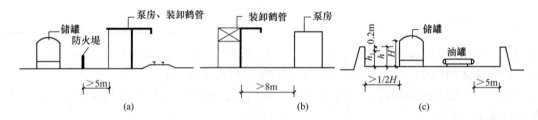

图 9-15　泵房、装卸鹤管及防火堤之间的防火间距

（a）泵房、装卸鹤管与防火堤的关系；（b）泵房与装卸鹤管的距离；（c）防火堤的要求

表 9-22　液体装卸鹤管与建筑物、厂内铁路线的防火间距　　　　　　　　　　m

名　　称	建筑物的耐火等级				泵房
	一、二级	三级	四级	厂内铁路线	
甲、乙类液体装卸鹤管	14	16	18	20	8
丙类液体装卸鹤管	10	12	14	10	

注：装卸鹤管与其直接装卸用的甲、乙、丙类液体装卸铁路线的防火间距不限。

　　零位罐与所属铁路作业线的距离不应小于 6m。

　　甲、乙、丙类液体储罐与铁路、道路的防火间距不应小于表 9-23 的规定。

表 9-23　甲、乙、丙类液体储罐与铁路、道路的防火间距　　　　　　　　　m

名称	厂外铁路线中心线	厂内铁路线中心线	厂外道路路边	厂内道路路边	
				主要	次要
甲、乙类液体储罐	35	25	20	15	10
丙类液体储罐	30	20	15	10	5

9.6.4　可燃、助燃气体储罐的防火间距

　　湿式可燃气体储罐或罐区与建筑物、堆场的防火间距，不应小于表 9-24 的规定。

　　湿式可燃气体储罐，在工作时，一般不会发生爆炸事故，只有在检修时，因处理不当或违章焊接才引起爆炸。但这种储罐爆炸一般不会发生连续火灾或二次爆炸事故，因而也不会引起很大的伤亡和损失，只是碎片飞出伤人或砸坏建筑物。从危及范围来看，其防火间距按

表 9-25 的规定设计是合适的。

表 9-24 湿式可燃气体储罐与建筑物、储罐、堆场的防火间距 m

名 称		湿式可燃气体储罐（总容称 V/m^3）				
		$V<1000$	$1000{\leqslant}V<10000$	$1000{\leqslant}V<50000$	$50000{\leqslant}V<100000$	$100000{\leqslant}V<300000$
甲类仓库 甲、乙、丙类液体罐罐 可燃材料堆场 室外变、配电站 明火或散发火花的地点		20	25	30	35	40
高层民用建筑		25	30	35	40	45
裙房，单、多层民用建筑		18	20	25	30	35
其他建筑	一、二级	12	15	20	25	30
	三级	15	20	25	30	35
	四级	20	25	30	35	40

注：固定容积可燃气体储罐的总容积按储罐几何容积（m^3）和设计储存压力（绝对压力，10^5Pa）的乘积计算。

表 9-25 湿式氧气储罐或罐区与建筑物、储罐、堆场的防火间距 m

名 称			总容积/m^3		
			${\leqslant}1000$	$1001{\sim}50000$	>50000
明火或散发火花地点			25	30	35
甲、乙、丙类液体储罐，易燃材料堆场、甲类物品库房 室外变、配电站			20	25	30
民用建筑			18	20	25
其他建筑	耐火等级	一、二级	10	12	14
		三级	12	14	16
		四级	14	16	18

注：1. 湿式氧气储罐与建筑物、储罐、堆场的防火间距不应小于表 9-25 的规定。

2. 氧气储罐之间的防火间距不应小于相邻较大罐直径的 1/2。

3. 氧气储罐与可燃气体储罐之间的防火间距，不应小于相邻较大罐的直径。

4. 氧气储罐与其制氧厂房的防火间距可按工艺布置要求确定。

5. 容积小于等于 50m^3 的氧气储罐与其使用厂房的防火间距不限。

6. 固定容积的氧气储罐与建筑物、储罐、堆场的防火间距不应小于表 9-25 的规定。

7. 1m^3 液氧折合标准状态下 800m^3 气态氧。

固定式可燃气体储罐比水槽式可燃气体储罐压力高，易漏气，漏失气体的速度快，量也大，危险性也大，所以其防火间距按储罐的水容积与其工作压力（绝压）乘积折算，如表 9-24 的规定。

干式可燃气体储罐工作压力较高，最高可达 1000mm 水柱；活塞与罐壁间靠油密封，密封部分漏气时，其漏失的气体向活塞上部空气泄漏，然后经排气孔排至大气，因而不如湿式储罐易扩散。危险性较湿式储罐为大，故防火间距按表 9-25 增加 25％。

卧式储罐、球形储罐与湿式储罐或干式储罐之间的防火间距，按其中较大者确定，主要是考虑消防扑救和施工安装的需要。

固定式可燃气体储罐，均在较高压力下储存，危险性较大，但较液化石油气储罐小，故规定组与组间距，对卧式罐不应小于最长罐长度之半，对球形储罐不应小于较大罐的直径，且不应小于 10m。

可燃气体储罐或罐区之间的防火间距应符合下列规定：

（1）湿式可燃气体储罐之间、干式可燃气体储罐之间以及湿式与干式可燃气体储罐之间的防火间距，不应小于相邻较大罐直径的 1/2。

（2）固定容积的可燃气体储罐之间的防火间距不应小于相邻较大罐直径的 2/3。

（3）固定容积的可燃气体储罐与湿式或干式可燃气体储罐之间的防火间距，不应小于相邻较大罐直径的 1/2。

（4）数个固定容积的可燃气体储罐的总容积大于 $200000m^3$ 时，应分组布置。卧式储罐组与组之间的防火间距不应小于相邻较大罐长度的一半；球形储罐组与组之间的防火间距不应小于相邻较大罐直径，且不应小于 20.0m。

湿式氧气储罐或罐区与建筑物、储罐、堆场的防火间距，不应小于表 9-25 的规定。

液氧储罐与建筑物、储罐、堆场的防火间距，按表 9-26 中相应储量的氧气储罐的防火间距执行。液氧储罐与其泵房的间距不宜小于 3m。

设在一、二级耐火等级库房内，且容积不超过 $3m^3$ 的液氧储罐，与所属使用建筑的防火间距不应小于 10m。

由于液氧为助燃气体，当它与稻草、刨花、纸屑以及溶化的沥青接触，一遇火源容易引起猛烈燃烧，发生火灾，因此液氧储罐周围 5m 范围内不应有可燃物和设置沥青路面。

9.6.5 液化石油气储罐的布置和防火间距

液化石油气储罐区宜布置在本单位或本地区全年最小频率风向的上风侧，并选择通风良好的地点单独设置。储罐区宜设置高度为 1m 的非燃烧体实体防护墙。主要考虑储罐及其附属设备漏气时易扩散，发生事故时避免和减少对其他建筑物的危害。

关于罐区是否设置防护墙，有两种意见，一种意见是不设防护墙，以防储罐发生漏气时，使液化石油气窝存，发生爆炸事故。另一种意见是设防护墙，但其高度为 1m，这种做法，通风较好，不会窝气，而且当储罐漏液时，不致外流而危及其他建筑物，一般这种做法较多。

液化石油气储罐或罐区与建筑物、堆场的防火间距，不应小于表 9-26 的规定。

事故调查表明，液化石油气储罐发生爆炸事故时，危及范围与储罐容积有关，一般为 100～300m。目前国内现有液化石油气储配站大都设置在市区边缘，远离居住区、村镇、公共建筑和工业企业。个别距离较近者也均采取相应的防护措施，如居民搬迁、建筑物改变用途等，无疑这些做法对安全有利。

表 9-26　液化石油气供应基地的全压式和半冷冻式储罐（区）与明火、散发火花地点和基地外建筑等的防火间距　　　　　　m

总容积 V/m³	30<V≤50	50<V≤200	200<V≤500	500<V≤1000	1000<V≤2500	2500<V≤5000	5000<V≤10000
单罐容量 V/m³	V≤20	V≤50	V≤100	V≤200	V≤400	V≤1000	V>1000
居住区、村镇和学校、影剧院、体育馆等重要公共建筑（最外侧建筑物外墙）	45	50	70	90	110	130	150
工业企业（最外侧建筑物外墙）	27	30	35	40	50	60	75
明火或散发火花地点，室外变、配电站	45	50	55	60	70	80	120
其他民用建筑，甲、乙类液体储罐，甲、乙类仓库，甲、乙类厂房，稻草、麦秸、芦苇、打包废纸等材料堆场	40	45	50	55	65	75	100
丙类液体储罐、可燃气体储罐，丙、丁类厂房，丙、丁类仓库	32	35	40	45	55	65	80
助燃气体储罐、木材等材料堆场	27	30	35	40	50	60	75

其他建筑	耐火等级		30<V≤50	50<V≤200	200<V≤500	500<V≤1000	1000<V≤2500	2500<V≤5000	5000<V≤10000
其他建筑	一、二级		18	20	22	25	30.0	40	50
	三级		22	25	27	30	40	50	60
	四级		27	30	35	40	50	60	75
公路（路边）	高速、Ⅰ、Ⅱ级	20		25				30	
	Ⅲ、Ⅳ级	15		20				25	
架空电力线（中心线）		应符合规范的规定							
架空通信线（中心线）	Ⅰ、Ⅱ级	30			40				
	Ⅲ、Ⅳ级	1.5倍杆高							
铁路（中心线）	国家线	60		70		80		100	
	企业专用线	25		30		35		40	

注：1. 防火间距应按本表储罐总容积或单罐容积较大者确定，并应从距建筑最近的储罐外壁、堆垛外缘算起。
　　2. 当地下液化石油气储罐的单罐容积小于等于 50m³，总容积小于等于 400m³ 时，其防火间距可按本表减少 50%。
　　3. 居住区、村镇系指 1000 人或 300 户以上者，以下者按本表民用建筑执行。
　　4. 与本表规定以外的其他建筑物的防火间距，应按现行国家标准《城镇燃气设计规范》（GB 50028）的有关规定执行。

Ⅰ、Ⅱ级瓶装液化石油气供应站瓶库与站外建筑之间的防火间距不应小于表 9-27。

表 9-27　Ⅰ、Ⅱ级瓶装液化石油气供应站瓶库与站外建筑之间的防火间距

名　称	Ⅰ级		Ⅱ级	
瓶库的总存瓶容积 V/m^3	$6<V\leqslant10$	$10<V\leqslant20$	$1<V\leqslant3$	$3<V\leqslant6$
明火、散发火花地点	30	35	20	25
重要公共建筑	20	25	12	15
民用建筑	10	15	6	8
主要道路路边	10	10	8	8
次要道路路边	5	5	5	5

注：总存瓶容积应按实瓶个数与单瓶几何容积的乘积计算。

总容积不超过 $10m^3$ 的工业企业内的液化石油气气化站，混气站储罐，如设置在专用的独立建筑物内时，其外墙与相邻厂房及其附属设备之间的防火间距，按甲类厂房的防火间距执行。数个储罐的总容积超过 $3000m^3$ 时，应分组布置。组内储罐宜采用单排布置，组与组之间的防火间距不宜小于 20m。当总容积不超过 $3000m^3$，且单罐容积不超过 $1000m^3$ 的液化石油气储罐组，可采用双排布置。

9.6.6　易燃、可燃材料的露天、半露天堆场的布置和防火间距

易燃材料的露天堆场宜设置在天然水源充足的地方，并宜布置在本单位或本地区全年最小频率风向的上风侧。

易燃材料的露天堆场，一般包括稻草、麦秸、芦苇、烟叶、草药、麻、甘蔗渣等。这些物品，一旦起火，燃烧速度快，辐射热强，难以扑救，容易造成很大损失。从火灾实例看，稻草、芦苇等易燃材料堆场，一旦起火，如遇大风天，飞火情况十分严重，如果布置在本单位或本地区全年最小频率风向的上风侧，对于防止飞火殃及其他建筑物或可燃物堆垛等是有好处的。有的易燃材料堆场在布置时考虑了充足的水源，收到较好的实效。如某造纸厂原料堆场，堆有大量芦苇等易燃材料，发生火灾，由于堆场四周设置了大水沟，先后调集数十辆消防车进行救火，由于水量充足，凡到火场的消防车都能抽水救火，虽然火势猛，辐射热强，火焰高达一二十米，却比较快地控制了火热蔓延，保住了堆场的大批原料，就是个很好的例证。

粮食筒仓、易燃、可燃材料的露天、半露天堆场与建筑物的防火间距，不应小于表 9-28 的规定。

据调查，不少粮食囤垛是利用稻草、竹杆等可燃材料建造，这种材料容易燃烧，一旦发生火灾，损失较大。还有不少地区的棉花、百货均是露天堆放，而且储量是比较大的。这类物品比较贵重，是人民生活的必需物资，发生火灾时，不仅使国家财产受到损失，影响也大。为了确保这类物资的安全，设计时必须按规定执行。

棉花、百货堆场至建筑物的防火间距，参照可燃物堆场的火灾实例和我国现有堆场的实际情况而确定的最小防火间距。同时考虑到棉花、百货堆场的储罐虽然比可燃物堆场的上罐小，但它比较贵重，所以也将棉花、百货堆场至建筑物的最小防火间距按贮量大小定

为 10～30m。

表 9-28　粮食筒仓、露天、半露天堆场与建筑物的防火间距　　　　　m

名　称		一个堆场的总储量	耐火等级		
			一、二级	三　级	四　级
粮食 /t	筒仓、土圆仓	500～10000	10	15	20
		10001～20000	15	20	25
		20001～40000	20	25	30
	席穴囤	10～5000	15	20	25
		5001～20000	20	25	30
棉、麻、毛、化纤、百货 /t		10～500	10	15	20
		501～1000	15	20	25
		1001～5000	20	25	30
稻草、麦秸、芦苇等易燃烧材料 /t		10～5000	15	20	25
		5001～10000	20	25	30
		10001～20000	25	30	40
木材等可燃烧材料 /t		50～1000	10	15	20
		1001～10000	15	20	25
		10001～25000	20	25	30
煤和焦炭 /t		100～5000	6	8	10
		5000 以上	8	10	12

注：1. 一个堆场的总储量如超过本表的规定，宜分设堆场。堆场之间的防火间距，不应小于较大堆场与四级建筑的间距。
2. 不同性质物品堆场之间的防火间距，不应小于本表相应储量堆场与四级建筑间距的较大值。
3. 易燃材料露天、半露天堆场与甲类生产厂房、甲类物品库房以及民用建筑的防火间距，应按本表的规定增加 25%，且不应小于 25m。
4. 易燃材料露天、半露天堆场与明火或散发火花地点的防火间距，应按本表四级建筑的规定增加 25%。
5. 易燃、可燃材料堆场与甲、乙、丙类液体储罐的防火间距，不应小于本表相应储量堆场与四级建筑间距的较大值。
6. 粮食总储量为 20001～40000t 一栏，仅适用于筒仓；木材等可燃材料总储量为 10001～25000m³ 一栏，仅适用于圆木堆场。

稻草、芦苇、亚麻等易燃物的总储量一般都比较大，为了有效地防止火灾蔓延扩大，有利于火灾的扑救，将易燃材料堆场至建筑物的最小间距定为 15～40m。

9.6.7　仓库、储罐区、堆场的布置与铁路、道路的防火间距

液化石油气储配站的站址应根据储量大小，宜设置在远离居住区、村镇、工业企业和影剧院、体育馆等重要公共建筑的地区。

目前我国液化石油气主要来源于炼油厂，受其检修天数的限制，储配站内必须设置足够数量的储罐以保证连续供气。在进行液化石油气储配站站址选择时，必须按其规模大小，远离居民区、村镇、工业企业和重要公共建筑，以防万一发生火灾爆炸事故造成重大伤亡和损失。现有的液化石油气储配站站址大都位于市区边缘，远离居民区、村镇、工业企业和重要公共建筑。近年来新建液化石油气储配站选址更得到有关部门的重视，从城市规划开始就尽

量远离居民区、村镇、工业企业和重要公共建筑。

液化石油气储配站的事故实例表明，其站址选在城市边缘，远离居民区、村镇、工业企业和重要公共建筑，对确保安全是十分必要的。

甲、乙类物品专用仓库，甲、乙、丙类液体储罐区、易燃材料堆场等，宜设置在市区边缘的安全地带，目的在于保障城市、居住区的安全。上述工厂、仓库和储罐区、堆场一旦发生火灾危害是十分大的。据调查，凡是在布置上述工厂、仓库较好地选择安全地点和注意风向者，都收到了良好的效果。

许多城市的煤气罐，一般都布置在用户集中的安全地带。

库房、储罐、堆场与铁路、道路的防火间距，不应小于表 9-29 的规定。

表 9-29　库房、储罐、堆场与铁路、道路的防火间距

防火间距/m		铁路、道路				
		厂外铁路线中心线 L_1	厂内铁路线中心线 L_2	厂外道路路边 L_3	厂内道路路边	
					主要 L_4	次要 L_5
名称	液化石油气储罐	45	35	25	15	10
	甲类物品库房	40	30	20	10	5
	甲、乙类液体储罐	35	25	20	15	10
	丙类液体储罐、易燃材料堆场	30	20	15	10	5
	可燃、助燃气体储罐	25	20	15	10	5

注：1. 厂内铁路装卸线与设有装卸站台的甲类物品库房的防火间距，可不受本表规定的限制。

2. 未列入本表的堆场、储罐、库房与铁路、道路的防火间距，可根据储存物品的火灾危险性适当减少。

甲类物品库房，露天、半露天堆场和储罐与铁路线的防火间距，主要是考虑蒸汽机的飞火对库房、堆场、储罐的影响。从火灾情况看，易燃和可燃材料堆场及可燃液体储罐着火时影响范围都较大，一般在 20～40m 之间。

另外考虑道路的通行情况、汽车和拖拉机排气管飞火的影响以及堆场、储罐的火灾危险性的。据调查，汽车和拖拉机的排气管飞火距离远者一般为 8～10m，近者为 3～4m。所以厂内道路与上述库房、堆场和储罐的防火间距，一般定为 5m、10m。甲类物品库房，露天、半露天堆场和储罐至架空电力线的防火间距，主要是考虑电线在倒杆时偏移距离及其危及范围而定的。将其与架空电力线的最小间距定为电杆高的一倍半。

9.6.8　仓库的安全疏散

仓库的安全出口应分散布置。每个防火分区或一个防火分区的每个楼层，其相邻 2 个安全出口最近边缘之间的水平距离不应小于 5.0m。

每座仓库的安全出口不应少于 2 个，当一座仓库的占地面积不大于 300m² 时，可设置 1 个安全出口。仓库内每个防火分区通向疏散走道、楼梯或室外的出口不宜少于 2 个，当防火分区的建筑面积不大于 100m² 时，可设置 1 个出口。通向疏散走道或楼梯的门应为乙级防火门。

地下或半地下仓库（包括仓库的地下室或半地下室）的安全出口不应少于 2 个；当建筑面积不大于 100m² 时，可设置 1 个安全出口。

　　地下或半地下仓库或（包括仓库的地下室或半地下室）当有多个防火分区相邻布置，并采用防火墙分隔时，每个防火分区可利用防火墙上通向相邻防火分区的甲级防火门作为第二安全出口，但每个防火分区必须至少有 1 个直通室外的安全出口。

　　粮食筒仓、冷库、金库的安全疏散设计应分别符合现行国家标准《冷库设计规范》（GB 50072）和《粮食钢板筒仓设计规范》（GB 50322）等标准的规定。

　　粮食筒仓上层面积小于 1000m² ，且作业人数不超过 2 人时，可设置 1 个安全出口。

　　仓库、筒仓的室外金属梯，当符合民用建筑有关疏散楼梯的要求时可作为其疏散楼梯，但筒仓室外楼梯平台的耐火极限不应低于 0.25h。

　　高层仓库疏散楼梯应采用封闭楼梯间。

　　除一、二级耐火等级的多层戊类仓库外，其他仓库中供垂直运输物品的提升设施宜设置在仓库外，当确需设置在仓库内时，应设置在井壁的耐火极限不低于 2.00h 的井筒内。室内外提升设施，通向仓库入口上的门应采用乙级防火门或防火卷帘。

9.7　其他

9.7.1　民用建筑中设置锅炉房及变压器室等的规定

　　在民用建筑中设置燃油、燃气锅炉房、油浸电力变压器室和商店等建筑功能特殊的房间，主要是考虑设备容量及储藏物的火灾危险性。防火设计中，应按其功能要求，执行相关规范的规定。

　　总蒸发量不超过 6t、单台蒸发量不超过 2t 的锅炉，总额定容量不超过 1260kVA、单台额定容量不超过 630kVA 的可燃油油浸电力变压器以及充有可燃油的高压电容器和多油开关等，可贴邻民用建筑布置，但必须采用防火墙隔开。

　　上述房间不宜布置在主体建筑内。如受条件限制必须布置时，应采取下列防火措施：1）不应布置在人员密集的场所的上面、下面或贴邻，并应采用无门窗洞口的耐火极限不低于 2.00h 的隔墙和 1.50h 的楼板与其他部位隔开；当必须开门时，应设甲级防火门。变压器室与配电室之间的隔墙，应设防火墙；2）锅炉房、变压器室应设置在首层靠外墙的部位，并应在外墙上开门。首层外墙开口部位的上方应设置宽度不小于 1.00m 的防火挑檐或高度不小于 1.20m 的窗间墙；3）变压器下面应有储存变压器全部油量的事故储油设施。多油开关、高压电容器室均应设有防止油品流散的设施。

　　存放和使用化学易燃易爆物品的商店、作坊和储藏间，严禁附设在民用建筑内。

9.7.2　消防车道和进厂房的铁路线

　　工厂、仓库应设置消防车道。一座甲、乙、丙类厂房的占地面积超过 3000m² 或一座乙、丙类库房的占地面积超过 1500m² 时，宜设置环形消防车道，如有困难，可沿其两个长边设置消防车道。

　　易燃、可燃材料露天堆场区，液化石油气储罐区，甲、乙、丙类液体储罐区，应设消防车道。

一个堆场、储罐区的总储量超过表 9-30 的规定时，宜设置环形消防车道。消防车道与材料堆场堆垛的最小距离不应小于 5m。

表 9-30　堆场、储罐区的总储量

堆场、储罐名称	棉、麻、毛、化纤/t	稻草、麦秸、芦苇/t	木材/t	甲、乙、丙类液体储罐/m³	液化石油气储罐/m³	可燃气体储罐/m³
总储量	1000	5000	5000	1500	500	30000

注：一个易燃材料堆场占地面积超过 25000m² 或一个可燃材料堆场占地面积超过 30000m² 时，宜增设与环形消防车道相通的中间纵、横消防车道，其间距不宜超过 150m。

消防车道应尽量短捷，并宜避免与铁路平交。如必须平交，应设备用车道，两车道之间的间距不应小于一列火车的长度。

9.7.3　建筑构件和管道井

甲、乙类厂房和使用丙类液体的厂房以及有明火和高温的厂房应采用耐火极限不低于 2.00h 的非燃烧体；甲、乙、丙类厂房（仓库）内布置有不同火灾危险性类别的房间，电梯井和电梯机房的墙壁等均应采用耐火极限不低于 1.00h 的非燃烧体。高层工业建筑的室内电梯井和电梯机房的墙壁应采用耐火极限不低于 2.00h 的非燃烧体；但使用甲、乙、丙类液体或可燃气体的部位，应采取防火保护设施；建筑物内的管道井、电缆井应每层在楼板处用耐火极限不低于 0.50h 的不燃烧体封隔，其井壁应采用耐火极限不低于 1.00h 的不燃烧体。井壁上的检查门应采用丙级防火门；冷库采用稻壳、泡沫塑料等可燃烧材料作墙体内的隔热层时，宜采用非燃烧隔热材料做水平防火带。防火带宜设置在每层楼板水平处，冷库阁楼层和墙体的可燃保温层宜用非燃烧体墙分隔开；附设在建筑物内的消防控制室、固定灭火装置的设备室（如钢瓶间、泡沫液间）、消防水泵房、通风空气调节机房、变配电室，应采用耐火极限不低于 2.0h 的隔墙和 1.50h 的楼板与其他部位隔开设置在丁、戊类厂房中的通风机房，应采用耐火极限不低于 1.00h 的防火隔墙和 0.50h 的楼板与其他部位隔开。

通风机房和变配电室的门应采用甲级防火门，消防控制室和其他设备间的门应采用乙级防火门，并采用耐火极限不低于 1h 的隔墙和 0.5h 的楼板与其他部位隔开。

9.7.4　屋顶和屋面

闷顶内采用锯末等可燃材料作保温层的三、四级耐火等级建筑的屋顶，不应采用冷摊瓦。闷顶内的非金属烟囱周围 50cm、金属烟囱 70cm 范围内，应采用不燃材料作保温层。实践证明，火星通过冷摊瓦缝隙落在闷顶内引着保温锯末，往往容易造成火灾。故规定不宜采用冷摊瓦。

超过二层有闷顶的三级耐火等级建筑；在每个防火隔断范围内应设置老虎窗，其间距不宜超过 50m。

闷顶火灾一般引燃时间比较长，不易发现，待发现之后火已着大，便很难扑救，有必要设置老虎窗。此外，引燃开始后由于闷顶内空气供应不充足，燃烧是不完全的，如果让未完全燃烧的气体积热积聚在闷顶内，一旦吊顶突然局部塌落，氧气充分供应就会引起爆炸性的闪燃，即所谓"烟气爆炸"，为了避免这样的事故有必要设老虎窗。

闷顶内有可燃物的建筑，在每个防火隔断范围内应设有不小于 70cm×70cm 的闷顶入口，但公共建筑的每个防火隔断范围内的闷顶入口不宜小于两个。闷顶入口宜布置在走廊中靠近楼梯间的地方。

9.7.5 疏散用的楼梯间、楼梯和门

丁、戊类高层厂房，当每层工作平台人数不超过 2 人，且各层工作平台上同时生产人数总和不超过 10 人时，疏散楼梯可采用敞开楼梯，或采用净宽不小于 0.90m、倾斜角不大于 60°的金属梯兼作疏散梯。用作丁、戊类厂房内第二安全出口的楼梯可采用金属梯，但其净宽度不应小于 0.90m，倾斜角度不应大于 45°。丁、戊类厂房火灾危险性小，物品一般为非燃烧体，且上下的人较少，故防火要求稍有降低。

高度超过 10m 的三级耐火等级建筑，应设有通至屋顶的室外消防梯，但不应面对老虎窗，并宜从离地面 3m 高处设置，宽度不应小于 60cm。

厂房的疏散用门应为向疏散方向开启的平开门。

疏散用的门不应采用侧拉门（库房除外），严禁采用转门。

库房门应向外开或靠墙的外侧设推拉门或卷帘门，但甲、乙类物品库房不应采用。

库房允许采用侧拉门，是考虑到一般库房内的人员较少，故做了放宽要求的规定。在此要求"靠墙的外侧推拉"，是考虑到发生火灾时，设在墙内侧推拉会因为倒塌的货垛压住而无法开启。这一点是有过教训的。

对于甲、乙类物品库房，一旦发生起火，火焰温度高，蔓延非常迅速，甚至引起爆炸，故在这里强调"甲、乙类物品库房不应采用侧拉门"。

9.7.6 天桥、栈桥和管沟

天桥、跨越房屋的栈桥，以及供输送可燃气体、可燃粉料和甲、乙、丙类液体的栈桥，均应采用非燃烧体。

为了保障安全，天桥、越过建筑物的栈桥，以及供输送煤粉、石油、各种可燃气体（如煤气、氢气、乙炔气、甲烷气、天然气等）的栈桥，不允许采用木质结构，而必须采用钢筋混凝土结构或钢结构。

为了防止天桥、栈桥与建筑物之间在失火时出现火势蔓延扩大的危险，应该在与建筑物连接处设置防火隔断措施。

运输有火灾、爆炸危险的物资的栈桥，不应兼作疏散用的通道。

封闭天桥、栈桥与建筑物连接处的门洞以及甲、乙、丙类液体管道的封闭管沟（廊），均宜设有防止火势蔓延的保护设施。当仅供通行的天桥、连廊采用不燃材料，且建筑物通向天桥、连廊的出口符合安全出口的要求时，该出口可作为安全出口。

9.7.7 厂房（仓库）的耐火等级与构件的耐火极限

厂房（仓库）的耐火等级可分为一、二、三、四级。其构件的燃烧性能和耐火极限除另有规定者外，不应低于表 9-31 的规定。

表 9-31　厂房（仓库）建筑构件的燃烧性能和耐火极限　　　　　h

构件名称		耐火等级			
		一级	二级	三级	四级
墙	防火墙	不燃性 3.00	不燃性 3.00	不燃性 3.00	不燃性 3.00
	承重墙	不燃性 3.00	不燃性 2.50	不燃性 2.00	难燃性 0.50
	楼梯间和前室的墙、电梯井的墙	不燃性 2.00	不燃性 2.00	不燃性 1.50	难燃性 0.50
	疏散走道两侧的隔墙	不燃性 1.00	不燃性 1.00	不燃性 0.50	难燃性 0.25
	非承重外墙	不燃性 0.75	不燃性 0.50	难燃性 0.50	难燃性 0.25
	房间隔墙	不燃性 0.75	不燃性 0.50	难燃性 0.50	难燃性 0.25
柱		不燃性 3.00	不燃性 2.50	不燃性 2.00	难燃性 0.50
梁		不燃性 2.0	不燃性 1.50	不燃性 1.00	难燃性 0.50
楼板		不燃性 1.50	不燃性 1.00	不燃性 0.75	难燃性 0.50
屋顶承重构件		不燃性 1.50	不燃性 1.00	难燃性 0.50	可燃性
疏散楼梯		不燃性 1.50	不燃性 1.00	不燃性 0.75	可燃性
吊顶（包括吊顶搁栅）		不燃性 0.25	难燃性 0.25	难燃性 0.15	可燃性

注：1. 二级耐火等级建筑的吊顶采用不燃烧体时，其耐火极限不限。

2. 下列建筑中的防火墙，其耐火极限应按本表的规定提高 1.00h：（a）甲、乙类厂房；（b）甲、乙、丙类仓库。

3. 一、二级耐火等级的单层厂房（仓库）的柱，其耐火极限可按规范的规定降低 0.50h。

4. 下列二级耐火等级建筑的梁、柱可采用无防火保护的金属结构，其中能受到甲、乙、丙类液体或可燃气体火焰影响的部位，应采取外包敷不燃材料或其他防火隔热保护措施：（a）设置自动灭火系统的单层丙类厂房；（b）丁、戊类厂房（仓库）。

5. 一、二级耐火等级建筑的非承重外墙应符合下列规定：（a）除甲、乙类仓库和高层仓库外，当非承重外墙采用不燃烧体时，其耐火极限不应低于 0.25h；当采用难燃烧体时，不应低于 0.50h；（b）4 层及 4 层以下的丁、戊类地上厂房（仓库），当非承重外墙采用不燃烧体时，其耐火极限不限；当非承重外墙采用难燃烧体的轻质复合墙板时，其表面材料应为不燃材料、内填充材料的燃烧性能不应低于 B₂级。B₁、B₂级材料应符合现行国家标准的有关要求。

6. 二级耐火等级厂房（仓库）中的房间隔墙，当采用难燃烧体时，其耐火极限应提高 0.25h。

7. 二级耐火等级的多层厂房或多层仓库中的楼板，当采用预应力和预制钢筋混凝土楼板时，其耐火极限不应低于 0.75h。

8. 一、二级耐火等级厂房（仓库）的上人平屋顶，其屋面板的耐火极限分别不应低于 1.50h 和 1.00h。一级耐火等级的单层、多层厂房（仓库）中采用自动喷水灭火系统进行全保护时，其屋顶承重构件的耐火极限不应低于 1.00h。二级耐火等级厂房的屋顶承重构件可采用无保护层的金属构件，其中能受到甲、乙、丙类液体火焰影响的部位应采取防火隔热保护措施。

9. 一、二级耐火等级厂房（仓库）的屋面板应采用不燃烧材料，但其屋面防水层和绝热层可采用可燃材料；当丁、戊类厂房（仓库）不超过 4 层时，其屋面可采用难燃烧体的轻质复合屋面板，但该板材的表面材料应为不燃烧材料，内填充材料的燃烧性能不应低于 B₂ 级。

10. 除本规范另有规定者外，以木柱承重且以不燃烧材料作为墙体的厂房（仓库），其耐火等级应按四级确定。

11. 预制钢筋混凝土构件的节点外露部位，应采取防火保护措施，且该节点的耐火极限不应低于相应构件的规定。

思 考 题

1. 了解火灾的危险性分类及其危险性特征。
2. 了解厂房总平面布置的影响因素。
3. 熟悉多层和单层厂房平面布置的特点。
4. 熟悉厂房的安全疏散距离、安全出口的确定。
5. 熟悉厂房之间及厂房与民用建筑之间的防火间距。
6. 熟悉厂房的耐火等级、层数和占地面积。
7. 熟悉库房、堆场、储罐的布置及防火间距。
8. 熟悉消防车道、进厂铁路线的布置及防火间距。
9. 熟悉管道井、天桥、栈桥、疏散楼梯等构配件的设计要点。

第10章　性能化防火设计概述

【内容提要】　性能化防火设计的基本概念及特点；性能化防火设计的方法与步骤；处方式防火设计与性能化防火设计的比较；性能化防火设计的示例分析。

随着我国经济建设和城市化的快速发展，大型、复杂的现代化建筑越来越多地涌现出来，且由于这些建筑在使用功能、建筑材料、结构形式、空间大小、配套设施等方面与一般普通建筑有很大的不同，而给防火安全带来许多新的问题，采用现行的"处方式"建筑防火设计规范的规定就不一定能全部满足要求。鉴于此，国内外很多专家学者均提出，有效防火减灾应当依靠科技进步，应当以防火安全工程学为理论依据，采用以火灾性能为基础的防火（也称作性能化防火）方法，解决那些"超标"的建筑防火问题，并逐步制定相应的性能化规范。该方法要求根据具体建筑物的火灾发展特性来决定其防火需要，使火灾安全目标、火灾损失目标与设计目标良好结合，有助于实现火灾防治的科学性、有效性与经济性的统一。作为一种新的保证建筑物防火安全的设计方法，已经被许多国家广泛使用。近几年，我国在一些大型的、特殊的建筑中（如：国家大剧院、奥运场馆等）也采用了性能化设计方法解决防火设计中的一些较大、较难的问题。

目前，性能化防火设计方法的应用尚处于研究和探索阶段，还未制定出相应的性能化防火设计规范。但开展性能化防火设计方法并制定相应的防火设计规范终归是建筑发展的必然需要，因为它较之"处方式"的建筑设计方法更具有科学性和合理性。

10.1　性能化防火设计

10.1.1　性能化防火设计的概念

性能化防火设计是近年来在国际上开始流行的一种新的防火设计理念，其全称为以性能为基础的防火设计，简称为性能化防火设计或性能化设计。

性能化防火设计是以某一（或某些）安全目标为设计目标，基于综合安全性能分析和评估的一种工程方法，是建立在火灾科学和消防工程学基础之上的。火灾科学和消防工程学是一门以火灾发生与发展规律和火灾预防与扑救技术为研究对象的新兴综合性学科，是综合反映火灾防治科学技术的知识体系。

性能化防火设计的关键是对建筑物的火灾危险状况做出科学的客观的恰如其分的分析，是以火灾性能为基础而进行的具体的建筑工程设计，这是一种创新性的设计行为。性能化设计方法具有很强的灵活性，其具体形式可以是多种多样的，掌握恰当的尺度是一项科学性、合理性很强的事情，它也需要一定的规范、规定或标准来指导、监督和执行。

进行性能化防火设计离不开准确可靠的定量分析数据，而火灾过程的计算机模拟是一种主要的定量分析手段。性能化防火设计应当建立一个以计算机模拟分析为核心的综合性软件体系，主要包括适用的定量计算工具和进行定量分析所需的数据库，并且应当包括若干子模型。性能化防火设计体系的基本模型，如图 10-1 所示。

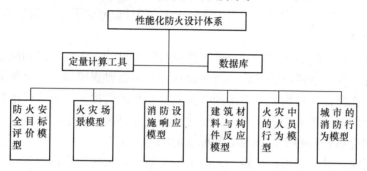

图 10-1　性能化防火设计体系的基本模型

10.1.2　性能化防火设计的特点

性能化防火设计主要有以下特点：

（1）目标的设计

在传统的防火设计中，设计人员是根据规范的要求进行设计，对于设计所要达到的最终安全水平或目标考虑不多，因为安全目标是在制定规范时已确定。但是，在性能化防火设计中，安全目标却是设计人员必须关心的内容之一。安全目标是防火设计应该达到的最终目标或安全水平，除非规范中有明确的规定，一般应该同消防主管部门、建筑业主、建筑使用方共同协商确定。安全目标确定后，设计人员应根据建筑物各种不同的功能要求、空间环境及其他相关条件，自由选择达到防火安全目标而因采取的各种防火措施，并将其有机地结合起来，构成建筑物的总体防火设计方案。

两者的区别在于，前者是既有目标，也有（或规定）要完成目标的方式、方法及路径，设计人员照此办理即可；而后者是只定目标，而完成目标的方式、方法及路径，由设计人员根据具体问题分析确定。这好比有几个人约定在某一时间到某一地点集合去做一件事，这里某一时间到某一地点就是目标，至于如何实现这一目标，各人可能有各人的行走路线和交通工具，可以自由选择，只要按时到达就行。而在传统的防火设计中，不仅制定了目标，同时也指定了统一的行动路线和交通工具，显然对各人来说，就有一定的局限性。

（2）综合的设计

在性能化防火设计中，应该综合考虑各个防火子系统在整个设计方案中的作用，而不是将各个子系统单纯地叠加。综合设计包含两方面的含义。

首先，要了解各个防火子系统（包括探测报警、灭火、疏散、防排烟、被动防火措施、救援等）的性能，再针对可能发生的火灾特性，具体实现各个子系统的性能。最后用工程学的方法对发生火灾时的火灾特性进行预测，并判断其结果是否与所规定的安全目标相一致。要达到某一安全目标，可能需要组合多种防火措施，而组合方法可能并不是一种，如果加强

253

了某项措施，而另一项措施可能处于次要地位，反之亦然。

其次，只考虑建筑物的设计是不够的，还必须同时考虑在施工阶段、使用阶段应该体现设计中所要求的性能，防止在维护管理时功能下降，并要正确合理地使用。设计时提出的要求，如果在建筑物竣工后不能恰当地进行维护管理，或使用方法不当，也不能有效地发挥其功能，建筑物也不能达到应有的安全水平。从这一点讲，性能化防火设计也考虑了建筑物使用期的防火安全。

（3）合理的设计

性能化防火设计方法的研究，就是要改进现行防火设计方法中存在的问题，以进一步达到设计的合理性。换句话说，性能化的防火设计，并不是要直接提高安全标准或降低防火措施的成本，而是在保证建筑物需要满足的防火安全水平的前提下，更合理地配置各个防火子系统，更合理地降低建筑成本。同时，性能化防火设计方法有利于新技术、新材料、新产品的开发、推广和应用；有利于设计规范和标准的国际化等。

总之，性能化设计方法可使建筑物的防火安全目标、火灾损失目标和设计目标实现良好统一。与传统的"处方式"设计方法相比，这种设计方法能够大大改进建筑防火设计的科学性和合理性，从而可带来良好的社会效益和经济效益。

10.2　处方式防火设计

处方式的防火设计方法就是按照国家（或有关部门）制定的防火规范进行防火设计。在防火规范中按建筑物的用途、规模和结构形式等规定了防火设计必须满足的各项设计指标或参数。如建筑物的耐火等级、防火间距、防火分区、装修材料的选用与控制、安全疏散、防排烟设施、火灾自动报警装置、室内外消火栓系统、自动喷水灭火系统及其他灭火设施的装置等。设计人员可根据所设计的建筑物的形式，并结合实践经验，从规范中直接选定与建筑物相应的设计参数和指标。就是按照规范条文的要求按部就班地进行设计，不必考虑所设计的建筑物具体达到什么样的安全水平，而是认为按照规范要求进行的设计就能够保证所设计的建筑物达到一个可以接受的安全水平。至于具体达到什么样的安全水平，规范里一般都没有明确的说明。依据这种规范进行防火设计，只要把建筑物"对号入座"就可以，有些像医生看病开处方一样。因而，这种设计方法被称为"处方式"的设计方法，这种规范也被称为"处方式"的规范。

近年来，由于科学技术和经济的发展，各种多功能的、复杂的大型建筑迅速增多，新材料、新工艺、新技术和新的结构形式不断涌现，这主要表现在以下几个方面：

（1）建筑规模超大化。高层、超高层建筑越来越多；

（2）建筑功能复杂化。往往集多种功能于一体；

（3）建筑形式的多样化。新的建筑形式不断出现，如地下商业街（城）、地下交通建筑及自动化停车库系统等；

（4）结构形式的个性化。建筑物新颖的结构形式往往能博得标新立异、突出个性的效果，这类建筑大多采用钢结构，并配合玻璃、膜材料或其他材料。

目前，许多国家和地区已建造出面积超过几十万平方米、高度达到几百米的庞大建筑。今后，随着社会的发展和建筑技术的不断进步，多种多样的超高、超大建筑和特殊功能的建筑势必还要进一步增多。然而，原有的处方式的防火规范就难以全面地解决这类建筑的防火设计问题。比如，划分防火分区是防止火灾蔓延的基本手段，它可以把火控制在一定范围内，从而有效地减少火灾损失。其分隔的主要做法是设置防火墙、防火门、防火卷帘等分隔物，把建筑物内的大空间分隔成多个面积不超过限值的小空间。在处方式的防火设计规范中对防火防烟分隔的要求都做了详细的规定，其基本思想是某类建筑的防火分区面积必须小于一定的值。但是对于某些大型建筑来说，由于使用功能的要求，在正常情况下其内部空间是不允许分隔的，如体育馆、展览馆、大型会堂、大型厂房、候车（机）厅、中厅等。而处方式防火设计规范中对防火防烟分区规定的做法，对这类建筑就无法做到。

"超大"建筑的兴起与发展，对建筑物的防火设计提出了新的要求。因此，防火设计规范应当通过自身的逐步完善以适应不断出现的新型建筑的需要。这样依据特定建筑物的火灾特性确定其防火设计方案便是历史的必然选择。

处方式防火设计与性能化防火设计相比主要的差异，可见表 10-1。

表 10-1　处方式设计与性能化设计的主要差异

处 方 式 设 计	性 能 化 设 计
1. 直接从处方式规范中选定设计参数和指标，不必提出任何问题；	1. 依照性能化规范，只要能够证明性能要求可以达到，允许改变设计参数和指标；
2. 主要关心怎样使设计方案满足规范要求；	2. 主要关心如何有效的控制火灾；
3. 原则上说，规范中没有规定的技术和方法不允许使用；	3. 所提供的性能只要能够被证明是合适的，就允许采用任何创新性的设计方案和技术；
4. 考虑消防对策时重视单项技术的应用，整体性不强	4. 强调各种消防系统的总和优化集成

处方式建筑防火设计规范是根据人们与火灾斗争的大量经验、教训、实验与分析结果整理编制而成的，是人类与火灾斗争的宝贵经验的结晶，是防火、灭火经验的体现，它在保证建筑物火灾安全方面发挥了很好的作用。实际上，性能化设计方法是在处方式设计方法的基础上发展起来的。

处方式建筑防火设计规范同时也综合地考虑了当时的科技、社会经济水平以及国外的相关经验。规范的很多条文是根据大量经验教训或试验数据总结出来的，在其规定的范围内具有很强的可靠性，而且有设计简单、便于操作的优点。处方式的防火设计规范，在规范建筑物的防火设计、减少火灾造成的损失方面功不可没。对于绝大部分普通的民用建筑和一般性的工业建筑物来说，在今后相当长的时间内将仍然采用处方式防火设计规范。提出发展性能化设计规范是要处理好这两种规范的"互补"关系，绝不能否定前者。当今世界各国建筑物的防火设计，基本上还采用这种方法。

10.3　性能化防火设计的应用

10.3.1　性能化防火设计的步骤

性能化防火设计是通过定量分析和评估的方法解决消防问题，需要解决的消防问题不同，所采用的方法也不同，其设计的步骤也不可能相同，但大多数都遵循一定的设计流程。

据有关资料介绍，性能化防火设计一般可分为七个步骤：

（1）确定性能化防火设计的内容

性能化防火设计是运用消防工程学的原理和方法，根据建筑物的使用功能、结构形式和内部可燃物等方面的具体情况，对建筑物的火灾危险性和危害性，进行定量的分析和评估，得出优化的防火设计方案，为建筑物提供足够的安全保障。

设计者提出性能化防火设计的内容，且要充分论证其必要性，并报消防主管部门审批，取得认可后，才能进入下一步设计工作。性能化防火设计的内容要由业主、使用方、设计单位等会同消防主管部门协商确定。

（2）确定性能化防火设计的安全目标

性能化防火设计的内容确定后，再对所涉及的问题作全面、深入地了解、分析，提出解决该问题的安全目标。安全目标由业主、使用方、设计、咨询等单位会同消防主管部门协商确定。

有关资料将安全目标分为三类，即总体目标、功能目标和性能目标。

总体目标，包括保护生命、财产安全；保护建筑使用功能（或服务）的连续性；保护环境不受火灾的有害影响。

功能目标，是为实现总体目标制定的具体目标（如，疏散时间等）。

性能目标，是完成功能目标的具体措施，即对建筑及其系统应具备的性能要求（如，建筑材料、构件等）。

（3）确定设计方案的性能指标

性能化防火设计的安全目标可以分解成一系列的性能指标，也就是量化指标，即设计指标。性能指标是评估设计方案是否能达到总体安全目标的最终依据。

（4）设计方案的安全性评估

防火设计方案的安全性评估是建筑物性能化防火设计的核心。主要包括建筑物火灾危险性分析和火灾危害性分析两方面的内容。

（5）编写性能化设计报告

设计报告是性能化设计上报、审批的主要文件。编写的内容应有：工程范围及性能化设计的内容；安全目标；性能指标火灾场景设计；设计方案的分析与评估及设计单位人员资质说明等。

（6）专家评议

由于设计过程中存在许多非规范化的内容，如性能指标的确定、火灾场景的设计、一些边界条件的设定等，同时也为了保证设计过程的正确性，减少设计中可能出现的失误、一般有必要对设计报告进行第三方的复核或再评估。对于特殊的工程项目还需要组织专家论证会，对设计报告与复核再评估报告进行论证，最后以论证会上形成的专家组意见作为设计与施工的依据。

（7）深化设计

性能化防火设计一般开始于建筑设计的方案设计与初步设计阶段。在初步设计中，有些条件和参数是不明确或未知的，这些信息可能在后续的施工设计阶段才能确定下来，而这些条件和参数却是性能化设计所需要的。例如性能化设计在确定排烟量的同时会对排烟口的布置、每个风口的风量等提出要求，而排烟口的数量、排烟口的布置以及每个风口的风量一般要等到施工设计时才能完全确定。另外，性能化设计中提出的假设和边界条件，在施工设计阶段也可能会被改变。诸如此类的问题都需要在后续的设计工作中不断深化。

具体进行建筑物的防火设计时，还需要将上述的各项要求进一步细化，并制定可行的操作步骤。在分析多种方法的基础上，可以把性能化防火设计过程分为设计准备、定量评估和文件编制三个主要阶段，每个阶段又分为若干步骤。各阶段及各个步骤所涉及的主要内容，可见性能化设计步骤示意图，如图 10-2 所示。

10.3.2　性能化防火设计的方法

性能化防火设计方法是一种新型的防火系统设计思路，是建立在更加理性条件上的一种新的设计方法。它不是根据确定的、一成不变的模式进行设计，而是运用消防安全工程学的原理和方法，首先制定整个防火系统应该达到的性能目标，并根据各类建筑物的实际状态，应用所有可能的方法对建筑物的火灾危险和将导致的后果进行定性、定量的预测与评估，以期得到最佳的防火设计方案和最好的防火保护；它主要对建筑物应当达到的防火目的、损失目标、性能要求及设计时所需遵循的原则和方法等作了规定；它是一种针对特殊情况的工程应

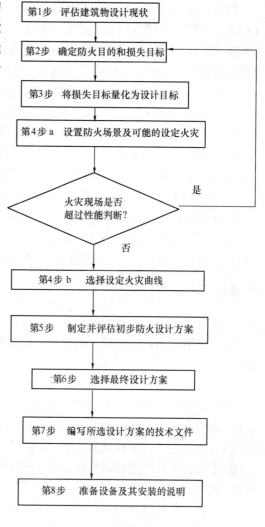

图 10-2　性能化设计步骤示意图

用，这样可以准确地反映预期火灾对特定设施的作用，可使建筑物的防火安全目标、火灾损失目标和设计目标实现良好的统一。

实际上，建筑物的性能化防火设计方法涉及性能化防火分析、性能化防火设计和性能化设计规范三个基本方面。

（1）性能化防火分析

性能化防火分析，是建筑物火灾风险分析的一种形式，它是根据建筑物的特点，通过定量计算，用具体数据描述出火灾的发生和发展过程，并分析这种火灾对建筑物内的人员、财产及建筑结构本身的影响程度，从而为采取合理的消防对策提供基本依据。与以往的火灾分析不同的是，性能化防火分析更加强调量化分析，这种分析可以加深人们对该建筑物的火灾特点和规律的认识。因此，它是性能化防火设计方法的核心。

（2）性能化防火设计

性能化防火设计，是在性能化防火分析的基础上所进行的建筑物各种火灾防治系统的设计行动，它将综合建筑物业主的安全要求、建筑物的现场条件和有关的安全规定等，做出建筑物防火系统的具体设计方案。并且要对各种可采用的设计方案进行比较评估，从中选出最终的实施方案并完成相应的设计文件等。它与性能化防火分析有着密切的关系，只是防火分析不一定与防火设计挂钩，它还可以为其他的火灾防治目的服务，例如防火安全管理、火灾安全教育以及灭火预案的制定；而性能化防火设计必须依赖性能化防火分析的结果，其主要任务是完成设计工作所需要的、完整的性能化设计文件。

（3）性能化防火规范

性能化防火规范，是指导按性能化方法进行防火设计的法规性文件，它对进行性能化防火设计中应当满足的要求、应当遵守的规程和应当注意的问题等做出必要的规定。这种规范对于保证采用性能化设计方法的建筑达到预期的火灾安全目标是十分必要的。

总之，性能化设计方法是一种针对特殊情况与处方式设计方法相比这种方法能够大大改进建筑防火设计的科学性和合理性，从而可带来良好的社会效益和经济效益。

10.3.3　示例分析

在建筑设计中，特别是对一些大型的、有特殊要求的建筑物的防火设计，经常碰到的几个比较突出的问题，执行现行规范有一定的局限性，对此，在本节结合性能化设计方法作一简析。

（1）安全疏散

建筑设计中对人员安全疏散的考虑，主要是根据建筑物的性质、使用人数，按照规范的要求设置安全出口，包括安全出口的个数、宽度、位置及其之间距离等，这在普通建筑中是完全可行的，也是应该达到的标准。但是在一些大型的、特殊的建筑中由于功能的需要，安全出口个数、疏散宽度和疏散距离就不能完全满足规范的要求。如大型商场的疏散设计，问题就比较突出。

事实上，当建筑物内发生火灾时，影响疏散的不仅仅是安全出口的个数、宽度和距离，还有烟气的流动状态及温度、毒气、热辐射等各种因素，这说明了要保证人员安全疏散，应该把这些影响因素作为一个综合系统来考虑。现行防火规范主要是考虑建筑布局对疏散的影响，而对其他因素之间的相互作用及各因素对疏散的影响，虽有一些构造的要求，但缺乏综合的定量分析。而性能化防火设计的方法是通过对各种因素的定量分析，确定安全目标，即将建筑物内全体人员疏散到安全地点之前不应受到火灾的危害作为设计目标，疏散的安全性是通过分析疏散时间和危险来临时间的分析比较来判断。疏散时间和危险来临时间的计算中综合考虑了在各种可能发生的火灾场景下，建筑物及消防系统的影响。

（2）防火分区

设置防火分区是为了控制火灾大面积的蔓延，减少火灾损失。设计中按照规范的要求，划分防火分区，不允许防火分区超面积，这对一般建筑物来说是可以的，但对一些大型的、特殊的建筑物，只能是以限制建筑物或功能分区的规模来满足规范的要求，这显然不尽合理。

防火分区面积的控制，具有一定的合理性。但每座建筑物的性质、功能及内部可燃物是不一样的，仅用统一的数据来制约，就缺乏应有的科学性和合理性。若增大防火分区的面积，将会增大火灾大面积蔓延的可能性；同时由于疏散距离的增加等因素，也将导致人员疏散的危险性增加。所以，通过采取措施控制火灾蔓延，且能够保证人员疏散的安全，以达到同样的目的而不对面积做出具体的规定。控制火灾蔓延的措施是具体分析火灾的危险性，如对局部火灾危险性较高的区域采取必要的防火分隔、对可燃物的布置和间距提出要求，以及设计防排烟和自动灭火系统等。在采取这些措施的基础上，防火分区超面积的问题就转化为人员的安全疏散问题。防火分隔的主要内容是估算各防火分区的最大火灾持续时间。火灾持续时间小于分隔物的耐火极限，其分隔措施是有效的。这就是以性能化防火设计的方法解决防火分区超面积的设计思路。

（3）中庭排烟

中庭设置排烟系统，是要防止烟气的蔓延，控制烟气的浓度，从而保证人员在一定时间内的疏散安全。规范规定中庭的排烟量，是按照中庭体积的大小进行换气次数（或开窗面积）计算，这是有局限性的。没有考虑火灾的强度和中庭的高度等因素。火灾荷载的大小是产生烟量的主要因素。中庭内各层的布置、商铺的种类、可燃物的多少及人流量是各不相同的，若用统一的标准计算，显然不够合理；同时，火灾发生的位置不同，排烟量的设计也应该有所不同。当火灾发生在底层和发生在顶层，所产生的烟气是完全不一样的。再有，防排烟系统采用不同火灾报警联动控制方式，防排烟的效果也会有很大的不同。

用性能化的方法进行中庭排烟量的设计，就要考虑火灾规模、火灾位置、设计烟层的高度等因素，就比较合理。当然，其计算结果可能大于或小于按规范要求的设计值，但它更符合实际情况。

（4）钢结构防火

钢结构的防火设计一般要求是采取一定的保护措施，例如喷涂防火涂料、外包防火板或设置自动喷水灭火系统等。但对于有特殊要求的钢结构建筑物或以钢结构作为装饰的特殊建筑（如奥运场馆、国家大剧院等），常规的钢结构防火保护措施是不能适用的，而必须以性能化的分析方法对结构的安全性做出评价。主要是通过分析火灾时钢结构处的温度与钢结构的临界温度做对比，来判断结构的防火安全性。

为了防止建筑火灾的发生和减少火灾损失，人们总要采取各种消防对策控制或者改变火灾过程。性能化防火设计要求根据具体建筑物的火灾发展特性来决定其防火需要，因此需要正确认识各种消防对策的作用机理和实际效果，以便达到从整体上保证建筑物火灾安全的目的，并实现防治的科学性、有效性和经济性的有机统一。不同的对策在火灾的不同阶段发挥作用，在设计火灾场景和进行定量计算时，应当考虑不同对策的作用效果。

思 考 题

1. 了解性能化防火设计的基本概念及其特点。
2. 了解性能化防火设计的基本原理和方法。
3. 了解性能化防火设计方法的基本步骤。
4. 熟悉处方式防火设计方法的优点及局限性。
5. 试用性能化防火设计的方法分析设计中碰到的实际问题。

第11章 建筑节能设计与防火

【内容提要】 本章紧密联系我国已颁布的建筑节能标准，结合我国不同地域的气候环境和建筑特点，介绍建筑耗能的构成和节能的基本途径；提供了相关的节能设计依据、方法和建筑各部位节能技术及常用构造热工性能参数；并针对居住建筑和公共建筑节能设计提供设计案例。

11.1 概述

11.1.1 建筑节能的含义

20世纪70年代，因阿以战争爆发而引起的阿拉伯石油禁运能源危机是最初建筑节能概念的摇篮，但最初阶段的措施主要还是以纯粹的节约能耗为主，随着建筑技术的发展，以及民间力量踊跃参与，逐步发展为现在所遵循的在提高能耗效率的基础上实现节约能源的目的。

建筑节能在发达国家共经历了三个阶段：第一阶段，称为"在建筑中节约能源"，即我们现在所说的建筑节能；第二阶段，改称"在建筑中保持能源"，意思是尽量减少能源在建筑物中的散失；第三阶段，近年来普遍称为"在建筑中提高能源的利用效率"，即不是消极意义上的节省，而是从积极的意义上提高能源利用效率。我国现阶段虽然仍通称为建筑节能，但其含义已上升到上述的第三阶段意思，即在建筑中合理地使用能源，不断地提高能源的利用效率。

11.1.2 建筑节能的基本知识

11.1.2.1 建筑节能设计气候分区

我国分别编制了严寒和寒冷地区、夏热冬冷、夏热冬暖地区的居住建筑节能设计标准和公共建筑节能设计标准。这些标准中气候分区都是建立在我国《民用建筑热工设计规范》（GB 50176—1993）中气候分区的基础上的，有些标准还进行了再细分。我国地域辽阔，即使在同一气候区内某些地区间冷暖程度的差异还是较大的，客观上也存在进一步细分的必要，目的是使得标准中对建筑围护结构热工性能的要求更合理一些。

（1）居住建筑节能设计气候分区

居住建筑节能设计气候分区为：严寒地区（分A、B、C三个区）、寒冷地区（分A、B两个区）、夏热冬冷地区、夏热冬暖地区（分南、北两个区）、温和地区（分A、B两个区）。居住建筑主要城市所处气候分区见表11-1。

表 11-1　居住建筑主要城市所处气候分区

气候分区		代表性城市
严寒地区 （Ⅰ区）	严寒 A 区	博克图、满洲里、海拉尔、呼玛、海伦、伊春、富锦、大柴旦
	严寒 B 区	哈尔滨、安达、佳木斯、齐齐哈尔、牡丹江
	严寒 C 区	大同、呼和浩特、通辽、沈阳、本溪、阜新、长春、延吉、通化、四平、酒泉、西宁、乌鲁木齐、克拉玛依、哈密、抚顺、张家口、丹东、银川、伊宁、吐鲁番、鞍山
寒冷地区 （Ⅱ区）	寒冷 A 区	唐山、太原、大连、青岛、安阳、拉萨、兰州、平凉、天水、喀什
	寒冷 B 区	北京、天津、石家庄、徐州、济南、西安、宝鸡、郑州、洛阳、德州
夏热冬冷区（Ⅲ区）	—	南京、蚌埠、盐城、南通、合肥、安庆、九江、武汉、黄石、岳阳、汉中、安康、上海、杭州、宁波、宜昌、长沙、南昌、株洲、永州、赣州、韶关、桂林、重庆、达县、万州、涪陵、南充、宜宾、成都、遵义、凯里、绵阳
夏热冬暖区 （Ⅳ区）	北区	福州、莆田、龙岩、梅州、兴宁、龙川、新丰、英德、贺州、柳州、河池
	南区	泉州、厦门、漳州、汕头、广州、深圳、香港、澳门、梧州、茂名、湛江、海口、南宁、北海、百色、凭祥
温和地区 （Ⅴ区）	温和地区 A 区	西昌、贵阳、安顺、遵义、昆明、大理、腾冲
	温和地区 B 区	攀枝花、临沧、蒙自、景洪、澜沧

（2）公共建筑节能设计气候分区

公共建筑节能设计气候分区为：严寒地区 A 区、严寒地区 B 区、寒冷地区、夏热冬冷地区、夏热冬暖地区。公共建筑主要城市所处的气候分区见表 11-2。

表 11-2　代表城市建筑热工设计分区

气候分区及气候子区		代表城市
严寒地区	严寒 A 区	博克图、伊春、呼玛、海拉尔、满洲里、阿尔山、玛多、黑河、嫩江、海伦、齐齐哈尔、富锦、哈尔滨、牡丹江、大庆、安达、佳木斯、二连浩特、多伦、大柴旦、阿勒泰、那曲
	严寒 B 区	
	严寒 C 区	长春、通化、延吉、通辽、四平、抚顺、阜新、沈阳、本溪、鞍山、呼和浩特、包头、鄂尔多斯、赤峰、额济纳旗、大同、乌鲁木齐、克拉玛依、酒泉、西宁、日喀则、甘孜、康定
寒冷地区	寒冷 A 区	丹东、大连、张家口、承德、唐山、青岛、洛阳、太原、阳泉、晋城、天水、榆林、延安、宝鸡、银川、平凉、兰州、喀什、伊宁、阿坝、拉萨、林芝、北京、天津、石家庄、保定、邢台、济南、德州、兖州、郑州、安阳、徐州、运城、西安、咸阳、吐鲁番、库尔勒、哈密
	寒冷 B 区	
夏热冬冷地区	夏热冬冷 A 区	南京、蚌埠、盐城、南通、合肥、安庆、九江、武汉、黄石、岳阳、汉中、安康、上海、杭州、宁波、温州、宜昌、长沙、南昌、株洲、永州、赣州、韶关、桂林、重庆、达县、万州、涪陵、南充、宜宾、成都、遵义、凯里、绵阳、南平
	夏热冬冷 B 区	
夏热冬暖地区	夏热冬暖 A 区	福州、莆田、龙岩、梅州、兴宁、英德、河池、柳州、贺州、泉州、厦门、广州、深圳、湛江、汕头、南宁、北海、梧州、海口、三亚
	夏热冬暖 B 区	
温和地区	温和 A 区	昆明、贵阳、丽江、会泽、腾冲、保山、大理、楚雄、曲靖、泸西、屏边、广南、兴义、独山
	温和 B 区	瑞丽、耿马、临沧、澜沧、思茅、江城、蒙自

注：本表摘自《公共建筑节能设计标准》（GB 50189—2005）

（3）建筑热工设计应与地区气候相适应。

1）严寒地区：必须充分满足冬季保温要求，一般可不考虑夏季防热。

2）寒冷地区：应满足冬季保温要求，部分地区兼顾夏季防热。

3）夏热冬冷地区：必须满足夏季防热要求，适当兼顾冬季保温。

4）夏热冬暖地区：北区，必须充分满足夏季防热要求，同时兼顾冬季保温；南区，必须充分满足夏季防热要求，可不考虑冬季保温。

5）温和地区：部分地区应考虑冬季保温，一般可不考虑夏季防热。

11.1.2.2 基本术语

（1）导热系数（λ）

稳态传热条件下，1m 厚的物体两侧表面温差为 1K 时，单位时间内通过单位面积传递的热量。单位：W/（m·K）。

（2）比热容（C）

1kg 的物质，温度升高或降低 1K 时，所需吸收或放出的热量。单位：kJ/（kg·K）。

（3）材料蓄热系数（S）

当某一足够厚度的单一材料层一侧受到谐波热作用时，表面温度将按同一周期波动，通过表面的热流波幅与表面温度波幅的比值。其值越大，材料的热稳定性越好。单位：W/（m^2·K）。材料的蓄热系数可通过计算确定，或从《民用建筑热工设计规范》（GB 50176—1993）附录 4 附表 4.1 中查取。

（4）围护结构

建筑物及房间各面的围挡物。它分透明和不透明两部分：不透明围护结构有墙、屋顶、楼板和地面等；透明围护结构有窗户、天窗和阳台门等。按是否同室外空气直接接触以及在建筑物中的位置，又可分为外围护结构和内围护结构。

（5）表面换热系数（α）

表面与附近空气之间的温差为 1K，1h 内通过 1m^2 表面传递的热量，在内表面，称为内表面换热系数；在外表面，称为外表面换热系数。单位：W/（m^2·K）。

（6）表面换热阻（R_i、R_e）

围护结构两侧表面空气边界层阻抗传热能力的物理量，为表面换热系数的倒数。在内表面，称为内表面换热阻（R_i）；在外表面，称为外表面换热阻（R_e）。具体数值可按国家标准《民用建筑热工设计规范》（GB 50176—1993）取用。在一般情况下，外围护结构的内表面换热阻可取 $R_i=0.11m^2$·K/W，外表面换热阻可取 $R_e=0.04m^2$·K/W（冬季状况）或 0.05m^2·K/W（夏季状况）。

（7）建筑物体形系数（S）

建筑物与室外大气接触的外表面面积 F_0 与其所包围的体积 V_0 的比值。外表面积中不包括地面和不采暖楼梯间隔墙与户门的面积。

（8）围护结构传热系数（K）

在稳态条件下，围护结构两侧空气温度差为 1K，单位时间内通过单位面积传递的热量。单位：W/（m^2·K）。

（9）围护结构传热系数的修正系数

有效传热系数与传热系数的比值，即 $\varepsilon_i = K_{eff}/K$。$\varepsilon_i$ 实质上是围护结构因受太阳辐射和天空辐射影响而使传热量改变的修正系数。

（10）热阻（R）

表征围护结构本身或其中某层材料阻抗传热能力的物理量。单一材料围护结构热阻 $R = d/\lambda_C$。d 为材料层厚度（m），λ_C 为材料的导热系数计算值 [W/（m·K）]。多层材料围护结构热阻 $R = \sum (d/\lambda_C)$。单位：$m^2 \cdot K/W$。

（11）围护结构传热阻（R_0）

表征围护结构（包括两侧表面空气边界层）阻抗传热能力的物理量，为结构材料层热阻（$\sum R$）与两侧表面换热阻之和。单位：$m^2 \cdot K/W$。

（12）围护结构热惰性指标（D）

表征围护结构对温度波衰减快慢程度的无量纲指标。单一材料围护结构热惰性指标 $D = RS$；多层围护结构热惰性指标 $D = \sum (RS)$。式中 R、S 分别为围护结构材料层的热阻和对应材料层的蓄热系数。

（13）窗墙面积比

窗户洞口面积与房间立面单元面积（即建筑层高与开间定位线围成的面积）的比值。

（14）平均窗墙面积比（C_M）

整栋建筑外墙面上的窗及阳光门的透明部分的总面积与整栋建筑的外墙面的总面积（包括其上的窗及阳光门的透明部分的面积）之比。

（15）外窗的遮阳系数

表征窗玻璃在无其他遮阳措施情况下对太阳辐射透射得热的减弱程度。其数值为透过窗玻璃的太阳辐射得热与透过 3mm 厚普通透明窗玻璃的太阳辐射得热之比值。

（16）外窗的综合遮阳系数（S_W）

考虑窗本身和窗口的建筑外遮阳装置综合遮阳效果的一个系数，其值为窗本身的遮阳系数（SC）与窗口的建筑外遮阳系数（SD）的乘积。

（17）采暖期室外平均温度（t_C）

在采暖期起止日期内，室外逐日平均温度的平均值。

（18）采暖度日数（$HDD18$）

一年中，当某天室外日平均温度低于 18℃时，将低于 18℃的度数乘以 1d，并将此乘积累加。单位：℃·d。

（19）空调度日数（$CDD26$）

一年中，当某天室外日平均温度高于 26℃时，将高于 26℃的度数乘以 1d，并将此乘积累加。单位：℃·d。

（20）建筑物耗冷量指标

按照夏季室内热环境设计标准和设定的计算条件，计算出的单位建筑面积在单位时间内消耗的需要由空调设备提供的冷量。

（21）建筑物耗热量指标（q_H）

在采暖期室外平均温度条件下，为保持室内计算温度，单位建筑面积在单位时间内消耗的、需由室内采暖设备供给的热量。

（22）建筑物耗煤量指标（q_C）

在采暖期室外平均温度条件下，为保持室内计算温度，单位建筑面积在一个采暖期内消耗的标准煤量。单位：kg/m^2。

（23）空调年耗电量

按照夏季室内热环境设计标准和设定的计算条件计算出的单位建筑面积空调设备每年所要消耗的电能。

（24）采暖年耗电量

按照冬季室内热环境设计标准和设定的计算条件计算出的单位建筑面积采暖设备每年所要消耗的电能。

（25）采暖能耗（Q）

用于建筑物采暖所消耗的能量，其中包括采暖系统运行过程中消耗的热量和电能，以及建筑物耗热量。

（26）空调、采暖设备能效比（EER）

在额定工况下，空调、采暖设备提供的冷量或热量与设备本身所消耗的能量之比。

（27）典型气象年（TMY）

以近 30 年的月平均值为依据，从近 10 年的资料中选取一年各月接近 30 年的平均值作为典型气象年。由于选取的月平均值在不同的年份，资料不连续，还需要进行月间平滑处理。

（28）热桥

围护结构中包含金属、钢筋混凝土或混凝土梁、柱、肋等部位，在室内外温差作用下，形成热流密集、内表面温差较低的部位。这些部位形成传热的桥梁，故称热桥。

（29）可见光透射比

透过透明材料的可见光光通量与投射在其表面上的可见光光通量之比。

（30）围护结构热工性能权衡判断

当建筑设计不能完全满足规定的围护结构热工设计要求时，计算并比较参照建筑和所设计建筑的全年采暖和空气调节能耗，判定围护结构的总体热工性能是否符合节能设计要求。

（31）可再生能源

从自然界获取的、可以再生的非化石能源，包括风能、太阳能、水能、生物质能、地热能和海洋能等。

（32）空气源热泵

以空气为低位热源的热泵。通常有空气/空气热泵、空气/水热泵等形式。

（33）水源热泵

以水为低位热源的热泵。通常有水/水热泵、水/空气热泵等形式。

（34）地源热泵

以土壤或水为热源，以水为载体在封闭环路中循环进行的热交换的热泵。通常有地下埋管、井水抽灌和地表水盘管等系统形式。

（35）所设计建筑

正在设计的、需要进行节能设计判定的建筑。

（36）参照建筑

对围护结构热工性能进行权衡判断时，作为计算全年采暖和空气调节能耗用的假想建筑。参照建筑的形状、大小、朝向与设计建筑完全一致，但围护结构热工参数应符合相关标准的规定值。

（37）对比评定法

将所设计建筑物的空调采暖能耗和相应参照建筑物的空调采暖能耗作对比，根据对比的结果来判定所设计的建筑物是否符合节能要求。

（38）换气体积

需要通风换气的房间体积。

（39）换气次数

单位时间内室内空气的更换次数。

11.1.2.3 建筑节能的基本途径

（1）降低采暖建筑能耗的途径

当采暖建筑的总得热量和总失热量达到平衡时，室温才得以保持。为此需要对前述引起采暖建筑失热量的因素采取应对措施，以降低采暖供热系统的耗能量，可供采取的节能途径主要有以下几点：

1）充分利用太阳辐射得热。

2）选择合理的体形系数与平面形式。

3）提高围护结构的保温性能。

4）提高门窗的气密性，减少冷风渗透。

5）使房间具有与使用性质相适应的热特性。

6）改善采暖系统的设计和运行管理。有以下措施：应因地制宜地选用适合本地区的、能效比高的采暖系统和合理的运行制式；加强供热管路的保温，加强热网供热的调控能力；合理利用可再生能源（如利用太阳能集热供暖、供热水；结合地区气候特点，冬夏合理利用地源热泵技术进行采暖空调）。

7）对采暖排风系统能量进行回收（如采用各种类型的热能回收装置）。

（2）降低空调建筑能耗的途径

减少空调建筑耗冷量的方式，按照机理主要可分为两类：其一是减少得热，例如通过对夏季室外"热岛"效应的有效控制，改善建筑物周边的微气候环境；或对太阳辐射（直接或间接）得热采取控制措施；其二是可通过蓄能技术调节得热模式，如结合地区气候特点采用热惰性指标 D 值较大的重型（或外保温）围护结构，白天蓄热（或减少得热），延迟围护结构内表面最高温度出现的时间至夜间，并衰减其谐波波幅值，此时，室外空气温度已降低，可直接通过自然通风或强制通风等手段将室内热量排至室外并蓄存室外冷量，从而达到降低建筑耗冷量的目的，这其中还可包括应用间歇自然通风、通风墙（屋顶）、蒸发冷却、辐射制冷等手段。可供采取的节能途径主要有以下几种：

1）减弱室外热作用。

2）对围护结构外表面应采用浅色装饰以减少对太阳辐射热的吸收系数（但应注意不要引起反射眩光），以降低室外综合温度。

3）对外围护结构要进行隔热和散热处理，特别是对屋顶和外墙要进行隔热和散热处理，使之达到节能标准规定的限值要求。

4）合理组织房间的自然通风。

5）选择合适的窗墙面积比，设置窗口（屋顶和西、东墙面）遮阳。

6）夏热冬冷和夏热冬暖地区的外门，也应采取保温隔热节能措施。

7）在夏热冬冷及夏热冬暖地区，当空调系统间歇运行时，或者是利用深夜间自然通风降温并蓄存室外冷量时，应作具体的技术、经济分析，并与冬季统筹考虑，以使房间和围护结构具有与使用性质相适应的热工特性。

8）合理利用自然能源和可再生能源。

9）尽量减少室内余热。

10）选用能效比高的空调制冷系统，并使其高效运行。

11.1.3 建筑节能相关规范要点简介

11.1.3.1 建筑规划设计中的节能技术

（1）总体布局原则

建筑总平面的布置和设计，宜充分利用冬季日照并避开冬季主导风向，利用夏季凉爽时段的自然通风。建筑的主要朝向宜选择本地区最佳朝向，一般宜采用南北向或接近南北向，主要房间避免夏季受东、西向日晒。

（2）选址

建筑的选址要综合考虑整体的生态环境因素，充分利用现有城市资源，符合可持续发展的原则。

（3）外部环境设计

在建筑设计中，应对建筑自身所处的具体的环境加以充分利用和改善，以创造能充分满足人们舒适条件的室内外环境。如在建筑周围种植树木、植被，可有效阻挡风沙，净化空气，同时起到遮阳、降噪的效果。有条件的地区，可在建筑附近设置水面，利用水面平衡环境温度、湿度、防风沙及收集雨水。也可通过垂直绿化、渗水地面等，改善环境温湿度，提高建筑物的室内热舒适度。

（4）规划和体形设计

在建筑设计中，应对建筑的体形以及建筑群体组合进行合理的设计，以适应不同的气候环境。如在沿海湿热地区，为有效改善自然通风，规划布局上可利用建筑的向阳和背影形成风压差，使建筑单体得到一定的穿堂风。建筑高度、宽度的差异可产生不同的风影效应，所以应合理确定建筑单体体量，防止出现不良风环境。

（5）日照环境设计

1）建筑物的朝向、间距会对建筑物内部采光、得热产生很大的影响，所以应合理确定建筑物的日照间距及朝向。建筑的日照标准应满足相应规范的要求。

2）居住建筑应充分利用外部环境提供的日照条件，其间距应以满足冬季日照标准为基础，综合考虑采光、通风、消防、视觉等要求。

住宅日照标准应符合表11-3的规定。旧区改造项目内新建住宅的日照标准可酌情降低，但不应低于大寒日日照 1h 的标准。

3）根据《民用建筑设计通则》GB 50352—2005 规定：

①每套住宅至少应有一个居室空间能获得冬季日照；

②宿舍半数以上的居室，应获得同住宅居住空间相等的日照标准；

③托儿所、幼儿园的主要生活用房，应能获得冬至日不小于 3h 的日照标准；

④老年人住宅、残疾人住宅的卧室、起居室，医院、疗养院半数以上的病房和疗养室，中小学半数以上的教室应能获得冬至日不小于 2h 的日照标准。

表 11-3　住宅建筑日照标准

建筑气候分区	Ⅰ、Ⅱ、Ⅲ、Ⅶ气候区		Ⅳ气候区		Ⅴ、Ⅵ气候区
	大城市	中小城市	大城市	中小城市	
日照标准	大寒日			冬至日	
日照时数/h	≥2	≥3		≥1	
有效日照时间带/h（当地真太阳时）	8～16			9～15	
日照时间计算点	底层窗台（距室内地坪 0.9m 高的外墙位置）				

注：1. 本表中的气候分区与全国建筑热工设计分区的关系见《民用建筑设计通则》（GB 50352—2005）表 3.3.1。

2. 本表摘自《城市居住区规划设计规范》（GB 50180—1993，2002 年版）。

11.1.3.2　《严寒和寒冷地区居住建筑节能设计标准》（JGJ 26—2010）要点

（1）适用范围

本标准适用于严寒和寒冷地区新建、改建和扩建居住建筑的建筑节能设计。

（2）建筑和围护结构热工设计

1）一般规定

① 建筑群的总体布置，单体建筑的平面、立面设计和门窗的设置，应考虑冬季利用日照并避开冬季主导风向。

② 建筑物宜朝向南北或接近朝向南北。建筑物不宜设有三面外墙的房间，一个房间不宜在不同方向的墙上设置两个或更多的窗。

③ 严寒和寒冷地区居住建筑的体形系数不应大于表 11-4 规定的限值。当体形系数大于表 11-4 规定的限值时，必须按照标准的要求进行围护结构热工性能的权衡判断。

表 11-4　严寒和寒冷地区居住建筑的体形系数限值

建筑层数	≤3 层	4～8 层	9～13 层	≥14 层
严寒地区	0.50	0.30	0.28	0.25
寒冷地区	0.52	0.33	0.30	0.26

④ 严寒和寒冷地区居住建筑的窗墙面积不应大于表 11-5 规定的限值。当窗墙面积比大于表 11-5 规定的限值时，必须按照标准的要求进行围护结构热工性能的权衡判断，并且在进行权衡判断时，各朝向的窗墙面积比最大也只能比表 11-5 中的对应值大 0.1。

⑤ 楼梯间及外走廊与室外连接的开口处应设置窗或门，且窗和门应能密闭。严寒（A）区和严寒（B）区的楼梯间宜采暖，设置采暖的楼梯间的外墙和外窗应采取保温措施。

2）围护结构热工设计

表 11-5　严寒和寒冷地区居住建筑的窗墙面积比限值

朝　向	窗墙面积比	
	严寒地区	寒冷地区
北	0.25	0.30
东、西	0.30	0.35
南	0.45	0.50

注：1. 敞开式阳台的阳台门上部透明部分应计入窗户面积，下部不透明部分不应计入窗户面积。

2. 表中的窗墙面积比应按开间计算。表中的"北"代表从北偏东小于 60°至北偏西小于 60°的范围；"东、西"代表从东或西偏北小于等于 30°至偏南小于 60°的范围；"南"代表从南偏东小于等于 30°至偏西小于等于 30°的范围。

① 根据建筑物所处城市的气候分区区属不同，建筑围护结构的传热系数不应大于表 11-6～表 11-11 规定的限值，周边地面和地下室外墙的保温材料层热阻不应小于表 11-6～表11-11规定的限值，寒冷（B）区外窗综合遮阳系数不应大于表 11-11 规定的限值。当建筑围护结构的热工性能参数不满足上述规定时，必须按照标准的规定进行围护结构热工性能的权衡判断。

表 11-6　严寒（A）区围护结构热工性能参数限值

围护结构部位		传热系数 $K/\left[\mathrm{W}/\left(\mathrm{m^2 \cdot K}\right)\right]$		
		≤3 层建筑	4～8 层的建筑	≥9 层建筑
屋面		0.20	0.25	0.25
外墙		0.25	0.40	0.50
架空和外挑楼板		0.30	0.40	0.40
非采暖地下室顶板		0.35	0.45	0.45
分隔采暖与非采暖空间的隔墙		1.2	1.2	1.2
分隔采暖与非采暖空间的户门		1.5	1.5	1.5
阳台门下部门芯板		1.2	1.2	1.2
外窗	窗墙面积比≤0.2	2.0	2.5	2.5
	0.2<窗墙面积比≤0.3	1.8	2.0	2.2
	0.3<窗墙面积比≤0.4	1.6	1.8	2.0
	0.4<窗墙面积比≤0.45	1.5	1.6	1.8
围护结构部位		保温材料层热阻 $R/\left[\left(\mathrm{m^2 \cdot K}\right)/\mathrm{W}\right]$		
周边地面		1.70	1.40	1.10
地下室外墙（与土壤接触的外墙）		1.80	1.50	1.20

表 11-7　严寒 (B) 区围护结构热工性能参数限值

围护结构部位		传热系数 $K/$ [W/ (m² · K)]		
		≤3 层建筑	4～8 层的建筑	≥9 层建筑
屋面		0.25	0.30	0.30
外墙		0.30	0.45	0.55
架空和外挑楼板		0.30	0.45	0.45
非采暖地下室顶板		0.30	0.50	0.50
分隔采暖与非采暖空间的隔墙		1.2	1.2	1.2
分隔采暖与非采暖空间的户门		1.5	1.5	1.5
阳台门下部门芯板		1.2	1.2	1.2
外窗	窗墙面积比≤0.2	2.0	2.5	2.5
	0.2＜窗墙面积比≤0.3	1.8	2.2	2.2
	0.3＜窗墙面积比≤0.4	1.6	1.9	2.0
	0.4＜窗墙面积比≤0.45	1.5	1.7	1.8
围护结构部分		保温材料层热阻 $R/$ [(m² · K) /W]		
周边地面		1.40	1.10	0.83
地下室外墙（与土壤接触的外墙）		1.50	1.20	0.91

表 11-8　严寒 (C) 区围护结构热工性能参数限值

围护结构部位		传热系数 $K/$ [W/ (m² · K)]		
		≤3 层建筑	4～8 层的建筑	≥9 层建筑
屋面		0.30	0.40	0.40
外墙		0.35	0.50	0.60
架空和外挑楼板		0.35	0.50	0.50
非采暖地下室顶板		0.50	0.60	0.60
分隔采暖与非采暖空间的隔墙		1.5	1.5	1.5
分隔采暖与非采暖空间的户门		1.5	1.5	1.5
阳台门下部门芯板		1.2	1.2	1.2
外窗	窗墙面积比≤0.2	2.0	2.5	2.5
	0.2＜窗墙面积比≤0.3	1.8	2.2	2.2
	0.3＜窗墙面积比≤0.4	1.6	2.0	2.0
	0.4＜窗墙面积比≤0.45	1.5	1.8	1.8
围护结构部分		保温材料层热阻 $R/$ [(m² · K) /W]		
周边地面		1.10	0.83	0.56
地下室外墙（与土壤接触的外墙）		1.20	0.91	0.61

表 11-9　寒冷（A）区围护结构热工性能参数限值

围护结构部位		传热系数 $K/$ [W/ (m² · K)]		
		≤3 层建筑	4～8 层的建筑	≥9 层建筑
屋面		0.35	0.45	0.45
外墙		0.45	0.60	0.70
架空和外挑楼板		0.45	0.60	0.60
非采暖地下室顶板		0.50	0.65	0.65
分隔采暖与非采暖空间的隔墙		1.5	1.5	1.5
分隔采暖与非采暖空间的户门		2.0	2.0	2.0
阳台门下部门芯板		1.7	1.7	1.7
外窗	窗墙面积比≤0.2	2.8	3.1	3.1
	0.2＜窗墙面积比≤0.3	2.5	2.8	2.8
	0.3＜窗墙面积比≤0.4	2.0	2.5	2.5
	0.4＜窗墙面积比≤0.45	1.8	2.0	2.3
围护结构部分		保温材料层热阻 $R/$ [(m² · K) /W]		
周边地面		0.83	0.56	—
地下室外墙（与土壤接触的外墙）		0.91	0.61	—

表 11-10　寒冷（B）区围护结构热工性能参数限值

围护结构部位		传热系数 $K/$ [W/ (m² · K)]		
		≤3 层建筑	4～8 层的建筑	≥9 层建筑
屋面		0.35	0.45	0.45
外墙		0.45	0.60	0.70
架空和外挑楼板		0.45	0.60	0.60
非采暖地下室顶板		0.50	0.65	0.65
分隔采暖与非采暖空间的隔墙		1.5	1.5	1.5
分隔采暖与非采暖空间的户门		2.0	2.0	2.0
阳台门下部门芯板		1.7	1.7	1.7
外窗	窗墙面积比≤0.2	2.8	3.1	3.1
	0.2＜窗墙面积比≤0.3	2.5	2.8	2.8
	0.3＜窗墙面积比≤0.4	2.0	2.5	2.5
	0.4＜窗墙面积比≤0.45	1.8	2.0	2.3
围护结构部分		保温材料层热阻 $R/$ [(m² · K) /W]		
周边地面		0.83	0.56	—
地下室外墙（与土壤接触的外墙）		0.91	0.61	—

注：周边地面和地下室外墙的保温材料层不包括土壤和混凝土地面。

表 11-11　寒冷（B）区外窗综合遮阳系数限值

围护结构部位		遮阳系数 SC（东、西向/南、北向）		
		≤3 层建筑	4～8 层的建筑	≥9 层建筑
外窗	窗墙面积比≤0.2	—/—	—/—	—/—
	0.2＜窗墙面积比≤0.3	—/—	—/—	—/—
	0.3＜窗墙面积比≤0.4	0.45/—	0.45/—	0.45/—
	0.4＜窗墙面积比≤0.5	0.35/—	0.35/—	0.35/—

② 居住建筑不宜设置凸窗。严寒地区除南向外不应设置凸窗，寒冷地区北向的卧室、起居室不得设置凸窗。

当设置凸窗时，凸窗凸出（从外墙面至凸窗外表面）不应大于 400mm；凸窗的传热系数限值应比普通窗降低 15％，且其不透明的顶部、底部、侧面的传热系数应小于或等于外墙的传热系数。当计算窗墙面积比时，凸窗的窗面积和凸窗所占的墙面积应按窗洞口面积计算。

③ 外窗及敞开式阳台门应具有良好的密闭性能。严寒地区外窗及敞开式阳台门的气密性等级不应低于国家标准《建筑外门窗气密、水密、抗风压性能分级及检测方法》（GB/T 7106—2008）中规定的 6 级。寒冷地区 1～6 层的外窗及敞开式阳台门的气密性等级不应低于国家标准《建筑外门窗气密、水密、抗风压性能分级及检测方法》（GB/T 7106—2008）中规定的 4 级，7 层及 7 层以上不应低于 6 级。

④ 外窗（门）框与墙体之间的缝隙，应采用高效保温材料填堵，不得采用普通水泥砂浆补缝。

⑤ 外窗（门）洞口室外部分的侧墙面应做保温处理，并应保证窗（门）洞口室内部分的侧墙面的内表面温度不低于室内空气设计温度、湿度条件下的露点温度，减小附加热损失。

⑥ 外墙与屋面的热桥部位均应进行保温处理，并应保证热桥部位的内表面温度不低于室内空气设计温度、湿度条件下的露点温度，减小附加热损失。

⑦ 变形缝应采取保温措施，并应保证变形缝两侧墙的内表面温度在室内空气设计温度、湿度条件下不低于露点温度。

⑧ 地下室外墙应根据地下室不同用途，采取合理的保温措施。

11.1.3.3　《夏热冬冷地区居住建筑节能设计标准》（JGJ 134—2010）要点

（1）适用范围

本标准适用于夏热冬冷地区新建、改建和扩建居住建筑的建筑节能设计。

（2）建筑和围护结构热工设计

1）建筑群的总体布置、单体建筑的平面、立面设计和门窗的设置应有利于自然通风。

2）建筑物宜朝向南北或接近朝向南北。

3）夏热冬冷地区居住建筑的体形系数不应大于表 11-12 规定的限值。当体形系数大于表中规定的限值时，必须按照标准的要求进行建筑围护结构热工性能的综合判断。

表 11-12　夏热冬冷地区居住建筑的体形系数限值

建筑层数	≤3 层	4~11 层	≥12 层
建筑的体形系数	0.55	0.40	0.35

4）建筑围护结构各部分的传热系数和热惰性指标不应大于表 11-13 规定的限值。当设计建筑的围护结构中的屋面、外墙、架空或外挑楼板、外窗不符合表中的规定时，必须按照标准的规定进行建筑围护结构热工性能的综合判断。

表 11-13　建筑围护结构各部分的传热系数（K）和热惰性指标（D）的限值

围护结构部位		传热系数 K/[W/（m²·K）]	
		热惰性指标 D≤2.5	热惰性指标 D>2.5
体形系数 ≤0.40	屋面	0.8	1.0
	外墙	1.0	1.5
	底面接触室外空气的架空或外挑楼板	1.5	
	分户墙、楼板、楼梯间隔墙、外走廊隔墙	2.0	
	户门	3.0（通往封闭空间） 2.0（通往非封闭空间或户外）	
	外窗（含阳台门透明部分）	应符合表 11-14、表 11-15 的规定	
体形系数 >0.40	屋面	0.5	0.6
	外墙	0.80	1.0
	底面接触室外空气的架空或外挑楼板	1.0	
	分户墙、楼板、楼梯间隔墙、外走廊隔墙	2.0	
	户门	3.0（通往封闭空间） 2.0（通往非封闭空间或户外）	
	外窗（含阳台门透明部分）	应符合表 11-14、表 11-15 的规定	

5）不同朝向外窗（包括阳台门的透明部分）的窗墙面积比不应大于表 11-14 规定的限值。不同朝向、不同窗墙面积比的外窗传热系数不应大于表 11-15 规定的限值；综合遮阳系数应符合表 11-15 的规定。当外窗为凸窗时，凸窗的传热系数限值应比表 11-15 规定的限值小 10%；计算窗墙面积比时，凸窗的面积应按洞口面积计算。当设计建筑的窗墙面积比或传热系数、遮阳系数不符合表 11-14 和表 11-15 的规定时，必须按照标准（JGJ 134—2010）的规定进行建筑围护结构热工性能的综合判断。

表 11-14　不同朝向外窗的窗墙面积比限值

朝　向	窗墙面积比
北	0.40
东、西	0.35
南	0.45
每套房间允许一个房间（不分朝向）	0.60

表 11-15　不同朝向、不同窗墙面积比的外窗传热系数和综合遮阳系数限值

建筑	窗墙面积比	传热系数 K/ [W/ (m² · K)]	外窗综合遮阳系数 SC_w （东、西向/南向）
体形系数 ≤0.40	窗墙面积比≤0.20	4.7	—/—
	0.20<窗墙面积比≤0.30	4.0	—/—
	0.30<窗墙面积比≤0.40	3.2	夏季≤0.40/夏季≤0.45
	0.40<窗墙面积比≤0.45	2.8	夏季≤0.35/夏季≤0.40
	0.45<窗墙面积比≤0.60	2.5	东、西、南向设置外遮阳 夏季≤0.25　冬季≥0.60
体形系数 >0.40	窗墙面积比≤0.20	4.0	—/—
	0.20<窗墙面积比≤0.30	3.2	—/—
	0.30<窗墙面积比≤0.40	2.8	夏季≤0.40/夏季≤0.45
	0.40<窗墙面积比≤0.45	2.5	夏季≤0.35/夏季≤0.40
	0.45<窗墙面积比≤0.60	2.3	东、西、南向设置外遮阳 夏季≤0.25　冬季≥0.60

注：1. 表中的"东、西"代表从东或西偏北 30°（含 30°）至偏南 60°（含 60°）的范围；"南"代表从南偏东 30°至偏西 30°的范围。

　　2. 楼梯间、外走廊的窗不按本表规定执行。

6）东偏北 30°至东偏南 60°、西偏北 30°至西偏南 60°范围内的外窗应设置挡板式遮阳或可以遮住窗户正面的活动外遮阳，南向的外窗宜设置水平遮阳或可以遮住窗户正面的活动外遮阳。各朝向的窗户，当设置了可以完全遮住正面的活动外遮阳时，应认定满足表 11-15 对外窗遮阳的要求。

7）外窗可开启面积（含阳台门面积）不应小于外窗所在房间地面面积的 5%。多层住宅外窗宜采用平开窗。

8）建筑物 1～6 层的外窗及敞开式阳台门的气密性等级，不应低于国家标准《建筑外门窗气密、水密、抗风压性能分级及检测方法》（GB/T 7106—2008）规定的 4 级；7 层及 7 层以上的外窗及敞开式阳台门的气密性等级，不应低于该标准规定的 6 级。

9）当外窗采用凸窗时，应符合下列规定：

① 窗的传热系数限值应比表 11-15 中的相应值小 10%；

② 计算窗墙面积比时，凸窗的面积按窗洞口面积计算；

③ 对凸窗不透明的上顶板、下底板和侧板，应进行保温处理，且板的传热系数不应低于外墙的传热系数的限值要求。

10）围护结构的外表面宜采用浅色饰面材料。平屋顶宜采取绿化、涂刷隔热涂料等隔热措施。

11）当采用分体式空气调节器（含风管机、多联机）时，室外机的安装位置应符合下列规定：

① 应稳定牢固，不应存在安全隐患；

② 室外机的换热器应通风良好，排出空气与吸入空气之间应避免气流短路；

③ 应便于室外机的维护；

④ 应尽量减小对周围环境的热影响和噪声影响。

11.1.3.4 《夏热冬暖地区居住建筑节能设计标准》(JGJ 75—2012) 要点

（1）适用范围

本标准适用于夏热冬暖地区新建、扩建和改建居住建筑的节能设计。

（2）建筑和建筑热工节能设计

1）建筑群的总体规划应有利于自然通风和减轻热岛效应。建筑的平面、立面设计应有利于自然通风。

2）居住建筑的朝向宜采用南北向或接近南北向。

3）北区内，单元式、通廊式住宅的体形系数不宜大于 0.35，塔式住宅的体形系数不宜大于 0.40。

4）各朝向的单一朝向窗墙面积比，南、北向不应大于 0.40；东、西向不应大于 0.30。当设计建筑的外窗不符合上述规定时，其空调采暖年耗电指数（或耗电量）不应超过参照建筑的空调采暖年耗电指数（或耗电量）。

5）建筑的卧室、书房、起居室等主要房间的房间窗地面积比不应小于 1/7。当房间窗地面积比小于 1/5 时，外窗玻璃的可见光透射比不应小于 0.40。

6）居住建筑的天窗面积不应大于屋顶总面积的 4%，传热系数不应大于 4.0W/（m² · K），遮阳系数不应大于 0.4。当设计建筑的天窗不符合上述规定时，其空调采暖年耗电指数（或耗电量）不应超过参照建筑的空调采暖年耗电指数（或耗电量）。

7）居住建筑屋顶和外墙的传热系数和热惰性指标应符合表 11-16 的规定。当设计建筑的南、北外墙不符合表 11-16 的规定时，其空调采暖年耗电指数（或耗电量）不应超过参照建筑的空调采暖年耗电指数（或耗电量）。

表 11-16　屋顶和外墙的传热系数 K [W/（m² · K）]、热惰性指标 D

屋顶	外墙
$0.4 < K \leqslant 0.9$，$D \geqslant 2.5$	$2.0 < K \leqslant 2.5$，$D \geqslant 3.0$ 或 $1.5 < K \leqslant 2.0$，$D \geqslant 2.8$ 或 $0.7 < K \leqslant 1.5$，$D \geqslant 2.5$
$K \leqslant 0.4$	$K \leqslant 0.7$

注：1. $D < 2.5$ 的轻质屋顶和东、西墙，还应满足现行国家标准《民用建筑热工设计规范》(GB 50176) 所规定的隔热要求。

2. 外墙传热系数 K 和热惰性指标 D 要求中，$2.0 < K \leqslant 2.5$，$D \geqslant 3.0$ 这一档仅适用于南区。

8）居住建筑外窗的平均传热系数和平均综合遮阳系数应符合表 11-17 和表 11-18 的规定。当设计建筑的外窗不符合表 11-17 和表 11-18 的规定时，建筑的空调采暖年耗电指数（或耗电量）不应超过参照建筑的空调采暖年耗电指数（或耗电量）。

9）居住建筑的东、西向外窗必须采取建筑外遮阳措施，建筑外遮阳系数 SD 不应大于 0.8。

10）居住建筑南、北向外窗应采取建筑外遮阳措施，建筑外遮阳系数 SD 不应大于 0.9。

当采用水平、垂直或综合建筑外遮阳构造时，外遮阳构造的挑出长度不应小于表 11-19

的规定。

表 11-17　北区居住建筑建筑物外窗平均传热系数和平均综合遮阳系数限值

外墙平均指标	外墙平均传热系数 $K/[W/(m^2 \cdot K)]$	外窗加权平均综合遮阳系数 S_W			
		平均窗地面积比 $C_{MF} \leqslant 0.25$ 或平均窗墙面积比 $C_{MW} \leqslant 0.25$	平均窗地面积比 $0.25 < C_{MF} \leqslant 0.30$ 或平均窗墙面积比 $0.25 < C_{MW} \leqslant 0.30$	平均窗地面积比 $0.30 < C_{MF} \leqslant 0.35$ 或平均窗墙面积比 $0.30 < C_{MW} \leqslant 0.35$	平均窗地面积比 $0.35 < C_{MF} \leqslant 0.40$ 或平均窗墙面积比 $0.35 < C_{MW} \leqslant 0.40$
$K \leqslant 0.2$ $D \geqslant 2.8$	4.0	$\leqslant 0.3$	$\leqslant 0.2$	—	—
	3.5	$\leqslant 0.5$	$\leqslant 0.3$	$\leqslant 0.2$	—
	3.0	$\leqslant 0.7$	$\leqslant 0.5$	$\leqslant 0.4$	$\leqslant 0.3$
	2.5	$\leqslant 0.8$	$\leqslant 0.6$	$\leqslant 0.6$	$\leqslant 0.4$
$K \leqslant 1.5$ $D \geqslant 2.5$	6.0	$\leqslant 0.6$	$\leqslant 0.3$	—	—
	5.5	$\leqslant 0.8$	$\leqslant 0.4$	—	—
	5.0	$\leqslant 0.9$	$\leqslant 0.6$	$\leqslant 0.3$	—
	4.5	$\leqslant 0.9$	$\leqslant 0.7$	$\leqslant 0.5$	$\leqslant 0.2$
$K \leqslant 1.5$ $D \geqslant 2.5$	4.0	$\leqslant 0.9$	$\leqslant 0.8$	$\leqslant 0.6$	$\leqslant 0.4$
	3.5	$\leqslant 0.9$	$\leqslant 0.9$	$\leqslant 0.7$	$\leqslant 0.5$
	3.0	$\leqslant 0.9$	$\leqslant 0.9$	$\leqslant 0.8$	$\leqslant 0.6$
	2.5	$\leqslant 0.9$	$\leqslant 0.9$	$\leqslant 0.9$	$\leqslant 0.7$
$K \leqslant 1.0$ $D \geqslant 2.5$ 或 $K \leqslant 0.7$	6.0	$\leqslant 0.9$	$\leqslant 0.9$	$\leqslant 0.6$	$\leqslant 0.2$
	5.5	$\leqslant 0.9$	$\leqslant 0.9$	$\leqslant 0.7$	$\leqslant 0.4$
	5.0	$\leqslant 0.9$	$\leqslant 0.9$	$\leqslant 0.8$	$\leqslant 0.6$
	4.5	$\leqslant 0.9$	$\leqslant 0.9$	$\leqslant 0.8$	$\leqslant 0.7$
	4.0	$\leqslant 0.9$	$\leqslant 0.9$	$\leqslant 0.9$	$\leqslant 0.7$
	3.5	$\leqslant 0.9$	$\leqslant 0.9$	$\leqslant 0.9$	$\leqslant 0.8$

表 11-18　南区居住建筑建筑物外窗平均综合遮阳系数限值

外墙平均指标 $(\rho \leqslant 0.8)$	外窗的加权平均综合遮阳系数 S_W				
	平均窗地面积比 $C_{MF} \leqslant 0.25$ 或平均窗墙面积比 $C_{MW} \leqslant 0.25$	平均窗地面积比 $0.25 < C_{MF} \leqslant 0.30$ 或平均窗墙面积比 $0.25 < C_{MW} \leqslant 0.30$	平均窗地面积比 $0.30 < C_{MF} \leqslant 0.35$ 或平均窗墙面积比 $0.30 < C_{MW} \leqslant 0.35$	平均窗地面积比 $0.35 < C_{MF} \leqslant 0.40$ 或平均窗墙面积比 $0.35 < C_{MW} \leqslant 0.40$	平均窗地面积比 $0.40 < C_{MF} \leqslant 0.45$ 或平均窗墙面积比 $0.40 < C_{MW} \leqslant 0.45$
$K \leqslant 2.5$ $D \geqslant 3.0$	$\leqslant 0.5$	$\leqslant 0.4$	$\leqslant 0.3$	$\leqslant 0.2$	—
$K \leqslant 2.0$ $D \geqslant 2.8$	$\leqslant 0.6$	$\leqslant 0.5$	$\leqslant 0.4$	$\leqslant 0.3$	$\leqslant 0.2$
$K \leqslant 1.5$ $D \geqslant 2.5$	$\leqslant 0.8$	$\leqslant 0.7$	$\leqslant 0.6$	$\leqslant 0.5$	$\leqslant 0.4$

续表

外墙平均指标 （$\rho \leqslant 0.8$）	外窗的加权平均综合遮阳系数 S_W				
	平均窗地面积比 $C_{MF} \leqslant 0.25$ 或平均 窗墙面积比 C_{MW} $\leqslant 0.25$	平均窗地面积比 $0.25 < C_{MF} \leqslant 0.30$ 或 平均窗墙面积比 $0.25 < C_{MW} \leqslant 0.30$	平均窗地面积比 $0.30 < C_{MF} \leqslant 0.35$ 或 平均窗墙面积比 $0.30 < C_{MW} \leqslant 0.35$	平均窗地面积比 $0.35 < C_{MF} \leqslant 0.40$ 或 平均窗墙面积比 $0.35 < C_{MW} \leqslant 0.40$	平均窗地面积 比 $0.40 < C_{MF} \leqslant$ 0.45 或平均窗墙 面积比 $0.40 <$ $C_{MW} \leqslant 0.45$
$K \leqslant 1.0$ $D \geqslant 2.5$ 或 $K \leqslant 0.7$	$\leqslant 0.9$	$\leqslant 0.8$	$\leqslant 0.7$	$\leqslant 0.6$	$\leqslant 0.5$

注：1. 外窗包括阳台门。

2. ρ 为外墙外表面的太阳辐射吸收系数。

表 11-19　建筑外遮阳构造的挑出长度限值　　　　　　　　　　　　　　m

朝　　向	南			北		
遮阳形式	水平	垂直	综合	水平	垂直	综合
北区	0.25	0.20	0.15	0.40	0.25	0.15
南区	0.30	0.25	0.15	0.45	0.30	0.20

11）外窗（包含阳台门）的通风开口面积不应小于房间地面面积的 10% 或外窗面积的 45%。

12）居住建筑应能自然通风，每户至少应有一个居住房间通风开口和通风路径的设计满足自然通风要求。

11.1.3.5　《公共建筑节能设计标准》（GB 50189—2005）要点

（1）适用范围

本标准适用于新建、改建和扩建的公共建筑节能设计。

（2）建筑与建筑热工设计

1）一般规定

① 建筑总平面的布置和设计，宜利用冬季日照并避开冬季主导风向，利用夏季自然通风。建筑的主朝向宜选择本地区最佳朝向或接近最佳朝向。

② 严寒、寒冷地区建筑的体形系数应小于或等于 0.40。当不能满足本条文的规定时，则必须进行围护结构热工性能的权衡判断。

2）围护结构热工设计

① 各气候分区围护结构热工性能限值规定：根据建筑所处城市的建筑气候分区，围护结构的热工性能应分别符合表 11-20～表 11-25 的规定，其中外墙的传热系数为包括结构性热桥在内的平均值 K_m。当建筑所处城市属于温和地区时，应判断该城市的气象条件与公共建筑主要城市所处的气候区中的哪个城市最接近，围护结构的热工性能应符合那个城市所属气候分区的规定。当本条文的规定不能满足时，必须按标准的规定进行权衡判断。

表 11-20　严寒地区 A 区围护结构传热系数限值 K　　　W/（m² · K）

围护结构部位		体形系数≤0.3	0.3<体形系数≤0.4
屋面		≤0.35	≤0.30
外墙（包括非透明幕墙）		≤0.45	≤0.40
底面接触室外空气的架空或外挑楼板		≤0.45	≤0.40
非采暖房间与采暖房间的隔墙或楼板		≤0.6	≤0.6
单一朝向 外窗（包括 透明幕墙）	窗地面积比≤0.2	≤3.0	≤2.7
	0.2<窗地面积比≤0.3	≤2.8	≤2.5
	0.3<窗地面积比≤0.4	≤2.5	≤2.2
	0.4<窗地面积比≤0.5	≤2.0	≤1.7
	0.5<窗地面积比≤0.7	≤1.7	≤1.5
屋顶透明部分		≤2.5	

表 11-21　严寒地区 B 区围护结构传热系数限值 K　　　W/（m² · K）

围护结构部位		体形系数≤0.3	0.3<体形系数≤0.4
屋面		≤0.45	≤0.35
外墙（包括非透明幕墙）		≤0.50	≤0.45
底面接触室外空气的架空或外挑楼板		≤0.50	≤0.45
非采暖房间与采暖房间的隔墙或楼板		≤0.8	≤0.8
单一朝向 外窗（包括 透明幕墙）	窗地面积比≤0.2	≤3.2	≤2.8
	0.2<窗地面积比≤0.3	≤2.9	≤2.5
	0.3<窗地面积比≤0.4	≤2.6	≤2.2
	0.4<窗地面积比≤0.5	≤2.1	≤1.8
	0.5<窗地面积比≤0.7	≤1.8	≤1.6
屋顶透明部分		≤2.6	

表 11-22　寒冷地区围护结构传热系数和遮阳系数限值

围护结构部位	体形系数≤0.3 传热系数 K/［W/（m² · K）］	0.3<体形系数≤0.4 传热系数 K/［W/（m² · K）］
屋面	≤0.55	≤0.45
外墙（包括非透明幕墙）	≤0.60	≤0.50
底面接触室外空气的架空或外挑楼板	≤0.60	≤0.50
非采暖房间与采暖房间的隔墙或楼板	≤1.5	≤1.5

续表

围护结构部位		体形系数≤0.3 传热系数 K/[W/(m²·K)]		0.3<体形系数≤0.4 传热系数 K/[W/(m²·K)]	
外窗（包括透明幕墙）		传热系数 K/[W/(m²·K)]	遮阳系数 SC（东、南、西向/北向）	传热系数 K/[W/(m²·K)]	遮阳系数 SC（东、南、西向/北向）
单一朝向外窗（包括透明幕墙）	窗地面积比≤0.2	≤3.5	—	≤3.0	—
	0.2<窗地面积比≤0.3	≤3.0	—	≤2.5	—
	0.3<窗地面积比≤0.4	≤2.7	≤0.70/—	≤2.3	≤0.70/—
	0.4<窗地面积比≤0.5	≤2.3	≤0.60/—	≤2.0	≤0.60/—
	0.5<窗地面积比≤0.7	≤2.0	≤0.50/—	≤1.8	≤0.50/—
屋顶透明部分		≤2.7	≤0.50	≤2.7	≤0.50

注：有外遮阳时，遮阳系数＝玻璃的遮阳系数×外遮阳的遮阳系数；无外遮阳时，遮阳系数＝玻璃的遮阳系数。

表 11-23　夏热冬冷地区围护结构传热系数和遮阳系数限值

围护结构部位		体形系数≤0.3 传热系数 K/[W/(m²·K)]	
屋面		≤0.70	
外墙（包括非透明幕墙）		≤1.0	
底面接触室外空气的架空或外挑楼板		≤1.0	
外窗（包括透明幕墙）		传热系数 K/[W/(m²·K)]	遮阳系数 SC（东、南、西向/北向）
单一朝向外窗（包括透明幕墙）	窗地面积比≤0.2	≤4.7	—
	0.2<窗地面积比≤0.3	≤3.5	≤0.55/—
	0.3<窗地面积比≤0.4	≤3.0	≤0.50/0.60
	0.4<窗地面积比≤0.5	≤2.8	≤0.45/0.55
	0.5<窗地面积比≤0.7	≤2.5	≤0.40/0.50
屋顶透明部分		≤2.7	≤0.40

注：有外遮阳时，遮阳系数＝玻璃的遮阳系数×外遮阳的遮阳系数；无外遮阳时，遮阳系数＝玻璃的遮阳系数。

表 11-24　夏热冬暖地区围护结构传热系数和遮阳系数限值

围护结构部位		体形系数≤0.3 传热系数 K/[W/(m²·K)]	
屋面		≤0.90	
外墙（包括非透明幕墙）		≤1.5	
底面接触室外空气的架空或外挑楼板		≤1.5	
外窗（包括透明幕墙）		传热系数 K/[W/(m²·K)]	遮阳系数 SC（东、南、西向/北向）
单一朝向外窗（包括透明幕墙）	窗地面积比≤0.2	≤6.5	—
	0.2<窗地面积比≤0.3	≤4.7	≤0.50/0.60
	0.3<窗地面积比≤0.4	≤3.5	≤0.45/0.55
	0.4<窗地面积比≤0.5	≤3.0	≤0.40/0.50
	0.5<窗地面积比≤0.7	≤3.0	≤0.35/0.45
屋顶透明部分		≤3.5	≤0.35

注：有外遮阳时，遮阳系数＝玻璃的遮阳系数×外遮阳的遮阳系数；无外遮阳时，遮阳系数＝玻璃的遮阳系数。

表 11-25　不同气候区地面和地下室外墙热阻限值

气候分区	围护结构部位	热阻 $R/$ (m² · K) /W
严寒地区 A 区	地面：周边地面	≥2.0
	非周边地面	≥1.8
	采暖地下室外墙（与土壤接触的墙）	≥2.0
严寒地区 B 区	地面：周边地面	≥2.0
	非周边地面	≥1.8
	采暖地下室外墙（与土壤接触的墙）	≥1.8
严寒地区 C 区	地面：周边地面	≥1.5
	非周边地面	
	采暖地下室外墙（与土壤接触的墙）	≥1.5
夏热冬冷地区	地面	≥1.2
	地下室外墙（与土壤接触的墙）	≥1.2
夏热冬暖地区	地面	≥1.0
	地下室外墙（与土壤接触的墙）	≥1.0

注：周边地面系指距外墙内表面 2m 以内的地面；地面热阻系指建筑基础持力层以上各层材料的热阻之和；地下室外墙热阻系指土壤以内各层材料的热阻之和。

② 外墙与屋面的热桥部位的内表面温度不应低于室内空气露点温度。

③ 建筑每个朝向的窗（包括透明幕墙）墙面积比均不应大于 0.70。当窗（包括透明幕墙）墙面积比小于 0.40 时，玻璃（或其他透明材料）的可见光透射比不应小于 0.4。当不能满足本条文的规定时，必须按标准的规定进行权衡判断。

④ 屋顶透明部分的面积不应大于屋顶总面积的 20%，当不能满足本条文的规定时，必须按标准的规定进行权衡判断。

⑤ 建筑中庭夏季应利用通风降温，必要时设置机械排风装置。

⑥ 外窗的可开启面积不应小于窗面积的 30%；透明幕墙应具有可开启部分或设有通风换气装置。

⑦ 严寒地区建筑的外门应设门斗，寒冷地区建筑的外门宜设门斗或应采取其他减少冷风渗透的措施。其他地区建筑外门也应采取保温隔热节能措施。

⑧ 外窗的气密性不应低于《建筑外门窗气密、水密、抗风压性能分级及检测方法》（GB/T 7106—2008）规定的 6 级。

⑨ 透明幕墙的气密性不应低于《建筑幕墙》（GB/T 21086—2007）规定的 3 级。

11.1.4　常用节能技术

11.1.4.1　绿化技术

结合整体环境，合理设计屋面绿化、墙身垂直绿化及建筑周围环境绿化，既能降低空调能耗，又能美化环境，改善区域微气候，提高居住舒适度。环境绿化和墙身绿化目前虽未计入节能计算中，但其在夏季对墙体遮阳的作用不能小视，尤其对低层建筑的墙体节能起到十分明显的效果，值得大力推广。

11.1.4.2　太阳能的利用技术

太阳能是新能源和可再生能源中最引人注目、开发研究最多、应用最广的清洁能源，可以说，太阳能是未来全球的主流能源之一。

太阳能具有安全、无污染、可再生辐射能的总量大、分布范围广等特点，越来越受到人们的重视，是今后可替代能源发展的战略性领域。早在 1999 年召开的世界太阳大会上就有专家认为，当代世界太阳能科技发展有两大基本趋势：一是光电与热的结合；二是太阳能与建筑的结合。

太阳能利用技术主要是指太阳能转换为热能、机械能、电能、化学能等技术，其中的太阳能-热能转换历史最为久远、开发最为普遍。

对建筑来说，目前太阳能开发利用技术主要为以下两个方面：

（1）光热利用

它的基本原理是将太阳能辐射收集起来，通过与物质的相互作用转换成热能加以利用。目前使用最多的太阳能收集装置，主要有平板集热器、真空管集热器和聚焦集热器等 3 种。

（2）太阳能发电

包括光-热-电转换、光-电转换。

11.1.4.3　地源热泵系统

该系统以岩土体、地下水或地表水为低温热源，由水源热泵机组、地热能交换系统、建筑物内系统组成供热空调系统。根据地热能交换形式的不同，地源热泵系统分为地埋管地源热泵系统、地下水地源热泵系统和地表水地源热泵系统。岩土体或地下水分别在冬季和夏季作为低温热源和高温冷源，能量在一定程度上得到了往复循环使用，不会引起低温的升高或降低，符合节能建筑的基本要求和长远发展方向。

11.1.4.4　风能利用技术

风能是目前最有开发利用前景和技术最为成熟的一种新能源和可再生能源之一。地球上的风能资源十分丰富。

风能没有污染，是清洁能源；最重要的是风能发电可以减少二氧化碳等有害排放物。据统计，装 1 台单机容量为 1MW 的风能发电机，每年可以少排 2000t 二氧化碳、10t 二氧化硫、6t 二氧化氮。

（1）风能玫瑰图

风能玫瑰图反映某地风能资源的特点，它是将各位风向频率与相应风向的平均风速立方数的乘积，按一定比例尺做出线段，分别绘制在 16 个方位上，再将线段端点连接起来，根据风能玫瑰图可以看出哪个方向的风具有能量的优势。

（2）风能利用的几种主要基本形式

1）风力发电

风力发电是目前使用最多的形式，其发展趋势：一是功率由小变大，陆上使用的单机最大发电量已达 2MW；二是由一户一台扩大到联网供电；三是由单一风电发展到多能互补，即"风力—光伏"互补和"风力机—柴油机"互补等。

2）风力提水

我国适合风力提水的区域辽阔，提水设备的制造和应用技术也非常成熟。我国东南沿海、内蒙古、青海、甘肃和新疆北部等地区，风能资源丰富，地表水源也丰富，是我国可长期发展提水的较好区域。风力提水可用于农田灌溉、海水制盐、水产养殖、滩涂改造、人畜饮水及草场改良等，具有较好的经济、生态与社会效益，发展潜力巨大。

3）风力致热

风力致热与风力发电、风力提水相比，具有能量转换效率高等特点。由机械能转变为电能时不可避免地要产生损失，而由机械能转变为热能时，理论上可以达到 100％的效率。

11.1.5　节能建筑效益评估

评价节能建筑的节能效果主要是对其节能效益进行评估，衡量指标主要有 3 项：

（1）节能效果；

（2）节能率 α（％）；

（3）回收期 n（年）。

节能建筑节能率是评价建筑通过采用各项技术措施后所节约的能量与相同类型建筑能耗的比值，节能率越大说明建筑节能效果越明显、措施得当，反之则节能效益较差。

节能建筑回收期反映节能建筑建造过程中用于增加节能措施的一次投资，通过若干年的能量节约所折合出来的费用，到一定期限将与投资达到抵消、平衡，该一定期限就是投资回收期。节能建筑的回收期一般不超过 8 年。

11.1.5.1　我国的建筑节能评估体系

借鉴欧美等国家的成熟经验，结合我国现阶段的社会、经济发展水平，我国的建筑节能评估体系应包括以下内容：

（1）计算建筑待定时间段内的总能耗量。用于对现有民用建筑或商用建筑的能量利用效率进行分析和评估。

（2）计算建筑围护结构的传热系数、窗户的渗透系数、挑檐等的遮阳系数。用于检测建筑外墙传热系数，外窗封闭性能是否达到标准或规范的要求。

（3）计算室内气流的流动状况，室内空气的温湿度分布状况，得出室内环境的舒适度评价指数，用于评价建筑的室内空气品质。

（4）计算不同自然采光方案和人工照明方案组合下的室内光环境指数，来评价室内光照是否达到规定的标准。

（5）计算系统周期运行能耗、寿命周期成本，进行经济效益分析。

（6）通过对室外干、湿球温度的分析计算，太阳活动对建筑热工状况的影响，确定最合适的室外气象设计参数和最有效的太阳能利用方案。

（7）根据当地气象条件、建筑周围环境和建筑围护结构的分析，给出可再生能源的利用方案；或者对已有的可再生能源利用方案作出评估。包括是否可利用可再生能源降低建筑能耗需求，是否可利用可再生能源提高建筑能耗系统效率，或对利用其他更高级的可再生能源（如氢能）作投资回报分析、寿命周期成本分析等。

（8）将计算结果量化为我国现有的建筑节能相关标准规范所规定的指标，并与标准规范项比较，最后给出建筑的节能率和节能评估报告书。

11.1.5.2　评估体系遵守的原则

（1）科学性原则：指标概念必须明确，具有一定的科学内涵，能够较客观地反映复合系统内部结构关系。

（2）可行性原则：指标内容应简单明了，有较强的可比性，而且易于获取，便于操作。

（3）层次性原则：建筑节能评价是一个复合的大系统，可分解为若干子系统，因此，建筑节能综合评价指标体系通常由多个层次的指标构成。

（4）完备性原则：要求指标体系覆盖面较广，能够比较全面地反映影响节能综合指标的各种因素。

（5）主导性原则：建立指标时应尽量选择那些有代表性的综合指标。

（6）独立性原则：度量建筑节能效果的指标往往存在信息上的重叠，所以要尽量选择那些相对独立性的指标。建立指标时，上述各项原则既要综合考虑，又要区别对待。对各项原则的把握标准，不能强求一致。

我国要实现经济持续快速地增长，在 2050 年进入中等发达国家行列，而我国的资源有限，我们的环境已不堪重负。建筑节能是我国一项长期而艰巨的任务，我国的人口、资源、环境和社会制度，决定了我们不可能像西方发达国家那样走能源高消费的老路，只有在合理、高效利用现有能源的基础上，加强可再生能源的开发和利用，加强建筑节能标准规范的建设和执行力度，才能保证我国 21 世纪发展战略的顺利实施。在 21 世纪之初，建立符合我国国情的建筑节能评估体系对我国的节能工作、环境保护和可持续发展无疑具有深远的影响。

节能建筑是以建筑设计本身调整平面构成、加强节能意识、尽量通过建筑手法达到节能的目的。但是必然会增加部分造价，如用于加强围护结构保温隔热，则要增加一些节能技术措施的工程造价。结合我国国情及节能建筑推行的实际情况，在节能建筑立项、投资、建设和评估中常对一些主要指标加以控制，以指导节能建筑的建设，主要有：

（1）投资增加率 t：它一般控制在 $7\% \sim 10\%$，超过此范围，由于所增投资过大，将给建筑建设带来不便影响。

（2）投资回收期 η：回收期一般在 8 年左右，回收期过长会造成维修费用过大，而影响节能建筑收益。

11.1.5.3 建筑节能社会环境效益

21 世纪全世界的建筑节能事业肩负着重大使命，必须全面推广建筑节能，以拯救整个世界。为此，要做好各类气候区、各个国家、各种建筑的节能工作，要全方位、多学科地，综合而又交叉地研究和解决一系列经济、技术和社会问题，在进一步提高生活舒适性、增进健康的基础上，在建筑中尽力节约能源和自然资源，大幅度地降低污染物，减少温室气体的排放，减轻环境负荷，力争从多方面做出世界性的努力。

（1）尽可能将建筑能耗降到最低限度

这就必须从多方面着手，其中主要的是：对建筑围护结构进行高水平的保温隔热和采用高能效供热、制冷、照明、家庭设备和系统，减少输热、输冷能耗，充分利用清洁能源，扩大热电联供或热电冷供，扩大应用热泵、贮能、热回收和变流量技术。

（2）最大限度地有效利用天然能源

太阳能、地热能将得到利用。地源热泵可用于建筑采暖与制冷。风力资源丰富的地方也可利用好风能。

（3）充分利用废弃的资源

　　由于建筑用资源消耗巨大，必须好好保护地球资源，尽量减少资源消耗量，充分利用好废弃的或可以再生的资源。

　　建筑节能是世界性的大潮流和大趋势，同时也是中国改革和发展的迫切要求，这是不以人的意志为转移的客观必然性，是 21 世纪中国建筑业发展的一个重点和热点，其原因主要是：

　　① 冬冷夏热是中国气候的主要的特点；

　　② 我国建筑用能数量巨大，浪费严重；

　　③ 我国国民经济增长迅速，能源会成为影响经济发展的瓶颈；

　　④ 我国北方城市冬季采暖期空气污染十分严重；

　　⑤ 地球变暖正在使我国蒙受巨大损失。

　　由此可见，中国的建筑节能问题与民族的生存以及经济社会的可持续发展紧密相连。在这样的形势下，中国建筑节能工作严重滞后的状况要尽快得到扭转，走上迅速发展的道路。

11.1.6　节能设计防火的现状与必要性

　　近年来国内接连发生了多起与建筑外墙保温材料有关的火灾事故，其中包括中央电视台新址北配楼火灾、上海胶州教师公寓火灾、沈阳皇朝万鑫酒店火灾等重特大火灾事故。事实表明，外墙外保温系统存在一定的引发建筑火灾的危险，必须给予充分的重视。外墙外保温系统的防火安全关系到人们的生命和财产安全，对于建筑节能与防火安全，应统筹考虑、系统研究、合理兼顾，一定要确保建筑节能事业安全地发展下去。

　　我国对外墙外保温防火的研究工作开展得较晚，目前建筑防火规范中尚无针对建筑节能保温的专项防火设计要求。在外墙外保温系统的产品或工程标准中，虽然对防火问题有所关注，但限于缺乏基础研究的支持，也仅能从保温材料的燃烧性能上进行了要求，或仅提出了很原则、笼统的要求，而没有详细、具体的说明。2015 年即将执行的《建筑设计防火规范》中明确了建筑外墙外保温系统的防火要求，较全面地规定了外墙外保温防火的具体技术内容。

　　解决外墙外保温的防火问题，可以从提高保温材料的燃烧性能等级和增加外墙外保温系统的防火构造措施两方面入手。国际通行的做法是，如果外墙外保温材料的防火性能好的话，则对保护层和构造措施的要求可以相对低一些；如果外墙外保温材料的防火性能差的话，则要采用好的构造措施，对保护层的要求相对也高一些，总体上两者应该是平衡的。基于这一思想，目前解决我国外墙外保温防火安全的主要途径应是采取构造防火的形式，这是适应我国国情和外墙外保温应用现状的一种有效的技术手段。

　　在国内现有外墙外保温工程火灾中，大部分发生在施工过程中。主要原因在于施工过程中有机保温板裸放，施工现场的防火安全管理措施不到位等因素。为此，要区分不同的情况，根据不同系统外墙外保温材料的情况和构造做法，相应采取科学、适度、有效的防火构造措施，整体提高外墙外保温系统的防火性能，这是目前解决外墙外保温系统防火问题的主要手段。

　　建筑外保温系统防火应注意以下几点：

　　(1) 区分施工过程中的火灾与使用过程中的火灾。我国外墙外保温火灾的调查结果表明，大部分火灾是发生在施工阶段的，因此应加强施工现场的管理，而不是单一的要求提高有机保温材料的燃烧性能等级。

　　(2) 幕墙保温体系的火灾与抹灰类保温体系的火灾风险不同。中央电视台新址北配楼火灾和沈阳皇朝万鑫酒店火灾都是幕墙结构火灾，与我们通常意义上的外墙外保温火灾不同。幕墙保温的防火应有更严格的规定，并且是今后研究的重点。采用不燃材料是一种解决措施，但还应结合空腔分隔措施，才能保证整体防火安全。

（3）解决我国外墙外保温系统的防火问题，从根本上讲要提高和改进保温材料的耐燃性能。在目前可燃类保温材料无法退出市场的情况下，必须保证材料的燃烧性能不低于 B$_2$ 级，这是外墙外保温系统防火的基础。

（4）增加防火构造可有效地提高外墙外保温系统的防火性能，这是目前解决外墙外保温系统防火问题的主要措施。材料防火与构造防火相结合，才能保证外墙保温在建筑节能与消防安全间寻得平衡，使两者协调发展，保证国家节能减排目标的顺利实现。

（5）对不同类型和高度的建筑所采用的外墙外保温材料和构造系统应有不同的要求。

（6）当采用的外墙外保温材料燃烧性能指标较低时，可通过强化构造防火的方式弥补。例如，加强隔离带、加设防火玻璃窗等，以实现系统整体安全的目标。

（7）如何区别对待不同防火等级的外墙外保温系统是我们面对的一个新问题。因此，必须尽快建立一套完整的外墙外保温构造及配套材料的防火性能测试方法与评价标准。

外墙外保温技术发展的目标应是在满足节能减排要求的同时，集保温、防火、装饰等多功能于一体，并且与建筑同寿命，最大限度地实现"四节一环保"的新型建筑发展理念。

11.2 建筑节能设计与防火

11.2.1 外墙节能设计与防火

11.2.1.1 总体要求

外墙是建筑围护结构的重要组成部分，其保温隔热性能对控制建筑物围护结构的能耗尤为重要，是节能设计的重点。一般来说，外墙保温要达到设计要求有两个途径：一是通过与高效绝热材料复合，形成复合保温墙体。复合墙体保温有三种形式，分别为外保温、内保温和夹芯保温，夹芯保温较多用于北方地区。二是直接采用具有较高热阻和稳定性的墙体材料，利用材料良好的热工性能，满足规定的节能指标，这样的墙体保温形式称为自保温。

最早的外墙外保温系统起源于 20 世纪 40 年代的瑞典和德国，实际的外保温工程在欧洲已有 35 年以上的历史。虽然外保温技术在保护层开裂控制、抗火灾能力、饰面层粘贴面砖等技术问题上还有待进一步研究和改进，但目前，外墙外保温系统依然是欧美等发达国家市场占有率很高的一种建筑节能技术，也是目前我国大力推广的保温技术。外保温与内保温相比，有其明显的优点：

（1）外保温适用范围广，不仅适用于新建工程，也适用于旧楼改造；

（2）外保温有效减少了建筑结构（混凝土梁、柱等部位）的热桥；

（3）保温层不占室内使用面积，不影响室内装修；

（4）外保温技术含量高，技术更合理，使用同样规格、同样厚度和性能的保温材料，外保温比内保温的效果好；

（5）消除了冷凝，防止墙体表面结露；

（6）外保温是将保温隔热体系置于外墙外侧，从而使主体结构所受温差作用大幅度下降，温度变形小，因此能延长结构寿命。

11.2.1.2　设计选用要点

1. 墙体的热工性能指标

（1）居住建筑墙体的传热系数和热惰性指标，应以建筑所处城市的气候分区区属为依据（表 11-26）。如果墙体的传热系数不满足表中规定，必须按居住建筑节能设计标准的规定进行围护结构热工性能的综合判断。

表 11-26　居住建筑不同气候区墙体的传热系数和热惰性指标限值

气候分区	墙体部位		传热系数 $K[\mathrm{W}/(\mathrm{m}^2 \cdot \mathrm{K})]$	
			≥4 层建筑	≤3 层建筑
严寒地区 A 区	外墙		≤0.40	≤0.33
	分隔采暖与非采暖空间的隔墙		≤0.70	
严寒地区 B 区	外墙		≤0.45	≤0.40
	分隔采暖与非采暖空间的隔墙		≤0.80	
严寒地区 C 区	外墙		≤0.50	≤0.40
	分隔采暖与非采暖空间的隔墙		≤1.00	
寒冷地区 A 区	外墙		≤0.50	≤0.45
	分隔采暖与非采暖空间的隔墙		≤1.20	
寒冷地区 B 区	外墙	重质结构	≤0.60	≤0.50
		轻质结构	≤0.50	≤0.45
	分隔采暖与非采暖空间的隔墙		≤1.00	
夏热冬冷地区	外墙	$D \geqslant 3.0$	≤1.50	
		$3.0 > D \geqslant 2.5$	≤1.00	
	分户墙		≤2.00	
夏热冬暖地区北区	外墙	$D \geqslant 3.0$	≤2.00（注 4）	
		$D \geqslant 2.5$	≤1.50（注 4）	
		$D < 2.5$	≤1.00（注 4）	
			≤0.70（注 4）	
夏热冬暖地区南区	外墙 $\rho \leqslant 0.8$	$D \geqslant 3.0$	≤2.00（注 5）	
			≤1.50（注 5）	
		$D \geqslant 2.5$	≤1.00（注 5）	
		$D < 2.5$	≤0.70（注 5）	
温和地区 A 区	外墙	重质结构	≤1.00	≤0.80
		轻质结构	≤0.50	≤0.45
	分户墙		≤2.00	
温和地区 B 区	外墙		—	—

注：1. 表中外墙传热系数为包括结构性热桥在内的平均传热系数 K_m。
　　2. 轻质结构外墙系指轻钢、木结构、轻质墙板等构成的外墙。
　　3. 应根据不同平均窗墙面积比及外窗的传热系数值，确定外墙的传热系数限值，详见《夏热冬冷地区居住建筑节能设计标准》(JGJ 134—2010)。
　　4. 应根据不同平均窗墙面积比及外窗的综合遮阳系数值，确定外墙的传热系数限值，详见《夏热冬冷地区居住建筑节能设计标准》(JGJ 134—2010)。
　　5. D 是外墙热惰性指标；ρ 是外墙外表面的太阳辐射吸收系数。

（2）公共建筑墙体的传热系数，应以建筑所处城市的气候分区区属为依据（表 11-27）。如果墙体的传热系数不满足表中规定，必须按居住建筑节能设计标准的规定进行围护结构热工性能的综合判断。

表 11-27　公共建筑不同气候区墙体的传热系数限值

气候分区	墙体部位	传热系数 $K/[\mathrm{W}/(\mathrm{m}^2 \cdot \mathrm{K})]$		
		体形系数 ≤0.30	0.30<体形系数≤0.40	体形系数 >0.40
严寒地区 A 区	外墙	≤0.45	≤0.40	≤0.35
	分隔采暖与非采暖空间的隔墙	≤0.60		
严寒地区 B 区	外墙	≤0.50	≤0.45	≤0.40
	分隔采暖与非采暖空间的隔墙	≤0.80		
寒冷地区	外墙	≤0.60	≤0.50	≤0.45
	分隔采暖、空调与非采暖、空调空间的隔墙	≤1.50		
夏热冬冷地区	外墙	≤1.00		
夏热冬暖地区	外墙	≤1.50		

注：1. 表中外墙传热系数为包括结构性热桥在内的平均传热系数 K_m。

　　2. 外墙含非透明幕墙。

2. 外墙外保温系统设计要求

（1）在正确使用和正常维护的条件下，外墙外保温工程的使用年限不应少于 25 年。为了保证外保温系统具有可靠的耐久性，选用时应要求供应商提交耐候性检测报告。

（2）选用外保温系统时，不得随意更改系统构造和组成材料，所有组成材料应由系统供应商成套供应。

（3）外保温符合墙体的保温、隔热和防潮性能，应符合《民用建筑热工设计规范》（GB 50176）和相关的节能设计标准规定。

（4）外墙外保温系统应能适应基层的正常变形而不产生裂缝或空鼓，应能长期承受自重而不产生有害的变形，承受风荷载的作用而不产生破坏，应能耐受室外气候的长期反复作用而不产生破坏，应具有防水渗透性能。

（5）用于高层建筑时，应采取防火措施。

（6）各组成部分应具有物理-化学稳定性。所有组成材料应彼此相容并应具有防腐性，同时应具有防生物侵害性能。

3. 严寒和寒冷地区外墙的热工设计要求

（1）需保温的外墙首选外保温构造，并应尽量减少混凝土出挑构件及附墙部位。当有出挑构件及附墙构件时，应采取隔断热桥或保温措施。

（2）外墙外保温的墙体，窗口外侧四周墙面应进行保温处理。外窗尽可能外移或与外墙面平，以减少窗框四周"热桥面积"，并应做好窗户的滴水设计。

（3）外墙保温采用内保温构造时，应充分考虑结构性热桥影响，并应按照规范进行内部冷凝受潮验算和采取可靠的防潮设施。

11.2.1.3　外墙外保温技术

《外墙外保温工程技术规程》（JGJ 144—2004）中推荐了五种外墙外保温系统，分别为 EPS 板薄抹灰外墙外保温系统、胶粉 EPS 颗粒保温浆料外墙外保温系统、EPS 板现浇混凝土外墙外保温系统、EPS 钢丝网架板现浇混凝土外墙外保温系统、机械固定 EPS 钢丝网架板外墙外保温系统。另外还有一些行业标准中没有列出，目前也有很多工程在试用，如岩棉外保温系统、硬泡聚氨酯外保温系统、XPS 板外保温系统、泡沫玻璃外墙外保温系统等。见表 11-28。

表 11-28　目前外墙外保温系统构造特点及使用范围

系统名称	基本构造	特点	适用范围
EPS 板薄抹灰外墙外保温系统	由胶粘剂、EPS 板、玻纤网、薄抹面层、饰面涂层组成	1. 重量轻，EPS 板导热系数小，保温效果好； 2. 施工较为方便； 3. 用于高层时或对防火要求较高时，使用有一定限制	1. 多、高层混凝土建筑和砌体结构外墙； 2. 旧房节能改造； 3. 主要适用于涂料饰面层
胶粉 EPS 颗粒保温浆料外墙外保温系统	由界面砂浆、胶粉 EPS 颗粒保温浆料保温层、抗裂砂浆薄抹面层、玻纤网和饰面层组成	1. 施工方便、价格适中； 2. 导热系数较大，寒冷地区使用受到限制； 3. 施工时浆料干密度和厚度的控制对保温效果影响大	1. 多、高层混凝土建筑和砌体结构外墙； 2. 旧房节能改造； 3. 适用于涂料或面层
EPS 板现浇混凝土外墙外保温系统	由 EPS 板、锚栓、抗裂砂浆薄抹面层、饰面层组成	1. 结构整体性、可靠性好，工期短； 2. 施工比较复杂	1. 多、高层混凝土新建建筑外墙； 2. 主要用于面砖饰面
EPS 钢丝网架板现浇混凝土外墙外保温系统	由 EPS 单面钢丝网架板、掺外加剂的水泥砂浆厚抹面层、钢丝网架、饰面层、辅助固定件组成	1. 结构整体性、可靠性好，工期短； 2. 施工比较复杂	1. 多、高层混凝土新建建筑外墙； 2. 主要用于面砖饰面
机械固定 EPS 钢丝网架板外墙保温系统	由 EPS 钢丝网架板、掺外加剂的水泥砂浆厚抹面层、饰面层机械固定装置组成	1. 结构整体性、可靠性好，工期短； 2. 施工比较复杂	1. 多、高层混凝土新建建筑外墙； 2. 不适用于加气混凝土和轻集料混凝土墙； 3. 主要用于面砖饰面
XPS 板薄抹灰外墙外保温系统	由界面层、胶粘剂、XPS 板、固定件、聚合物砂浆、玻纤网、饰面层组成	1. 导热系数比 EPS 板小，保温效果好； 2. 强度好； 3. 透气性没有 EPS 板好	1. 多、高层混凝土建筑和砌体结构外墙； 2. 旧房节能改造； 3. 主要适用于涂料饰面层

系统名称	基本构造	特　点	适用范围
岩（矿）棉板外墙外保温系统	由粘结砂浆、岩（矿）棉保温材料、锚栓（当设计有要求时）、玻纤网、聚合物砂浆、饰面层组成	1. 耐火性能优异，特别适用于防火等级高的建筑； 2. 耐长期潮湿性较差	1. 多、高层混凝土建筑和砌体结构外墙； 2. 旧房节能改造； 3. 主要适用于涂料饰面层
硬泡聚氨酯喷涂外墙外保温系统	由聚氨酯防潮底漆层、聚氨酯硬泡喷涂保温层、聚氨酯界面层、胶粉聚苯颗粒胶料找平层、玻纤网格布抗裂砂浆保护层及涂料饰面层组成	1. 施工方便，现场喷涂无接缝； 2. 抗紫外线能力较差	1. 多、高层混凝土建筑和砌体结构外墙； 2. 旧房节能改造； 3. 适用于涂料饰面层
泡沫玻璃外墙外保系统温	由粘结层、泡沫玻璃保温层、护面层（包括网格布加强层）、饰面层组成	1. 防火、防水性好，还可作高层建筑外墙防火隔离带； 2. 透气性没有 EPS 板好，价格较高	1. 多、高层混凝土建筑和砌体结构外墙； 2. 旧房节能改造； 3. 主要适用于涂料饰面层
砂加气块外墙外保温系统	由找平层、粘结剂、保温块、抗渗剂、抹面腻子（中央网格布）、饰面层组成	价格适中，防火性能好	1. 多层建筑的混凝土和砌块结构外墙； 2. 主要适用于涂料饰面层

11.2.1.4　常见墙体构造做法及热工性能参数

外墙外保温构造（主体部位）的热工性能参数见表 11-29、表 11-30。

表 11-29　常见外墙外保温构造（主体部位）的热工性能参数

简　图	构造层次	保温材料厚度/mm	传热系数 K_p/$[W/(m^2 \cdot K)]$	热惰性指标 D
	1—内墙面刮腻子； 2—180mm 钢筋混凝土墙； 3—聚苯板； 4—聚合物砂浆加强面层； 5—外涂料装饰层	70	0.60	2.38
		80	0.54	2.47
		90	0.49	2.56
		100	0.44	2.64
		110	0.41	2.73

简　图	构造层次	保温材料厚度/mm	传热系数 K_p/[W/(m²·K)]	热惰性指标 D
1—15mm 内墙面抹灰； 2—240mmKP1 型烧结多孔砖； 3—聚苯板； 4—聚合物砂浆加强面层； 5—外涂料装饰层		60	0.57	3.80
		70	0.51	3.88
		80	0.46	3.97
		90	0.42	4.05
		100	0.39	4.14
1—15mm 内墙面抹灰； 2—190mm 混凝土空心砌块； 3—聚苯板； 4—聚合物砂浆加强面层； 5—外涂料装饰层		70	0.58	1.98
		80	0.48	2.07
		90	0.43	2.15
		100	0.39	2.24
		110	0.36	2.33
1—内墙面刮腻子； 2—180mm 钢筋混凝土墙； 3—单层钢丝网架聚苯板； 4—掺抗裂泥砂浆； 5—外装饰层（涂料、面砖）		90	0.59	2.55
		95	0.57	2.59
		100	0.54	2.64
		105	0.52	2.68
		110	0.50	2.72
1—内墙面刮腻子； 2—180mm 钢筋混凝土墙； 3—无网现浇聚苯板； 4—聚合物砂浆加强面层； 5—外涂料装饰层		75	0.60	2.43
		80	0.54	2.47
		85	0.51	2.51
		90	0.49	2.56
		95	0.46	2.60
1—内墙面刮腻子； 2—180mm 钢筋混凝土墙； 3—装饰面砖聚氨酯复合板		40	0.59	2.35
		45	0.54	2.42
		50	0.49	2.49
		55	0.45	2.56
		60	0.42	2.63
		65	0.39	2.70
		70	0.36	2.77

简　图	构造层次	保温材料厚度/mm	传热系数 K_p/[W/(m²·K)]	热惰性指标 D
	1—15mm 内墙面抹灰； 2—240mmKP1 多孔砖； 3—装饰面砖聚氨酯复合板	35	0.55	3.77
		40	0.50	3.84
		45	0.46	3.91
		50	0.43	3.98
		55	0.40	4.06
		60	0.37	4.13
		70	0.33	4.27
	1—15mm 内墙面抹灰； 2—190mm 混凝土空心砌块； 3—装饰面砖聚氨酯复合板	40	0.58	1.94
		45	0.52	2.01
		50	0.48	2.08
		55	0.44	2.15
		60	0.41	2.22
		65	0.38	2.29
		70	0.36	2.37
	1—15mm 内墙面抹灰； 2—保温层(加气混凝土砌块)； 3—砂浆抹灰层； 4—外涂料装饰层	300	0.58	4.74
		350	0.52	5.47
		400	0.47	6.20
		450	0.43	6.93

注：1. 表中聚苯板的导热系数修正系数 $\alpha=1.2$，计算导热系数 $\lambda_c=0.042\times1.2=0.05$W/(m·K)；有网体系聚苯板的导热系数修正系数 $\alpha=1.5$，计算导热系数 $\lambda_c=0.042\times1.5=0.063$W/(m·K)；无网体系聚苯板的导热系数修正系数 $\alpha=1.25$，计算导热系数 $\lambda_c=0.042\times1.25=0.053$W/(m·K)；聚氨酯的导热系数修正系数 $\alpha=1.1$，计算导热系数 $\lambda_c=0.025\times1.1=0.028$W/(m·K)；加气混凝土的导热系数修正系数 $\alpha=1.25$，计算导热系数 $\lambda_c=0.19\times1.25=0.24$W/(m·K)；混凝土空心砌块的热阻 $R=0.16$(m²·K)/W。

2. K_p：外墙主体部位的传热系数(下同)。

3. 本表摘自《全国民用建筑工程设计技术措施节能专篇——建筑2007》。

表 11-30　外墙外保温构造(主体部位)的热工性能参数

简　图	构造层次	保温材料厚度/mm	传热系数 K_p/[W/(m²·K)]	热惰性指标 D
	1—20mm 混合砂浆； 2—240mm 混凝土多孔砖； 3—20mm 水泥砂浆； 4—胶粘剂； 5—聚苯板； 6—3mm 聚合物砂浆(网格布)；高弹涂料	30	0.88	3.10
		40	0.74	3.20
		45	0.60	3.25
		50	0.63	3.30
		55	0.59	3.35
		60	0.56	3.40
		70	0.50	3.50

简　图	构造层次	保温材料厚度/mm	传热系数 K_p/[W/(m² · K)]	热惰性指标 D
	1—20mm 混合砂浆； 2—240mm 混凝土多孔砖，界面剂； 3—聚苯颗粒保温浆料； 4—3mm 抗裂砂浆（网格布）；弹性底涂，柔性腻子，外墙涂料	35	1.05	3.20
		40	0.98	3.25
		45	0.91	3.35
		50	0.86	3.45
		55	0.80	3.50
		60	0.76	3.55
		70	0.68	3.60
	1—20mm 混合砂浆； 2—240mmKP1 型烧结多孔砖； 3—20mm 水泥砂浆； 4—胶粘剂； 5—聚苯板； 6—聚合物砂浆（网格布）；高弹涂料	30	0.81	4.10
		40	0.69	4.15
		45	0.64	4.18
		50	0.60	4.20
		55	0.56	4.22
		60	0.53	4.25
		70	0.50	4.30
	1—20mm 混合砂浆； 2—240mmKP1 型烧结多孔砖，界面剂； 3—聚苯颗粒保温浆料； 4—3mm 抗裂砂浆（网格布）；弹性底涂，柔性腻子，外墙涂料	30	1.03	4.00
		35	0.96	4.07
		40	0.89	4.15
		45	0.83	4.22
		50	0.79	4.30
		55	0.75	4.37
		60	0.70	4.45
	1—20mm 混合砂浆； 2—200mm 钢筋混凝土墙； 3—20mm 水泥砂浆； 4—胶粘剂； 5—聚苯板； 6—聚合物砂浆（网格布）；高弹涂料	35	0.96	2.80
		40	0.87	2.82
		45	0.86	2.84
		50	0.79	2.86
		55	0.73	2.88
		60	0.67	2.90
		70	0.59	2.92

简　图	构造层次	保温材料厚度/mm	传热系数 K_p/[W/(m²·K)]	热惰性指标 D
		45	1.14	3.00
	1—20mm 混合砂浆； 2—200mm 钢筋混凝土墙，界面剂； 3—聚苯颗粒保温浆料； 4—3mm 抗裂砂浆（网格布）；弹性底涂，柔性腻子，外墙涂料	50	1.04	3.05
		55	0.96	3.10
		60	0.89	3.15
		65	0.83	3.20
		70	0.78	3.25
		75	0.74	3.30
	1—20mm 混合砂浆； 2—190mm 二排孔混凝土空心砌块； 3—20mm 水泥砂浆； 4—胶粘剂； 5—聚苯板； 6—3mm 聚合物砂浆（网格布）；高弹涂料	30	0.94	2.80
		40	0.79	2.82
		45	0.73	2.84
		50	0.68	2.86
		55	0.63	2.88
		60	0.59	2.90
		70	0.53	2.94
	1—20mm 混合砂浆； 2—190mm 二排孔混凝空心砌块，界面剂； 3—聚苯颗粒保温浆料； 4—3mm 抗裂砂浆（网格布）；弹性底涂，柔性腻子，外墙涂料	40	1.00	2.95
		50	0.88	3.10
		55	0.83	3.17
		60	0.78	3.25
		65	0.74	3.32
		70	0.67	3.40
	1—20mm 混合砂浆； 2—240mm 轻集料混凝土空心砌块，界面剂； 3—水泥砂浆； 4—胶粘剂； 5—聚苯板； 6—3mm 聚合物砂浆（网格布）；高弹涂料	30	0.86	2.70
		40	0.72	2.75
		45	0.69	3.00
		50	0.64	3.25
		55	0.60	3.50
		60	0.55	3.75
		70	0.51	3.80

续表

简　图	构造层次	保温材料厚度/mm	传热系数 K_p/[W/(m²·K)]	热惰性指标 D
1—20mm 混合砂浆； 2—240mm 轻集料混凝土空心砌块，界面剂； 3—聚苯颗粒保温浆料； 4—3mm 抗裂砂浆（网格布）；弹性底涂，柔性腻子，外墙涂料		35	1.06	2.70
		40	0.98	2.80
		45	0.91	2.90
		50	0.85	3.00
		55	0.79	3.10
		60	0.75	3.20
		70	0.67	3.40
1—20mm 混合砂浆； 2—240mm 轻集料混凝土空心砌块，界面剂； 3—聚合物保温砂浆； 4—3mm 抗裂砂浆（网格布）；弹性底涂，柔性腻子，外墙涂料		30	1.47	3.10
		40	1.32	3.30
		45	1.25	3.40
		50	1.19	3.50
		55	1.14	3.60
		60	1.09	3.70
		70	1.00	3.90
1—20mm 混合砂浆； 2—190mm 三排孔混凝土空心砌块； 3—20mm 水泥砂浆； 4—胶粘剂； 5—聚苯板； 6—3mm 聚合物砂浆（网格布）；高弹涂料		30	0.94	2.70
		40	0.76	2.80
		45	0.71	0.85
		50	0.66	2.90
		55	0.62	2.95
		60	0.58	3.00
		70	0.51	3.10

注：1. 表中聚苯板导热系数 $\lambda=0.042$W/(m·K)，修正系数 $\alpha=1.20$；聚苯颗粒保温浆料导热系数 $\lambda=0.06$W/(m·K)，修正系数 $\alpha=1.30$。

2. 本表摘自《全国民用建筑工程设计技术措施节能专篇——建筑 2007》。

外墙内保温构造（主体部位）的热工性能参数见表 11-31。外墙内保温构造适用于夏热冬冷和夏热冬暖地区。

表 11-31　常见外墙内保温构造（主体部位）的热工性能参数

简　图	构造层次	保温材料厚度/mm	传热系数 K_p/[W/(m²·K)]	热惰性指标 D
	1—10mm 混合砂浆； 2—泡沫玻璃，胶粘剂； 3—10mm 水泥砂浆； 4—240mm 混凝土多孔砖； 5—20mm 水泥砂浆	20	1.32	3.00
		25	1.21	3.10
		30	1.10	3.20
	1—12mm 纸面石膏板； 2—矿（岩）棉或玻璃棉板，50×δ 防腐木砖双向； 3—20mm 水泥砂浆； 4—240mm 混凝土多孔砖； 5—20mm 水泥砂浆	20	1.18	3.30
		25	1.08	3.38
		30	0.99	3.45
	1—10mm 混合砂浆； 2—泡沫玻璃，胶粘剂； 3—10mm 水泥砂浆； 4—240mmKP1 型烧结多孔砖； 5—20mm 水泥砂浆	20	1.18	3.80
		25	1.09	3.90
		30	1.10	4.00
	1—12mm 纸面石膏板； 2—矿（岩）棉或玻璃棉板，50×δ 防腐木砖双向； 3—20mm 水泥砂浆； 4—240mm 混凝土多孔砖； 5—20mm 水泥砂浆	20	1.04	4.20
		25	0.96	4.28
		30	0.89	4.35

续表

简　图	构造层次	保温材料厚度/mm	传热系数 K_p/$[W/(m^2 \cdot K)]$	热惰性指标 D
	1—10mm 混合砂浆； 2—泡沫玻璃，胶粘剂； 3—10mm 水泥砂浆； 4—190mm 二排孔混凝土空心砌块； 5—20mm 水泥砂浆	20	1.04	3.00
		25	0.97	3.05
		30	0.92	3.10
	1—12mm 纸面石膏板； 2—矿(岩)棉或玻璃棉板，50×δ防腐木砖双向； 3—20mm 水泥砂浆； 4—190mm 二排孔混凝土空心砌块； 5—20mm 水泥砂浆	20	1.32	3.00
		25	1.19	3.10
		30	1.09	3.15
	1—10mm 混合砂浆； 2—泡沫玻璃，胶粘剂； 3—10mm 水泥砂浆； 4—240mm 轻集料混凝土空心砌块； 5—20mm 水泥砂浆	20	0.96	2.85
		25	0.90	2.93
		30	0.86	3.00
	1—12mm 纸面石膏板； 2—矿(岩)棉或玻璃棉板，50×δ防腐木砖双向； 3—20mm 水泥砂浆； 4—240mm 轻集料混凝土空心砌块； 5—20mm 水泥砂浆	20	1.09	3.00
		25	1.04	3.03
		30	1.00	3.05

注：1. 表中泡沫玻璃导热系数 $\lambda=0.07W/(m \cdot K)$，修正系数 $\alpha=1.2$；矿(岩)棉板或玻璃棉板导热系数 $\lambda=0.05W/(m \cdot K)$，修正系数 $\alpha=1.30$。

2. 本表摘自《全国民用建筑工程设计技术措施节能专篇——建筑 2007》。

外墙自保温构造（主体部位）的热工性能参数见表 11-32。

表 11-32　外墙自保温构造（主体部位）的热工性能参数

简　图	构造层次	保温材料厚度/mm	传热系数 K_p/[W/(m²·K)]	热惰性指标 D
	1—8mm 聚合物水泥石灰砂浆，界面剂； 2—加气混凝土砌块(B06)，界面剂； 3—25mm 聚合物水泥砂浆；防水腻子，乳胶漆或涂料	200	0.98	3.56
		250	0.81	4.34
		300	0.70	5.12
		350	0.61	5.90
		400	0.54	6.68
	1—8mm 聚合物水泥石灰砂浆，界面剂； 2—加气混凝土砌块(B05)，界面剂； 3—25mm 聚合物水泥砂浆；防水腻子，乳胶漆或涂料	200	0.84	3.69
		250	0.69	4.51
		300	0.59	5.33
		350	0.52	6.15
		400	0.44	6.97
	1—175mmTCK 节能防火墙体，塑钢中空内膜(双面防火板)，C 形钢龙骨(50 厚岩棉)，塑钢中空内膜(双面防火板)； 2—10mm 水泥砂浆(金属网)	50	0.66	2.50
	1—143mmTCK 节能防火墙体，塑钢中空内膜(双面防火板)，C 形钢龙骨(50 厚岩棉)，塑钢中空内膜(双面防火板)； 2—10mm 水泥砂浆(金属网)	50	0.74	2.50

注：本表摘自《全国民用建筑工程设计技术措施节能专篇——建筑 2007》。

11.2.1.5　外墙节能设计防火要求

1. 建筑的内、外保温系统，宜采用燃烧性能为 A 级的保温材料，不宜采用 B_2 级保温材料，严禁采用 B_3 级保温材料；设置保温系统的基层墙体或屋面板的耐火极限应符合相关规范的规定。

2. 建筑外墙采用内保温系统时，保温层应符合下列规定：

（1）对于人员密集场所，用火、燃油、燃气等具有火灾危险的场所以及各类建筑内的疏散楼梯间、避难走道、避难间、避难层等场所或部位，应采用燃烧性能为 A 级的保温材料；

（2）对于其他场所，应采用低烟低毒且燃烧性能不低于 B_1 级的保温材料。

（3）保温系统应采用不燃材料做防护层。采用燃烧性能为 B_1 级的保温材料时，防护层的厚度不应小于 10mm。

3．设置人员密集场所的建筑，其外墙外保温材料燃烧性能应为 A 级。

4．与基层墙体、装饰层之间无空腔的建筑外墙保温系统，其保温材料应符合表 11-33 的规定。

表 11-33　基层墙体、装饰层之间无空腔的外墙保温系统技术要求

基层墙体、装饰层之间无空腔的建筑外墙保温系统		对应材料做法
住宅建筑	1）建筑高度 $h>100m$ 时，保温材料的燃烧性能应为 A 级	常见燃烧性能应为 A 级的外墙保温材料：无机轻集料保温砂浆，保温棉（矿棉，岩棉，玻璃棉板、毡）、泡沫玻璃； 常见燃烧性能应为 B_1 级的外墙保温材料：阻燃型膨胀聚苯板、胶粉聚苯颗粒保温浆料、阻燃型聚氨酯； 常见水平防火隔离带材料：无机轻集料保温砂浆； 常见不燃材料防护层：抗裂砂浆； 常见防火封堵材料：保温棉（矿棉、岩棉、玻璃棉毡）
	2）建筑高度 $100m≥h>27m$ 时，保温材料的燃烧性能不应低于 B_1 级。当采用 B_1 保温材料时，应每层设置防火隔离带，建筑外墙上门、窗的耐火完整性不应低于 0.5h	
	3）建筑高度 $h≤27m$ 时，保温材料的燃烧性能不应低于 B_2 级。当采用 B_2 保温材料时，应每层设置防火隔离带，建筑外墙上门、窗的耐火完整性不应低于 0.5h	
除住宅建筑和设置人员密集场所的建筑外的其他建筑	1）建筑高度 $h>50m$ 时，保温材料的燃烧性能应为 A 级	
	2）建筑高度 $50m≥h>24m$ 时，保温材料的燃烧性能不应低于 B_1 级。当采用 B_1 保温材料时，应每层设置放火隔离带	
	3）建筑高度 $h≤24m$ 时，保温材料的燃烧性能不应低于 B_2 级。当采用 B_2 保温材料时，应每层设置防火隔离带	
采用外墙外保温系统的建筑，其基层墙体耐火极限应符合现行防火规范的有关规定		
当保温材料的燃烧性能为 B_1、B_2 级时，保温材料两侧的墙体应采用不燃烧体且厚度均不应小于 50mm		
外温系统应采用不燃材料在其表面设置防护层，防护层应将保温材料完全包覆。首层防护层厚度不应小于 15mm，其他层不应小于 5mm。		

5．与基层墙体、装饰层之间有空腔的建筑外墙保温系统，其保温材料应符合表 11-34 的规定。

表 11-34　基层墙体、装饰层之间有空腔的建筑外墙保温系统技术要求

基层墙体、装饰层之间有空腔的建筑外墙保温系统		对应材料做法
人员密集场所	保温材料的燃烧性能应为 A 级	常见燃烧性能应为 A 级的幕墙式建筑外墙保温材料：无机轻集料保温砂浆、保温棉（矿棉、岩棉、玻璃棉板、毡）、泡沫玻璃； 常见燃烧性能应为 B_1 级的幕墙式建筑外墙保温材料：阻燃型膨胀聚苯板、胶粉聚苯颗粒保温浆料、阻燃型聚氨酯； 常见水平防火隔离带材料：无机轻集料保温砂浆； 常见不燃材料防护层：抗裂砂浆； 常见防火封堵材料：保温棉（矿棉、岩棉、玻璃棉毡）
非人员密集场所	1）建筑高度 $h>24m$ 时，保温材料的燃烧性能应为 A 级。	
	2）建筑高度 $h≤24m$ 时，保温材料的燃烧性能不应低于 B_1 级。当采用 B_1 保温材料时，应每层设置放火隔离带	
建筑外墙外保温系统与基层墙体、装饰层之间的空腔，应在每层楼板处采用防火封堵材料封堵		

6. 防火隔离带应采用燃烧性能为 A 级的材料，防火隔离带的高度不应小于 300mm。

7. 建筑外墙的装饰层应采用燃烧性能为 A 级的材料，但建筑高度不大于 50m 时，可采用 B_1 级材料。

11.2.2 屋顶节能设计与防火

11.2.2.1 总体要求

屋顶作为建筑物外围护结构的组成部分，由于冬季存在比任何朝向墙面都大的长波辐射散热，再加之对流换热，降低了屋顶的外表面温度；夏季所接收的太阳辐射热也最多，导致室外综合温度最高，造成其室内外温差传热在冬、夏季都大于各朝向外墙。因此，提高建筑物屋面的保温、隔热能力，可有效地减少能耗，改善顶层房间内的热环境。

11.2.2.2 设计选用要点

屋面保温设计绝大多数为外保温构造，这种构造受周边热桥影响小。为了提高屋面保温能力，屋顶的保温节能设计要采用导热系数小、质轻高效、吸水率低（或不吸水）有一定抗压强度、可长期发挥作用且性能稳定可靠的保温材料作为保温隔热层。

保温层厚度按屋面保温种类、保温材料性能及构造措施以满足相关节能标准对屋面传热系数限制要求。

1. 屋面的热工性能指标

（1）居住建筑屋面的传热系数和热惰性指标，应以建筑所处城市的气候分区区属为依据（表 11-35）。

表 11-35　居住建筑不同气候区屋面的传热系数和热惰性指标限值

气候分区		传热系数 $K/[W/(m^2 \cdot K)]$	
		≥4 层建筑	≤3 层建筑
严寒地区 A 区		0.40	0.33
严寒地区 B 区		0.40	0.36
严寒地区 C 区		0.45	0.36
寒冷地区 A 区		0.50	0.45
寒冷地区 B 区	轻钢、木结构、轻质墙板等围护结构	0.50	0.45
	重质围护结构	0.60	0.50
夏热冬冷地区	$D \geqslant 3.0$	≤1.0	
	$3.0 > D \geqslant 2.5$	≤0.8	
夏热冬暖地区	$D \geqslant 2.5$	≤1.0	
	—	≤0.5	
温和地区 A 区	轻钢、木结构、轻质墙板等围护结构	≤0.4	
	重质围护结构	≤0.8	≤0.6

（2）公共建筑屋面的传热系数，应以建筑所处城市的气候分区区属为依据（表 11-36）。如不满足规定，必须按公共建筑节能设计标准的规定进行围护结构热工性能的权衡判断。

表 11-36　公共建筑不同气候区屋面的传热系数限值

气候分区	传热系数 $K/[\mathrm{W}/(\mathrm{m}^2 \cdot \mathrm{K})]$			
	体形系数≤0.3	0.3<体形系数≤0.4	体形系数>0.4	屋顶透明部分
严寒地区 A 区	≤0.35	≤0.30		≤2.50
严寒地区 B 区	≤0.45	≤0.35	≤0.30	≤2.60
寒冷地区	≤0.55	≤0.45	≤0.40	≤2.70
夏热冬冷地区	≤0.70		—	≤3.00
夏热冬暖地区	≤0.90		—	≤3.50

2. 屋面节能设计要求

（1）保温隔热屋面适用于具有保温隔热要求的屋面工程。当屋面防水等级为Ⅰ级、Ⅱ级时，不宜采用蓄水屋面。

屋面保温可采用板材、块材或整体现喷聚氨酯保温层，屋面隔热可采用架空、蓄水、种植等隔热层。

（2）保温屋面的天沟、檐沟，应铺设保温层；天沟、檐沟、檐口与屋面交接处，有挑檐的保温屋面保温层的铺设至少应延伸到墙内，其伸入的长度不应小于墙厚的 1/2。

（3）封闭式保温层的含水率，应相当于该材料在当地自然风干状态下的平衡含水率。

（4）架空屋面宜在通风较好的建筑物上采用，不宜在寒冷地区采用。

（5）蓄水屋面不宜在寒冷地区、地震地区和振动较大的建筑物上采用。

（6）种植屋面应根据地域、气候、建筑环境、建筑功能等条件，选择相适应的屋面构造形式。

（7）屋面构造层可设置封闭空气间层或带有铝箔的空气间层。当为单面铝箔空气间层时，铝箔宜设在温度较高的一侧。

（8）设置通风屋顶时，通风屋顶的风道长度不宜大于 10m，间层高度以 200mm 左右为宜，基层上面应有 60mm 左右的隔热层。

（9）保温层的构造应符合下列规定：

① 保温层设置在防水层上部时，保温层的上面应做保护层；

② 保温层设置在防水层下部时，保温层的上面应做找平层；

③ 屋面坡度较大时，保温层应采取防滑措施；

④ 吸湿性保温材料不宜用于封闭式保温层。

11.2.2.3　屋面节能技术

（1）普通屋面（图 11-1）

① 普通屋面设计技术要点：

a. 由于防水层直接与大气环境接触，其表面易产生较大的温度应力，使防水层在短期内破坏。所以应在防水层上加做一层保护层。

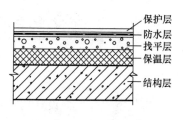

图 11-1　普通屋面

299

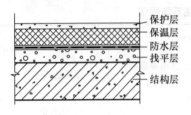

图 11-2　倒置式屋面

b. 保温层宜选用吸水率低、密度和导热系数小并有一定强度的材料，如 EPS 板、XPS 板、泡沫玻璃等。

② 适用范围：

a. 适合各类气候区。

b. 不适合室内湿度大的建筑。

（2）倒置式屋面（图 11-2）

① 倒置式屋面设计技术要点：

a. 应采用吸水率低（≤4%），且长期浸水不腐烂的保温材料。

b. 保温层的上面采用卵石保护层时，保护层和保温层之间应铺设隔离层。

c. 倒置式屋面的檐沟、水落口等部位，应采用现浇混凝土或砖砌堵头，并做好排水处理。

d. 选用保温材料应具有一定的压缩强度，多采用 XPS 板、泡沫玻璃等。

② 适用范围：

a. 适用于夏热冬暖、夏热冬冷、寒冷地区。

b. 既有建筑节能改造。

c. 室内空间湿度大的建筑。

d. 不适用金属屋面。

（3）聚氨酯喷涂屋面（图 11-3）

① 聚氨酯喷涂屋面设计技术要点：

a. 使用聚氨酯为喷涂材料时，其外表面应设置保护层（两者应具相容性），可使用细石混凝土（40mm 厚，双层双向配筋）或防辐射涂层保护层，防止聚氨酯老化。

b. 聚氨酯或其他保温材料的喷涂厚度除按保温要求确定外，也应当考虑建筑屋面防水等级要求，综合考虑确定其最终喷涂的厚度。

② 适用范围：

a. 各类气候区。

b. 屋面平面较为规整，坡度较为平缓的工程。

（4）架空隔热屋面（图 11-4）

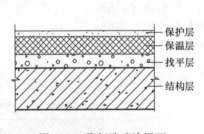

图 11-3　聚氨酯喷涂屋面

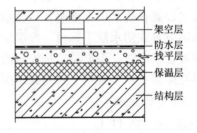

图 11-4　架空隔热屋面

① 架空隔热屋面设计技术要点：

a. 架空屋面的坡度不宜大于 5%。

b. 架空隔热层的高度根据屋面宽度或坡度确定，一般高度为 100～300mm。

c. 当屋面宽度＞10m 时，应设置通风屋脊，以保证气流畅通。

d. 进风口应设置在当地炎热季节风向的正压区，出风口应设置在负压区。

e. 架空板与女儿墙的距离约 250mm。

② 适用范围：

a. 应与不同保温屋面系统联合使用；

b. 严寒、寒冷地区不宜。

（5）种植屋面（图 11-5）

① 种植屋面设计技术要点：

a. 根据植被种类，在隔离层的下部需单独设置专用阻断植物根系生长的阻挡层，以防止植物根系对防水保温层的破坏。不宜在建筑屋顶上种植高大乔木。

b. 优先考虑一次生命周期较长的植被。此外，还应充分重视植被的地域性，应与当地农林部门充分沟通，选择合适、经济、美观的屋面植被。

c. 种植屋面常用的配套产品及材料，如塑料防排水板、人工合成土、各类合成蓄排水材料及专用防水材料等。

d. 根据节能设计要求，在结构层与找坡层之间设置保温层。

e. 种植屋面应当专项设计，充分考虑适用性、系统性和协调性。

f. 倒置式屋面不得做种植屋面。

g. 种植土厚度不得小于 100mm。

h. 种植屋面的屋面板必须是现浇混凝土屋面板。

i. 种植屋面工程应做二道防水设防。

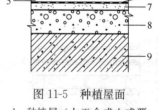

图 11-5　种植屋面

1—种植层（人工合成土或覆土），厚度依据绿化要求而定；2—土工布过滤层；3—蓄排水层（塑料排水板、陶粒、卵石或其他合成土工材料）；4—C25细石防水混凝土；5—10mm厚隔离层＋根系阻挡层（如需）；6—高分子卷材或涂料防水层；7—水泥砂浆找平层；8—找坡层；9—钢筋混凝土结构层

② 适用范围：

a. 适用于夏热冬冷、夏热冬暖地区。

b. 严寒地区不宜采用。

c. 服务性建筑如宾馆类或地下建筑顶板等宜采用各类培植方法和类型的植被。

d. 坡屋面、高层及超高层建筑的平屋面宜采用草皮及地被植物。

（6）金属屋面（图 11-6）

① 金属屋面设计技术要点：

a. 屋面各类节点构造中必须充分考虑保温措施，以避免热桥。

b. 填充材料或芯材主要采用岩棉、超细玻璃棉、聚氨酯、聚苯板等绝热材料。

c. 聚氨酯及聚苯板等绝热材料防火性能较差，使用时应满足防火要求。

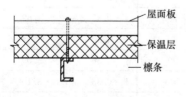

图 11-6　金属屋面

屋面板
保温层
檩条

② 适用范围：

a. 适用于各类气候区。

b. 大跨度、轻型结构的公共建筑。

11.2.2.4 常见平屋面构造及热工性能参数

常见平屋面构造热工性能参数见表 11-37。

表 11-37 常见平屋面构造热工性能

简 图	构造层次（由上至下）	保温材料厚度/mm	传热系数 K/[$W/(m^2 \cdot K)$]	热惰性指标 D
	1—500mm×500mm×50mm 钢筋混凝土板； 2—150mm 架空层； 3—防水层； 4—15mm 水泥砂浆找平层； 5—最薄 30mm 轻骨料混凝土找坡层； 6—100mm 加气混凝土砌块保温层； 7—挤塑聚苯板； 8—钢筋混凝土屋面板	40	0.57	4.15
		50	0.49	4.27
		60	0.43	4.39
		70	0.39	4.51
		80	0.35	4.63
		90	0.32	4.75
		100	0.29	4.87
	1—防水层； 2—20mm 水泥砂浆找平层； 3—最薄 30mm 轻骨料混凝土找坡层； 4—100mm 加气混凝土砌块保温层； 5—挤塑聚苯板； 6—钢筋混凝土屋面板	40	0.57	4.19
		50	0.49	4.31
		60	0.43	4.43
		70	0.39	4.55
		80	0.35	4.67
		90	0.32	4.79
	1—25～50mm 地砖水泥砂浆铺卧； 2—防水层； 3—20mm1：3 水泥砂浆找平层； 4—最薄 30mm 轻骨料混凝土找坡层； 5—挤塑聚苯板保温层； 6—钢筋混凝土屋面板	50	0.59	2.76
		60	0.51	2.86
		70	0.45	2.96
		80	0.40	3.06
		90	0.36	3.16
		100	0.33	3.26
		110	0.30	3.36
	1—卵石层； 2—保护薄膜； 3—挤塑聚苯板保温层； 4—防水层； 5—15mm 水泥砂浆找平层； 6—最薄 30mm 轻骨料混凝土找坡层； 7—钢筋混凝土屋面板	50	0.59	2.69
		60	0.51	2.79
		70	0.45	2.89
		80	0.40	2.99
		90	0.36	3.09
		100	0.33	3.19
		110	0.30	3.29

简　图	构造层次（由上至下）	保温材料厚度/mm	传热系数 $K/$ [W/(m²·K)]	热惰性指标 D
	1—25～50mm 铺地砖水泥砂浆铺卧； 2—20mm1：3 水泥砂浆结合层； 3—橡胶聚氨酯发泡整体保温防水层； 4—20mm1：3 水泥砂浆找平层； 5—最薄 30mm 轻骨料混凝土找坡层； 6—钢筋混凝土屋面板	25	0.87	2.76
		30	0.76	3.06
		35	0.67	3.36
		40	0.60	3.66
		45	0.55	3.96
		55	0.50	4.26
		60	0.46	4.56

注：1. 表中挤塑聚苯板的导热系数修正系数 $\alpha=1.20$，计算导热系数 $\lambda_c=0.03\times1.2=0.036$W/(m·K)；加气混凝土砌块的导热系数修正系数 $\alpha=1.5$，计算导热系数 $\lambda_c=0.19\times1.5=0.29$W/(m·K)；现场发泡聚氨酯硬泡体的导热系数修正系数 $\alpha=1.10$，计算导热系数 $\lambda_c=0.027\times1.10=0.03$W/(m·K)；
　　　2. 本表摘自《全国民用建筑工程设计技术措施节能专篇——建筑 2007》。

11.2.2.5　常见坡屋面构造及热工性能参数

常见坡屋面构造及热工性能参数见表 11-38。

表 11-38　坡屋面的热工性能参数

简　图	构造层次（由上至下）	保温材料厚度/mm	传热系数 $K/$ [W/(m²·K)]	热惰性指标 D
 坡度≤30°	1—块瓦； 2—挂瓦条； 3—顺水条； 4—40mm 细石混凝土（双向配筋）； 5—40mm 挤塑聚苯板； 6—防水层； 7—15mm 水泥砂浆找平层； 8—120mm 现浇钢筋混凝土屋面板	30	0.74	2.40
		35	0.67	2.45
		40	0.61	2.50
		45	0.57	2.55
		50	0.52	2.60
		60	0.46	2.70
		70	0.41	2.80
 坡度≤30°	1—块瓦； 2—挂瓦条； 3—顺水条； 4—40mm 细石混凝土（双向配筋）； 5—40mm 挤塑聚苯板； 6—防水层； 7—15mm 水泥砂浆找平层； 8—120mm 现浇钢筋混凝土屋面板	30	0.62	2.40
		35	0.57	2.45
		40	0.53	2.50
		45	0.49	2.55
		50	0.46	2.60
		60	0.41	2.70
		70	0.38	2.80

简　图	构造层次（由上至下）	保温材料厚度/mm	传热系数 K/$[W/(m^2 \cdot K)]$	热惰性指标 D
 坡度≤30°	1—块瓦； 2—挂瓦条； 3—顺水条； 4—40mm 细石混凝土（双向配筋）； 5—60mm 泡沫玻璃； 6—防水层； 7—15mm 水泥砂浆找平层； 8—120mm 现浇钢筋混凝土屋面板	50	0.90	2.61
		55	0.85	2.68
		60	0.80	2.75
		65	0.76	2.82
		70	0.72	2.89
		75	0.69	2.96
		80	0.65	3.03
 坡度≤30°	1—块瓦； 2—挂瓦条； 3—顺水条； 4—40mm 细石混凝土（双向配筋）； 5—60mm 泡沫玻璃； 6—防水层； 7—15mm 水泥砂浆找平层； 8—120mm 现浇钢筋混凝土屋面板	50	0.73	2.61
		55	0.69	2.68
		60	0.66	2.75
		65	0.63	2.82
		70	0.61	2.89
		75	0.58	2.96
		80	0.56	3.03
 坡度≤30°	1—油毡瓦； 2—垫毡一层； 3—40mm 细石混凝土（双向配筋）； 4—50mm 挤塑聚苯板，30×δ 通常木条@1800； 5—防水层； 6—15mm 水泥砂浆找平层； 7—120mm 现浇钢筋混凝土屋面板	30	0.84	2.30
		35	0.75	2.35
		40	0.68	2.40
		45	0.62	2.45
		50	0.57	2.50
		60	0.52	2.55
		70	0.49	2.60
 坡度≤30°	1—油毡瓦； 2—垫毡一层； 3—40mm 细石混凝土（双向配筋）； 4—75mm 泡沫玻璃，30×δ 通常木条@1800； 5—防水层； 6—15mm 水泥砂浆找平层； 7—120mm 现浇钢筋混凝土屋面板	65	0.97	2.46
		70	0.83	2.53
		75	0.78	2.60
		80	0.75	2.67
		85	0.71	2.74
		90	0.68	2.81
		95	0.65	2.88

续表

简　图	构造层次（由上至下）	保温材料厚度/mm	传热系数 K/[W/(m²·K)]	热惰性指标 D
坡度≤30° 1—瓦屋面；2—防水涂料层；3—挤塑聚苯板保温层；4—15mm 水泥砂浆找平层；5—钢筋混凝土屋面板	1—瓦屋面；2—防水涂料层；3—挤塑聚苯板保温层；4—15mm 水泥砂浆找平层；5—钢筋混凝土屋面板	55	0.57	1.94
		60	0.52	2.00
		70	0.46	2.11
		80	0.41	2.23
		90	0.36	2.34
		100	0.33	2.46

注：1. 表中挤塑聚苯板的导热系数修正系数 $\alpha=1.2$，计算导热系数 $\lambda_c=0.036$W/(m·K)。
　　2. 本表摘自《全国民用建筑工程设计技术措施节能专篇——建筑 2007》。

11.2.2.6　屋面节能设计防火要求

屋面节能设计防火要求见表 11-39。

表 11-39　屋面节能设计防火要求

屋顶应满足下列规定	对应材料与做法
建筑的屋面外保温系统，当屋面板的耐火极限不低于 1h 时，保温材料的燃烧性能不应低于 B_2 级；当屋面板的耐火极限低于 1h 时，不应低于 B_1 级。采用 B_1、B_2 级保温材料的外保温系统应采用不燃材料作防护层，防护层的厚度不应小于 10mm	常见燃烧性能应为 A 级的屋顶保温材料：泡沫混凝土、保温棉（矿棉，岩棉，玻璃棉板、毡）、泡沫玻璃、超薄绝热板； 常见燃烧性能应为 B_1 级的屋顶保温材料：阻燃型膨胀聚苯板、阻燃型聚氨酯、阻燃型硬质酚醛泡沫板； 常见燃烧性能应为 B_2 级的屋顶保温材料：普通型膨胀聚苯板、普通型聚氨酯、挤塑聚苯板；
当建筑的屋面和外墙外保温系统均采用 B_1、B_2 级保温材料时，屋面与外墙之间应采用宽度不小于 500mm 的不燃材料设置防火隔离带进行分隔	常见屋顶水平防火隔离带材料：超薄绝热板、发泡水泥板、泡沫玻璃； 常见不燃材料覆盖层：细石混凝土

11.2.3　门窗与透明幕墙节能设计与防火

11.2.3.1　总体要求

建筑门窗的面积通常只占围护结构的 25% 左右，但通过门窗消耗的能量却可占建筑的 50% 以上，而门窗的节能效果主要取决于门窗的传热系数和门窗的气密性。北方严寒及寒冷地区加强窗户的太阳能得热、夏热冬冷及夏热冬暖地区加强窗户对太阳辐射热的反射及对窗户的遮阳措施，以提高外窗的保温隔热能力，减少能耗。

玻璃幕墙节能涉及玻璃和型材构造的热工特征，严寒地区、寒冷地区和温和地区的幕墙要进行冬季保温设计，夏热冬冷地区、部分寒冷地区和夏热冬暖地区的幕墙要进行夏季隔热设计。

玻璃幕墙传热过程大致有3种：①幕墙外表面与周围空气和外界环境间的换热，包括外表面与周围空气间的对流换热、外表面吸收、反射的太阳辐射热和外表面与空间的各种长波辐射换热；②幕墙内表面与室内空气的对流换热、包括内表面与室内空气的对流换热和与室内其余表面间的辐射换热；③幕墙玻璃和金属框格的传热，包括通过单层玻璃的导热，或通过双层玻璃及自然通风，或机械通风的双层皮可呼吸幕墙的对流换热及辐射换热，还有通过金属框格或金属骨架的传热。

11.2.3.2　建筑门窗、幕墙的热工性能指标

1. 建筑门窗（包括透明幕墙，下同）的传热系数、遮阳系数应根据所处城市的气候分区区属，分别符合相关规范要求。幕墙的非透明部分应符合墙体的传热系数要求。

2. 居住建筑外窗应具有良好的密闭性能。严寒、寒冷地区以及夏热冬冷地区1～6层居住建筑的外窗及阳台门的气密性等级不应低于现行国家标准《建筑外门窗气密、水密、抗风压性能分级及检测方法》（GB/T 7106—2008）中规定的4级，夏热冬冷地区7层及7层以上居住建筑的外窗及阳台门的气密性等级不应低于现行国家标准《建筑外门窗气密、水密、抗风压性能分级及检测方法》（GB/T 7106—2008）中规定的6级；夏热冬暖地区1～9层居住建筑外窗（包括阳台门）的气密性能，在10Pa压差下，每小时每米缝隙的空气渗透量不应大于2.5m³，且每小时每平方米面积空气渗透量不应大于7.5m³；10层及10层以上居住建筑外窗的气密性能，在10Pa压差下，每小时每米缝隙的空气渗透量不应大于1.5m³，且每小时每平方米面积空气渗透量不应大于4.5m³。

3. 公共建筑门窗的传热系数、遮阳系数应根据所处城市的建筑气候分区区属，分别符合相关规范要求。幕墙的非透明部分应符合墙体的传热系数要求。

4. 公共建筑外窗的气密性不应低于《建筑外门窗气密、水密、抗风压性能分级及检测方法》（GB/T 7106—2008）中规定的6级，透明幕墙的气密性不低于《建筑幕墙》（GB/T 21086—2007）中的3级要求，即幕墙开启部分单位缝的空气渗透量 $qL \leqslant 1.5 \text{m}/(\text{m} \cdot \text{h})$，幕墙整体单位面积的空气渗透量 $qA \leqslant 1.0 \text{m}(\text{m} \cdot \text{h})$。

11.2.3.3　门窗节能设计要求

1. 建筑的外窗、玻璃幕墙面积不宜过大。空调建筑或空调房间应尽量避免在东、西朝向大面积采用外窗、玻璃幕墙。采暖建筑应尽量避免在北朝向大面积采用外窗、玻璃幕墙。

2. 空调建筑的向阳面，特别是东、西朝向的外窗、玻璃幕墙，应采取各种固定或活动式遮阳装置等有效的遮阳措施。

3. 夏热冬暖地区、夏热冬冷地区的建筑及寒冷地区制冷负荷大的建筑，外窗宜设置外部遮阳，外部遮阳的遮阳系数应按《公共建筑节能设计标准》（GB 50189）的规定执行。

11.2.3.4　严寒和寒冷地区门窗的热工设计要求

1. 严寒地区居住建筑不应设置凸窗。寒冷地区和夏热冬冷地区北向卧室、起居室不应设置凸窗。其他地区或其他朝向居住建筑不宜设置凸窗。如需设置时，凸窗从内墙面至凸窗内侧不应大于600mm。凸窗的传热系数比相应的平窗降低10%，其不透明的顶部、底部和侧面的传热系数不大于外墙的传热系数。

2. 严寒、寒冷地区，幕墙非透明部分面板的背后保温材料所在空间应充分隔气密封，防止结露。幕墙与主体结构间（除结构连接部位外）不应形成热桥。

3. 严寒、寒冷、夏热冬冷地区，门窗、玻璃幕墙周边与墙体或其他围护结构连接处应为弹性构造，采用防潮型保温材料填塞，缝隙应采用密封剂或密封胶密封。

4. 严寒、寒冷、夏热冬冷地区建筑的外窗、玻璃幕墙宜进行结露验算，在设计计算条件下，其内表面温度不宜低于室内的露点温度。外窗、玻璃幕墙的结露验算应符合《建筑门窗玻璃幕墙热工计算规程》的规定。

11.2.3.5　常用建筑门窗、幕墙的热工性能参数

常用玻璃的光学、热工性能见表 11-40。

表 11-40　常用玻璃的光学、热工性能

玻璃品种及规格/mm		可见光透射比 τ	太阳能总透射比 g_g	遮阳系数 SC	中部传热系数 $K/[\mathrm{W/(m^2 \cdot K)}]$
透明玻璃	3 透明玻璃	0.83	0.87	1.00	5.8
	6 透明玻璃	0.77	0.82	0.93	5.7
	12 透明玻璃	0.65	0.74	0.84	5.5
吸收玻璃	5 绿色吸热玻璃	0.77	0.64	0.76	5.7
	6 蓝色吸热玻璃	0.54	0.62	0.72	5.7
	5 茶色吸热玻璃	0.50	0.62	0.72	5.7
	5 灰色吸热玻璃	0.42	0.60	0.69	5.7
热反射玻璃	6 高透光热反射玻璃	0.56	0.56	0.64	5.7
	6 中等透光热反射玻璃	0.40	0.43	0.49	5.4
	6 低透光热反射玻璃	0.15	0.26	0.30	4.6
	6 特低透光热反射玻璃	0.11	0.25	0.29	4.6
单片 Low-E	6 高透光 Low-E 玻璃	0.61	0.51	0.58	3.6
	6 中等透光型 Low-E 玻璃	0.55	0.44	0.51	3.5
中空玻璃	6 透明＋12 空气＋6 透明	0.71	0.75	0.86	2.8
	6 绿色吸热＋12 空气＋6 透明	0.66	0.47	0.54	2.8
	6 灰色吸热＋12 空气＋6 透明	0.38	0.45	0.51	2.8
	6 中等透光热反射＋12 空气＋6 透明	0.28	0.29	0.34	2.4
	6 低透光热反射＋12 空气＋6 透明	0.16	0.16	0.18	2.3
	6 高透光 Low-E＋12 空气＋6 透明	0.72	0.47	0.62	1.9
	6 中透光 Low-E＋12 空气＋6 透明	0.62	0.37	0.50	1.8
	6 较低透光 Low-E＋12 空气＋6 透明	0.48	0.28	0.38	1.8
	6 低透光 Low-E＋12 空气＋6 透明	0.35	0.20	0.30	1.8
	6 高透光 Low-E＋12 氩气＋6 透明	0.72	0.47	0.62	1.5
	6 中透光 Low-E＋12 氩气＋6 透明	0.62	0.37	0.50	1.4

常用玻璃配合不同窗框的整窗传热系数见表 11-41。

表 11-41　典型玻璃配合不同窗框的整窗传热系数

玻璃品种及规格/mm		玻璃中部传热系数 K_g/[W/(m²·K)]	传热系数 K[W/(m²·K)]		
			非隔热金属型材 $K_f=10.8$W/(m²·K) 框面积15%	隔热金属型材 $K_f=5.8$W/(m²·K) 框面积20%	塑料型材 $K_f=2.7$W/(m²·K) 框面积25%
透明玻璃	3 透明玻璃	5.8	6.6	5.8	5.0
	6 透明玻璃	5.7	6.5	5.7	4.9
	12 透明玻璃	5.5	6.3	5.6	4.8
吸热玻璃	5 绿色吸热玻璃	5.7	6.5	5.7	4.9
	6 蓝色吸热玻璃	5.7	6.5	5.7	4.9
	5 茶色吸热玻璃	5.7	6.5	5.7	4.9
	5 灰色吸热玻璃	5.7	6.5	5.7	4.9
热反射玻璃	6 高透光热反射玻璃	5.7	6.5	5.7	4.9
	6 中透光热反射玻璃	5.4	6.2	5.5	4.7
	6 低透光热反射玻璃	4.6	5.5	4.8	4.1
	6 特低透光热反射玻璃	4.6	5.5	4.8	4.1
单片 Low-E	6 高透光 Low-E 玻璃	3.6	4.7	4.0	3.4
	6 中等透光型 Low-E 玻璃	3.5	4.6	4.0	3.3
中空玻璃	6 透明＋12 空气＋6 透明	2.8	4.0	3.4	2.8
	6 绿色吸热＋12 空气＋6 透明	2.8	4.0	3.4	2.8
	6 灰色吸热＋12 空气＋6 透明	2.8	4.0	3.4	2.8
	6 中等透光热反射＋12 空气＋6 透明	2.4	3.7	3.1	2.5
	6 低透光热反射＋12 空气＋6 透明	2.3	3.6	3.1	2.4
	6 高透光 Low-E ＋12 空气＋6 透明	1.9	3.2	2.7	2.1
	6 中透光 Low-E ＋12 空气＋6 透明	1.8	3.2	2.6	2.0
	6 较低透光 Low-E ＋12 空气＋6 透明	1.8	3.2	2.6	2.0
	6 低透光 Low-E ＋12 空气＋6 透明	1.8	3.2	2.6	2.0
	6 高透光 Low-E ＋12 氩气＋6 透明	1.5	2.9	2.4	1.8
	6 中透光 Low-E ＋12 氩气＋6 透明	1.4	2.8	2.3	1.7

常用玻璃配合不同窗框的整窗传热系数见表11-42。

表 11-42 常用玻璃配合不同窗框的整窗传热系数

玻璃品种及规格/mm		玻璃中部传热系数 K_g/ [W/(m²·K)]	传热系数 K/[W/(m²·K)]	
			隔热金属型材 多腔密封 $K_f = 5.0$W/(m²·K) 框面积20%	多腔塑料型材 $K_f = 2.0$W/(m²·K) 框面积25%
中空玻璃	6透明+12空气+6透明	2.8	3.2	2.6
	6绿色吸热+12空气+6透明	2.8	3.2	2.6
	6灰色吸热+12空气+6透明	2.8	3.2	2.6
	6中等透光热反射+12空气+6透明	2.4	2.9	2.3
	6低透光热反射+12空气+6透明	2.3	2.8	2.2
	6高透光Low-E+12空气+6透明	1.9	2.5	1.9
	6中透光Low-E+12空气+6透明	1.8	2.4	1.9
	6较低透光Low-E+12空气+6透明	1.8	2.4	1.9
	6低透光Low-E+12空气+6透明	1.8	2.4	1.9
	6高透光Low-E+12氩气+6透明	1.5	2.2	1.6
	6中透光Low-E+12氩气+6透明	1.4	2.1	1.6

11.2.4 楼地面、架空板、变形缝节能设计与防火

11.2.4.1 楼地面、架空板节能的设计要求

1. 采暖建筑楼地面面层的节能设计，宜结合采暖方式和使用者的舒适感综合考虑采取不同的表面材料。对于不是采用地板辐射采暖方式的采暖建筑的楼地面，宜采用材料密度小、导热系数也小的地面材料。另外，可根据底面是不接触室外空气的层间楼板、底面接触室外空气的架空或外挑楼板以及底层地面，采用不同的节能技术。

2. 从提高底层地面的保温和防潮性能考虑，宜在地面的垫层中采用不小于20mm厚度的挤塑聚苯板等，以提高地面的热阻；用板、块状保温材料做垫层，使地面的热阻接近于居住建筑的地面热阻。

3. 夏热冬冷和夏热冬暖地区的建筑底层地面，在每年的梅雨季节都会由于湿热空气的差迟而产生地面结露，底层地板的热工设计宜采取下列措施：

(1) 地面构造层的热阻应不少于外墙热阻的1/2，以减少向基层的传热，提高地表面温度，避免结露；

(2) 面层材料的导热系数要小，使地表面温度易于紧随室内空气温度变化；

(3) 面层材料有较强的吸湿性，具有对表面水分的"吞吐"作用，不宜使用硬质的地面砖或石材等做面层；

(4) 采用空气层防潮技术，勒脚处的通风口应设置活动遮挡板；

(5) 当采用空铺实木地板或胶结强化木地板做面层时，下面的垫层应有防潮层。

4. 严寒及寒冷地区采暖建筑的底层地面应以保温为主，在持力层以上土壤层的热阻已符合地面热阻规定值的条件下，宜在地面面层下铺设适当厚度的板状保温材料，进一步提高地面的保温性能。

5. 层间楼板可采取保温层直接设置在楼板上表面或楼板底面，也可采取铺设木龙骨（空铺）或无木龙骨的实铺木地板。

（1）在楼板上面的保温层，宜采用硬质挤塑聚苯板、泡沫玻璃保温板等板材或强度符合地面要求的保温砂浆等材料，其厚度应满足建筑节能设计标准的要求。

（2）在楼板底面的保温层，宜采用强度较高的保温砂浆抹灰，其厚度应满足建筑节能设计标准的要求。

（3）铺设木龙骨的空铺木地板，宜在木龙骨间嵌填板状保温材料，使楼板层的保温和隔声性能更好。

6. 底面接触室外空气的架空或外挑楼板宜采用外保温系统。

7. 周边地面系指距外墙内表面 2m 以内的地面。由于地面面积一般均较大且直接与土壤接触，尤其在严寒及寒冷地区的采暖建筑中地面保温对采暖效果有明显的影响。

11.2.4.2 楼地面的热工性能指标

1. 居住建筑楼地面的传热系数应根据建筑所处城市的气候分区，符合表 11-43 的规定。居住建筑不同气候分区周边地面及非周边地面的传热系数限值应符合表 11-44 的规定。

表 11-43 居住建筑不同气候分区周边地面及非周边地面的传热系数限值

气候分区	部 位	传热系数 $K/[W/(m^2 \cdot K)]$
严寒地区 A 区	周边地面及非周边地面	≤0.28
严寒地区 B 区	周边地面及非周边地面	≤0.35
严寒地区 C 区	周边地面及非周边地面	≤0.35
寒冷地区 A 区	周边地面及非周边地面	≤0.50
寒冷地区 B 区	周边地面及非周边地面	—

表 11-44 居住建筑不同气候分区楼板的传热系数限值

气候分区	部 位	传热系数 $K/[W/(m^2 \cdot K)]$
严寒地区 A 区	底面接触室外空气的架空或外挑楼板	≤0.48
严寒地区 B 区	底面接触室外空气的架空或外挑楼板	≤0.45
严寒地区 C 区	底面接触室外空气的架空或外挑楼板	≤0.50
寒冷地区 A 区	底面接触室外空气的架空或外挑楼板	≤0.50
寒冷地区 B 区	底面接触室外空气的架空或外挑楼板	≤0.60
夏热冬冷地区	底部自然通风的架空楼板	≤1.5
	上部为居室的层间楼板	≤2.0

2. 公共建筑楼地面的传热系数和地下室外墙的热阻，应根据建筑所处城市的气候分区区属，符合表 11-45 的规定。公共建筑不同气候分区楼板的传热系数应符合表 11-46 的规定。

表 11-45　公共建筑不同气候分区地面与地下室外墙的传热系数及热阻

气候分区	部　位	传热系数 $K/$ $[W/(m^2 \cdot K)]$	热阻/ $[(m^2 \cdot K)/W]$
严寒地区 A 区	周边地面	—	≥2.00
	非周边地面	—	≥1.80
严寒地区 B 区	周边地面	—	≥2.00
	非周边地面	—	≥1.80
寒冷地区	周边及非周边地面	—	≥1.50
	采暖、空调地下室外墙(与土壤接触的墙)	—	≥1.50
夏热冬冷地区	地面及地下室外墙(与土壤接触的墙)	—	≥1.20
夏热冬暖地区	地面及地下室外墙(与土壤接触的墙)	—	≥1.00

表 11-46　公共建筑不同气候分区楼板的传热系数

气候分区	楼地面部位	传热系数 $K[W/(m^2 \cdot K)]$	
		体形系数≤0.3	体形系数>0.3
严寒地区 A 区	底面接触室外空气的架空或外挑楼板	≤0.45	≤0.40
	采暖房间与非采暖房间的楼板	≤0.60	
严寒地区 B 区	底面接触室外空气的架空或外挑楼板	≤0.50	≤0.45
	采暖房间与非采暖房间的楼板	≤0.80	
寒冷地区	底面接触室外空气的架空或外挑楼板	≤0.60	≤0.50
	采暖房间与非采暖房间的楼板	≤1.50	
夏热冬冷地区	底面接触室外空气的架空或外挑楼板	≤1.00	
夏热冬暖地区	底面接触室外空气的架空或外挑楼板	≤1.50	

11.2.4.3　常用楼地面构造做法及热工性能参数

常用层间楼板的热工性能参数见表 11-47。

表 11-47　常用层间楼板的热工性能参数

简　图	构造层次(由上至下)	保温材料厚度/ mm	传热系数 $K/$ $[W/(m^2 \cdot K)]$
	1—20mm 水泥砂浆找平层; 2—100mm 现浇钢筋混凝土楼板; 3—保温砂浆; 4—5mm 抗裂石膏(网格布)	20	1.96
		25	1.79
		30	1.64
	1—20mm 水泥砂浆找平层; 2—100mm 现浇钢筋混凝土楼板; 3—聚苯颗粒保温砂浆; 4—5mm 抗裂石膏(网格布)	20	1.79
		25	1.61
		30	1.46

简 图	构造层次(由上至下)	保温材料厚度/ mm	传热系数 K/ [W/(m²·K)]
	1—12mm 实木地板; 2—15mm 细木地板; 3—30×40 杉木龙骨@400; 4—20mm 水泥砂浆找平层; 5—100mm 现浇钢筋混凝土楼板	—	1.39
	1—18mm 实木地板; 2—30×40 杉木龙骨@400; 3—20mm 水泥砂浆找平层; 4—100mm 现浇钢筋混凝土楼板	—	1.68
	1—20mm 水泥砂浆找平层; 2—保温层: (1)挤塑聚苯板(XPS); (2)高强度珍珠岩板; (3)乳化沥青珍珠岩板; (4)复合硅酸盐板; 3—20mm 水泥砂浆找平及粘接层; 4—120mm 现浇钢筋混凝土楼板	(1)20 (2)40 (3)40 (4)30	1.51 1.70 1.70 1.52

注:1. 表中保温砂浆导热系数 $\lambda=0.8W/(m·K)$,修正系数 $\alpha=1.30$;聚苯颗粒保温浆料导热系数 $\lambda=0.06W/(m·K)$,修正系数 $\alpha=1.30$;高强度珍珠岩板导热系数 $\lambda=0.12W/(m·K)$,修正系数 $\alpha=1.30$;乳化沥青珍珠岩板导热系数 $\lambda=0.12W/(m·K)$,修正系数 $\alpha=1.30$;复合硅酸盐板导热系数 $\lambda=0.07W/(m·K)$,修正系数 $\alpha=1.30$。

2. 本表摘自《全国民用建筑工程设计技术措施节能专篇——建筑 2007》。

11.2.4.4 架空楼板的构造做法及热工性能参数

常用底部自然通风架空楼板的热工性能参数见表 11-48。

表 11-48 常用底部自然通风架空楼板的热工性能参数

简 图	基本构造(由上至下)	保温材料厚度/ mm	传热系数 K [W/(m²·K)]
	1—20mm 水泥砂浆找平层; 2—100mm 现浇钢筋混凝土楼板胶粘剂; 3—挤塑聚苯板(胶粘剂粘贴); 4—3mm 聚合物砂浆(网格布)	15 20 25	1.32 1.13 0.98

续表

简　图	基本构造（由上至下）	保温材料厚度/ mm	传热系数 K $[\text{W}/(\text{m}^2 \cdot \text{K})]$
	1—20mm 水泥砂浆找平层； 2—100mm 现浇钢筋混凝土楼板； 3—膨胀聚苯板（胶粘剂粘贴）； 4—3mm 聚合物砂浆（网格布）	20	1.41
		25	1.24
		30	1.10
	1—18mm 实木地板； 2—30mm 矿（岩）棉或玻璃棉板； 　　30×40 杉木龙骨@400； 3—20mm 水泥砂浆找平层； 4—100mm 现浇钢筋混凝土楼板	20	1.29
		25	1.18
		30	1.09
	1—12mm 实木地板； 2—15mm 细木地板； 3—30mm 矿（岩）棉或玻璃棉板，30 　　×40 杉木龙骨@400； 4—20mm 水泥砂浆找平层； 5—100mm 现浇钢筋混凝土楼板	20	1.10
		25	1.02
		30	0.95

注：1. 表中挤塑聚苯板的导热系数 $\lambda=0.03\text{W}/(\text{m} \cdot \text{K})$，修正系数 $\alpha=1.15$；聚苯板导热系数 $\lambda=0.042\text{W}/(\text{m} \cdot \text{K})$，修正系数 $\alpha=1.20$；矿（岩）棉或玻璃棉板导热系数 $\lambda=0.05\text{W}/(\text{m} \cdot \text{K})$，修正系数 $\alpha=1.30$；

　　2. 本表摘自《全国民用建筑工程设计技术措施节能专篇——建筑 2007》。

11.2.5　变形缝节能设计

变形缝应采取保温措施，并应保证变形缝两侧墙的内表面温度在室内空气设计温、湿度条件下不低于露点温度。变形缝净宽不大于 50mm 时，宜用岩棉板等高效保温材料将变形缝填满，按一个内墙对待；变形缝净宽大于 50mm 时，屋面和外墙的变形缝口部应用岩棉板等高效保温材料封闭，其深度不小于 300mm。

（1）当变形缝内填满了保温材料后，缝两边的墙与保温材料合成一道墙。因相邻的两空间均采暖，不存在热量传递现象，没有热损失。

（2）当变形缝缝口闭合后，缝内空腔的温度仍比室内温度低，存在热量流失现象。当采用权衡判断法，计算维护结构耗热量指标时，要将变形缝墙的热损失计算在内。

313

11.3 建筑节能设计案例分析

11.3.1 公共建筑节能设计案例

山西省太原市建设一幢办公楼，气候分区为寒冷地区。楼座地下一层，功能为地下车库（地下车库不采暖），地上六层为办公。楼座总建筑面积为 4533.76m²，建筑一至三层层高为 4.2m，四至五层层高为 3.6m，六层层高为 3.8m，建筑高度 23.9 m（室内外高差为 0.3m）。建筑结构形式为框架结构，外墙为 300mm 厚加气混凝土砌块，柱子截面 600mm× 600mm，框架梁高度 800mm，厚度 300mm。屋面结构厚度为 100mm 的钢筋混凝土板，地下室顶板结构厚度为 100mm 的钢筋混凝土板。如图 11-7～图 11-13 所示。

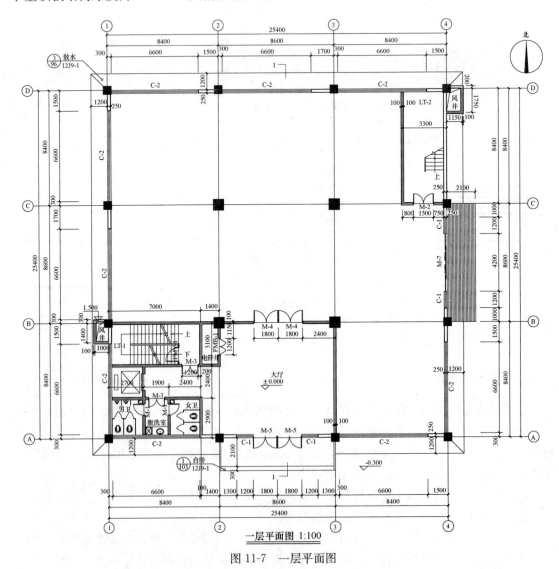

一层平面图 1:100

图 11-7 一层平面图

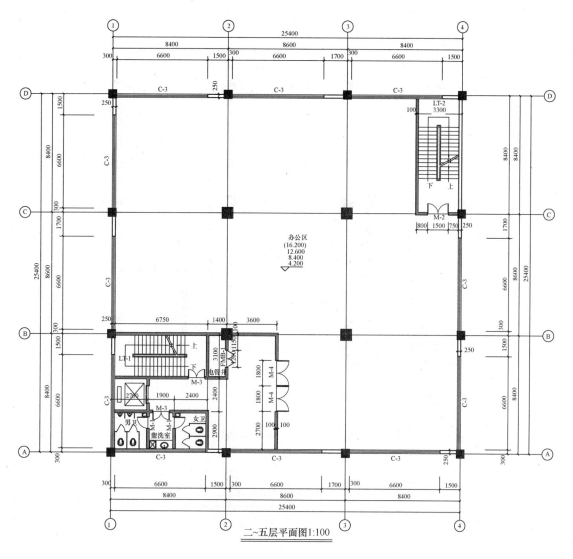

二~五层平面图1:100

图 11-8 二至五层平面图

1. 节能设计依据

《民用建筑热工设计规范》（GB 50176—1993）（以下简称《热工规范》）

《公共建筑节能设计标准》（GB 50189—2005）（以下简称《国标》）

《公共建筑节能设计标准》（DBJ 04—241—2006）（以下简称《地标》）

《全国民用建筑工程设计技术措施节能专篇（2007）建筑》（以下简称《措施》）

《建筑外门窗气密、水密、抗风压性能分级及检测方法》（GB/T 7106—2008）

《建筑幕墙》（GB/T 21086—2007）

公共建筑节能设计选用建筑材料的热工参数见表 11-49。

2. 体型系数计算

体形系数的定义：体形系数是建筑与大气接触的外表面积与其所包围的体积的比值。

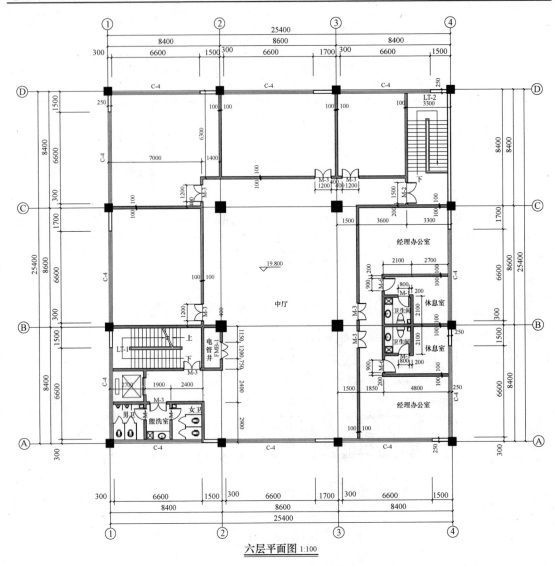

六层平面图 1:100

图 11-9　六层平面图

表 11-49　设计选用建筑材料的热工参数

材料名称	密度/(kg/m³)	导热系数 λ/ [W/(m·K)]	修正系数 α	燃烧性能
阻燃型挤塑聚苯板(XPS)	25~32	0.030	1.1	B₁ 级
聚苯板(EPS)	18~30	0.042	1.2	B₂ 级
岩棉、矿棉板	80~200	0.045	1.2	A 级
玻化微珠保温砂浆	230~300	0.070	1.2	A 级
加气混凝土砌块	500	0.19	1.25	A 级
现浇钢筋混凝土	2500	1.74	—	—
细石混凝土	2300	1.51	—	—
水泥砂浆	1800	0.93	—	—
白灰焦砟	1000	0.29	—	—

续表

材料名称	密度/(kg/m³)	导热系数 λ/[W/(m·K)]	修正系数 α	燃烧性能
白灰砂浆	1600	0.81	—	—
聚合物抗裂砂浆(网格布)	1800	0.93	—	—
碎石、卵石混凝土	2300	1.51	—	—
SBS 改性沥青防水卷材	900	0.23	—	—

注：1. 建筑材料热工参数，参见《热工规范》和《地标》附录 B。

　　2. 本标准以节能 50% 计算，若节能设计标准提高到 65%，增加建筑围护结构的节能做法，节能计算原理不变。

　　3. 计算过程中未注明单位处，长度单位为米，面积单位为平方米，体积单位为立方米，以下计算均同此，不再重复说明。

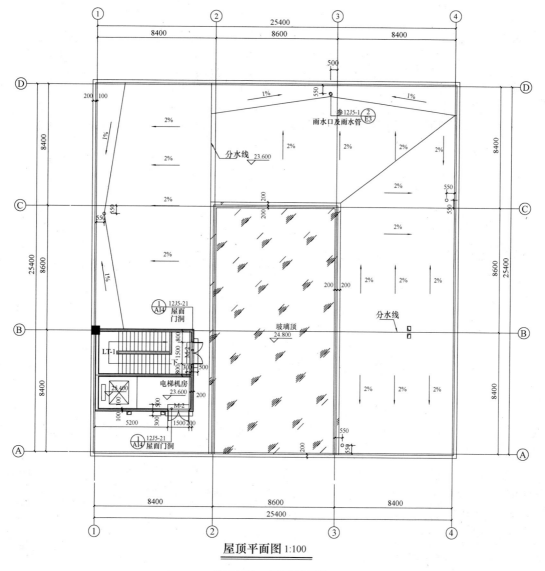

屋顶平面图 1:100

图 11-10　屋顶平面图

317

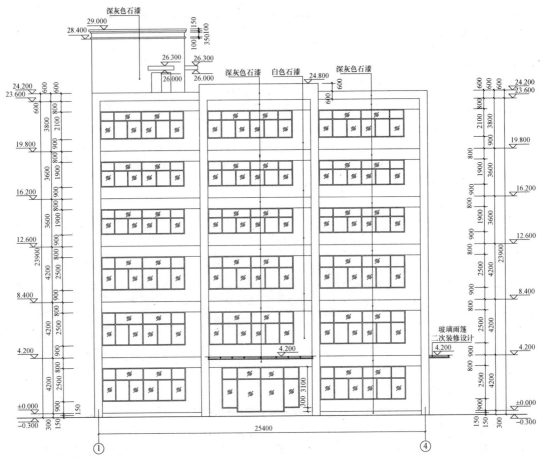

①-④ 轴立面图 1:100

图 11-11 ①-④轴立面图

计算体形系数注意事项:

① 体形系数的计算不包括屋顶上的水箱间、电梯机房等附属用房。

② 不论楼梯间是否采暖,均计算楼梯间的外表面及体积。

外表面积计算注意事项:

① 外表面积不包括地面面积。

② 无地下室时,外表面算至首层地面处。有地下室时,地下室采暖,外表面积算至室外地面处;地下室不采暖,外表面积算至首层地面处。

③ 平屋顶面积为其周边墙体所围合的面积;斜屋顶面积为其周边墙体围合屋顶的展开面积。

外表面积: $111.2 \times 23.6 + 676 = 3300.32$

屋顶面积: 676

体积: $647.68 \times 23.6 = 15285.25$

体型系数: $3300.32 \div 15285.25 = 0.22$

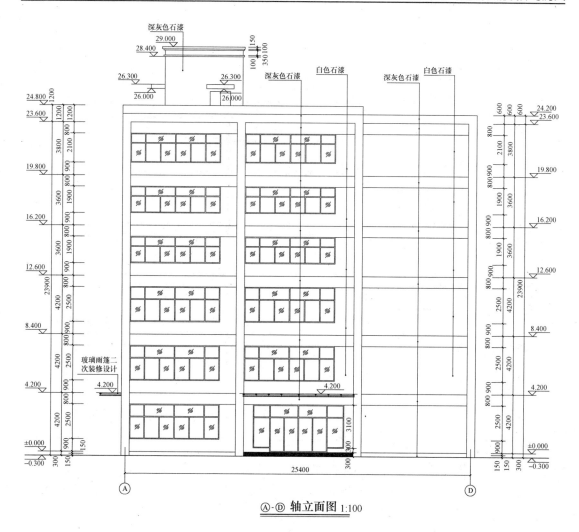

Ⓐ-Ⓓ **轴立面图** 1:100

图 11-12　Ⓐ-Ⓓ轴立面图

结论：体形系数为 0.22，满足《地标》3.1.3 条"建筑物体形系数，不应大于 0.40"的规定，不大于 0.4。

3. 窗墙面积比计算

窗墙面积比的定义：建筑外窗、门及幕墙的透明部分与外窗所在墙面（包括该墙上的外窗）面积比值。

南向窗面积：40.44＋12.24＋99＋41.58＋75.24＝268.5

南向墙面积：26×23.6＝613.6

南向窗墙面积比：268.5÷613.6＝0.44

北向窗面积：148.5＋75.24＋41.58＝265.32

北向墙面积：26×23.6＝613.6

北向窗墙面积比：265.32÷613.6＝0.43

东向窗面积：16.5＋74.4＋14.28＋33＋50.16＋27.72＝216.06

319

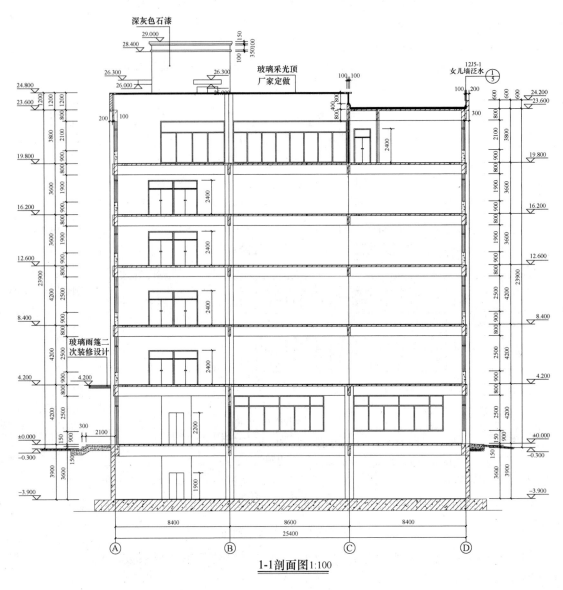

1-1剖面图1:100

图 11-13 1-1 剖面图

东向墙面积：$26 \times 23.6 = 613.6$

东向窗墙面积比：$216.06 \div 613.6 = 0.35$

西向窗面积：$148.5 + 75.24 + 41.58 = 265.32$

西向墙面积：$26 \times 23.6 = 613.6$

西向窗墙面积比：$265.32 \div 613.6 = 0.43$

结论：各方向窗墙面积比均不大于 0.7。

4. 屋顶透明部分

屋顶天窗面积：$142.8 + 33.92 = 176.72$

屋顶面积：676

天窗面积与屋顶面积比：176.72÷676＝0.26

5. 决定节能设计方法

由于该建筑天窗面积与屋顶面积比超过《地标》第 3.1.5 条"屋顶透明部分的面积在一般情况下不应大于屋顶总面积的 20%，当不能满足本条文规定时，必须按本标准 5.0.2 条规定进行权衡判断"的规定，所以设计方法采用"建筑热工性能权衡判断法"进行计算。

注：(1) 在具体案例计算中，如果是各方向窗墙比超出限值计算方法如案例。

(2) 若是体形系数超出限值，则按规定调整外墙面积，使体形系数为 0.4。即外表面积值为建筑体积值的 40%，此时外墙面积比实际面积小了，可以假想为外墙上出现了空洞的虚拟建筑，即参照建筑。

6. 计算参照建筑围护结构的耗热量

(1) 根据设置参照建筑的原理，设置参照建筑。按照《地标》3.1.5 条的规定调整屋顶天窗面积，使天窗面积为屋顶面积的 0.2 倍。调整后的天窗面积为：676×0.2＝135.2。

(2) 确定参照建筑各围护结构的传热系数(K_i)、传热系数的修正系数(ε_i)和传热面积(F_i)值。相关参数由表 11-50 和表 11-51 查得。

表 11-50　围护结构传热系数的修正系数 ε_i 值

地　区	窗户（包括阳台门上部）					外墙（包括阳台门下部）			屋　顶
	类　型	有无阳台	南	东、西	北	南	东、西	北	水　平
$t_e \geqslant 0℃$ 运城　永济	单层窗	有	0.69	0.80	0.86	0.79	0.88	0.91	0.94
		无	0.52	0.69	0.78				
	双玻窗	有	0.60	0.76	0.84				
	双层窗	无	0.28	0.60	0.73				
$t_e =-0.1\sim-2℃$ 临汾　侯马 晋城　阳泉	单层窗	有	0.57	0.78	0.88	0.70	0.86	0.92	0.91
		无	0.34	0.66	0.81				
	双玻窗	有	0.50	0.74	0.86				
	双层窗	无	0.18	0.57	0.76				
$t_e =-2.1\sim-4℃$ 太原　长治 忻州　榆次	单层窗	有	0.71	0.82	0.87	0.79	0.88	0.92	0.93
		无	0.54	0.71	0.80				
	双玻窗	有	0.66	0.78	0.85				
	双层窗	无	0.43	0.64	0.75				
$t_e \leqslant-4.1℃$ 大同　朔州	双玻窗	有	0.55	0.76	0.88	0.73	0.86	0.93	0.89
	双层窗	无	0.25	0.60	0.80				

注：阳台门上部透明部分的 ε_i 按同朝向窗户采用；阳台门下部不透明部分的 ε_i 按同朝向外墙采用。

t_e——采暖期室外平均温度，℃。

表 11-51　寒冷地区建筑围护结构传热系数和遮阳系数限值

外窗（包括透明幕墙）		体形系数 $S \leqslant 0.3$		$0.3 <$ 体形系数 $S \leqslant 0.4$	
		传热系数 $K/$ $[W/(m^2 \cdot K)]$	遮阳系数 SC （东、南、西向）	传热系数 $K/$ $[W/(m^2 \cdot K)]$	遮阳系数 SC （东、南、西向）
单一朝向外窗（包括透明幕墙）	窗墙面积比 $\leqslant 0.2$	$\leqslant 3.5$	不限制	$\leqslant 3.0$	不限制
	$0.2 <$ 窗墙面积比 $\leqslant 0.3$	$\leqslant 3.0$	不限制	$\leqslant 2.5$	不限制
	$0.3 <$ 窗墙面积比 $\leqslant 0.4$	$\leqslant 2.7$	$\leqslant 0.7$	$\leqslant 2.3$	$\leqslant 0.7$
	$0.4 <$ 窗墙面积比 $\leqslant 0.5$	$\leqslant 2.3$	$\leqslant 0.6$	$\leqslant 2.0$	$\leqslant 0.6$
	$0.5 <$ 窗墙面积比 $\leqslant 0.7$	$\leqslant 2.0$	$\leqslant 0.5$	$\leqslant 1.8$	$\leqslant 0.5$
屋顶透明部分		$\leqslant 2.7$	$\leqslant 0.5$	$\leqslant 2.7$	$\leqslant 0.5$
屋面		$\leqslant 0.55$		$\leqslant 0.45$	
外墙（包括非透明幕墙）		$\leqslant 0.60$		$\leqslant 0.50$	
底面接触室外空气的架空或外挑楼板		$\leqslant 0.60$		$\leqslant 0.50$	
非采暖空调房间与采暖空调房间的隔墙或楼板		$\leqslant 1.50$		$\leqslant 1.50$	

注：1. 有外遮阳时，遮阳系数＝玻璃的遮阳系数×外遮阳的遮阳系数；无外遮阳时，遮阳系数＝玻璃的遮阳系数。

　　2. 外墙的传热系数为包括结构性热桥在内的平均传热系数 K_m。

　　3. 北向外窗（包括透明幕墙）的遮阳系数 SC 值不限制。

A. 屋面

(ε_i) 由附录 E 中查得：$\varepsilon_i = 0.93$；

(K_i) 由表 3.2.2-2 中查得：$K_i = 0.55$；

$(F_i) 676 - 135.2 = 540.8$。

B. 天窗

(ε_i) 由附录 E 中查得，天窗取南向窗的传热系数修正系数：$\varepsilon_i = 0.43$；

(K_i) 由表 11-51 中查得：$K_i = 2.7$；

$(F_i) 135.2$。

C. 外墙

南向

(ε_i) 由附录 E 中查得：$\varepsilon_i = 0.79$；

(K_i) 由表 11-51 中查得：$K_i = 0.6$；

$(F_i) 613.6 - 268.5 = 345.10$。

北向

(ε_i) 由附录 E 中查得：$\varepsilon_i = 0.92$；

(K_i) 由表 11-51 中查得：$K_i = 0.6$；

$(F_i) 613.6 - 265.32 = 348.28$。

东向

(ε_i) 由附录 E 中查得：$\varepsilon_i = 0.88$；

(K_i)由表 11-51 中查得：$K_i=0.6$；

$(F_i)613.6-216.06=397.54$。

西向

(ε_i)由表 11-50 中查得：$\varepsilon_i=0.88$；

(K_i)由表 11-51 中查得：$K_i=0.6$；

$(F_i)613.6-265.32=348.28$。

D. 外窗

南向

(ε_i)由附录 E 中查得：$\varepsilon_i=0.43$；

(K_i)由表 11-51 中查得：窗墙比为 0.44 时，$K_i=2.3$；

$(F_i)268.5$。

北向

(ε_i)由附录 E 中查得：$\varepsilon_i=0.75$；

(K_i)由表 11-51 中查得：窗墙比为 0.43 时，$K_i=2.3$；

$(F_i)265.32$。

东向

(ε_i)由附录 E 中查得：$\varepsilon_i=0.64$；

(K_i)由表 11-51 中查得：窗墙比为 0.35 时，$K_i=2.7$；

$(F_i)216.06$。

西向

(ε_i)由附录 E 中查得：$\varepsilon_i=0.64$；

(K_i)由表 11-51 中查得：窗墙比为 0.43 时，$K_i=2.3$；

$(F_i)265.32$。

E. 非采暖空调房间与采暖空调房间楼板

(ε_i)参见《民用建筑热工设计规范》(GB 50176)中温差修正系数，见表 11-52。

(K_i)由表 11-51 中查得：$K_i=1.5$；

$(F_i)647.68$。

表 11-52　温差修正系数 n 值

围护结构及其所处情况	温差修正系数 n 值
外墙、平屋顶及与室外空气直接接触的楼板等	1.00
带通风间层的平屋顶、坡屋顶顶棚及与室外空气相通的不采暖地下室上面的楼板等	0.90
与有外门窗的不采暖楼梯间相邻的隔墙： 　1～6 层建筑 　7～30 层建筑	0.60 0.50
不采暖地下室上面的楼板： 　外墙上有窗户时 　外墙上无窗户且位于室外地坪以上时 　外墙上无窗户且位于室外地坪以下时	0.75 0.60 0.40

围护结构及其所处情况	温差修正系数 n 值
与有外门窗的不采暖房间相邻的隔墙	0.70
与无外门窗的不采暖房间相邻的隔墙	0.40
伸缩缝、沉降缝墙	0.30
抗震缝墙	0.70

（3）计算参照建筑各围护结构耗热量

建筑的耗热量与采暖期和室内外温差有关，采用权衡判断表法，计算参照建筑和设计建筑耗热量时，目的在于比较两者数值的大小，其室内外温差和采暖时间相同，可以省去两个该参数，以简便计算。见表 11-53。

表 11-53　参照建筑各围护结构耗热量简算表

部　位			耗热量计算$(\varepsilon_i \cdot K_i \cdot F_i)$
屋　面			$0.93 \times 0.55 \times 540.8 = 276.62$
天　窗			$0.43 \times 2.7 \times 135.2 = 156.97$
外　墙		南	$0.79 \times 0.6 \times 345.1 = 163.58$
		北	$0.92 \times 0.6 \times 348.28 = 192.25$
		东	$0.88 \times 0.6 \times 397.54 = 209.90$
		西	$0.88 \times 0.6 \times 348.28 = 183.89$
外　窗		南	$0.43 \times 2.3 \times 268.5 = 265.55$
		北	$0.75 \times 2.3 \times 265.32 = 457.68$
		东	$0.64 \times 2.7 \times 216.06 = 373.35$
		西	$0.64 \times 2.3 \times 265.32 = 390.55$
采暖房间与非采暖房间楼板			$0.6 \times 1.5 \times 647.68 = 582.91$
$\Sigma \varepsilon_i \cdot K_i \cdot F_i$			3253.25

7. 计算设计建筑围护结构的耗热量

(1)确定设计建筑各围护结构的传热系数 K、传热系数的修正系数 ε_i 和传热面积 F 值。设计建筑与参照建筑各部位围护结构的传热系数修正系数相同 ε_i，不再重述。

A. 屋面

确定屋顶传热系数 K。屋顶工程做法如下：（从外到内）

4 厚 SBS 改性沥青防水卷材两道（自带保护层）；

20 厚 1：3 水泥砂浆找平层；

90 厚岩棉板保温层；

20 厚 1：2.5 水泥砂浆找平层；

30 厚(最薄处)1：6 白灰焦砟找坡 2％；

100 厚钢筋混凝土楼板；

20 厚白灰砂浆面层。

根据《措施》第 10 章围护结构热工计算相关要求各部位的传热系数按下式计算。

$$K = \cfrac{1}{\cfrac{1}{\alpha_i} + \cfrac{\delta_1}{\lambda_1 \cdot a_1} + \cfrac{\delta_2}{\lambda_2 \cdot a_2} + \cdots \cfrac{\delta_n}{\lambda_n \cdot a_n} + \cfrac{1}{\alpha_e}}$$

式中　　α_i ——内表面换热系数，$W/(m^2 \cdot K)$；

　　　　α_e ——外表面换热系数，$W/(m^2 \cdot K)$；

　δ_1、$\delta_2 \cdots \delta_n$ ——各材料层的厚度，m；

　λ_1、$\lambda_2 \cdots \lambda_n$ ——各层材料的导热系数，$W/(m^2 \cdot K)$；

　a_1、$a_2 \cdots a_n$ ——各层材料导热系数的修正系数。

当屋顶采用 90mm 厚的岩棉板保温层时，屋顶传热系数为 0.53。

$$K = \cfrac{1}{0.11 + \cfrac{0.02}{0.81} + \cfrac{0.10}{1.74} + \cfrac{0.03}{0.29} + \cfrac{0.02}{0.93} + \cfrac{0.09}{0.045 \times 1.2} + 0.04}$$

$$= \cfrac{1}{0.11 + 0.025 + 0.057 + 0.10 + 0.022 + 1.66 + 0.04}$$

$$= 0.50$$

屋顶面积 F：$676 - 176.72 = 499.28$

B. 天窗

根据《地标》表 B.0.5-1 天窗选用空气层厚度 12mm 的辐射率≤0.25Low-E 中空玻璃（在线）PA 断桥铝合金窗，传热系数为 $1.9 \times 1.19 = 2.26$。

屋顶天窗面积 F：176.72。

C. 外墙

外墙平均传热系数 K_m，应由外墙主体部位传热系数 K_p 与面积 F_p 和结构性热桥部位传热系数 K_b 与面积 F_b，用加权平均方式计算，公式见本书 11.4.3 外墙平均传热系数的计算。

确定外墙传热系数 K。

外墙工程做法如下：（从外到内）

20 厚聚合物抗裂砂浆（网格布）；

30 厚挤塑聚苯板；

现浇钢筋混凝土（加气混凝土砌块墙）；

20 厚水泥砂浆找平层。

当采用 30 厚挤塑聚苯板时，300 厚加气混凝土砌块外墙传热系数计算如下：

$$K = \cfrac{1}{0.11 + \cfrac{0.02}{0.93} + \cfrac{0.30}{0.19 \times 1.25} + \cfrac{0.03}{0.03 \times 1.1} + \cfrac{0.02}{0.93} + 0.04}$$

$$= 0.43$$

当采用 30 厚挤塑聚苯板时，钢筋混凝土框架部分传热系数的计算：（为简化计算，此部分厚度取 300mm）

$$K = \frac{1}{0.11 + \dfrac{0.02}{0.93} + \dfrac{0.30}{1.74} + \dfrac{0.03}{0.03 \times 1.1} + \dfrac{0.02}{0.93} + 0.04}$$

$$= 0.79$$

根据《措施》表 11-54 框架结构体系中填充墙占 0.65，钢筋混凝土墙占 0.35，得出 $K_m = 0.43 \times 0.65 + 0.79 \times 0.35 = 0.56$。

根据《地标》考虑外墙热桥部位影响，外保温墙体的平均传热系数比主体材料的传热系数增大 5% 的规律，K 值取 $0.56 \times 1.05 = 0.59$

各朝向墙体面积如下：

南向(F)613.6－268.5＝345.10；

北向(F)613.6－265.32＝348.28；

东向(F)613.6－216.06＝397.54；

西向(F)613.6－265.32＝348.28。

表 11-54　F_P、F_b 在外墙面积中所占比值 A 和 B

建筑结构体系	A	B
砖混结构体系	0.75	0.25
框架结构体系	0.65	0.35
框剪结构体系	0.55（填充墙）	0.45
剪力墙结构体系	0.35（填充墙）	0.65（剪力墙）
	亦可直接取剪力墙部位的 K 作为 K_m	

D. 外窗

根据各朝向的窗墙比查表 11-51 得各朝向的外窗的传热系数限值分别为：

南向：2.3；北向：2.3；东向：2.7；西向：2.3。

根据表 11-55 窗户选用空气层厚度 12mm 的辐射率 ≤0.25Low-E 中空玻璃（在线）PA 断桥铝合金窗，传热系数为 $1.9 \times 1.19 = 2.26$。

表 11-55　窗玻璃的传热系数和窗的传热系数

玻　璃	间隔层/mm	间隔层气体	玻璃传热系数 K_b/［W/（m²·K）］	窗　框	K_c/K_b
中空玻璃	6	空气	3.00	塑料	0.86～0.93
				铝合金	1.23～1.46
				PA 断桥铝合金	1.06～1.11
	12		2.60	塑料	0.90～0.95
				铝合金	1.30～1.59
				PA 断桥铝合金	1.10～1.19
辐射率 ≤0.25 Low-E 中空玻璃（在线）	6	空气	2.80	塑料	0.87～0.94
				铝合金	1.24～1.49
				PA 断桥铝合金	1.06～1.13
	9		2.20	塑料	0.95～0.97
				铝合金	1.36～1.73
				PA 断桥铝合金	1.14～1.27
	12		1.90	塑料	1.00
				铝合金	1.45～1.91
				PA 断桥铝合金	1.19～1.38

玻 璃	间隔层/mm	间隔层气体	玻璃传热系数 K_b/[W/(m²·K)]	窗 框	K_c/K_b
辐射率≤0.25 Low-E 中空玻璃（在线）	6	氩气	2.40	塑料	0.92～0.96
				铝合金	1.32～1.63
				PA 断桥铝合金	1.11～1.22
	9		1.80	塑料	1.01～1.02
				铝合金	1.49～1.98
				PA 断桥铝合金	1.21～1.42
	12		1.70	塑料	1.02～1.05
				铝合金	1.53～2.06
				PA 断桥铝合金	1.24～1.47
辐射率≤0.15 Low-E 中空玻璃（离线）	12	空气	1.80	塑料	1.01～1.02
				铝合金	1.49～1.98
				PA 断桥铝合金	1.21～1.42
		氩气	1.80	塑料	1.05～1.11
				铝合金	1.63～2.25
				PA 断桥铝合金	1.29～1.59
双银 Low-E 中空玻璃	12	空气	1.70	塑料	1.02～1.05
				铝合金	1.53～2.06
				PA 断桥铝合金	1.24～1.47
		氩气	1.40	塑料	1.07～1.14
				铝合金	1.69～2.37
				PA 断桥铝合金	1.33～1.66

注：1. K_b——窗玻璃的传热系数，K_c——窗的传热系数。

2. 本表玻璃性能数据取自有关研究报告及厂家的产品样本，窗框对窗传热系数的影响是根据窗框比及窗框和玻璃的计算传热系数通过计算得出的，供参考。

3. 多层中空玻璃、其他玻璃品种及呼吸透明幕墙（双层皮玻璃幕墙）的性能可参考其他有关资料。

各朝向窗户面积如下：

南向(F)268.5；

北向(F)265.32；

东向(F)216.06；

西向(F)265.32。

E. 非采暖空调房间与采暖空调房间楼板

楼板工程做法如下：（由上至下）

50 厚细石混凝土垫层；

100 厚钢筋混凝土楼板；

40 厚岩棉板保温层；

20 厚聚合物抗裂砂浆网格布；

根据《措施》10.3 节楼地面热工计算相关内容，楼板的传热系数计算如下：

$$K = \frac{1}{0.08 + \frac{0.02}{0.93} + \frac{0.04}{0.045 \times 1.2} + \frac{0.1}{1.75} + \frac{0.05}{1.51} + 0.11}$$

$$= 0.96$$

当楼板采用 40 厚岩棉板保温层时，楼板传热系数为 0.96。

楼板面积：647.68。

（2）计算设计建筑各围护结构耗热量（计算方法同前述），见表11-56。

表 11-56　设计建筑各围护结构耗热量简算表

部　位		耗热量计算$(\varepsilon_i \cdot K_i \cdot F_i)$
屋　面		$0.93 \times 0.50 \times 499.28 = 232.17$
天　窗		$0.43 \times 2.26 \times 176.72 = 171.74$
外　墙	南	$0.79 \times 0.59 \times 345.1 = 160.85$
	北	$0.92 \times 0.59 \times 348.28 = 189.05$
	东	$0.88 \times 0.59 \times 397.54 = 206.4$
	西	$0.88 \times 0.59 \times 348.28 = 180.83$
外　窗	南	$0.43 \times 2.26 \times 268.5 = 260.93$
	北	$0.75 \times 2.26 \times 265.32 = 449.72$
	东	$0.64 \times 2.26 \times 216.06 = 312.51$
	西	$0.64 \times 2.26 \times 265.32 = 383.76$
采暖房间与非采暖房间楼板		$0.6 \times 0.96 \times 647.68 = 373.06$
$\Sigma \varepsilon_i \cdot K_i \cdot F_i$		2921.02

结论：设计建筑围护结构的耗热量2921.02W小于参照建筑耗热量3253.25W，设计建筑达到节能标准。

注：若设计建筑围护结构的耗热量大于参照建筑耗热量，则需调整设计建筑围护结构的耗热量，一般采取减少外窗面积、增大外墙的保温厚度，提高外窗的保温性能等措施。

8. 外窗与天窗的遮阳

南向窗墙比0.44，北向、西向窗墙比0.43，东向窗墙比0.35，由表11-51中查得，南向、西向遮阳系数≤0.6，东向遮阳系数≤0.7，天窗遮阳系数≤0.5。

由表11-57中查得，当窗户采用辐射率≤0.25Low-E中空玻璃（在线）PA断桥铝合金窗，当玻璃颜色为无色时，玻璃的遮阳系数为0.63，当玻璃颜色为蓝色时，玻璃的遮阳系数为0.37。

表 11-57　玻璃的光学性能和遮阳系数

玻　璃			玻璃颜色	可见光/%		太阳能/%		玻璃遮阳系数 SC
				透射	反射	透射	反射	
中空玻璃	间隔层 6mm		无色	79	14	63	12	0.81
	间隔层 12mm		无色	75	14	58	11	0.77
着色中空玻璃			蓝色	66	12	47	8.4	0.65
			绿色	65	12	48	8.5	0.66
			茶色	46	10	46	8.6	0.64
			灰色	39	10	38	8	0.54
热反射中空玻璃	反射颜色	深绿色	无色	8	16	12	11	0.26
		绿色	绿色	45	9	26	6	0.42
			蓝绿	40	9	24	6	0.40
		蓝绿色	蓝绿	49	26	31	14	0.46
		灰绿色	绿色	46	17	28	9	0.44
			蓝绿	40	19	28	11	0.44

续表

玻璃		玻璃颜色	可见光/%		太阳能/%		玻璃遮阳系数 SC
			透射	反射	透射	反射	
热反射中空玻璃	反射颜色	现代绿色　绿色	48	26	28	13	0.44
		蓝色　无色	41	17	33	13	0.48
		银灰色　无色	48	27	53	21	0.69
辐射率≤0.25Low-E 中空玻璃（在线）		无色	63	16	48	13	0.63
		绿色	47	15	28	8	0.38
		蓝色	50	16	29	8	0.37
辐射率 ≤0.15 Low-E 中空玻璃 （离线）	反射颜色	无色　无色	52	14	33	26	0.44
		绿色　绿色	42	11	19	9	0.30
		蓝绿色　绿色	45	19	21	12	0.31
		蓝色　无色	57	24	37	30	0.50
		淡蓝色　无色	62	16	38	28	0.50
		银蓝色　无色	46	33	28	40	0.37
		银灰色　无色	47	41	26	50	0.34
		金色　无色	40	22	24	45	0.32

注：1. 本表玻璃性能数据取自有关研究报告，供参考。
　　2. 外窗、透明幕墙及屋顶透明部分的遮阳系数 SC：
　　　　在有外遮阳时 SC＝玻璃遮阳系数×（1－窗框面积比）×外遮阳的遮阳系数，
　　　　在无外遮阳时 SC＝玻璃遮阳系数×（1－窗框面积比）。

考虑到窗户遮阳要求和建筑外立面效果，建筑外窗及天窗采用辐射率≤0.25Low-E 中空玻璃（在线）PA 断桥铝合金窗，玻璃颜色为蓝色。

9. 玻璃的可见光透射比

根据《地标》3.1.4.2 条引规范条文"当单一朝向窗墙面积比小于 0.40 时，玻璃（或其他透明材料）的可见光透射比不应小于 0.40"。东向窗墙比 0.35，采用蓝色玻璃可见光投射比 0.5，满足规范要求。

10. 经计算，建筑的各围护结构的传热系数和遮阳系数、玻璃的可见光投射比，均符合表 11-58 中的规定，该建筑围护结构节能设计达到了节能 50％的标准。

表 11-58　不同气候区地面和地下室外墙热阻限值　　　(m² · K)/W

气候分区	围护结构部位	热阻 R
严寒地区	地面：周边地面 　　　非周边地面	≥2.0 ≥1.8
	采暖地下室外墙(与土壤接触的墙)	≥1.8
寒冷地区	地面：周边地面 　　　非周边地面	≥1.5
	采暖、空调地下室外墙(与土壤接触的墙)	≥1.5

注：1. 周边地面系指距外墙内表面 2m 以内的地面。
　　2. 地面热阻系指建筑基础持力层以上各层材料的热阻之和。
　　3. 地下室外墙热阻系指土壤以内各层材料的热阻之和。

11. 完善节能设计文件

将计算出的窗墙面积比、天窗面积与屋顶面积比、体形系数及各围护结构确定的传热系数和遮阳系数填入"建筑热工性能判断表"（表 11-59）中；相应围护结构做法，包括窗与玻璃的类型、遮阳设计，写入"建筑做法表"和门窗表中。

表11-59 建筑热工性能权衡判断计算表

工程名称	太原某办公楼					

| 体形系数 | 0.22 |

		窗墙面积比				天窗屋顶面积比
		南	东	西	北	
设计建筑（原型）		0.44	0.35	0.43	0.43	0.26
参照建筑		0.44	0.35	0.43	0.43	0.2
设计建筑（调整后）		0.44	0.35	0.43	0.43	0.26

围护结构传热量计算

计算项目		设计建筑（原型）			参照建筑			设计建筑（调整后）			传热系数限值	
		K_i	F_i	$\varepsilon_i K F_i$	K_i	F_i	$\varepsilon_i K F_i$	K_i	F_i	$\varepsilon_i K F_i$	$S \leqslant 3.0$	$S > 3.0$
屋顶非透明部分					0.55	540.8	276.02	0.5	499.28	232.1	≤0.55	≤0.45
屋顶透明部分					2.7	135.2	156.97	2.26	176.72	171.74	2.70	
外墙	南				0.6	345.1	163.58	0.56	345.1	152.67	0.60	
	东				0.6	397.54	209.9	0.56	397.54	195.91		
	西				0.6	348.28	183.89	0.56	348.28	171.63		
	北				0.6	348.28	192.25	0.56	348.28	179.43		
窗墙面积比≤0.20	南										3.50	3.00
	东											
	西											
	北											
0.20<窗墙面积比≤0.30	南										3.00	2.50
	东											
	西											
	北											
单一朝向窗墙面积比												

续表

围护结构传热量计算

计算项目			设计建筑（原型）			参照建筑			设计建筑（调整后）			传热系数限值	
			K_i	F_i	$\varepsilon_i K F_i$	K_i	F_i	$\varepsilon_i K F_i$	K_i	F_i	$\varepsilon_i K F_i$	$S \leq 3.0$	$S > 3.0$
0.30<窗墙面积比≤0.40	南											2.70	2.30
	东					2.7	216.06	373.35	2.26	216.06	312.51		
	西												
	北												
0.40<窗墙面积比≤0.50	南					2.3	268.5	265.55	2.26	268.5	260.93	2.30	2.00
	东												
	西					2.3	265.32	390.55	2.26	265.32	383.76		
	北					2.3	265.32	457.68	2.26	265.32	449.72		
0.50<窗墙面积比	南											2.00	1.80
	东												
	西												
	北												
采暖与非采暖房间隔墙或楼板						1.5	647.68	582.91	0.96	647.68	373.06	1.5	
$\varepsilon_i K F_i$								3253.25			2865.46		

（左侧纵列：单一朝向窗墙面积比）

注：1. 传热系数 K 的单位：W/(m²·K)、传热面积 F 的单位：m²。
　　2. 由于参照建筑与设计建筑的空气渗透耗热量和室内得热量相同，因此本表进行了简化。只需调整设计建筑的 F_i 和 K_i，使其 $\Sigma \varepsilon_i \cdot K_i \cdot F_i$ 小于等于参照建筑的 $\Sigma \varepsilon_i \cdot K_i \cdot F_i$ 即可。
　　3. ε_i 值详见《地标》附录 E。

11.3.2　居住建筑节能设计案例

一、工程概况

山西省运城市建设某 12 层住宅楼（楼座平面如图 11-14 所示），气候分区为寒冷 B 区，楼座东面一层布置人行通道。地上建筑面积 2952m²。楼座层高为 3m，室内外高差 0.6m，总高度 36.6m。

外墙为 200 厚的钢筋混凝土，填充材料为同厚度的加气混凝土砌块，两种材料墙的面积

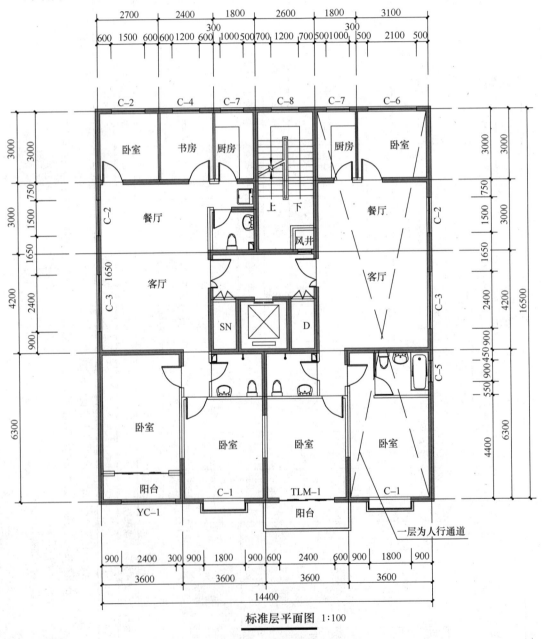

标准层平面图 1:100

图 11-14　标准层平面图

比例约为0.65：0.35。各层楼板、屋面板、阳台的顶板、底板和墙板均为100厚的钢筋混凝土，凸窗围板约为60mm厚的钢筋混凝土。

门窗的宽度详见平面图，普通窗高度均为1.4m，凸窗高1.8m，凸出0.4m，阳台窗高2.2m。

凸阳台不封闭，阳台门为高2.4m的全玻平开门。凹阳台封闭采暖，阳台门为高2.4m的全玻平开门。楼座无地下室，楼梯间不采暖。

二、设计依据

《严寒和寒冷地区居住建筑节能设计标准》（JGJ 26—2010）（以下简称《国标》）

《严寒和寒冷地区居住建筑节能设计标准》（DBJ 04—242—2012）（以下简称《地标》）

《民用建筑热工设计规范》（GB 50176—1993）（以下简称《热工规范》）

《全国民用建筑工程设计技术措施节能专篇（2007）建筑》（以下简称《措施》）

《建筑外门窗气密、水密、抗风压性能分级及检测方法》（GB/T 7106—2008）

《建筑幕墙》（GB/T 21086—2007）

居住建筑节能设计选用建筑材料的热工参数见表11-49。

三、体形系数计算

外表面积：$62.6 \times 36.6 + 243.82 = 2535$；

屋顶面积：243.82；

体　　积：$243.82 \times 36.6 = 8923.8$；

体型系数：$2535 \div 8923.8 = 0.28$。

四、窗墙面积比计算表（取一个标准层，每开间计算）

窗墙面积比计算表见表11-60。

表11-60　窗墙面积比计算表

朝向	门窗编号	窗面积/m²	墙面积/m²	窗墙面积比	窗墙面积比限值	窗墙面积比是否超限值
东西	C-2	$1.5 \times 1.4 = 2.1$	$7.2 \times 3 = 21.6$	0.25	0.35	未超
	C-3	$2.4 \times 1.4 = 3.36$				
	C-5	$0.9 \times 1.4 = 1.26$	$1.8 \times 3 = 5.4$	0.23		未超
南	C-1	$1.8 \times 1.8 = 3.24$	$3.6 \times 3 = 10.8$	0.30	0.50	未超
	TLM-1	$2.4 \times 2.4 = 5.76$	$3.6 \times 3 = 10.8$	0.53		超
	YC-1	$2.4 \times 2.2 = 5.28$	$3.6 \times 3 = 10.8$	0.49		未超
北	C-2	$1.5 \times 1.4 = 2.1$	$2.7 \times 3 = 8.1$	0.26	0.30	未超
	C-4	$1.2 \times 1.4 = 1.68$	$2.4 \times 3 = 7.2$	0.23		未超
	C-7	$1 \times 1.4 = 1.4$	$1.8 \times 3 = 5.4$	0.26		未超
	C-8	$1.2 \times 1.2 = 1.44$	$2.6 \times 3 = 7.8$	0.18		未超
	C-6	$2.1 \times 1.4 = 2.94$	$3.1 \times 3 = 9.3$	0.32		超

五、确定设计方法

由于不封闭凸阳台全玻璃门的窗墙比和北向窗墙比超过《地标》4.1.5条规定的限值，

所以节能设计采用权衡判断法。

六、建筑耗热量指标计算

计算公式 $q_{\mathrm{H}} = q_{\mathrm{HT}} + q_{\mathrm{INF}} - q_{\mathrm{IH}}$

(一)围护结构耗热量计算

计算公式 $q_{\mathrm{HT}} = q_{\mathrm{Hq}} + q_{\mathrm{Hw}} + q_{\mathrm{Hd}} + q_{\mathrm{HWC}}$

1. 墙体耗热量指标计算

计算公式 $q_{\mathrm{Hq}} = \dfrac{\sum \varepsilon K F(t_{\mathrm{n}} - t_{\mathrm{e}})}{A_0}$

(1)外墙耗热量指标计算(按一个标准层计算)

① 确定外墙传热系数的修正系数 ε

由表 11-61 查得:东向 0.92,西向 0.92,南向 0.85,北向 0.95。

表 11-61　屋面、外墙传热系数的修正系数 ε

气候分区	计算采暖期室外平均温度/℃	市县名称	屋面、外墙传热系数的修正系数（ε）				
			屋面	南墙	北墙	东墙	西墙
严寒（B）	$-5.1 \sim -6$	右玉	0.96	0.87	0.96	0.93	0.93
严寒（C）	$-4.1 \sim -5$	五寨　大同　平鲁　广灵　浑源　左云　神池　天镇　大同县	0.96	0.85	0.95	0.92	0.92
	$-31 \sim -4$	苛岚　偏关　阳高　河曲　宁武　朔州　山阴　应县　五台　怀仁　岚县	0.96	0.85	0.95	0.92	0.92
	$-21 \sim -3$	灵丘　方山　静乐　寿阳　娄烦　交口　和顺	0.96	0.85	0.95	0.92	0.92
寒冷（A）	$-2.1 \sim -3$	忻州　兴县　繁峙　保德　定襄　临县　中阳　代县　离石　左权	0.98	0.86	0.96	0.93	0.93
	$-1.1 \sim -2$	蒲县　柳林　石楼　原平　榆社　阳曲　永和　武乡　隰县　古交　沁源　陵川　盂县　安泽　榆次　大宁　襄垣　昔阳　平顺　壶关　长治　长治县	0.97	0.84	0.95	0.92	0.92
	$-0.1 \sim -1$	汾阳　文水　潞城　太原　清徐　祁县　灵石　吉县　长子　屯留　太谷　交城　乡宁　平遥　汾西　平定　孝义　高平　古县　阳泉　介休　霍州　黎城　沁水　绛县	0.97	0.84	0.95	0.91	0.92
	$0.0 \sim 1$	浮山　洪洞　万荣　闻喜　曲沃　晋城　阳城　侯马　襄汾　芮城	0.97	0.84	0.95	0.91	0.91
	$1.1 \sim 2$	垣曲	0.97	0.84	0.95	0.91	0.91
寒冷（B）	$0.0 \sim 1$	夏县　翼城　临汾　新绛　临猗　稷山	0.97	0.84	0.95	0.91	0.91
	$1.1 \sim 2$	运城　河津　平陆　永济	1.00	0.85	0.95	0.92	0.92

② 确定外墙的传热系数 K（计算公式见本书 11.4.3）

外墙构造做法：

20 厚白灰砂浆内墙面层；

200 厚钢筋混凝土或加气混凝土砌块；

80 厚岩棉板；

5 厚抹面胶浆复合玻纤网格布。

A. 钢筋混凝土墙的传热系数

$$K=\frac{1}{0.11+\dfrac{0.02}{0.81}+\dfrac{0.20}{1.75}+\dfrac{0.08}{0.045\times1.2}+0.04}=\frac{1}{1.76}=0.57$$

B. 加气混凝土砌块墙的传热系数

$$K=\frac{1}{0.11+\dfrac{0.02}{0.81}+\dfrac{0.20}{0.16\times1.25}+\dfrac{0.08}{0.045\times1.2}+0.04}=\frac{1}{2.65}=0.38$$

C. 两种外墙材料的平均传热系数

$$K_m=\frac{0.57\times0.65+0.38\times0.35}{0.65+0.35}=0.49$$

D. 考虑了热桥影响的传热系数

由表 11-62 中查得：凸窗面积小于外窗面积 30%，外墙传热系数限值为 0.6 时修正系数为 1.1。

表 11-62　外墙主断面传热系数的修正系数 ϕ

外墙传热系数限值 K_m/ ［W/（m²·K）］	外　保　温	
	普通窗	凸窗
0.70	1.1	1.2
0.65	1.1	1.2
0.60	1.1	1.3
0.55	1.2	1.3
0.50	1.2	1.3
0.45	1.2	1.3
0.40	1.2	1.3
0.35	1.3	1.4
0.30	1.3	1.4
0.25	1.4	1.5

注：凸窗占外窗总面积的比例达到 30%，外墙主断面传热系数的修正系数按凸窗取值。

$$K_m = 0.49 \times 1.1 = 0.54$$

③ 外墙面积计算（各朝向墙体面积减去窗户面积）

$$F(东) = 16.5 \times 3 - (0.9 + 2.4 + 1.5) \times 1.4 = 42.78$$

$$F(西) = 16.5 \times 3 - (2.4 + 1.5) \times 1.4 = 44.04$$

$$F(南) = 14.4 \times 3 - 17.52 = 25.68$$

$$F(北) = (14.4 - 2.6) \times 3 - 9.22 = 26.18$$

④ 室内计算温度

根据《地标》3.0.2 条的规定 $t_n = 18℃$（下同）。

⑤ 室外计算温度

由《地标》附录 A 查得运城市 $t_e = 1.2℃$（下同）。

⑥ 标准层建筑面积

$$A_0 = 14.6 \times 16.7 = 243.82$$

⑦ 外墙耗热量指标

$$q(外墙) = \frac{(0.92 \times 0.54 \times 42.78 + 0.92 \times 0.54 \times 44.04 + 0.85 \times 0.54 \times 25.68 + 0.95 \times 0.54 \times 26.18) \times (18 - 1.2)}{243.82}$$

$$= \frac{1148.28}{243.82} = 4.71(W/m^2)$$

（2）楼梯间外墙耗热量指标计算

① 楼梯间内计算温度

$$t_n = 12℃ \quad （下同）$$

② 楼梯间外墙计算面积

$$F = 2.6 \times 3 - 1.2 \times 1.2 = 6.36$$

③ 楼梯间外墙耗热量指标

$$q(楼梯间外墙) = \frac{0.95 \times 0.58 \times 6.36 \times (12 - 1.2)}{243.82} = 0.15(W/m^2)$$

2. 屋面耗热量指标计算

$$计算公式 \quad q_{Hw} = \frac{\varepsilon K F(t_n - t_e)}{A_0}$$

（1）确定传热系数修正系数

由《地标》附录 E 查得 $\varepsilon = 1$。

（2）确定屋面传热系数 K

屋面构造做法：

带保护层 4 厚 SBS 卷材防水层；

20 厚 1∶3 水泥砂浆找平层；

40 厚（最薄处）白灰焦砟找坡层；

100 厚岩棉板保温层；

100 厚钢筋混凝土楼板；

20 厚白灰砂浆板底面层。

$$K=\cfrac{1}{0.04+\cfrac{0.02}{0.93}+\cfrac{0.04}{0.3\times1.5}+\cfrac{0.1}{0.045\times1.2}+\cfrac{0.1}{1.74}+\cfrac{0.02}{0.81}+0.11}=0.44$$

（3）确定屋面传热面积 F

$$F=243.82$$

（4）采暖建筑面积 A_0

$$A_0=(243.82-2.6\times6.1-4.2\times4.6)\times12=2503.68$$

（5）屋面耗热量指标

$$q_{HW}=\frac{1\times0.44\times243.82\times(18-1.2)}{2503.68}=0.72(W/m^2)$$

3. 无地下室的地面耗热量指标计算

计算公式
$$q_{Hd}=\frac{KF(t_n-t_e)}{A_0}$$

（1）确定地面当量传热系数

由表 11-63 中查得，运城市周边地面设置保温材料挤塑聚苯板厚 20mm，即可满足不小于热阻限值 0.56 的要求。由表 11-64 中查得：当地面热阻为 0.56 时，周边地面的当量传热系数 $K=0.17$，非周边地面的当量传热系数 $K=0.05$。

（2）确定地面面积 F

$$F(周边)=[16.7\times2+(14.6-4)\times2]\times2=109.2$$
$$F(非周边)=243.82-4.6\times4.2-2.6\times4-109.2=104.9$$

（3）确定采暖面积 A_0

$$A_0=(243.82-2.6\times6.1-4.2\times4.6)\times12=2503.68$$

（4）地面耗热量指标

$$q_{Hd}(周边)=\frac{0.17\times109.2\times(18-1.2)}{2503.68}=0.12(W/m^2)$$

$$q_{Hd}(非周边)=\frac{0.05\times104.9\times(18-1.2)}{2503.68}=0.03(W/m^2)$$

（5）无地下室地面耗热量指标

$$q_{Hd}(无地下室)=0.12+0.03=0.15(W/m^2)$$

4. 人行通道顶板耗热量指标计算

计算公式
$$q_{Hd}=\frac{\sum\varepsilon KF(t_n-t_e)}{A_0}$$

表11-63　周边地面保温层厚度选用表

单位：mm

气候分区	计算采暖期室外平均温度/℃	市县名称	≤3层				(4~8)层				≥9层			
			XPS板	PU板	泡沫玻璃	加气混凝土砌块	XPS板	PU板	泡沫玻璃	加气混凝土砌块	XPS板	PU板	泡沫玻璃	加气混凝土砌块
严寒(B)	-5.1~-6	右玉	50	40	105	350	40	30	85	275	30	25	65	200
严寒(B)	-4.1~-5	五寨 大同 平鲁 广灵 浑源 左云 神池 天镇 大同县	50	40	105	350	40	30	85	275	30	25	65	200
严寒(C)	-3.1~-4	苛岚 偏关 阳高 河曲 宁武 朔州 山阴 应县 五台 怀仁 岚县	40	30	85	275	30	25	65	200	20	20	45	150
严寒(C)	-2.1~-3	灵丘 方山 静乐 寿阳 娄烦 交口 和顺	40	30	85	275	30	25	65	200	20	20	45	150
严寒(C)	-2.1~-3	忻州 繁峙 保德 代县 定襄 中阳 左权 离石	40	30	85	275	30	25	65	200	20	20	45	150
寒冷(A)	-1.1~-2	蒲县 柳林 石楼 原平 武乡 榆社 阳曲 永和 沁源 陵川 隰县 古交 安泽 榆次 大宁 盂县 昔阳 平顺 壶关 襄垣 长治 长治县	30	25	65	200	20	20	45	150	—	—	—	—

续表

气候分区	计算采暖期室外平均温度/℃	市县名称	≤3层				(4~8) 层				≥9层			
			XPS板	PU板	泡沫玻璃	加气混凝土砌块	XPS板	PU板	泡沫玻璃	加气混凝土砌块	XPS板	PU板	泡沫玻璃	加气混凝土砌块
寒冷 (A)	−0.1~−1	汾阳　文水　潞城　太原　清徐　祁县　灵石　吉县　长子　屯留　太谷　交城　乡宁　平遥　汾西　平定　孝义　高平　古县　阳泉　介休　霍州　黎城　沁水　绛县	—	30	25	65	200	20	20	45	150	—	—	—
	0.0~1	浮山　洪洞　万荣　闻喜　曲沃　晋城　阳城　侯马　襄汾　芮城												
	1.1~2	垣曲												
寒冷 (B)	0.0~1	夏县　翼城　临汾　新绛　临猗　稷山	30	25	65	200	20	20	45	150	—	—	—
	1.1~2	运城　河津　平陆　永济												

注：本表摘自中国建筑标准设计研究院编制的国家标准设计图集《建筑围护结构节能工程做法及数据》09J908-3。

表 11-64　周边地面与非周边地面当量传热系数

气候分区	计算采暖期室外平均温度/℃	市县名称	地面部位	保温层热阻（m²·K/W）												
				0.00	0.25	0.50	0.75	1.00	1.25	1.50	1.75	2.00	2.25	2.50	2.75	3.00
寒冷(A)	−0.1~−1	汾阳 文水 潞城 太原 清徐 祁县 灵石 吉县 长子 屯留 大谷 交城 乡宁 平遥 汾西 平定 孝义 高平 古县 阳泉 介休 霍州 黎城 沁水 绛县	周边	0.38	0.26	0.20	0.17	0.14	0.12	0.11	0.09	0.08	0.07	0.07	0.07	0.06
			非周边	0.10	0.07	0.06	0.06	0.05	0.05	0.04	0.04	0.04	0.04	0.03	0.03	0.03
	0.0~1	浮山 洪洞 万荣 闻喜 曲沃 阳城 侯马 襄汾 晋城 芮城	周边	0.38	0.26	0.20	0.17	0.14	0.12	0.11	0.09	0.08	0.07	0.07	0.07	0.06
			非周边	0.10	0.07	0.06	0.06	0.05	0.05	0.04	0.04	0.04	0.04	0.03	0.03	0.03
	1.1~2	垣曲	周边	0.31	0.24	0.17	0.14	0.12	0.11	0.10	0.09	0.08	0.08	0.06	0.05	0.05
			非周边	0.08	0.06	0.05	0.04	0.04	0.04	0.03	0.03	0.03	0.03	0.03	0.02	0.02
寒冷(B)	0.0~1	夏县 翼城 临汾 新绛 临猗 稷山	周边	0.38	0.26	0.20	0.17	0.14	0.12	0.11	0.09	0.08	0.07	0.07	0.07	0.06
			非周边	0.10	0.07	0.06	0.06	0.05	0.05	0.04	0.04	0.04	0.04	0.03	0.03	0.03
	1.1~2	运城 河津 平陆 永济	周边	0.31	0.24	0.17	0.14	0.12	0.11	0.10	0.09	0.08	0.08	0.06	0.05	0.05
			非周边	0.08	0.06	0.05	0.04	0.04	0.04	0.03	0.03	0.03	0.03	0.03	0.02	0.02

（1）确定通道顶板传热系数的修正系数 ε

取《地标》的北向值 $\varepsilon=0.95$。

（2）确定通道顶板传热系数 K

人行通道顶板构造做法：

20 厚的 1：2.5 水泥砂浆地面面层；

100 厚钢筋混凝土楼板；

80 厚岩棉板；

5 厚抹面胶浆复合玻纤网格布；

刮腻子刷涂料。

$$K=\frac{1}{0.11+\dfrac{0.02}{0.93}+\dfrac{0.1}{1.74}+\dfrac{0.08}{0.045\times1.2}+0.04}=0.58$$

（3）确定通道顶板面积

$$F=10.2\times4.9+6.3\times3.6=72.66$$

（4）确定通道顶板耗热量指标

$$q_{Hd}=\frac{0.95\times0.58\times72.66\times(18-1.2)}{2503.68}=0.27(W/m^2)$$

5. 外门窗耗热量指标计算（取一个标准层计算）

计算公式 $\qquad q_{HMC}=\dfrac{\sum[KF(t_n-t_e)-ICF]}{A_0}$

（1）确定外门窗传热系数 K

由《地标》选得外门窗（包括普通窗、凸窗、凸阳台的全玻门和凹阳台的封闭窗）为空气层厚 12mm 单框双玻塑钢门窗 $K=2.3$。

（2）确定外门窗面积 F

F（南飘窗）$=1.8\times1.8\times2=6.48$

F（南凸阳台）$=2.4\times2.4=5.76$

F（北）$=2.1\times1.4+1.2\times1.4+1.0\times1.4\times2+1.5\times1.4=9.52$

F（东）$=0.9\times1.4=1.26$

F（东、西有遮阳）$=(2.4+1.5)\times1.4=5.46$

F（楼梯间）$=1.2\times1.2=1.44$

F（南凹阳台窗）$=2.4\times2.2=5.28$

（3）确定太阳辐射热强度

由《地标》附录 A 查得：东向 50，西向 49，南向 97，北向 30。

（4）确定太阳辐射热强度修正系数 C

计算公式 $\qquad C=0.8\times0.7\times SC$

$$SC=SC_B\times(1-F_K/F_C)\times SD$$

$$SD=ax^2+bx+1$$

① 无外遮阳设施外窗的 C 值

$$SD=1$$

341

由《地标》附录 D 查得白玻璃的遮阳系数 $SC_B=0.89$，塑钢窗的窗框比

$$F_K/F_C = 0.3$$
$$SC = 0.89 \times (1-0.3) \times 1 = 0.623$$
$$C = 0.87 \times 0.7 \times 0.623 = 0.38$$

② 有外遮阳设施外窗的 C 值

东、西向房间布置两个外窗 C-2 和 C-3，窗墙比为 3.6，根据表 11-65 的规定应设外遮阳，综合遮阳系数应不小于 0.45。

表 11-65　寒冷(B)区东西向外窗综合遮阳系数限值

围护结构部位		遮阳系数 SC(东、西向)		
		≤3 层建筑	4~8 层建筑	≥9 层建筑
外窗	窗墙面积比≤0.2	—	—	—
	0.2<窗墙面积比≤0.3	—	—	—
	0.3<窗墙面积比≤0.4	0.45	0.45	0.45
	0.4<窗墙面积比≤0.5	0.35	0.35	0.35

遮阳设施选用活动横百叶挡板式如图 11-15 所示，该遮阳设施已满足《地标》4.2.2 条规定的综合遮阳系数。已知挡板百叶宽 $A=80mm$，间距 $B=60mm$。

$X=A/B=80/60=1.3$，取 1。由表 11-66 查得，东向 $a=0.50$，$b=-1.20$，西向 $a=0.54$，$b=-1.30$。

$$SD(东向) = ax^2 + bx + 1 = 0.50 \times 1^2 + (-1.2) \times 1 + 1 = 0.30$$
$$SD(西向) = ax^2 + bx + 1 = 0.54 \times 1^2 + (-1.3) \times 1 + 1 = 0.24$$

由《地标》查得 $SC_B=0.89$，$F_K/F_C=0.3$。

$$SC(东向) = 0.89 \times (1-0.3) \times 0.3 = 0.19$$
$$SC(西向) = 0.89 \times (1-0.3) \times 0.24 = 0.15$$
$$C(东向) = 0.87 \times 0.7 \times 0.19 = 0.12$$
$$C(西向) = 0.87 \times 0.7 \times 0.15 = 0.1$$

③ 凸阳台全玻平开门的 C 值

上层阳台挑板是下层推拉门的水平遮阳(图 11-16)，$A=1.2m$，$B=2.9m$。

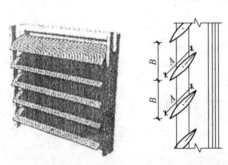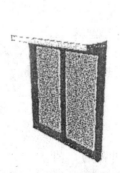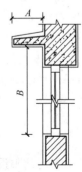

图 11-15　横百叶挡板式外遮阳的特征值示意图　　图 11-16　水平式外遮阳的特征值示意图

由表 11-66 中查得 $a=0.65$，$b=-1$。$X=A/B=1.2/2.9=0.4$

$$SD = ax^2 + bx + 1 = 0.65 \times 0.4^2 + (-1) \times 0.4 + 1 = 0.704$$

表 11-66　外遮阳系数计算用的拟合系数 a，b

气候区	外遮阳基本类型		拟合系数	东	南	西	北
严寒地区	水平式（图 11-16）		a	0.31	0.28	0.33	0.25
			b	-0.62	-0.71	-0.65	-0.48
	垂直式（图 11-17）		a	0.42	0.31	0.47	0.42
			b	-0.83	-0.65	-0.90	-0.83
寒冷地区	水平式（图 11-16）		a	0.34	0.65	0.35	0.26
			b	-0.78	-1.00	-0.81	-0.54
	垂直式（图 11-17）		a	0.25	0.40	0.25	0.50
			b	-0.55	-0.76	0.54	-0.93
	挡板式（图 11-18）		a	0.00	0.35	0.00	0.13
			b	-0.96	-1.00	-0.96	-0.93
	固定横百叶挡板式（图 11-15）		a	0.45	0.54	0.48	0.34
			b	-1.20	-1.20	-1.20	-0.88
	固定竖百叶挡板式（图 11-19）		a	0.00	0.19	0.22	0.57
			b	-0.70	-0.91	-0.72	-1.18
	活动横百叶挡板式（图 11-15）	冬	a	0.21	0.04	0.19	0.20
			b	-0.65	-0.39	-0.61	-0.62
		夏	a	0.50	1.00	0.54	0.50
			b	-1.20	-1.70	-1.30	-1.20
	活动竖百叶挡板式（图 11-19）	冬	a	0.40	0.09	0.38	0.20
			b	-0.99	-0.54	-0.95	-0.62
		夏	a	0.06	0.38	0.13	0.85
			b	-0.70	-1.10	-0.69	-1.49

注：拟合系数应按《地标》第 4.2.2 条有关朝向的规定在本表中选取。

阳台侧板是平开门的垂直遮阳（图 11-17），$A=1.2\mathrm{m}$，$B=3\mathrm{m}$。由表 11-66 中查得 $a=0.4$，$b=-0.76$，$X=A/B=1.2/3=0.4$

$$SD = ax^2 + bx + 1 = 0.4 \times 0.4^2 + (-0.76) \times 0.4 + 1 = 0.76$$

$SD(综合) = 0.704 \times 0.76 = 0.54$

$SC = SC_B \times (1 - F_K/F_C) \times SD = 0.89 \times (1-0) \times 0.54 = 0.48$

$C = 0.87 \times 0.7 \times 0.48 = 0.29$

$A_0 = 243.82m^2$

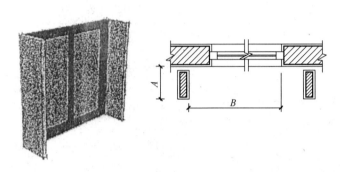

图 11-17　垂直式外遮阳的特征值示意图

(5)外窗耗热量指标

$q_{Hmc}(南 C-1) = [2.3 \times 6.48 \times (18 - 1.2) - 97 \times 0.38 \times 6.48]/243.82 = 0.05$

$q_{Hmc}(南 TLM-1) = [2.3 \times 5.76 \times (18 - 1.2) - 97 \times 0.29 \times 5.76]/243.82 = 0.25$

$q_{Hmc}(南 YC-1) = [2.3 \times 5.28 \times (18 - 1.2) - 97 \times 0.38 \times 5.28]/243.82 = 0.04$

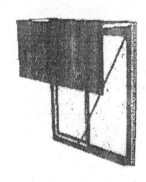
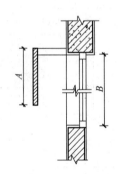
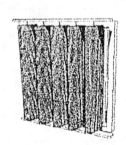
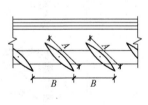

图 11-18　挡板式外遮阳的特征值示意图　　　图 11-19　竖百叶挡板式外遮阳的特征值示意图

$q_{Hmc}(北 C-2、C-6、C-7、C-4) = [2.3 \times 9.52 \times (18 - 1.2) - 30 \times 0.38 \times 9.52]/243.82 = 1.06$

$q_{Hmc}(北楼梯间) = [2.3 \times 1.44 \times (12 - 1.2) - 30 \times 0.38 \times 1.44]/243.82 = 0.08$

$q_{Hmc}(东) = [2.3 \times 1.26 \times (18 - 1.2) - 50 \times 0.38 \times 1.26]/243.82 = 0.1$

$q_{Hmc}(东有遮阳) = [2.3 \times 5.46 \times (18 - 1.2) - 50 \times 0.12 \times 5.46]/243.82 = 0.73$

$q_{Hmc}(西有遮阳) = [2.3 \times 5.46 \times (18 - 1.2) - 49 \times 0.1 \times 5.46]/243.82 = 0.76$

$q_{Hmc}(西) = [2.3 \times 1.26 \times (18 - 1.2) - 49 \times 0.38 \times 1.26]/243.82 = 0.1$

$$q_{Hmc} = 0.05 + 0.25 + 1.06 + 0.04 + 0.08 + 0.1 + 0.73 + 0.76 + 0.1 = 3.17(W/m^2)$$

围护结构耗热量指标:

$$q_{HT} = 4.71 + 0.15 + 0.72 + 0.15 + 0.27 + 3.17 = 9.17$$

(二)建筑物空气渗透耗热量计算

计算公式
$$q_{INF} = \frac{(t_n - t_e)(C_P \rho NV)}{A_0}$$

根据《地标》4.3.10 条,式中

$$C_P = 0.28 \quad \rho = 353/(1.2 + 273) = 1.29 \quad N = 0.5$$

$$V_0 = (243.82 - 2.6 \times 6.1 - 4.2 \times 4.6) \times 12 \times 3 = 7511.04$$

$$V = 0.6 \times V_0 = 4506.6$$

$$A_0 = 2503.68$$

$$q_{INF} = \frac{(18 - 1.2) \times (0.28 \times 1.29 \times 0.5 \times 4506.6)}{2503.68} = 5.46(W/m^2)$$

(三)内部得热

$$q_{iH} = 3.8(W/m^2)$$

(四)建筑物耗热量指标

$$q_H = 9.17 + 5.46 - 3.8 = 10.83(W/m^2)$$

七、由《地标》附录 B 查得运城市耗热量指标限值为 12.9(W/m²)

八、设计规定

建筑的耗热量指标 11.19 小于限值 12.9,节能设计达到节能 65%的标准。

注:若设计建筑围护结构的耗热量大于参照建筑耗热量,则需调整设计建筑围护结构的耗热量,一般采取减少外窗面积、增大外墙的保温厚度,提高外窗的保温性能等措施。

九、其他事项

1. 外门窗的气密性等级不应低于国家标准《建筑外门窗气密、水密、抗风压性能分级及检测方法》(GB/T 7106—2008)规定的 6 级。

2. 外窗选用平开窗,门窗框与洞口之间的缝隙应挤入聚氨酯填堵。

3. 门窗洞口室外部位抹 30 厚玻化微珠保温砂浆,5 厚聚合物抗裂砂浆面层。

4. 外墙岩棉板保温的做法选用中国建筑标准设计研究院编制的标准图集《外墙外保温建筑构造》(10J121)中的附录 3。外墙保温节点做法选用《山西省工程建筑标准设计》外墙外保温图集(05J3-1)。

5. 凸阳台楼板及空调隔板、雨篷等挑板的上面和下面各设置 30 厚挤塑聚苯板。

十、完善节能设计文件

将计算出的窗墙面积比、天窗面积与屋顶面积比、体形系数及各围护结构确定的传热系数和遮阳系数填入"居住建筑节能设计围护结构权衡判断表"(表 11-67)中;相应围护结构做法,包括窗与玻璃的类型、遮阳设计,写入"建筑做法表"和门窗表中。

表 11-67 居住建筑节能设计围护结构权衡判断表

工程名称		山西省运城市某 12 层住宅楼		气候子区	寒冷 B 区
建筑层数		地上 12 层(无地下层)		建筑面积	地上 2952m²
窗墙面积比(最大值)		东 0.25　西 0.25 南 0.53　北 0.32	体形系数(S) 0.28	室内计算温度(t_n)18℃ (楼梯间 12℃)	室外平均温度(t_e) 1.2℃

围护结构部位			$\varepsilon(n)$	$K/[W/(m^2 \cdot K)]$	F/m^2	A_0/m^2	$\varepsilon KF(t_n-t_e)/A_0$ (W/m²)
围护结构传热量	屋面		1	0.44	243.82	2505.68	$1\times0.44\times243.82\times(18-1.2)/2503.68=0.72$
	外墙	东	0.92	0.54	42.78	243.82	$0.92\times0.54\times42.78\times(18-1.2)/243.82=1.46$
		西	0.92	0.54	44.04	243.82	$0.92\times0.54\times44.04\times(18-1.2)/243.82=1.57$
		南	0.85	0.54	25.68	243.82	$0.85\times0.54\times25.68\times(18-1.2)/243.82=0.81$
		北	0.95	0.54	26.18	243.82	$0.95\times0.54\times26.18\times(18-1.2)/243.82=0.93$
		楼梯间	0.95	0.58	6.36	243.82	$0.95\times0.58\times6.36\times(12-1.2)/243.82=0.15$
	地面	周边		0.17	109.2	2503.68	$0.17\times109.2\times(18-1.2)/2503.68=0.12$
		非周边		0.05	104.9	2503.68	$0.05\times104.9\times(18-1.2)/2503.68=0.03$
	地下室的外墙						
	架空或外挑的楼板		0.95	0.58	72.66	2503.68	$0.95\times0.58\times72.66\times(18-1.2)/2503.68=0.27$
	非采暖地下室的顶板						
	分隔采暖与非采暖空间的隔墙						
	分隔采暖与非采暖空间的楼板						
	分隔采暖与非采暖空间的户门						
	阳台门的门芯板						
	变形缝的墙						

		编号 (类别)	$K/[W/$ $(m^2 \cdot K)]$	$F/$ m^2	$I/$ (W/m^2)	C	$A_0/$ m^2	$[KF(t_n-t_e)-ICF]/A_0$ (W/m^2)
围护结构传热量	外门窗							
				东	C-2	2.3	2.1	50	0.12	243.82	$[2.3\times5.46\times(18-1.2)-50\times$
		C-3	2.3	3.36	50	0.12	243.82	$0.12\times5.46]/243.82=0.73$
		C-5	2.3	1.26	50	0.38	243.82	$[2.3\times1.26\times(18-1.2)-50\times$ $0.38\times1.26]/243.82=0.1$
	西	C-2	2.3	2.1	49	0.1	243.82	$[2.3\times5.46\times(18-1.2)-49\times$
		C-3	2.3	3.36	49	0.1	243.82	$0.1\times5.46]/243.82=0.76$
		C-5	2.3	1.26	49	0.38	243.82	$[2.3\times1.26\times(18-1.2)-49\times$ $0.38\times1.26]/243.82=0.1$
	南	C-1	2.3	3.24×2	97	0.38	243.82	$[2.3\times6.48\times(18-1.2)-97\times$ $0.38\times6.48]/243.82=0.05$
		TLM-1	2.3	5.76	97	0.29	243.82	$[2.3\times5.76\times(18-1.2)-97\times$ $0.29\times5.76]/243.82=0.25$
		YC-1	2.3	5.28	97	0.38	243.82	$[2.3\times5.28\times(18-1.2)-97\times$ $0.38\times5.28]/243.82=0.04$
	北	C-2	2.3	2.1	30	0.38	243.82	
		C-4	2.3	1.68	30	0.38	243.82	$[2.3\times9.52\times(18-1.2)-30\times$
		C-7	2.3	1.4×2	30	0.38	243.82	$0.38\times9.52]/243.82=1.06$
		C-6	2.3	2.94	30	0.38	243.82	
		C-8 (楼梯间)	2.3	1.44	30	0.38	243.82	$[2.3\times1.44\times(12-1.2)-30\times$ $0.38\times1.44]/243.82=0.08$

折合到单位建筑面积上单位时间内通过建筑物围护结构的传热量	$q_{HT}=9.17(W/m^2)$

折合到单位建筑面积上单位时间内建筑物空气渗透耗热量

$$q_{INF}=\frac{(t_n-t_e)(C_P\rho NV)}{A_0}=\frac{(18-1.2)\times(0.28\times1.29\times0.5\times4506.6)}{2503.68}=5.46(W/m^2)$$

折合到单位建筑面积上单位时间内建筑物内部得热量　　$q_{IH}=3.8(W/m^2)$

建筑物耗热量指标　　$q_H=q_{HT}+q_{INF}-q_{IH}=9.17+5.46-3.8=10.83(W/m^2)$

"标准"规定的建筑物耗热量指标限值　　$12.9(W/m^2)$

建筑节能设计判定　　11.19＜12.9 节能设计达到标准

注：本表未包括传热量计算，需结合节能计算书使用。

11.3.3 常用的建筑节能设计分析软件介绍

1. 主要的建筑能耗模拟软件简介

大多数建筑能耗模拟软件都是基于动态的计算方法，以模拟在变化的室外参数作用下建筑物空间的负荷情况。各国根据自己的特点和要求编制了不同的计算机建筑能耗模拟软件，其中应用较多的有美国的 DOE-2 和 Energy-Plus、英国的 Energy2、瑞典的 DEROB、法国的 CLIM2000、日本的 HASP 及我国的 DeST 等，下面仅对 DOE-2 和 DeST 模拟软件作简单介绍。

（1）DOE-2 模拟软件：DOE-2 软件是在美国能源部的财政支持下由劳伦斯伯克利国家实验室（Lawrence Berkeley National Laboratory）及数十名各种专业人员协同开发、历时两年完成的，供建筑设计者和研究人员使用的大型软件。该软件使用反应系数法计算全年逐时的建筑物负荷。在输入已知模拟地区的全年逐时气象参数的情况下，它可以输出数百个逐时能耗指数，以及数十个的月累计、年累计等能耗参数指标，且可以预测全年 8760h 建筑物逐时的室内热环境参数和能耗。该软件要求使用者提供：建筑物所在地 8760h 的气象资料（干、湿球温度、太阳辐射等），建筑物本身的详细描述，建筑物内部人员、照明、电器以及其他与内部负荷有关的设备的情况，建筑物所用的采暖、空调设备和系统的详细描述，其他信息。DOE-2 的 4 个输入模块为：气象数据、用户数据、材料数据库和构造数据库（由于国情不同，在我国不宜使用，但由于原程序用户数据输入结构设计比较灵活，可将我国自己的材料、构造输入数据文件，以后即可反复调用）；5 个处理模块为：建筑描述语言 BDL（Building Description Language）预处理、负荷模拟、系统模拟、机组模拟和经济分析；4 个输出模块为：负荷报告、系统报告、机组报告和经济报告。该程序也可用来分析围护结构（包括屋顶、外墙、外窗、地面、楼板、内墙等）、空调系统、电器设备和照明对能耗的影响。DOE-2 的功能非常强大，已经过了无数工程的实践检验，是国际上公认的、比较准确的能耗分析软件。该能耗分析软件除在美国得到成功应用外，还应用于某些国家的建筑节能标准编制工作中。

（2）DeST 模拟软件：DeST 是建筑热环境设计模拟工具包"Designer's Simulation Toolkit"的简称。该模拟软件由原清华大学热能系空调教研室（现为建筑学院建筑技术科学系建筑环境与设备研究所）在其十余年对建筑和采暖空调系统模拟的基础上，针对建筑采暖空调系统的实际情况，开发出的一套面向广大设计人员的设计用模拟工具。该模拟软件已于 2000 年 6 月通过了教育部鉴定，被评定为"具有世界先进水平"，它也是国内自主研发的能够动态模拟建筑采暖、空调负荷的分析软件。该软件能在建筑描述、室外气象数据和室内扰量以及室内要求的温湿度给定的条件下，动态模拟出该建筑全年逐时自然室温和采暖、空调系统负荷等的变化情况。目前 DeST 有两个版本，应用于住宅建筑的版本（DeST-h）及应用于商用建筑的版本（DeST-c）。

DeST-h 主要用于住宅建筑热特性的影响因素分析、住宅建筑热特性指标的计算、住宅建筑的全年动态负荷计算、住宅室温计算、末端设备系统经济性分析等领域。

DeST-c 是 DeST 开发组针对商用建筑特点推出的专用于商用建筑辅助设计的版本，根据建筑及其空调方案设计的阶段性，DeST-c 对商用建筑的模拟分为建筑室内热环境模拟、空调方案模拟、输配系统模拟、冷热源经济性分析等几个阶段，对应地服务于建筑设计的初步设计（研究建筑物本体的特性）、方案设计（研究系统方案）、详细设计（设备选型、管路布置、控制设计等）等几个阶段，根据各阶段设计模拟分析反馈以指导各阶段的设计。

2. 我国主要的建筑节能辅助设计及能耗分析软件简介

我国经住房和城乡建设部审定通过的建筑节能辅助设计及能耗分析软件主要有：中国建

筑科学研究院建筑工程软件研究所开发的"建筑节能设计分析软件"（简称 PBECA）、北京天正工程软件有限公司开发的《天正建筑节能分析软件》（简称 TBEC）及深圳市清华斯维尔软件科技有限公司开发的《清华斯维尔节能设计软件》（简称 TH-BECS2006）等，其中《建筑节能设计分析软件 PBECA》和《天正建筑节能分析软件 TBEC》其节能分析的内核都是采用美国 DOE-2 软件的能耗计算模块，而《清华斯维尔节能设计软件 TH-BECS2006》的节能分析内核为我国清华大学 DeST 软件的能耗计算模块。这类软件同单纯的模拟软件相比更注重于辅助建筑节能设计（含热工计算）及进行相关标准权衡判断所要求的动态耗能量的计算，而单纯的模拟软件主要是用于建筑热环境、建筑能耗的模拟分析与评价的研究，也可根据模拟分析结果指导设计。

11.4　建筑节能计算方法及相关参数

11.4.1　建筑节能设计中常用的热工计算方法

11.4.1.1　围护结构传热阻

$$R_o = R_i + R + R_e$$

式中　R_i——内表面换热阻，$m^2 \cdot K/W$，按表 11-68 采用；

　　　　R——围护结构热阻，$m^2 \cdot K/W$；

　　　　R_e——外表面换热阻，$m^2 \cdot K/W$，按表 11-69 采用。

表 11-68　内表面换热系数 a_i 及内表面换热阻 R_i 值

适用季节	表面特征	$a_i/$ [W/ ($m^2 \cdot K$)]	$R_i/$ ($m^2 \cdot K/W$)
冬季和夏季	墙面、地面、表面平整或有肋状凸出物的顶棚，当 $H/S \leqslant 0.3$ 时	8.7	0.11
	有肋状凸出物的顶棚，当 $H/S > 0.3$ 时	7.6	0.13

注：1. 表中 H 为肋高，S 为肋间净距。

　　 2. $a_i = 1/R_i$。

表 11-69　外表面换热系数 a_e 及外表面换热阻 R_e 值

适用季节	表面特征	$a_e/$ [W/ ($m^2 \cdot K$)]	$R_e/$ ($m^2 \cdot K/W$)
冬季	外墙、屋面、与室外空气直接接触的表面	23.0	0.04
	与室外空气相通的不采暖地下室上面的楼板	17.0	0.06
	闷顶、外墙上有窗的不采暖地下室上面的楼板	12.0	0.08
	外墙上无窗的不采暖地下室上面的楼板	6.0	0.17
夏季	外墙和屋顶	19.0	0.05

注：$a_e = 1/R_e$。

11.4.1.2　围护结构传热系数

$$K = 1/R_o$$

式中　R_o——围护结构传热阻，$m^2 \cdot K/W$。

11.4.1.3　围护结构热阻的计算

（1）单层围护结构或单一材料层热阻按下式计算：

$$R = d/\lambda_c$$

式中　d——材料层厚度，m；

λ_c——材料导热系数计算值，W/（m·K）。

（2）多层围护结构的热阻：

$$R = R_1 + R_2 + \cdots + R_n = d_1/\lambda_1 + d_2/\lambda_2 + \cdots + d_n/\lambda_n$$

式中　R_1、$R_2 \cdots R_n$——各层材料的热阻，$m^2 \cdot K/W$；

d_1、$d_2 \cdots d_n$——各层材料的厚度，m；

λ_1、$\lambda_2 \cdots \lambda_n$——各层材料导热系数的计算值，W/（m·K）。

（3）由两种以上材料组成的、两向非匀质围护结构（包括各种形式的空心砌块、填充保温材料的墙体等，但不包括多孔黏土空心砖），其平均热阻应按下式计算：

$$\overline{R} = \left[\frac{F_0}{\dfrac{F_1}{R_{o1}} + \dfrac{F_2}{R_{o2}} + \cdots + \dfrac{F_n}{R_{on}}} - (R_i + R_e) \right] \varphi$$

式中　$\overline{R}$——平均热阻，$m^2 \cdot K/W$；

F_0——与热流方向垂直的总传热面积，m^2，如图 11-20 所示；

F_1、$F_2 \cdots F_n$——按平行于热流方向划分的各个传热面积，m^2；

R_{o1}、$R_{o2} \cdots R_{on}$——各个传热面部分的传热阻，W/（m·K）；

R_i——内表面换热阻，取 $0.11 m^2 \cdot K/W$；

R_e——外表面换热阻，取 $0.04 m^2 \cdot K/W$；

φ——修正系数，按表 11-70 采用。

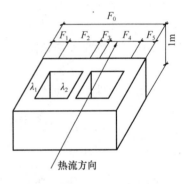

图 11-20　组合材料层

（4）空气间层热阻的确定。

① 一般空气间层、单面铝箔空气间层和双面铝箔空气间层的热阻，应按表 11-58 采用。

② 通风良好的空气间层，其热阻可不予考虑。这种空气间层的间层温度可取进气温度，表面换热系数可取 12.0 W/（m·K）。

表 11-70　修正系数 φ 值

$\dfrac{\lambda_2}{\lambda_1}$ 或 $\dfrac{\lambda_2 + \lambda_3}{2}/\lambda_1$	φ
0.09～0.19	0.86
0.20～0.39	0.93
0.40～0.69	0.96
0.70～0.99	0.98

注：1. 表中 λ 为材料的导热系数（按计算值采用）。当围护结构由两种材料组成时，λ_2 应取较小值，λ_2 应取较大值，然后求两者的比值。

2. 当围护结构由三种材料组成，或有两种厚度不同的空气间层时，值应按比值 $[(\lambda_2 + \lambda_3)/2]\lambda_1$ 确定。空气间层的 λ 值，按表 11-71 空气间层的厚度及热阻求得。

3. 当围护结构中存在圆孔时，应先将圆孔折算成同面积的方孔，然后按上述规定计算。

表 11-71　空气间层热阻

位置、热流状及	间层厚度/mm											
材料特征	冬季状况						夏季状况					
一般空气间层	10	20	30	40	50	60以上	10	20	30	40	50	60以上
热流向下	0.14	0.17	0.18	0.19	0.20	0.20	0.12	0.15	0.15	0.16	0.16	0.15
（水平、倾斜）热流向上	0.14	0.15	0.16	0.17	0.17	0.17	0.11	0.13	0.13	0.13	0.13	0.13
（水平、倾斜）垂直空气间层	0.14	0.16	0.17	0.18	0.18	0.18	0.12	0.14	0.14	0.15	0.15	0.15
单面铝箔空气间层												
热流向下（水平、倾斜）	0.28	0.43	0.51	0.57	0.60	0.64	0.25	0.37	0.44	0.48	0.52	0.54
热流向上（水平、倾斜）	0.26	0.35	0.40	0.42	0.42	0.43	0.20	0.28	0.29	0.30	0.30	0.28
垂直空气间层	0.26	0.39	0.44	0.47	0.49	0.50	0.22	0.31	0.34	0.36	0.37	0.37
双面铝箔空气间层												
热流向下（水平、倾斜）	0.34	0.56	0.71	0.84	0.94	1.01	0.30	0.49	0.63	0.73	0.81	0.86
热流向上（水平、倾斜）	0.29	0.45	0.52	0.55	0.56	0.57	0.25	0.34	0.37	0.38	0.38	0.35
垂直空气间层	0.31	0.49	0.59	0.65	0.69	0.71	0.27	0.39	0.46	0.49	0.50	0.50

11.4.1.4　围护结构热情性指标 D 值的确定

（1）单一材料围护结构或单一材料层的 D 值。

$$D = RS$$

式中　R——材料层的热阻，$m^2 \cdot K/W$；

　　　S——材料的蓄热系数，$W/(m^2 \cdot K)$。

（2）多层围护结构的 D 值应按下式计算：

$$D = D_1 + D_2 + \cdots + D_n = R_1 S_1 + R_2 S_2 + \cdots + R_n S_n$$

式中　R_1、$R_2 \cdots R_n$——各层材料的热阻，$m^2 \cdot K/W$；

　　　S_1、$S_2 \cdots S_n$——各层材料的蓄热系数，$W/(m^2 \cdot K)$，空气间层的蓄热系数 $S=0$。

（3）若某构造层由两种以上材料组成，则应先按下式计算该层的平均导热系数：

$$\bar{\lambda} = \frac{\lambda_1 F_1 + \lambda_2 F_2 + \cdots + \lambda_n F_n}{F_1 + F_2 + \cdots + F_n}$$

而后按下式计算该层的平均热阻：

$$\bar{R} = \frac{\bar{d}}{\bar{\lambda}}$$

$$\bar{S} = \frac{S_1 F_1 + S_2 F_2 + \cdots + S_n}{F_1 + F_2 + \cdots + F_n}$$

式中　F_1、$F_2 \cdots F_n$——在该层中按平行于热流方向划分的各个传热面积，m^2；

　　　λ_1、$\lambda_2 \cdots \lambda_n$——各个传热面积上材料的导热系数，$W/(m \cdot K)$；

　　　S_1、$S_2 \cdots S_n$——各个传热面积上材料的蓄热系数，$W/(m^2 \cdot K)$；

该层的热惰性指标按下式计算：

$$D = \overline{R} \cdot \overline{S}$$

11.4.1.5 围护结构内表面最高温度的确定

连续空调房间可将室内空气温度近似视为恒定，而只考虑室外单向温度谐波的热作用，这时，围护结构内表面最高温度常用下式计算：

$$\theta_{i \cdot max} = \overline{\theta}_i + A_{\theta 1} = \overline{\theta}_i + \frac{A_{tsa}}{v_o}$$

式中　$\overline{\theta}_i$——内表面昼夜平均温度，℃；

　　　$A_{\theta 1}$——内表面温度振幅，℃；

　　　A_{tsa}——室外综合温度振幅，℃；

　　　v_o——围护结构衰减倍数。

11.4.1.6 围护结构内表面和内部温度的计算

（1）围护结构内表面温度计算

$$\theta_i = t_i - \frac{t_i - t_e}{R_o} R_i$$

（2）多层围护结构内部任一层的内表面温度计算

$$\theta_m = t_i - \frac{t_i - t_e}{R_o} \left(R_i + \sum_{j=1}^{m-1} R_j \right)$$

式中　t_i、t_e——室内和室外计算温度，℃；

　　　R_o、R_e——围护结构传热阻和内表面换热阻，m² · K/W；

　　　$\sum\limits_{j=1}^{m-1} R_j$——第 1～（m－1）层的热阻之和。

11.4.2 建筑材料热物理性能计算参数（表 11-72）

表 11-72　建筑材料热物理性能计算参数

序号	材料名称	干密度 ρ_o/ (kg/m³)	计算参数			
			导热系数 λ/ [W/(m · K)]	蓄热系数 S (周数 24h)/ [W/(m² · K)]	比热容 C/ [kJ/(kg · K)]	蒸汽渗透系数 μ/ [g/(m · h · p_a)]
1	混凝土					
1.1	普通混凝土					
	钢筋混凝土 碎石、卵石混凝土	2500 2300 2100	1.74 1.51 1.28	17.20 15.36 13.57	0.92 0.92 0.92	0.000 015 8* 0.000 017 3* 0.000 017 3*
1.2	轻骨料混凝土					

序号	材料名称	干密度 ρ_o/ (kg/m³)	计算参数			
			导热系数 λ/ [W/(m·K)]	蓄热系数 S (周数 24h)/ [W/(m²·K)]	比热容 C/ [kJ/(kg·K)]	蒸汽渗透系数 μ/ [g/(m·h·p$_a$)]
	膨胀矿渣珠混凝土	2000	0.77	10.49	0.96	
		1800	0.63	9.05	0.96	
		1600	0.52	7.87	0.96	
	自然煤矸石、 炉渣混凝土	1700	1.00	11.68	1.05	0.000 054 8*
		1500	0.76	9.54	1.05	0.000 090 0
		1300	0.56	7.63	1.05	0.000 105 0
	粉煤灰陶 粒混凝土	1700	0.95	11.40	1.05	0.000 018 8
		1500	0.70	9.16	1.05	0.000 097 5
		1300	0.57	7.78	1.05	0.000 105 0
		1100	0.44	6.30	1.05	0.000 135 0
	黏土陶粒混凝土	1600	0.84	10.36	1.05	0.000 031 5*
		1400	0.70	8.93	1.05	0.000 039 0*
		1200	0.53	7.25	1.05	0.000 040 5*
	页岩渣、石灰、水泥混凝土	1300	0.52	7.39	0.98	0.000 085 5*
	页岩陶粒混凝土	1500	0.77	9.65	1.05	0.000 031 5*
		1300	0.63	8.16	1.05	0.000 039 0*
		1100	0.50	6.70	1.05	0.000 043 5*
	火山灰渣、砂、水泥混凝土	1700	0.57	6.30	0.57	0.000 039 5*
	浮石混凝土	1500	0.67	9.09	1.05	
		1300	0.53	7.54	1.05	0.000 018 8*
		1100	0.42	6.13	1.05	0.000 035 3*
1.3	轻混凝土					
	加气混凝土、 泡沫混凝土	700	0.22	3.59	1.05	0.000 099 8*
		500	0.19	2.81	1.05	0.000 111 0*
2	砂浆和砌体					
2.1	砂浆					
	水泥砂浆	1800	0.93	11.37	1.05	0.000 021 0*
	石灰水泥砂浆	1700	0.87	10.75	1.05	0.000 097 5*
	石灰砂浆	1600	0.81	10.07	1.05	0.000 044 3*
	石灰石膏砂浆	1500	0.76	9.44	1.05	
	保温砂浆	800	0.29	4.44	1.05	

序号	材料名称	干密度 ρ_0/ (kg/m^3)	计算参数			
			导热系数 λ/ $[W/(m \cdot K)]$	蓄热系数 S（周数 24h）/ $[W/(m^2 \cdot K)]$	比热容 C/ $[kJ/(kg \cdot K)]$	蒸汽渗透系数 μ/ $[g/(m \cdot h \cdot p_a)]$
2.2	砌体					
	重砂浆砌筑黏土砖砌体	1800	0.81	10.63	1.05	0.000 105 0
	轻砂浆砌筑黏土砖砌体	1700	0.76	9.96	1.05	0.000 120 0
	灰砂砖砌体	1900	1.10	12.72	1.05	0.000 105 0
	硅酸盐砖砌体	1800	0.87	11.11	1.05	0.000 105 0
	炉渣砖砌体	1700	0.81	10.43	1.05	0.000 105 0
	重砂浆砌筑 26、33 及 36 孔黏土空心砖砌体	1400	0.58	7.92	1.05	0.000 105 0
3	热绝缘材料					
3.1	纤维材料					
	矿棉、岩棉、玻璃棉板	<80	0.050	0.59	1.22	
		80~200	0.045	0.75	1.22	
	矿棉、岩棉、玻璃棉毡	<70	0.050	0.58	1.34	0.000 488 0
		70~200	0.045	0.77	1.34	0.000 488 0
	矿棉、岩棉、玻璃松散料	<70	0.050	0.46	0.84	0.000 488 0
		70~120	0.045	0.51	0.84	
	麻刀	150	0.070	1.34	2.10	
3.2	膨胀珍珠岩、蛭石制品					
	水泥膨胀珍珠岩	800	0.26	4.37	1.17	0.000 042 0*
		600	0.21	3.44	1.17	0.000 090 0*
	沥青、乳化沥清	400	0.16	2.49	1.17	0.000 191 0*
	膨胀珍珠岩	400	0.12	2.48	1.55	0.000 029 3*
		300	0.093	1.77	1.55	0.000 067 5*
	水泥膨胀蛭石	350	0.14	1.99	1.05	
3.3	泡沫材料及多孔聚合物					
	聚乙烯泡沫塑料	100	0.047	0.70	1.38	
	聚苯乙烯泡沫塑料	30	0.042	0.36	1.38	0.000 016 2
	聚氨酯泡沫塑料	30	0.033	0.36	1.38	0.000 023 4
	聚氯乙烯泡沫塑料	130	0.048	0.79	1.38	
	钙塑	120	0.049	0.83	1.59	0.000 022 5
	泡沫玻璃	140	0.058	0.70	0.84	
	泡沫石灰	300	0.116	1.70	1.05	
	碳化泡沫石灰	400	0.14	2.33	1.05	
	泡沫石膏	500	0.19	2.78	1.05	0.000 0.37 5

序号	材料名称	干密度 ρ_0/ (kg/m^3)	计算参数			
			导热系数 λ/ $[\text{W}/(\text{m} \cdot \text{K})]$	蓄热系数 S (周数 24h)/ $[\text{W}/(\text{m}^2 \cdot \text{K})]$	比热容 C/ $[\text{kJ}/(\text{kg} \cdot \text{K})]$	蒸汽渗透系数 μ/ $[\text{g}/(\text{m} \cdot \text{h} \cdot \text{p}_a)]$
4	木材、建筑板材					0.000 031 5*
4.1	木材					
	橡木、枫树（热流方向垂直木纹）	700	0.17	4.90	2.51	0.000 056 2
	橡木、枫树（热流方向顺木纹）	700	0.35	6.93	2.51	0.000 300 0
	松木、云彬（热流方向垂直木纹）	500	0.14	3.85	2.51	0.000 034 5
	松木、云彬（热流方向顺木纹）	500	0.29	5.55	2.51	0.000 168 0
4.2	建筑板材					
	胶合板	600	0.17	4.57	2.51	0.000 022 5
	软木板	300	0.098	1.95	1.89	0.000 025 5*
		150	0.058	1.09	1.89	0.000 028 5*
	纤维板	1000	0.34	8.13	2.51	0.000 120 0
		600	0.23	5.28	2.51	0.000 113 0
	石棉水泥板	1800	0.52	8.52	1.05	0.000 013 5*
	石棉水泥隔热板	500	0.16	2.58	1.05	0.000 390 0
	石膏板	1050	0.33	5.28	1.05	0.000 079 0*
	水泥刨花板	1000	0.34	7.27	2.01	0.000 024 0*
		700	0.19	4.56	2.01	0.000 105 0
	稻草板	300	0.13	2.33	1.68	0.000 300 0
	木屑板	200	0.065	1.54	2.10	0.000 263 0
5	松散材料					
5.1	无机材料					
	锅炉渣		0.29	4.40	0.92	0.000 193 0
	粉煤灰		0.23	3.93	0.92	
	高炉炉渣		0.26	3.92	0.92	0.000 203 0
	浮石、凝灰岩		0.23	3.05	0.92	0.000 263 0
	膨胀蛭石		0.14	1.79	1.05	
			0.10	1.24	1.05	
	硅藻土		0.076	1.00	0.92	
	膨胀珍珠岩		0.07	0.84	1.17	
			0.058	0.63	1.17	

序号	材料名称	干密度 $\rho_0/$ (kg/m^3)	计算参数			
			导热系数 $\lambda/$ $[W/(m \cdot K)]$	蓄热系数 S （周数 24h)/ $[W/(m^2 \cdot K)]$	比热容 $C/$ $[kJ/(kg \cdot K)]$	蒸汽渗透系数 $\mu/$ $[g/(m \cdot h \cdot p_a)]$
5.2	有机材料					
	木屑	250	0.093	1.84	2.01	
	稻壳	120	0.06	1.02	2.01	0.000 263 0
	干草	100	0.047	0.83	2.01	
6	其他材料					
6.1	土壤					
	夯实黏土	2000	1.16	12.99	1.01	
		1800	0.93	11.03	1.01	
	加草黏土	1600	0.76	9.37	1.01	
		1400	0.58	7.69	1.01	
	轻质黏土	1200	0.47	6.36	1.01	
	建筑用砂	1600	0.58	8.26	1.01	
6.2	石材					
	花岗石、玄武岩	2800	3.49	25.49	0.92	0.000 011 3
	大理石	2800	2.91	23.27	0.92	0.000 011 3
	砾石、石灰岩	2400	2.04	18.03	0.92	0.000 037 5
	石灰石	2000	1.16	12.56	0.92	0.000 060 0
6.3	卷材、沥青材料					
	沥青油毡、油毡纸	600	0.17	3.33	1.47	0.000 007 5
	沥青混凝土	2100	1.05	16.39	1.68	
	石油沥青	1400	0.27	6.73	1.68	0.000 007 5
		1050	0.17	4.71	1.68	
6.4	玻璃					
	平板玻璃	2500	0.76	10.69	0.84	
	玻璃钢	1800	0.52	9.25	1.26	
6.5	金属					
	紫铜	8500	407	324	0.42	
	青铜	8000	64.0	118	0.38	
	建筑材料	7850	58.2	126	0.48	
	铝	2700	203	191	0.92	
	铸铁	7250	49.9	112	0.48	

注：1. 围护结构在正确设计和正常使用条件下，材料的热物理性能计算参数应按本表直接采用。

2. 有表 11-73 所列情况者，材料的导热系数和蓄热系数计算值应分别按下列两式修正：

$$\lambda_c = \lambda_a$$

$$S_C = S_a$$

式中，λ、S 分别为材料的导热系数和蓄热系数，应按本表采用；α 为修正系数，应按表 11-73 采用。

3. 表中比热容 C 的单位为法定单位，但在实际计算中比热容 C 的单位应取 $W \cdot h/(kg \cdot K)$，因此，表中数值应乘以换算系数 0.2778。

4. 表中带*者为测定值。

5. 本表摘自《民用建筑热工设计规范》(GB 50176—1993)。

表 11-73 导热系数 λ 及蓄热系数 S 的修正系数 α 值

序号	材料、构造、施工、地区及使用情况	α
1	作为夹芯层浇筑在混凝土墙体及屋面构件中的块状多孔保温材料（如加气混凝土、泡沫混凝土及水泥膨胀珍珠岩等），因干燥缓慢及灰缝影响	1.60
2	铺设在密闭屋面中的多孔保温材料（如加气混凝土、泡沫混凝土、水泥膨胀珍珠岩、石灰炉渣等），因干燥缓慢	1.50
3	铺设在密闭屋面中及作为夹芯层浇筑在混凝土构件的半硬质矿棉、岩棉、玻璃棉板等，因压缩及吸湿	1.20
4	作为夹芯层浇筑在混凝土构件中的泡沫塑料等，因压缩	1.20
5	开孔型保温材料（如水泥刨花板、木丝板、稻草板等），表面抹灰或与混凝土浇筑在一起，因灰浆渗入	1.30
6	加气混凝土、泡沫混凝土砌块墙体及加气混凝土条板墙体、屋面，因灰缝影响	1.25
7	填充在空心墙体及屋面构件中的松散保温材料（如稻壳、木屑、矿棉、岩棉等），因下沉	1.20
8	矿渣混凝土、炉渣混凝土、浮石混凝土、粉煤灰陶粒混凝土、加气混凝土等实心墙体及屋面构件，在严寒地区，且在室内平均相对湿度超过65%的采暖房间内使用，因干燥缓慢	1.12

表 11-74 墙体、屋面和保温材料在不同使用场合 λ、S 计算

材料名称	干密度 ρ_o/ (kg/m³)	标准值		修正系数 α	计算值		使用场合及影响因素
		λ/ [W/(m·K)]	S/ [W/(m²·K)]		λ_c/ [W/(m·K)]	S_c/ [W/(m²·K)]	
钢筋混凝土	2500	1.74	17.2	1.00	1.74	17.2	墙体及屋面
碎石、卵石混凝土	2300	1.51	15.36	1.00	1.74	15.36	墙体
水泥焦砟	1100	0.42	6.13	1.50	0.63	9.20	屋面找坡层，吸湿
加气混凝土	500	0.19	2.81	1.25	0.24	3.51	墙体及屋面板，灰缝
加气混凝土	500	0.19	2.81	1.50	0.29	4.22	屋面保温层，吸湿
加气混凝土	600	0.20	3.00	1.25	0.25	3.75	墙体及屋面板，灰缝
加气混凝土	600	0.20	3.00	1.50	0.30	4.50	屋面保温层，吸湿
水泥砂浆	1800	0.93	11.37	1.00	0.93	11.37	抹灰层、找平层
石灰水泥砂浆	1700	0.87	10.75	1.00	0.87	10.75	抹灰层
石灰砂浆	1600	0.81	10.07	1.00	0.81	10.07	抹灰层
黏土实心砖墙	1800	0.81	10.63	1.00	0.81	10.63	墙体
黏土空心砖墙(26～36孔)	1400	0.58	7.92	1.00	0.58	7.92	墙体
灰砂砖墙	1900	1.10	12.72	1.00	1.10	12.72	墙体
硅酸盐砖墙	1800	0.87	11.11	1.00	0.87	11.11	墙体
炉渣砖墙	1700	0.81	10.43	1.00	0.81	10.43	墙体
岩棉、矿棉、玻璃棉板	80～200	0.045	0.75	1.20	0.054	0.90	墙体保温层、龙骨、插筋

材料名称	干密度 ρ_0/ (kg/m^3)	标准值		修正系数 α	计算值		使用场合 及影响因素
		λ/ $[W/ (m\cdot K)]$	S/ $[W/ (m^2\cdot K)]$		λ_c/ $[W/ (m\cdot K)]$	S_c/ $[W/ (m^2\cdot K)]$	
岩棉、矿棉、玻璃棉板	80～200	0.045	0.75	1.90	0.086	1.43	架空屋面、夹芯墙、砖墩等
聚苯乙烯泡沫板	20～30	0.042	0.36	1.00	0.042	0.36	彩色钢板夹芯屋面
聚苯乙烯泡沫板	20～30	0.042	0.36	1.20	0.05	0.43	墙体保温层、龙骨、灰缝
聚苯乙烯泡沫板	20～30	0.042	0.36	1.50	0.063	0.54	钢筋混凝土夹心墙,压缩、插筋
聚苯乙烯泡沫板	20～30	0.042	0.36	1.50	0.063	0.54	屋面保温层,压缩、吸湿
聚苯乙烯泡沫板	20～30	0.042	0.36	1.90	0.08	0.68	架空屋面保温层,砖墩
聚苯乙烯泡沫板	20～30	0.042	0.36	1.55	0.065	0.56	泰伯板、舒乐舍板、插筋
挤塑聚苯板	30	0.03	0.36	1.10	0.033	0.40	墙体、屋面保温层,压缩、吸湿
聚氨酯硬泡沫板	30～45	0.033	0.36	1.00	0.033	0.36	彩色钢板夹芯屋面
充气石膏板	400	0.14	2.20	1.20	0.17	2.60	墙体保温层、灰缝、粘接点
乳化沥青珍珠岩板	400	0.12	2.28	1.20	0.14	2.74	屋面保温层,灰缝、吸湿
乳化沥青珍珠岩板	300	0.09	1.77	1.20	0.11	2.12	屋面保温层,灰缝、吸湿
高强度珍珠岩板	400	0.12	2.03	1.20	0.14	2.44	墙体保温层、灰缝
憎水型珍珠岩板	200	0.07	1.10	1.30	0.09	1.43	屋面保温层,灰缝
水泥聚苯板	300	0.09	1.54	1.50	0.14	2.31	墙体保温层,灰缝、吸湿
浮石砂	600	0.20	3.00	1.50	0.30	2.50	屋面保温层

注:表中 λ 为材料导热系数,S 为材料蓄热系数。标准值为正常使用条件下的值。计算值为在不同使用场合,考虑影响修正系数以后的值。

11.4.3 外墙平均传热系数的计算

外墙受周边热桥影响条件下,其平均传热系数应按下式计算:

$$K_m = \frac{K_p F_p + K_{B1} F_{B1} + K_{B2} F_{B2} + K_{B3} F_{B3}}{F_p + F_{B1} + F_{B2} + F_{B3}}$$

式中　　　K_m——外墙的平均传热系数,$W/(m^2\cdot K)$;

K_p——外墙主体部位的传热系数,$W/(m^2\cdot K)$,应按国家现行标准《民用建筑热工设计规范》(GB 50176—1993)的规定计算;

K_{B1}、K_{B2}、K_{B3}——外墙周边热桥部位的传热系数,$W/(m^2\cdot K)$;

F_p——外墙主体部位的面积，m^2；

F_{B1}、F_{B2}、F_{B3}——外墙周边热桥部位的面积，m^2。

外墙主体部位和周边热桥部位如图 11-21 所示。

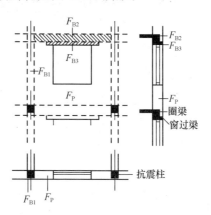

图 11-21 外墙主体部位和周边
热桥部位示意

11.4.4 关于面积和体积的计算

11.4.4.1 建筑面积 A_0，应按各层外墙外包线围成面积的总和计算。

11.4.4.2 建筑面积 V_0，应按建筑外表面积和底层地面围成的体积计算。

11.4.4.3 换气体积 V，楼梯间不采暖时，应按 $V=0.6V_0$ 计算；楼梯间采暖时，应按 $V=0.65V_0$ 计算。

11.4.4.4 屋顶或顶棚面积，应按支承屋顶的外墙包线围成的面积计算，如果楼梯间不采暖，则应减去楼梯间的屋顶面积。

11.4.4.5 外墙面积，应按不同朝向分别计算；某一朝向的外墙面积，由该朝向外表面积减去窗户和外门洞口面积构成。当楼梯间不采暖时，应减去楼梯间的外墙面积。

11.4.4.6 窗户（包括阳台门上部透明部分）面积，应按朝向和有无阳台分别计算，取窗户洞口面积。

11.4.4.7 外门面积，应按不同朝向分别计算，取外门洞口面积。

11.4.4.8 阳台门下部不透明部分面积，应按不同朝向分别计算，取洞口面积。

11.4.4.9 地面面积，应按周边和非周边，以及有无地下室分别计算。周边地面系指由外墙内侧算起 2.0m 范围内的地面；其余为非周边地面。如果楼梯间不采暖，还应减去楼梯间所占地面面积。

11.4.4.10 地板面积，接触室外空气的地板和不采暖地下室上面的地板应分别计算。

11.4.4.11 楼梯间隔墙面积，楼梯间不采暖时应计算这一面积，由楼梯间隔墙总面积减去户门洞口总面积构成。

11.4.4.12 户门面积，楼梯间不采暖时应计算这一面积，由各层户门洞口面积的总和构成。

11.4.5 全国部分城镇采暖期有关参数及建筑物耗热量、采暖耗煤量指标(表 11-75)

表 11-75 全国部分城镇采暖期有关参数及建筑物耗热量、采暖耗煤量指标

地名	计算用采暖期			耗热量指标 $q_H/(W/m^2)$	耗煤量指标 $q_c/(kg/m^2)$
	天数 Z/d	室外平均温度 $t_e/℃$	度日数 $D_{di}/℃ \cdot d$		
北京市	125	−1.6	2450	20.6	12.4
天津市	119	−1.2	2285	20.5	11.8
河北省					
石家庄	112	−0.6	2083	20.3	11.0
张家口	153	−4.8	3488	21.1	15.3
秦皇岛	135	−2.4	2754	20.8	13.5
保 定	119	−1.2	2285	20.5	11.8
邯 郸	108	0.1	1933	20.3	10.6
唐 山	127	−2.9	2654	20.8	12.8
承 德	144	−4.5	3240	21.0	14.6
丰 宁	163	−5.6	3847	21.2	16.6
山西省					
太 原	135	−2.7	2795	20.8	13.5
大 同	162	−5.2	3758	21.1	16.5
长 治	135	−2.7	2795	20.8	13.5
阳 泉	124	−1.3	2393	20.5	12.2
临 汾	113	−1.1	2158	20.4	11.1
晋 城	121	−0.9	2287	20.4	11.9
运 城	102	0.0	1836	20.3	10.0
内蒙古自治区					
呼和浩特	166	−6.2	4017	21.3	17.0
锡林浩特	190	−10.5	5415	22.0	20.1
海拉尔	209	−14.3	6751	22.6	22.8
通 辽	165	−7.4	4191	21.6	17.2
赤 峰	160	−6.0	3840	21.3	16.4
满洲里	211	−12.8	6499	22.4	22.8
博克图	210	−11.3	6153	22.2	22.5
二连浩特	180	−9.9	5022	21.9	19.0
多 伦	192	−9.2	5222	21.8	20.2
白云鄂博	191	−8.2	5004	21.6	19.9

地名	计算用采暖期			耗热量指标 $q_H/(W/m^2)$	耗煤量指标 $q_c/(kg/m^2)$
	天数 Z/d	室外平均温度 $t_e/℃$	度日数 $D_{di}/℃ \cdot d$		
辽宁省					
沈　阳	152	−5.7	3602	21.2	15.5
丹　东	144	−3.5	3096	20.9	14.5
大　连	131	−1.6	2568	20.6	13.0
阜　新	156	−6.0	3744	21.3	16.0
抚　顺	162	−6.6	3985	21.4	16.7
朝　阳	148	−5.2	3434	21.1	15.0
本　溪	151	−5.7	3579	21.2	15.4
锦　州	144	−4.1	3182	21.0	14.6
鞍　山	144	−4.8	3283	21.1	14.6
锦　西	143	−4.2	3175	21.0	14.5
吉林省					
长　春	170	−8.3	4471	21.7	17.8
吉　林	171	−9.0	4617	21.8	18.0
延　吉	170	−7.1	4267	21.5	17.6
通　化	168	−7.7	4318	21.6	17.5
双　辽	167	−7.8	4309	21.6	17.4
四　平	163	−7.4	4140	21.5	16.9
白　城	175	−9.0	4725	21.8	18.4
黑龙江省					
哈尔滨	176	−10.0	4928	21.9	18.6
嫩　江	197	−13.5	6206	22.5	21.4
齐齐哈尔	182	−10.2	5132	21.9	19.2
富　锦	184	−9.4	5262	22.0	19.5
牡丹江	178	−14.5	4877	21.8	18.7
呼　玛	210	−10.3	6825	22.7	23.0
佳木斯	180	−10.4	5094	21.9	19.0
安　达	180	−12.4	5112	22.0	19.1
伊　春	193	−12.4	5867	22.4	20.8
克　山	191	−12.1	5749	22.3	20.5
江苏省					
徐　州	94	1.4	1560	20.0	9.1
连云港	96	1.4	1594	20.0	9.2

地名	计算用采暖期			耗热量指标 $q_H/(W/m^2)$	耗煤量指标 $q_c/(kg/m^2)$
	天数 Z/d	室外平均温度 $t_e/℃$	度日数 $D_{di}/℃·d$		
宿　迁	94	1.4	1560	20.0	9.1
淮　阴	95	1.7	1549	20.0	9.2
盐　城	90	2.1	1431	20.0	8.7
山东省					
济　南	101	0.6	1757	20.2	9.8
青　岛	110	0.9	1881	20.2	10.7
烟　台	111	0.5	1943	20.2	10.8
德　州	113	−0.8	2124	20.5	11.2
淄　博	111	−0.5	2054	20.4	10.9
兖　州	106	−0.4	1950	20.4	10.4
潍　坊	114	−0.7	2132	20.4	11.2
河南省					
郑　州	98	1.4	1627	20.0	9.4
安　阳	105	0.3	1859	20.3	10.3
濮　阳	107	0.2	1905	20.3	10.5
新　乡	100	1.2	1680	20.1	9.7
洛　阳	91	1.8	1474	20.0	8.8
商　丘	101	1.1	1707	20.1	9.8
开　封	102	1.3	1703	20.1	9.9
四川省					
阿　坝	189	−2.8	3931	20.8	18.9
甘　孜	165	−0.9	3119	20.5	16.3
康　定	139	0.2	2474	20.3	18.5
西藏自治区					
拉　萨	142	0.5	2485	20.2	13.8
噶　尔	240	−5.5	5640	21.2	24.5
日喀则	158	−0.5	2923	20.4	15.5
陕西省					
西　安	100	0.9	1710	20.2	9.7
榆　林	148	−4.4	3315	21.0	14.8
延　安	130	−2.6	2678	20.7	13.0
宝　鸡	101	1.1	1707	20.1	9.8

地名	计算用采暖期			耗热量指标 $q_H/(W/m^2)$	耗煤量指标 $q_c/(kg/m^2)$
	天数 Z/d	室外平均温度 $t_e/℃$	度日数 $D_{di}/℃·d$		
甘肃省					
兰　州	132	−2.8	2746	20.8	13.2
酒　泉	155	−4.4	3472	21.0	15.7
敦　煌	138	−4.1	3053	21.0	14.0
张　掖	156	−4.5	3510	21.0	15.8
山　丹	165	−5.1	3812	21.1	16.8
平　凉	137	−1.7	2699	20.6	13.6
天　水	116	−0.3	2123	20.3	11.3
青海省					
西　宁	162	−3.3	3451	20.9	16.3
玛　多	284	−7.2	7159	21.5	29.4
大柴旦	205	−6.8	5084	21.4	21.1
共　和	182	−4.9	4168	21.1	18.5
格尔木	179	−5.0	4117	21.1	18.2
玉　树	194	−3.1	4093	20.8	19.4
宁夏回族自治区					
银　川	145	−3.8	3161	21.0	14.7
中　宁	137	−3.1	2891	20.8	13.7
固　原	162	−3.3	3451	20.9	16.3
石嘴山	149	−4.1	3293	21.0	15.1
新疆维吾尔自治区					
乌鲁木齐	162	−8.5	4293	21.8	17.0
塔　城	163	−6.5	3994	21.4	16.8
哈　密	137	−5.9	3274	21.3	14.1
伊　宁	139	−4.8	3169	21.1	14.1
喀　什	118	−2.7	2443	20.7	11.8
富　蕴	178	−12.6	5447	22.4	19.2
克拉玛依	146	−9.2	3971	21.8	15.3
吐鲁番	117	−5.0	2691	21.1	11.9
库　车	123	−3.6	2657	20.9	12.4
和　田	112	−2.1	2251	20.7	11.2

11.4.6 围护结构传热系数的修正系数 ε_i 值(表 11-76)

表 11-76 围护结构传热系数的修正系数 ε_i 值

地区	窗户(包括阳台门上部)					外墙(包括阳台门下部)			屋顶
	类型	有无阳台	南	东、西	北	南	东、西	北	水平
西安	单层窗	有	0.69	0.80	0.86	0.79	0.88	0.91	0.94
		无	0.52	0.69	0.78				
	双玻璃及双层窗	有	0.60	0.76	0.84				
		无	0.28	0.60	0.73				
北京	单层窗	有	0.57	0.78	0.88	0.70	0.86	0.92	0.91
		无	0.34	0.66	0.81				
	双玻璃及双层窗	有	0.50	0.74	0.86				
		无	0.18	0.57	0.76				
兰州	单层窗	有	0.71	0.82	0.87	0.79	0.88	0.92	0.93
		无	0.54	0.71	0.80				
	双玻璃及双层窗	有	0.66	0.78	0.85				
		无	0.43	0.64	0.75				
沈阳	双玻璃及双层窗	有	0.64	0.81	0.90	0.78	0.89	0.94	0.95
		无	0.39	0.69	0.83				
呼和浩特	双玻璃及双层窗	有	0.55	0.76	0.88	0.73	0.86	0.93	0.89
		无	0.25	0.60	0.80				
乌鲁木齐	双玻璃及双层窗	有	0.60	0.75	0.92	0.76	0.85	0.95	0.95
		无	0.34	0.59	0.86				
长春	双玻璃及双层窗	有	0.62	0.81	0.91	0.77	0.89	0.95	0.92
		无	0.36	0.68	0.84				
	三玻璃及单层窗＋双玻璃	有	0.60	0.79	0.90				
		无	0.34	0.66	0.84				
哈尔滨	双玻璃及双层窗	有	0.67	0.83	0.91	0.80	0.90	0.95	0.95
		无	0.45	0.71	0.85				
	三玻璃及单层窗＋双玻璃	有	0.65	0.82	0.90				
		无	0.43	0.70	0.84				

注:1. 阳台门上部透明部分的 ε_i 按同朝向窗户采用;阳台门下部不透明部分的 ε_i 按同朝向外采用。

2. 不采暖楼梯间隔墙和户门,以及不采暖地下室上面的楼板的 ε_i 应以温差修正系数 n 代替。温差修正系数 n 值见《民用建筑热工设计规范》(GB 50176—1993)。

3. 接触土壤的地面,取 $\varepsilon_i=1$。

4. 封闭阳台内的窗户和阳台门的上部按双层窗考虑。封闭阳台内的外墙和阳台门的下部:南向阳台取 $\varepsilon_i=0.5$;北向阳台取 $\varepsilon_i=0.9$;东、西向阳台取 $\varepsilon_i=0.7$;其他朝向阳台按就近朝向采用。

5. 表中已有 8 个地区可按表直接采用;其他地区可根据采暖期室外平均温度就近采用。

6. 南、北、东、西 4 个朝向和水平面,可按表 11-75 直接采用。东南和西南向按南向采用,东北和西北向可按北向采用。其他朝向可按就近朝向采用。

思　考　题

1. 试述我国不同气候分区居住建筑节能设计标准中的建筑和建筑热工节能设计要点。

2. 我国公共建筑节能设计标准适用于哪些气候区？试分区概述其建筑和建筑热工节能设计标准。

3. 外墙外保温系统的设计要求有哪些？了解常见的外墙外保温构造做法及热工性能。

4. 了解常见的屋顶保温构造做法及热工性能。

5. 了解常见的建筑门窗、幕墙保温热工性能。

6. 了解常见的楼地面保温构造做法及热工性能。

7. 掌握建筑节能设计防火要求。

8. 掌握居住建筑和公共建筑的节能设计方法。

特　　载

AAT
——A 级防火保温吸声隔声系统

1　AAT 系统简介

　　AAT——A 级防火保温吸声隔声系统（以下简称 AAT 系统），是采用专业设备将 AAT 专用棉、AAT 专用水基型胶粘剂以及 AAT 助剂等按规定比例混合并在空气中合成，喷覆于建筑基体表面，经自然干燥后形成的无接缝密闭整体层。

　　AAT 采用喷覆式施工，不受空间和环境限制，可广泛适用于体育馆（包括游泳馆）、剧院、展览馆、候车候机厅、文化中心、录音室、会议中心、活动中心以及机房、地下室、仓库、车库、地铁隧道等建筑场馆和设施的保温隔热、吸声隔声兼防火环保处理。

2　技术参数

项　目	单　位	性能状况	说明或依据
颜色		灰色或白色（可调）	
导热系数	W/（m·K）	0.038～0.040	GB/T 10294—1988
吸水率	kg/m²	≤1.0	GB 26746—2011
防火等级		A 级防火	GB 8624—2006，GB/T 5464—1999
憎水率	％	≥98.0	GB 26746—2011（有防水要求时，采用 AAT 隔离浆处理）
密度	kg/m³	150	JC/T 909—2003
厚度	mm	10～300	
抗压强度	kPa	50	AAT—S，JC 158—2004
降噪系数	NRC	0.75～0.95	GBJ 47—1983，GB/T 20247—2006
隔声 STC	dB	≥35	GBJ 75—1984，GB/T 50121—2005
抗冲击	J	3	AAT—S，JG 109—2003
适用温度范围	℃	−120～1000	
施工温度	℃	≥5	
其他性能		耐老化、耐酸碱、持久稳定、防水、抗渗、安全环保、抗冷凝	

3　AAT 系统多功能性

3.1　超强的防火性能：A 级防火。AAT 耐火可逾 1000℃。

3.2　保温绝热：导热系数为 0.038～0.040W/（m·K），修正系数 $\alpha=1.10$，绝热层为密闭无缝整体，有效阻断冷热桥，提高保温效果。

3.3　复杂结构的高适应性：采用喷覆式施工，可在任意管线密集、结构复杂(或异型结构)的钢材、混凝土等多种基材的表面任意施工，即使是施工人员很难达到的空间，均可轻松便捷施工。

3.4　吸声：降噪系数（NRC）可达 0.75～0.95，尤其对中高频实现高效吸声，为专业声学处理的杰出产品。

3.5　阻尼隔声：AAT 系统与施工基面形成整体密闭的共同体结构，体现出独特的声阻尼效应，25mmAAT 共同体结构，隔声 STC≥36dB。

3.6　其他性能：安全的环保性能和高效耐腐性、经济、节能、抗冷凝、防结露，同时具有装饰作用。

4 AAT系统构造设计

4.1 AAT——A级防火、外保温、吸声、隔声

4.1.1 外墙（干挂系统）、屋面、金属幕墙、地下室和悬挑楼板

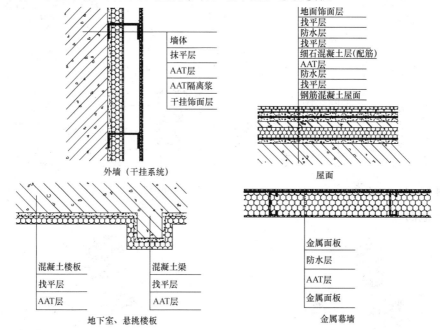

4.1.2 金属屋面

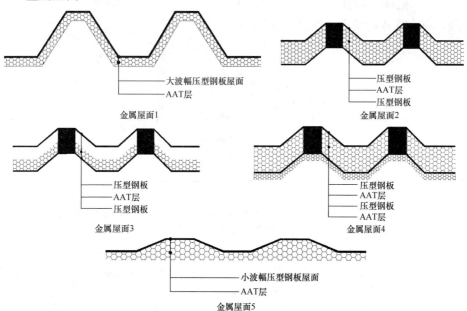

4.2 AAT——A级防火、内保温、吸声、隔声

4.2.1 室内顶板

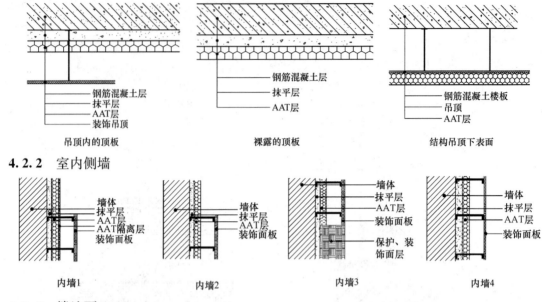

吊顶内的顶板　　　　　裸露的顶板　　　　　结构吊顶下表面

4.2.2 室内侧墙

内墙1　　　　　内墙2　　　　　内墙3　　　　　内墙4

4.2.3 楼地面

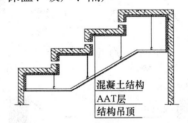

复合地板内保温　　　　　地面保温

4.3 AAT 静压箱 A 级防火、保温、吸声、隔声

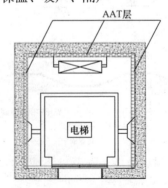

4.4 AAT 静压箱 A 级防火、保温、吸声、隔声

新建规防火玻璃系统应用

北京格林京丰防火玻璃有限公司　宋丽

自 2015 年 5 月 1 日起实施的《建筑设计防火规范》（GB 50016—2014）（简称"新建规"），是国家工程建设消防标准体系的一项重大改革，其中明确了建筑内防火分区中防火玻璃隔墙、防火窗、防火门的防火等级及种类，并与国际接轨，更多地选用隔热型防火玻璃系统，增加了 2 小时、3 小时防火隔墙；特别是对外墙、外窗被动式防火材料的选用，作出了明确规定，增加了 30 分钟、60 分钟耐火窗。

我公司 20 多年来致力于专业研发、设计、生产、销售防火玻璃系统，公司拥有多项发明专利，有自主知识产权的复合隔热型防火玻璃生产线。针对新的防火建筑规范，我公司已研发、设计生产出全系列防火玻璃系统：复合防火玻璃（30～180 分钟）、抗紫外灌注式防火玻璃（30～120 分钟）、组合式隔热防火玻璃（120～180 分钟）、硼硅非隔热防火玻璃（60～180 分钟）、电梯专用防火玻璃、防火防弹玻璃、3 小时非隔热防火窗、隔热型全玻璃防火门（60～90 分钟）、2～3 小时隔热型防火玻璃隔墙、开启式防火窗、铝合金节能防火窗（30～60 分钟）、承重/非承重防火玻璃地板，填补国内空白，满足市场需求。

新建规中防火玻璃系统的相关标准见表 1 和表 2。

表 1　新建规中建筑内隔热防火玻璃

使用地点	功能要求	最低防火等级
中庭防火隔断	隔热防火玻璃	1 小时
中庭防火门、窗	隔热防火玻璃	1～1.5 小时
步行街防火隔断	隔热防火玻璃	1～2 小时
步行街防火门、窗	隔热防火玻璃	1 小时
防火墙	隔热防火玻璃	3 小时
防火分区隔墙	隔热防火玻璃	1～2 小时
机房隔断及防火门	隔热防火玻璃	1.5～2 小时
楼梯间	隔热防火玻璃	1～1.5 小时
逃生通道	隔热防火玻璃	1～1.5 小时

表 2　新建规中建筑外窗用防火玻璃

耐火要求位置	建筑高度/楼层	建筑及场所	设计条件/建筑使用	不低于耐火完整时限
外窗	大于 54 米的楼层	住宅建筑	每户有一个房间的外窗	1 小时防火窗
外窗	大于 24 米或 27 米	高层建筑	使用防火玻璃（玻璃幕墙）代替上下开口之间的实体墙	1 小时防火窗
外窗	小于 24 米或 27 米	多层建筑	使用防火玻璃墙（玻璃幕墙）代替上下开口之间的实体墙	0.5 小时耐火窗
外窗	高度在 27 米到 100 米之间	住宅建筑	使用 B$_1$ 外墙保温材料且每层设置防火隔离带	0.5 小时耐火窗
外窗	高度低于或等于 27 米	住宅建筑	使用 B$_2$ 外墙保温材料且每层设置防火隔离带	0.5 小时耐火窗
外窗	高度在 24 米到 50 米之间	除住宅和人员密集场所外	使用 B$_1$ 外墙保温材料且每层设置防火隔离带	0.5 小时耐火窗
外窗	高度低于或等于 24 米	除住宅和人员密集场所外	使用 B$_2$ 外墙保温材料且每层设置防火隔离带	0.5 小时耐火窗

以下是适合于新建规的防火玻璃系统图集（防火玻璃系统品牌：格林—PDA）：

隔热型防火玻璃隔墙（A—120分钟）

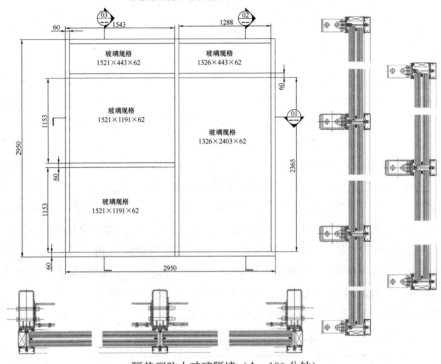

隔热型防火玻璃隔墙（A—180分钟）

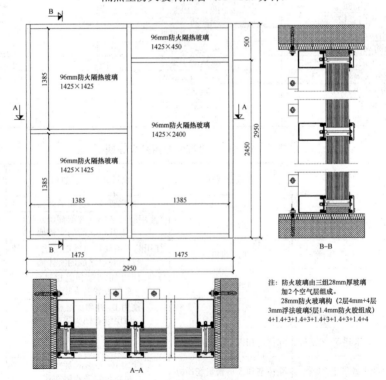

注：防火玻璃由三组28mm厚玻璃
加2个空气层组成。
28mm防火玻璃构（2层4mm+4层
3mm浮法玻璃5层1.4mm防火胶组成）
4+1.4+3+1.4+3+1.4+3+1.4+3+1.4+4

隔热型防火大玻门（A—60分钟—乙级）

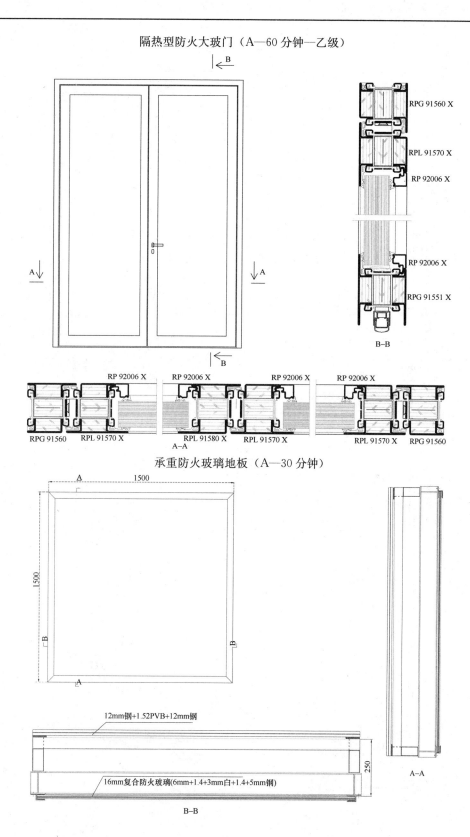

承重防火玻璃地板（A—30分钟）

非承重防火玻璃地板（C—80 分钟）

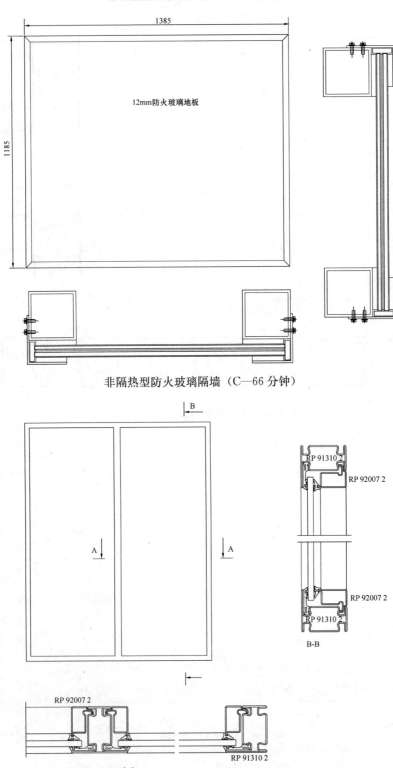

非隔热型防火玻璃隔墙（C—66 分钟）

非隔热型防火玻璃隔墙（含门 C—90 分钟）

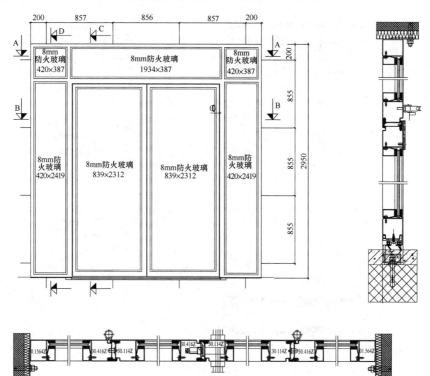

非隔热型防火玻璃隔墙（C—188 分钟）

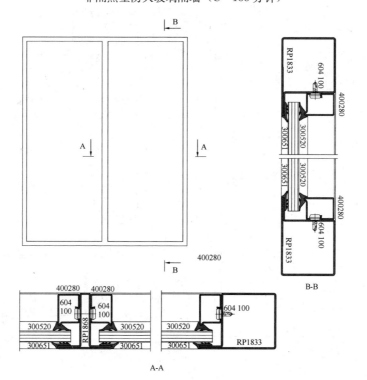

非隔热型双玻防火玻璃隔墙（C—73分钟）

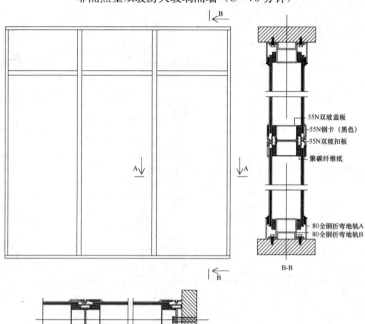

非隔热型防火玻璃幕墙（C—70分钟）

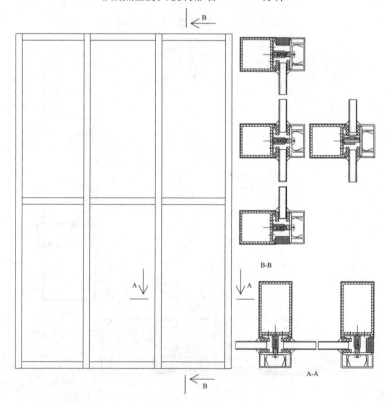

非隔热型防火大玻门（C—60 分钟）

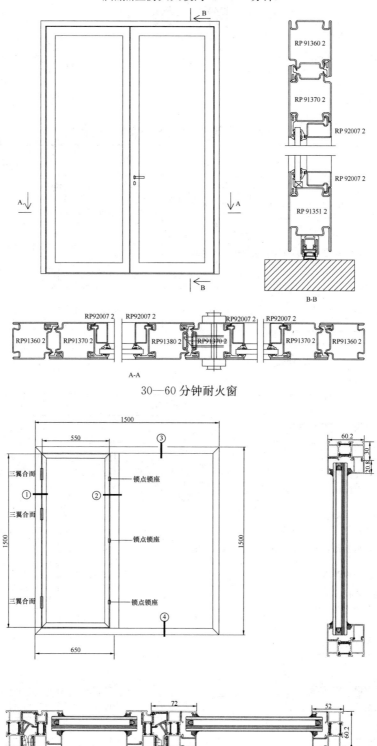

A-A

30—60 分钟耐火窗

附　录

附录1　附表

附表 1-1　建筑构件的燃烧性能和耐火极限

序号	构件名称	结构厚度或截面最小尺寸/mm	耐火极限/h	燃烧性能
一	承重墙			
1	普通黏土砖、硅酸盐砖，混凝土、钢筋混凝土实体墙	120	2.50	不燃性
		180	3.50	不燃性
		240	5.50	不燃性
		370	10.50	不燃性
2	加气混凝土砌块墙	100	2.00	不燃性
3	轻质混凝土砌块、天然石料的墙	120	1.50	不燃性
		240	3.50	不燃性
		370	5.50	不燃性
二	非承重墙			
1	普通黏土砖墙： （1）不包括双面抹灰 （2）不包括双面抹灰 （3）包括双面抹灰 （4）包括双面抹灰	60 120 180 240	1.50 3.00 5.00 8.00	不燃性 不燃性 不燃性 不燃性
2	12mm 黏土空心砖墙： （1）七孔砖墙（不包括墙中空 120mm） （2）双面抹灰七孔黏土砖墙（不包括墙中空 120mm）	120 140	8.00 9.00	不燃性 不燃性
3	粉煤灰硅酸盐砌块墙	200	4.00	不燃性
4	轻质混凝土墙： （1）加气混凝土砌块墙 （2）钢筋加气混凝土垂直墙板墙 （3）粉煤灰加气混凝土砌块墙 （4）加气混凝土砌块墙 （5）充气混凝土砌块墙	75 150 100 100 200 150	2.50 3.00 3.40 6.00 8.00 7.50	不燃性 不燃性 不燃性 不燃性 不燃性 不燃性
5	碳化石灰圆孔空心条板隔墙	90	1.75	不燃性
6	菱苦土珍珠岩圆孔空心条板隔墙	80	1.30	不燃性
7	钢筋混凝土大板墙（C20）	60 120	1.00 2.60	不燃性 不燃性

序号	构件名称	结构厚度或截面 最小尺寸/mm	耐火极限/h	燃烧性能
8	轻质复合隔墙： （1）菱苦土板夹纸蜂窝隔墙，其构造厚度（mm）为： 　　2.5+50(纸蜂窝)+25 （2）水泥刨花复合板隔墙，总厚度80mm（内空层60mm） （3）水泥刨花板龙骨水泥板隔墙，其构造厚度（mm）为： 　　12+86(空)+12 （4）石棉水泥龙骨石棉水泥板隔墙，其构造厚度（mm）为： 　　5+80(空)+60	— — — —	0.33 0.75 0.50 0.45	难燃性 难燃性 难燃性 不燃性
9	石膏空心条板隔墙： （1）石膏珍珠岩空心条板（膨胀珍珠岩50~80 kg/m³） （2）石膏珍珠岩空心条板（膨胀珍珠岩60~120 kg/m³） （3）石膏硅酸盐空心条板 （4）石膏珍珠岩塑料网空心条板（膨胀珍珠岩60~120kg/m³） （5）石膏粉煤灰空心条板 （6）石膏珍珠岩双层空心条板，其构造厚度（mm）为： 　　60+50(空)+60(膨胀珍珠岩50~80kg/m³) 　　60+50(空)+60(膨胀珍珠岩60~120kg/m³) （7）增强石膏空心墙板	60 60 60 60 90 — — 90 60	1.50 1.20 1.50 1.30 2.25 3.75 3.25 2.50 1.28	不燃性 不燃性 不燃性 不燃性 不燃性 不燃性 不燃性 不燃性 不燃性
10	石膏龙骨两面钉下列材料的隔墙： （1）纤维石膏板，其构造厚度（mm）为： 　　8.5+103(填矿棉)+8.5 　　10+64(空)+10 　　10+90(填矿棉)+10 （2）纸面石膏板，其构造厚度（mm）为： 　　11+68(填矿棉)+11 　　11+28(空)+11+65(空)+11+28(空)+11 　　9+12+128(空)+12+9 　　25+134(空)+12+9 　　12+80(空)+12+12+80(空)+12 　　12+80(空)+12	— — — — — — — — —	1.00 1.35 1.00 0.75 1.50 1.20 1.50 1.00 0.33	不燃性 不燃性 不燃性 不燃性 不燃性 不燃性 不燃性 不燃性 不燃性

序号	构件名称	结构厚度或截面最小尺寸/mm	耐火极限/h	燃烧性能
11	木龙骨两面钉下列材料的隔墙： （1）钢丝网（板）抹灰，其构造厚度（mm）为： 　15＋50(空)＋15	—	0.85	难燃性
	（2）石膏板，其构造厚度（mm）为： 　12＋50(空)＋12	—	0.30	难燃性
	（3）板条抹灰，其构造厚度（mm）为： 　15＋50(空)＋15	—	0.85	难燃性
	（4）水泥刨花板，其构造厚度（mm）为： 　15＋50(空)＋15	—	0.30	难燃性
	（5）板条抹1：4石棉水泥隔热灰浆，其构造厚度（mm）为： 　20＋50(空)＋20	—	1.25	难燃性
	（6）苇箔抹灰，其构造厚度（mm）为： 　15＋70＋15	—	0.85	难燃性
	（7）纸面玻璃纤维石膏板，其构造厚度（mm）为： 　10＋55(空)＋10	—	0.60	难燃性
	（8）纸面纤维石膏板，其构造厚度（mm）为： 　10＋55(空)＋10	—	0.60	难燃性
12	钢龙骨两面钉下列材料： 石膏板： （1）纸面石膏板，其构造厚度（mm）为： 　20＋46(空)＋12	—	0.33	不燃性
	20×12＋70(空)＋30×12	—	1.25	不燃性
	20×12＋70(空)＋20×12	—	1.20	不燃性
	（2）双层普通石膏板，板内掺纸纤维，其构造厚度（mm）为： 　20×12＋75(空)＋20×12	—	1.10	不燃性
	（3）双层防火石膏板，板内掺玻璃纤维，其构造厚度（mm）为： 　20×12＋75(空)＋20×12	—	1.35	不燃性
	20×12＋75(岩棉厚40mm)＋20×12	—	1.60	不燃性
	（4）复合纸面石膏板，其构造厚度（mm）为： 　15＋75(空)＋1.5＋9.5(双层板受火)	—	1.10	不燃性
	10＋55(空)＋10	—	0.60	不燃性
	（5）双层石膏板，其构造厚度（mm）为： 　20×12＋75(填岩棉)＋20×12	—	2.10	不燃性
	20×12＋75(空)＋20×12	—	1.35	不燃性
	18＋70(空)＋18	—	1.35	不燃性
	（6）单层石膏板，其构造厚度（mm）为： 　12＋75(填50mm厚岩棉)＋12	—	1.20	不燃性
	12＋75(空)＋12	—	0.50	不燃性
	普通纸面石膏板： 　12＋75(空)＋12	99	0.52	不燃性
	12＋75(其中5.0%厚岩棉)＋12	99	0.90	不燃性
	15＋9.5＋75＋15	123	1.50	不燃性
	耐火纸面石膏板： 　12＋75(其中5.0%厚岩棉)＋12	99	1.05	不燃性
	20×12＋75＋20×12	111.4	1.10	不燃性
	20×15＋100(其中8.0%厚岩棉)＋15	145	＞1.50	不燃性

序号	构件名称	结构厚度或截面最小尺寸/mm	耐火极限/h	燃烧性能
13	轻钢龙骨两面钉下列材料： 耐火纸面石膏板（mm）为：			
	30×12＋100(岩棉)＋20×12	160	＞2.00	不燃性
	30×15＋100(80mm 厚岩棉)＋20×15	175	2.82	不燃性
	30×15＋100(50mm 厚岩棉)＋20×12	169	2.95	不燃性
	9.5＋3×12＋100(空)＋100(80mm 厚岩棉)＋20×12＋9.5＋12	291	3.00	不燃性
	30×15＋150(100mm 厚岩棉)＋30×15	240	4.00	不燃性
	水泥纤维复合硅酸钙板（埃特板）： (1) 水泥纤维复合板墙，其构造厚度（mm）为：			
	20(水泥纤维板)＋60(岩棉)＋20(水泥纤维板)	—	2.10	不燃性
	4(水泥纤维板)＋52(水泥聚苯乙烯粒)＋4(水泥纤维板)	—	1.20	不燃性
	4(水泥纤维板)＋92(岩棉)＋4	—	2.00	不燃性
	(2) 单层双面夹矿棉埃特板墙：	100	1.50	不燃性
		90	1.00	不燃性
		140	2.00	不燃性
	双层双面夹矿棉埃特板墙： 钢龙骨水泥刨花板隔墙，其构造厚度（mm）为：			
	12＋76(空)＋12	—	0.45	难燃性
	钢龙骨石棉水泥板隔墙，其构造厚度（mm）为：			
	12＋75(空)＋6	—	0.30	难燃性
14	钢丝网架（复合）墙板： (1) 矿棉或聚苯乙烯夹芯板：			
	25(强度等级 32.5 硅酸盐水泥，1∶3 水泥砂浆)＋50(矿棉)＋25(强度等级 32.5 硅酸盐水泥，1∶3 水泥砂浆)	100	2.00	不燃性
	25(强度等级 32.5 硅酸盐水泥，1∶3 水泥砂浆)＋50(聚苯乙烯)＋25(强度等级 32.5 硅酸盐水泥，1∶3 水泥砂浆)	100	1.07	难燃性
	(2) 钢丝网塑夹芯板(内填自吸性聚苯乙烯泡沫)	76	1.20	难燃性
	(3) 芯材为聚苯乙烯泡沫塑料，两侧为 1∶3 水泥砂浆(强度等级 32.5 硅酸盐水泥砂浆抹灰)，厚度 23mm (泰柏板)			
	23(1∶3 水泥砂浆)＋54(聚苯乙烯泡沫塑料)＋23(1∶3 水泥砂浆)	100	1.30	难燃性
	(4) 钢丝网架石膏复合墙板： 15(石膏板)＋50(硅酸盐水泥)＋50(岩棉)＋50(硅酸盐水泥)＋15(石膏板)	180	4.00	不燃性
	(5) 钢丝网岩棉夹芯复合板(可做 3 层以下承重墙，4 层以上框架结构填充墙)	110	2.00	不燃性
15	彩色钢板复合板墙：			
	彩色钢板岩棉夹芯板	—	1.13	不燃性
	彩色钢板岩棉夹芯板	—	0.50	不燃性
	彩色镀锌钢板聚氨酯夹芯板	—	0.60	难燃性

续表

序号	构件名称	结构厚度或截面最小尺寸/mm	耐火极限/h	燃烧性能
16	增强石膏轻质内墙板：	60	1.28	不燃性
	增强石膏轻质内墙板（带孔）	90	2.50	不燃性
17	空心轻质隔墙板：			
	孔径38mm，表面为10mm水泥砂浆	100	2.00	不燃性
	62mm孔空心板拼装，两侧抹灰19mm，总厚度100mm，砂：碳：水泥比为5：1：1	100	2.00	不燃性
18	混凝土砌块墙体：			
	（1）轻集料小型空心砌块：			
	330mm×14mm	—	1.98	不燃性
	330mm×19mm	—	1.25	不燃性
	（2）轻集料（陶粒）混凝土砌块：			
	330mm×240mm	—	2.92	不燃性
	330mm×290mm	—	4.00	不燃性
	（3）轻集料小型空心砌块（实心墙体）：			
	330mm×190mm	—	4.00	不燃性
	（4）普通混凝土承重空心砌块：			
	330mm×14mm	—	1.65	不燃性
	330mm×19mm	—	1.93	不燃性
	330mm×290mm	—	4.00	不燃性
19	纤维增强硅酸钙板轻质复合隔墙	50～100	2.00	不燃性
20	纤维增强水泥加压平板	50～100	2.00	不燃性
21	（1）水泥聚苯乙烯粒子复合墙板（纤维复合）	60	1.20	不燃性
	（2）水泥纤维加压板墙体	100	2.00	不燃性
22	玻璃纤维增强水泥空心内隔墙板（采用纤维水泥加轻质粗细填充骨料混合浇注，振动滚压成型）	60	1.50	不燃性
三	柱			
1	钢筋混凝土柱	180×240	1.20	不燃性
		200×200	1.40	不燃性
		240×240	2.00	不燃性
		300×300	3.00	不燃性
		200×400	2.70	不燃性
		200×500	3.00	不燃性
		300×500	3.50	不燃性
		370×370	5.00	不燃性
2	普通黏土砖柱	370×370	5.00	不燃性
3	钢筋混凝土圆柱	直径300	3.00	不燃性
		直径450	4.00	不燃性
4	无保护层的钢柱	—	0.25	不燃性

序号	构件名称	结构厚度或截面最小尺寸/mm	耐火极限/h	燃烧性能
5	有保护层的钢柱： （1）金属网抹 M5 砂浆保护，厚度（mm）为：			
	25	—	0.80	不燃性
	（2）用加气混凝土做保护层，厚度（mm）为：			
	40	—	1.00	不燃性
	50	—	1.40	不燃性
	70	—	2.00	不燃性
	80	—	2.33	不燃性
	（3）用 C20 混凝土做保护层，厚度（mm）为：			
	25	—	0.80	不燃性
	50	—	2.00	不燃性
	100	—	2.85	不燃性
	（4）用普通黏土砖做保护层，厚度（mm）为：			
	120	—	2.85	不燃性
	（5）用陶粒混凝土做保护层，厚度（mm）为：			
	80	—	3.00	不燃性
	（6）用薄涂型钢结构防火涂料做保护层，厚度（mm）为：			
	5.5	—	1.00	不燃性
	7.0	—	1.50	不燃性
	（7）用厚涂型钢结构防火涂料做保护层，厚度（mm）为：			
	15	—	1.00	不燃性
	20	—	1.50	不燃性
	30	—	2.0	不燃性
	40	—	2.5	不燃性
	50	—	3.0	不燃性
6	有保护层的钢管混凝土圆柱（λ≤60）：			
	用金属网抹 M5 砂浆做保护层，其厚度（mm）为：			
	25		1.00	不燃性
	35		1.50	不燃性
	45	$D=200$	2.00	不燃性
	60		2.50	不燃性
	70		3.00	不燃性
	20		1.00	不燃性
	30		1.50	不燃性
	35	$D=600$	2.00	不燃性
	45		2.50	不燃性
	50		3.00	不燃性

序号	构件名称	结构厚度或截面最小尺寸/mm	耐火极限/h	燃烧性能
	18		1.00	不燃性
	26		1.50	不燃性
	32	D＝1000	2.00	不燃性
	40		2.50	不燃性
	45		3.00	不燃性
	15		1.00	不燃性
	25		1.50	不燃性
	30	D≥1400	2.00	不燃性
	36		2.50	不燃性
	40		3.00	不燃性
6	用厚涂型钢结构防火涂料做保护层，其厚度（mm）为：			
	8		1.00	不燃性
	10		1.50	不燃性
	14	D＝200	2.00	不燃性
	16		2.50	不燃性
	20		3.00	不燃性
	7		1.00	不燃性
	9		1.50	不燃性
	12	D＝600	2.00	不燃性
	14		2.50	不燃性
	16		3.00	不燃性
	6		1.00	不燃性
	8		1.50	不燃性
	10	D＝1000	2.00	不燃性
	12		2.50	不燃性
	14		3.00	不燃性
	5		1.00	不燃性
	7		1.50	不燃性
	9	D≥1400	2.00	不燃性
	10		2.50	不燃性
	12		3.00	不燃性

序号	构件名称	结构厚度或截面 最小尺寸/mm	耐火极限/h	燃烧性能
	有保护层的钢管混凝土方柱、矩形柱（ λ≤60）：			
	用金属网抹 M5 砂浆做保护层，其厚度（mm）为： 40 55 70 80 90	B＝200	1.00 1.50 2.00 2.50 3.00	不燃性 不燃性 不燃性 不燃性 不燃性
	30 40 55 65 70	B＝600	1.00 1.50 2.00 2.50 3.00	不燃性 不燃性 不燃性 不燃性 不燃性
	25 35 45 55 65	B＝1000	1.00 1.50 2.00 2.50 3.00	不燃性 不燃性 不燃性 不燃性 不燃性
7	20 30 40 45 55	B≥1400	1.00 1.50 2.00 2.50 3.00	不燃性 不燃性 不燃性 不燃性 不燃性
	用厚涂型钢结构防火涂料做保护层，其厚度 （mm）为： 8 10 14 18 25	B＝200	1.00 1.50 2.00 2.50 3.00	不燃性 不燃性 不燃性 不燃性 不燃性
	6 8 10 12 15	B＝600	1.00 1.50 2.00 2.50 3.00	不燃性 不燃性 不燃性 不燃性 不燃性
	5 6 8 10 12	B＝1000	1.00 1.50 2.00 2.50 3.00	不燃性 不燃性 不燃性 不燃性 不燃性

续表

序号	构件名称	结构厚度或截面 最小尺寸/mm	耐火极限/h	燃烧性能
7	4 5 6 8 10	$B=1400$	1.00 1.50 2.00 2.50 3.00	不燃性 不燃性 不燃性 不燃性 不燃性
四	梁			
	简支的钢筋混凝土梁： （1）非预应力钢筋，保护层厚度（mm）为： 　　　　　　　　　　　　　10 　　　　　　　　　　　　　20 　　　　　　　　　　　　　25 　　　　　　　　　　　　　30 　　　　　　　　　　　　　40 　　　　　　　　　　　　　50	— — — — — —	1.20 1.75 2.00 2.30 2.90 3.50	不燃性 不燃性 不燃性 不燃性 不燃性 不燃性
	（2）预应力钢筋或高强度钢丝，保护层厚度 （mm）为： 　　　　　　　　　　　　　25 　　　　　　　　　　　　　30 　　　　　　　　　　　　　40 　　　　　　　　　　　　　50	— — — —	1.00 1.20 1.50 2.00	不燃性 不燃性 不燃性 不燃性
	（3）有保护层的钢梁，保护层厚度(mm)为： 用 LG 防火隔热涂料，保护层厚度　　15 用 LY 防火隔热涂料，保护层厚度　　20	— —	1.50 2.30	不燃性 不燃性
五	楼板和屋顶承重构件			
1	非预应力简支钢筋混凝土圆孔空心楼板，保护层厚度 （mm）为： 　　　　　　　　　　　　　10 　　　　　　　　　　　　　20 　　　　　　　　　　　　　30	— — —	0.90 1.25 1.50	不燃性 不燃性 不燃性
2	预应力简支钢筋混凝土圆孔空心楼板，保护层厚度 （mm）为： 　　　　　　　　　　　　　10 　　　　　　　　　　　　　20 　　　　　　　　　　　　　30	— — —	0.40 0.70 0.85	不燃性 不燃性 不燃性
3	四边简支的钢筋混凝土楼板，保护层厚度（mm）为： 　　　　　　　　　　　　　10 　　　　　　　　　　　　　15 　　　　　　　　　　　　　20 　　　　　　　　　　　　　30	70 80 80 90	1.40 1.45 1.50 1.85	不燃性 不燃性 不燃性 不燃性

序号	构件名称		结构厚度或截面 最小尺寸/mm	耐火极限/h	燃烧性能
4	现浇的整体式梁板，保护层厚度（mm）为：				
		10	80	1.40	不燃性
		15	80	1.45	不燃性
		20	80	1.50	不燃性
		10	90	1.75	不燃性
		20	90	1.85	不燃性
		10	100	2.00	不燃性
		15	100	2.00	不燃性
		20	100	2.10	不燃性
		30	100	2.15	不燃性
		10	110	2.25	不燃性
		15	110	2.30	不燃性
		20	110	2.30	不燃性
		30	110	2.40	不燃性
		10	120	2.50	不燃性
		20	120	2.65	不燃性
5	钢梁、钢屋架： （1）无保护层的钢梁、屋架 （2）钢丝网抹灰粉刷的钢梁，保护层厚度（mm）为：		—	0.25	不燃性
		10	—	0.50	不燃性
		20	—	1.00	不燃性
		30	—	1.25	不燃性
6	屋面板： （1）钢筋加气混凝土屋面板，保护层厚度10mm （2）钢筋充气混凝土屋面板，保护层厚度10mm （3）钢筋混凝土方孔屋面板，保护层厚度10mm （4）预应力钢筋混凝土槽形屋面板，保护层厚度10mm （5）预应力钢筋混凝土槽瓦，保护层厚度10mm （6）轻型纤维石膏板屋面板		—	1.25	不燃性
			—	1.60	不燃性
			—	1.20	不燃性
			—	0.50	不燃性
			—	0.50	不燃性
			—	0.60	不燃性
六	吊顶				
1	木吊顶搁栅： （1）钢丝网抹灰（厚15mm） （2）板条抹灰（厚15mm） （3）钢丝网抹灰（1∶4水泥石棉浆，厚20mm）		—	0.25	难燃性
			—	0.25	难燃性
			—	0.50	难燃性

序号	构件名称	结构厚度或截面最小尺寸/mm	耐火极限/h	燃烧性能
1	（4）板条抹灰（1：4 水泥石棉灰浆，厚 20mm）	—	0.50	难燃性
	（5）钉氧化镁锯末复合板（厚 13mm）	—	0.25	难燃性
	（6）钉石膏装饰板（厚 10mm）	—	0.25	难燃性
	（7）钉平面石膏板（厚 12mm）	—	0.30	难燃性
	（8）钉纸面石膏板（厚 9.5mm）	—	0.25	难燃性
	（9）钉双层石膏板（各厚 8mm）	—	0.45	难燃性
	（10）钉珍珠岩复合石膏板（穿孔板和吸音板各厚 15mm）	—	0.30	难燃性
	（11）钉矿棉吸音板	—	0.15	难燃性
	（12）钉硬质木屑板（厚 10mm）	—	0.20	难燃性
2	钢吊顶搁栅：			
	（1）钢丝网（板）抹灰（厚 15mm）	—	0.25	不燃性
	（2）钉石棉板（厚 10mm）	—	0.85	不燃性
	（3）钉双层石膏板（厚 10mm）	—	0.30	不燃性
	（4）挂石棉型硅酸钙板（厚 10mm）	—	0.30	不燃性
	（5）挂薄钢板（内填陶瓷棉复合板），其构造厚度（mm）为：　0.5＋39(陶瓷棉)＋0.5	—	0.40	不燃性
七	防火门			
1	全木质防火门（优质木材）：			
	乙级	50	0.90	可燃性
	甲级	55	1.20	可燃性
2	经阻燃处理的全木质防火门：			
	丙级	50	0.60	难燃性
	乙级	50	0.90	难燃性
	甲级	50	1.20	难燃性
3	木质单扇（双扇）带玻璃带上亮防火门：			
	乙级	50	0.90	难燃性
	甲级	55	1.20	难燃性
4	木板或胶合板内填充不燃烧材料的防火门：（1）门扇内填充岩棉	45	0.60	难燃性
	（2）门扇内填充硅酸铝纤维：			
	丙级	45	0.60	难燃性
	乙级	50	0.90	难燃性
	甲级	50	1.20	难燃性

序号	构件名称		结构厚度或截面最小尺寸/mm	耐火极限/h	燃烧性能
4	（3）门扇内填充矿棉板：				
		乙级	50	0.90	难燃性
		甲级	50	1.20	难燃性
	（4）门扇内填充无机轻体板：				
		乙级	50	0.90	难燃性
		甲级	50	1.20	难燃性
5	钢质防火门：				
	（1）钢门框、门扇为薄型钢骨架、内填充矿棉或硅酸铝纤维外包薄钢板		45	0.60	不燃性
			50	0.90	不燃性
			50	1.20	不燃性
	（2）钢门框、门扇为薄型钢骨架外包薄钢板		60	0.60	不燃性
	（3）钢门框、门扇带玻璃或带上亮（其他同上）：				
		丙级	45	0.60	不燃性
		乙级	50	0.90	不燃性
		甲级	50	1.20	不燃性
6	无机复合防火门（门扇为无机材料合成）：				
		丙级	50	0.60	不燃性
		乙级	50	0.90	不燃性
		甲级	50	1.20	不燃性
八	防火卷帘				
	（1）钢质普通型（单层）防火卷帘（帘板为单层）		—	1.50～3.00	不燃性
	（2）钢质复合型（双层）防火卷帘（帘板为双层）		—	2.00～4.00	不燃性
	（3）无机复合防火卷帘（采用多种无机材料复合而成）		—	3.00～4.00	不燃性
	无机复合轻质防火卷帘（双层，不需水幕保护）		—	4.00	不燃性
九	防火窗				
	（1）钢质平开防火窗（由 1.5mm 型材压制而成，防火窗框、扇内均填充硅酸铝纤维，窗扇装防火玻璃）		—	0.90	不燃性
			—	1.20	不燃性
	（2）单层或双层钢质平开防火窗（用角铁加固或铁销销牢的铅丝玻璃）		—	0.90	不燃性
			—	1.20	不燃性

注：1. λ 为钢管混凝土构件长细比，对于圆钢管混凝土，$\lambda=4L/D$；对方形、矩形钢管混凝土，$\lambda=2\sqrt{3}L/B$；L 为构件的计算长度。

2. 对于矩形钢管混凝土柱，B 为截面短边边长。

3. 钢管混凝土柱的耐火极限是福州大学土木建筑工程学院提供的理论计算值，未经逐个试验验证。

4. 确定墙的耐火极限不考虑墙上有无洞孔。

5. 墙的总厚度包括抹灰粉刷层。

6. 中间尺寸的构件，其耐火极限建议经试验确定，亦可按插入法计算。

7. 计算保护层时，应包括抹灰粉刷层在内。

8. 现浇的无梁楼板按简支板的数据采用。

9. 人孔盖板的耐火极限可参照防火门确定。

附表 1-2 装修材料燃烧性能等级

等 级	装修材料燃烧性能	等 级	装修材料燃烧性能
A	不燃性	B_2	可燃性
B_1	难燃性	B_3	易燃性

附表 1-3 地下民用建筑内部各部位装修材料燃烧性能等级

建 筑 物 及 场 所	装修材料燃烧性能等级						
	顶棚	墙面	地面	隔断	固定家具	装饰织物	其他装饰材料
休息室和办公室等；旅馆的客房及公共用房等	A	B_1	B_1	B_1	B_1	B_1	B_2
娱乐场所、旱冰场等；舞厅、展览厅等；医院的病房、医疗用房等	A	A	B_1	B_1	B_1	B_1	B_2
电影院的观众厅；商场的营业厅	A	A	A	B_1	B_1	B_1	B_2
停车库；人行通道；图书资料库、档案库	A	A	A	A	A		

附表 1-4 单层、多层民用建筑内部各部位装修材料燃烧性能等级

建筑物及场所	建筑规模、性质	装修材料燃烧性能等级							
		顶棚	墙面	地面	隔断	固定家具	装饰织物 窗帘	帷幕	其他装饰材料
候机楼的候机大厅、商店、餐厅、贵宾候机室、售票厅等	建筑面积>10000m² 的候机楼	A	A	B_1	B_1	B_1	B_1		B_1
	建筑面积≤10000m² 的候机楼	A	B_1	B_1	B_2	B_2	B_2		B_2
汽车站、火车站、轮船客运站的候车（船）室、餐厅、商场等	建筑面积>10000m² 的车站、码头	A	A	B_1	B_2	B_2	B_2		B_1
	建筑面积≤10000m² 的车站、码头	B_1	B_1	B_1	B_2	B_2	B_2		B_2
影院、会堂、礼堂、剧院、音乐厅	>800 座位	A	A	B_1	B_1	B_1	B_1	B_1	B_1
	≤800 座位	A	B_1	B_1	B_1	B_1	B_1	B_1	B_2
体育馆	>3000 座位	A	A	B_1	B_1	B_1	B_2	B_2	B_2
	≤3000 座位	A	B_1	B_1	B_1	B_1	B_2	B_2	B_2
商场营业厅	每层建筑面积>3000m² 或总建筑面积>9000m² 的营业厅	A	B_1	A	A	B_1	B_1		B_2
	每层建筑面积 1000～3000m² 或总建筑面积 3000～9000m² 的营业厅	A	B_1	B_1	B_1	B_1	B_2		B_2
	每层建筑面积<1000m² 或总建筑面积<3000m² 的营业厅	B_1	B_1	B_1	B_2	B_2	B_2		B_2
饭店、旅馆的客房及公共活动用房等	设有中央空调系统的饭店、旅馆	A	B_1	B_1	B_1	B_2	B_2		B_2
	其他饭店、旅馆	B_1	B_1	B_1	B_2	B_2	B_2		B_2
歌舞厅、餐馆等娱乐、餐饮建筑	营业面积>100m²	A	B_1	B_1	B_1	B_2	B_2		B_2
	营业面积≤100m²	B_1	B_1	B_1	B_2	B_2	B_2		B_2
幼儿园、托儿所、医院病房楼、疗养院、养老院		A	B_1	B_1	B_2	B_2	B_1		B_2
纪念馆、展览馆、博物院、图书馆、档案馆、资料馆等	国家级、省级	A	B_1	B_1	B_2	B_2	B_1		B_2
	省级以下	B_1	B_1	B_2	B_2	B_2	B_2		B_2

建筑物及场所	建筑规模、性质	顶棚	墙面	地面	隔断	固定家具	装饰织物 窗帘	帷幕	其他装饰材料
办公楼、综合楼	设有中央空调的办公楼、综合楼	A	B₁	B₁	B₁	B₂	B₂		B₂
	其他办公楼、综合楼	B₁	B₁	B₂	B₂	B₂			
住宅	高级住宅	B₁	B₁	B₁	B₁	B₂	B₂		B₂
	普通住宅	B₁	B₂	B₂	B₂	B₂			

附表 1-5　高层民用建筑内部各部位装修材料燃烧性能等级

建筑物及场所	建筑规模、性质	顶棚	墙面	地面	隔断	固定家具	装饰织物 窗帘	帷幕	床罩	家具包布	其他装饰材料
高级旅馆	＞800 座位的观众厅、会议厅；顶层餐厅	A	B₁	B₁	B₁	B₁	B₁	B₁		B₁	B₁
	≤800 座位的观众厅、会议厅	A	B₁	B₁	B₁	B₂	B₁	B₁		B₂	B₁
	其他部位	A	B₁	B₁	B₂	B₂	B₂	B₂	B₁	B₂	B₁
商业楼、展览楼、综合楼、商住楼、医院病房	一类建筑	A	B₁	B₁	B₁	B₁	B₁	B₁		B₂	B₁
	二类建筑	B₁	B₁	B₂	B₂	B₂	B₁	B₂		B₂	B₂
电信楼、财贸金融楼、邮政楼、广播电视楼、电力调度楼、防灾指挥调度楼	一类建筑	A	A	B₁	B₁	B₁	B₁	B₁		B₂	B₁
	二类建筑	B₁	B₁	B₂	B₂	B₂	B₁	B₂		B₂	B₂
教学楼、办公楼、科研楼、档案楼、图书馆	一类建筑	A	B₁	B₁	B₁	B₁	B₁	B₂		B₂	B₁
	二类建筑	B₁	B₁	B₂	B₂	B₂	B₂	B₂		B₂	B₂
住宅、普通旅馆	一类普通旅馆高级住宅	A	B₁	B₁	B₁	B₁			B₁	B₁	B₁
	二类普通旅馆普通住宅	B₁	B₁	B₂	B₂	B₂	B₂	B₂		B₂	B₂

附表 1-6　常用建筑内部装修材料燃烧性能等级划分举例

材料类别	级别	材料举例
各部位材料	A	花岗石、大理石、水磨石、水泥制品、混凝土制品、石膏板、石灰制品、黏土制品、玻璃、瓷砖、马赛克、钢铁、铝、铜合金等
顶棚材料	B₁	纸面石膏板、纤维石膏板、水泥刨花板、矿棉装饰吸声板、玻璃棉装饰吸声板、珍珠岩装饰吸声板、难燃胶合板、难燃中密度纤维板、岩棉装饰板、难燃木材、铝箔复合材料、难燃酚醛胶合板、铝箔玻璃钢复合材料等
墙面材料	B₁	纸面石膏板、纤维石膏板、水泥刨花板、矿棉板、玻璃棉板、珍珠岩板、难燃胶合板、难燃中密度纤维板、防火塑料装饰板、难燃双面刨花板、多彩涂料、难燃墙纸、难燃墙布、难燃仿花岗岩装饰板、氢氧镁水泥装配式墙板、难燃玻璃钢平板、PVC塑料护墙板、轻质高强复合墙板、阻燃模压木质复合板材、彩色阻燃人造板、难燃玻璃钢等

材料类别	级别	材料举例
墙面材料	B$_2$	各类天然木材、木制人造板、竹材、纸制装饰板、装饰微薄木贴面板、印刷木纹人造板、塑料贴面装饰板、聚酯装饰板、复塑装饰板、塑纤板、胶合板、塑料壁纸、无纺贴墙布、墙布、复合壁纸、天然材料壁纸、人造革等
地面材料	B$_1$	硬PVC塑料地板、水泥刨花板、水泥木丝板、氯丁橡胶地板等
	B$_2$	半硬质PVC塑料地板、PVC卷材地板、木地板氯纶地板等
装饰织物	B$_1$	经阻燃处理的各类难燃织物等
	B$_2$	纯毛装饰布、纯麻装饰布、经阻燃处理的其他织物等
其他装饰材料	B$_1$	聚氯乙烯塑料、酚醛塑料、聚碳酸酯塑料、聚四氟乙烯塑料、三聚氰胺、尿醛塑料、硅树脂塑料装饰型材、经阻燃处理的各类织物等。另见顶棚材料和墙面材料中的有关材料
	B$_2$	经阻燃处理的氯乙烯、聚丙烯、聚胺酯、玻璃钢、化纤织物、木制品等

附表 1-7 工业厂房内部各部位装饰材料的燃烧性能等级

工业厂房分类	建筑规模	装饰材料燃烧性能等级			
甲、乙类厂房、有明火的丁类厂房		A	A	A	A
丙类厂房	地下厂房	A	A	A	B$_1$
	高层厂房	A	B$_1$	B$_1$	B$_2$
	高度>24m的单层厂房 高度≤24m的单层、多层厂房	B$_1$	B$_1$	B$_2$	B$_2$
无明火的丁类厂房	地下厂房	A	A	B$_1$	B$_1$
	高层厂房	B$_1$	B$_1$	B$_2$	B$_2$
戊类厂房	高度>24m的单层厂房 高度≤24m的单层、多层厂房	B$_1$	B$_2$	B$_2$	B$_2$

附表 1-8 装饰织物燃烧性能等级判定

级别	损毁长度（mm）	续燃时间（s）	阻燃时间（s）
B$_1$	≤150	≤5	≤5
B$_2$	≤200	≤15	≤10

附表 1-9 塑料燃烧性能判定

级别	氧指数法	水平燃烧法	垂直燃烧法
B$_1$	≥32	1级	0级
B$_2$	≥27	1级	1级

附录 2　术语、符号

2.1　术语

2.1.1　高层建筑

建筑高度大于 27m 的住宅建筑和建筑高度大于 24m 的非单层厂房、仓库和其他民用建筑。

2.1.2　裙房

在高层建筑主体投影范围外，与建筑主体相连且建筑高度不大于 24m 的附属建筑。

2.1.3　重要公共建筑

发生火灾可能造成重大人员伤亡、财产损失和严重社会影响的公共建筑。

2.1.4　商业服务网点

设置在住宅建筑的首层或首层及二层，每个分隔单元建筑面积不大于 300㎡ 的商店、邮政所、储蓄所、理发店等小型营业性用房。

2.1.5　高架仓库

货架高度大于 7m 且采用机械化操作或自动化控制的货架仓库。

2.1.6　半地下室

房间地面低于室外设计地面的平均高度大于该房间平均净高 1/3，且不大于 1/2 者。

2.1.7　地下室

房间地面低于室外设计地面的平均高度大于该房间平均净高 1/2 者。

2.1.8　明火地点

室内外有外露火焰或赤热表面的固定地点（民用建筑内的灶具、电磁炉等除外）。

2.1.9　散发火花地点

有飞火的烟囱或进行室外砂轮、电焊、气焊、气割等作业的固定地点。

2.1.10　耐火极限

在标准耐火试验条件下，建筑构件、配件或结构从受到火的作用时起，至失去承载能力、完整性或隔热性时止所用时间，用小时表示。

2.1.11　防火隔墙

建筑内防止火灾蔓延至相邻区域且耐火极限不低于规定要求的不燃性墙体。

2.1.12　防火墙

防止火灾蔓延至相邻建筑或相邻水平防火分区且耐火极限不低于 3.00h 的不燃性墙体。

2.1.13　避难层（间）

建筑内用于人员暂时躲避火灾及其烟气危害的楼层（房间）。

2.1.14　安全出口

供人员安全疏散用的楼梯间和室外楼梯的出入口或直通室内外安全区域的出口。

2.1.15　封闭楼梯间

在楼梯间入口处设置门，以防止火灾的烟和热气进入的楼梯间。

2.1.16　防烟楼梯间

在楼梯间入口处设置防烟的前室、开敞式阳台或凹廊（统称前室）等设施，且通向前室和楼梯间的门均为防火门，以防止火灾的烟和热气进入的楼梯间。

2.1.17　避难走道

采取防烟措施且两侧设置耐火极限不低于3.00h的防火隔墙，用于人员安全通行至定外的走道。

2.1.18　闪点

在规定的试验条件下，可燃性液体或固体表面产生的蒸气与空气形成的混合物，遇火源能够闪燃的液体或固体的最低温度（采用闭杯法测定）。

2.1.19　爆炸下限

可燃的蒸气、气体或粉尘与空气组成的混合物，遇火源即能发生爆炸的最低浓度。

2.1.20　沸溢性油品

含水并在燃烧时可产生热波作用的油品。

2.1.21　防火间距

防止着火建筑在一定时间内引燃相邻建筑，便于消防扑救的间隔距离。

2.1.22　防火分区

在建筑内部采用防火墙、楼板及其他防火分隔设施分隔而成，能在一定时间内防止火灾向同一建筑的其余部分蔓延的局部空间。

2.1.23　防烟分区

在建筑内部采用挡烟设施分隔而成，能在一定时间内防止火灾烟气向同一建筑的其余部分蔓延的局部空间。

2.1.24　充实水柱

从水枪喷嘴起至射流90％的水柱水量穿过直径380mm圆孔处的一段射流长度。

2.1.25　变形缝：为防止建筑物在外界因素作用下，结构内部产生附加变形和应力，导致建筑物开裂、碰撞甚至破坏而预留的构造缝，包括伸缩缝、沉降缝和抗震缝。

2.1.26　建筑幕墙：由金属构架与板材组成的，不承担主体结构荷载与作用的建筑外围护结构。

2.1.27　管道井：建筑物中用于布置竖向设备管线的竖向井道。

2.1.28　装修：以建筑物主体结构为依托，对建筑内、外空间进行的细部加工和艺术处理。

2.1.29　着火与燃点：可燃物资在与空气共存的条件下，当达到某一温度时与火源接触，立即引起燃烧，并在火源移开后仍能继续燃烧，这种持续燃烧的现象称为着火。可燃物资开始持续燃烧所需的最低温度，称为燃点或着火点，以C表示。

2.1.30　自燃与自燃点：自燃时可燃物资不用明火点燃就能够自发着火燃烧的现象。可燃物资在没有外部火花或火焰的条件下，能自动引起燃烧和继续燃烧时的最低温度称为自燃点。

2.1.31　火灾荷载：建筑物容积所有可燃物由于燃烧而可能释放出的总热量。

2.1.32　火灾荷载密度：单位楼板面积上的火灾荷载。

2.1.33　疏散照明：用以确保疏散路线随时均有照明供应的紧急照明设备。

2.1.34　疏散路线：由建筑物内任一点至任一终端出口间的路线。

2.1.35 疏散时间：自火灾点燃至所有人员均能到达安全地点的时间。

2.1.36 阻火封堵：用于填塞建筑物构件或构件间孔隙以防止火灾或烟雾通过的填塞物。

2.2 符号

A——泄压面积；

C——泄压比；

D——储罐的直径；

DN——管道的公称直径；

ΔH——建筑高差；

L——隧道的封闭段长度；

N——人数；

n——座位数；

K——爆炸特征指数；

V——建筑物、堆场的体积，储罐、瓶组的容积或容量；

W——可燃材料堆场或粮食筒仓、席穴囤、土圆仓的储量。

附录3

中华人民共和国消防法（摘录）
(1998 年 4 月 29 日第九届全国人民代表
大会常务委员会第二次会议通过，
自 1998 年 9 月 1 日起实施)

第二章　火灾预防

第八条　城市人民政府应当将包括消防安全布局、消防站、消防供水、消防通信、消防车通道、消防装备等内容的消防规划纳入城市总体规划，并负责组织有关主管部门实施。公共消防设施、消防装备不足或者不适应实际需要的，应当增建、改建、配置或者进行技术改造。

对消防工作，应当加强科学研究，推广、使用先进消防技术、消防装备。

第九条　生产、储存和装卸易燃易爆危险物品的工厂、仓库和专用车站、码头，必须设置在城市的边缘或者相对独立的安全地带。易燃易爆气体和液体的充装站、供应站、调压站，应当设置在合理的位置，符合防火防爆要求。

原来的生产、储存和装卸易燃易爆危险物品的工厂、仓库和专用车站、码头、易燃易爆气体和液体的充装站、供应站、调压站，不符合前款规定，有关单位应当采取措施，限期加以解决。

第十条　按照国家工程建筑消防技术标准需要进行消防设计的建筑工程，设计单位应当按照国家工程建筑消防技术标准进行设计，建设单位应当将建筑工程的消防设计图纸及有关资料报送公安消防机构审核；未经审核或者经审核不合格的，建设行政主管部门不得发给施工许可证，建设单位不得施工。

经公安消防机构审核的建筑工程消防设计需要变更的，应当报经原审核的公安消防机构核准；未经核准的，任何单位、个人不得变更。

按照国家工程建筑消防技术标准进行消防设计的建筑工程竣工时，必须经公安消防机构进行消防验收；未经验收或者经验收不合格的，不得投入使用。

第十一条　建筑构件和建筑材料的防火性能必须符合国家标准或者行业标准。

公共场所室内装修、装饰根据国家工程建筑消防技术标准的规定，应当使用不燃、难燃材料的，必须选用依照产品质量法的规定确定的检验机构检验合格的材料。

第五章 法律责任

第四十条 违反本法的规定，有下列行为之一的，责令限期改正；逾期不改正的，责令停止施工、停止使用或者停产停业，可以并处罚款：

（一）建筑工程的消防设计未经公安消防机构审核或者经审核不合格，擅自施工的；

（二）依法应当进行消防设计的建筑工程竣工时未经消防验收或者经验收不合格，擅自使用的；

（三）公共聚集的场所未经消防安全检查或者经检查不合格，擅自使用或者开业的。

单位有前款行为的，依照前款的规定处罚，并对其直接负责的主管人员和其他直接责任人员处警告或者罚款。

第四十二条 违反本法的规定，擅自降低消防技术标准施工、使用防火性能不符合国家标准或者行业标准的建筑构件和建筑材料或者不合格的装修、装饰材料施工的，责令限期改正；逾期不改的，责令停止施工，可以并处罚款。

单位有前款行为的，依照前款的行为处罚，并对其直接负责的主管人员和其他直接责任人员处警告或者罚款。

附录 4

公安部住房和城乡建设部公通字［2009］46 号文件

公通字［2009］46 号

关于印发《民用建筑外保温系统及外墙装饰防火暂行规定》的通知

各省、自治区、直辖市公安厅、局，住房和城乡建设厅、建委，江苏、山东省建管局，新疆生产建设兵团公安局、建设局：

为有效防止建筑外保温系统火灾事故，公安部、住房和城乡建设部联合制定了《民用建筑外保温系统及外墙装饰防火暂行规定》，现印发你们。请结合工作实际，认真贯彻执行。相关标准规范制修订后，按发布的标准规范的有关规定执行。

中华人民共和国公安部

中华人民共和国住房和城乡建设部

二〇〇九年九月二十五日

民用建筑外保温系统及外墙装饰防火暂行规定

第一章 一般规定

第一条 本暂行规定适用于民用建筑外保温系统及外墙装饰的防火设计、施工及使用。

第二条 民用建筑外保温材料的燃烧性能宜为 A 级，且不应低于 B_2 级。

第三条 民用建筑外保温系统及外墙装饰防火设计、施工及使用，除执行本暂行规定外，还应符合国家现行标准规范的有关规定。

第二章 墙 体

第四条 非幕墙式建筑应符合下列规定：

（一）住宅建筑应符合下列规定：

1. 高度大于等于 100m 的建筑，其保温材料的燃烧性能应为 A 级。

2. 高度大于等于 60m 小于 100m 的建筑，其保温材料的燃烧性能不应低于 B_2 级。当采用 B_2 级保温材料时，每层应设置水平防火隔离带。

3. 高度大于等于 24m 小于 60m 的建筑，其保温材料的燃烧性能不应低于 B_2 级。当采用 B_2 级保温材料时，每两层应设置水平防火隔离带。

4. 高度小于 24m 的建筑，其保温材料的燃烧性能不应低于 B_2 级。其中，当采用 B_2 级保温材料时，每三层应设置水平防火隔离带。

（二）其他民用建筑应符合下列规定：

1. 高度大于等于 50m 的建筑，其保温材料的燃烧性能应为 A 级。

2. 高度大于等于 24m 小于 50m 的建筑，其保温材料的燃烧性能应为 A 级或 B_1 级。其中，当采用 B_1 级保温材料时，每两层应设置水平防火隔离带。

3. 高度小于 24m 的建筑，其保温材料的燃烧性能不应低于 B_2 级。其中，当采用 B_2 级保温材料时，每层应设置水平防火隔离带。

（三）外保温系统应采用不燃或难燃材料作防护层。防护层应将保温材料完全覆盖。首层的防护层厚度不应小于 6mm，其他层不应小于 3mm。

（四）采用外墙外保温系统的建筑，其基层墙体耐火极限应符合现行防火规范的有关规定。

第五条　幕墙式建筑应符合下列规定：

（一）建筑高度大于等于 24m 时，保温材料的燃烧性能应为 A 级。

（二）建筑高度小于 24m 时，保温材料的燃烧性能应为 A 级或 B_1 级。其中，当采用 B_1 级保温材料时，每层应设置水平防火隔离带。

（三）保温材料应采用不燃材料作防护层。防护层应将保温材料完全覆盖。防护层厚度不应小于 3mm。

（四）采用金属、石材等非透明幕墙结构的建筑，应设置基层墙体，其耐火极限应符合现行防火规范关于外墙耐火极限的有关规定；玻璃幕墙的窗间墙、窗槛墙、裙墙的耐火极限和防火构造应符合现行防火规范关于建筑幕墙的有关规定。

（五）基层墙体内部空腔及建筑幕墙与基层墙体、窗间墙、窗槛墙及裙墙之间的空间，应在每层楼板处采用防火封堵材料封堵。

第六条　按本规定需要设置防火隔离带时，应沿楼板位置设置宽度不小于 300mm 的 A 级保温材料。防火隔离带与墙面应进行全面积粘贴。

第七条　建筑外墙的装饰层，除采用涂料外，应采用不燃材料。当建筑外墙采用可燃保温材料时，不宜采用着火后易脱落的瓷砖等材料。

第三章　屋　顶

第八条　对于屋顶基层采用耐火极限不小于 1.00h 的不燃烧体的建筑，其屋顶的保温材料不应低于 B_2 级；其他情况，保温材料的燃烧性能不应低于 B_1 级。

第九条　屋顶与外墙交界处、屋顶开口部位四周的保温层，应采用宽度不小于 500mm 的 A 级保温材料设置水平防火隔离带。

第十条　屋顶防水层或可燃保温层应采用不燃材料进行覆盖。

第四章　金属夹芯复合板材

第十一条　用于临时性居住建筑的金属夹芯复合板材，其芯材应采用不燃或难燃保温材料。

第五章　施工及使用的防火规定

第十二条　建筑外保温系统的施工应符合下列规定：

（一）保温材料进场后，应远离火源。露天存放时，应采用不燃材料完全覆盖。

（二）需要采取防火构造措施的外保温材料，其防火隔离带的施工应与保温材料的施工同步进行。

（三）可燃、难燃保温材料的施工应分区段进行，各区段应保持足够的防火间距，并宜做到边固定保温材料边涂抹防护层。未涂抹防护层的外保温材料高度不应超过 3 层。

（四）幕墙的支撑构件和空调机等设施的支撑构件，其电焊等工序应在保温材料铺设前进行。确需在保温材料铺设后进行的，应在电焊部位的周围及底部铺设防火毯等防火保护措施。

（五）不得直接在可燃保温材料上进行防水材料的热熔、热粘结法施工。

（六）施工用照明等高温设备靠近可燃保温材料时，应采取可靠的防火保护措施。

（七）聚氨酯等保温材料进行现场发泡作业时，应避开高温环境。施工工艺、工具及服装等应采取防静电措施。

（八）施工现场应设置室内外临时消火栓系统，并满足施工现场火灾扑救的消防供水要求。

（九）外保温工程施工作业工位应配备足够的消防灭火器材。

第十三条　建筑外保温系统的日常使用应符合下列规定：

（一）与外墙和屋顶相贴邻的竖井、凹槽、平台等，不应堆放可燃物。

（二）火源、热源等火灾危险源与外墙、屋顶应保持一定的安全距离，并应加强对火源、热源的管理。

（三）不宜在采用外保温材料的墙面和屋顶上进行焊接、钻孔等施工作业。确需施工作业的，应采取可靠的防火保护措施，并应在施工完成后，及时将裸露的外保温材料进行防护处理。

（四）电气线路不应穿过可燃外保温材料。确需穿过时，应采取穿管等防火保护措施。

附录 5

中华人民共和国国务院令

第 530 号

《民用建筑节能条例》已经 2008 年 7 月 23 日国务院第 18 次常务会议通过，现予公布，自 2008 年 10 月 1 日起施行。

总　理　温家宝

二〇〇八年八月一日

民用建筑节能条例

第一章　总　则

第一条　为了加强民用建筑节能管理，降低民用建筑使用过程中的能源消耗，提高能源利用效率，制定本条例。

第二条　本条例所称民用建筑节能，是指在保证民用建筑使用功能和室内热环境质量的前提下，降低其使用过程中能源消耗的活动。

本条例所称民用建筑，是指居住建筑、国家机关办公建筑和商业、服务业、教育、卫生等其他公共建筑。

第三条　各级人民政府应当加强对民用建筑节能工作的领导，积极培育民用建筑节能服务市场，健全民用建筑节能服务体系，推动民用建筑节能技术的开发应用，做好民用建筑节能知识的宣传教育工作。

第四条　国家鼓励和扶持在新建建筑和既有建筑节能改造中采用太阳能、地热能等可再生能源。

在具备太阳能利用条件的地区，有关地方人民政府及其部门应当采取有效措施，鼓励和扶持单位、个人安装使用太阳能热水系统、照明系统、供热系统、采暖制冷系统等太阳能利用系统。

第五条　国务院建设主管部门负责全国民用建筑节能的监督管理工作。县级以上地方人民政府建设主管部门负责本行政区域民用建筑节能的监督管理工作。

县级以上人民政府有关部门应当依照本条例的规定以及本级人民政府规定的职责分工，负责民用建筑节能的有关工作。

第六条　国务院建设主管部门应当在国家节能中长期专项规划指导下，编制全国民用建筑节能规划，并与相关规划相衔接。

县级以上地方人民政府建设主管部门应当组织编制本行政区域的民用建筑节能规划，报本级人民政府批准后实施。

第七条 国家建立健全民用建筑节能标准体系。国家民用建筑节能标准由国务院建设主管部门负责组织制定，并依照法定程序发布。

国家鼓励制定、采用优于国家民用建筑节能标准的地方民用建筑节能标准。

第八条 县级以上人民政府应当安排民用建筑节能资金，用于支持民用建筑节能的科学技术研究和标准制定、既有建筑围护结构和供热系统的节能改造、可再生能源的应用，以及民用建筑节能示范工程、节能项目的推广。

政府引导金融机构对既有建筑节能改造、可再生能源的应用，以及民用建筑节能示范工程等项目提供支持。

民用建筑节能项目依法享受税收优惠。

第九条 国家积极推进供热体制改革，完善供热价格形成机制，鼓励发展集中供热，逐步实行按照用热量收费制度。

第十条 对在民用建筑节能工作中做出显著成绩的单位和个人，按照国家有关规定给予表彰和奖励。

第二章　新建建筑节能

第十一条 国家推广使用民用建筑节能的新技术、新工艺、新材料和新设备，限制使用或者禁止使用能源消耗高的技术、工艺、材料和设备。国务院节能工作主管部门、建设主管部门应当制定、公布并及时更新推广使用、限制使用、禁止使用目录。

国家限制进口或者禁止进口能源消耗高的技术、材料和设备。

建设单位、设计单位、施工单位不得在建筑活动中使用列入禁止使用目录的技术、工艺、材料和设备。

第十二条 编制城市详细规划、镇详细规划，应当按照民用建筑节能的要求，确定建筑的布局、形状和朝向。

城乡规划主管部门依法对民用建筑进行规划审查，应当就设计方案是否符合民用建筑节能强制性标准征求同级建设主管部门的意见；建设主管部门应当自收到征求意见材料之日起10日内提出意见。征求意见时间不计算在规划许可的期限内。

对不符合民用建筑节能强制性标准的，不得颁发建设工程规划许可证。

第十三条 施工图设计文件审查机构应当按照民用建筑节能强制性标准对施工图设计文件进行审查；经审查不符合民用建筑节能强制性标准的，县级以上地方人民政府建设主管部门不得颁发施工许可证。

第十四条 建设单位不得明示或者暗示设计单位、施工单位违反民用建筑节能强制性标准进行设计、施工，不得明示或者暗示施工单位使用不符合施工图设计文件要求的墙体材料、保温材料、门窗、采暖制冷系统和照明设备。

按照合同约定由建设单位采购墙体材料、保温材料、门窗、采暖制冷系统和照明设备的，建设单位应当保证其符合施工图设计文件要求。

第十五条 设计单位、施工单位、工程监理单位及其注册执业人员，应当按照民用建筑节能强制性标准进行设计、施工、监理。

第十六条　施工单位应当对进入施工现场的墙体材料、保温材料、门窗、采暖制冷系统和照明设备进行查验；不符合施工图设计文件要求的，不得使用。

工程监理单位发现施工单位不按照民用建筑节能强制性标准施工的，应当要求施工单位改正；施工单位拒不改正的，工程监理单位应当及时报告建设单位，并向有关主管部门报告。

墙体、屋面的保温工程施工时，监理工程师应当按照工程监理规范的要求，采取旁站、巡视和平行检验等形式实施监理。

未经监理工程师签字，墙体材料、保温材料、门窗、采暖制冷系统和照明设备不得在建筑上使用或者安装，施工单位不得进行下一道工序的施工。

第十七条　建设单位组织竣工验收，应当对民用建筑是否符合民用建筑节能强制性标准进行查验；对不符合民用建筑节能强制性标准的，不得出具竣工验收合格报告。

第十八条　实行集中供热的建筑应当安装供热系统调控装置、用热计量装置和室内温度调控装置；公共建筑还应当安装用电分项计量装置。居住建筑安装的用热计量装置应当满足分户计量的要求。

计量装置应当依法检定合格。

第十九条　建筑的公共走廊、楼梯等部位，应当安装、使用节能灯具和电气控制装置。

第二十条　对具备可再生能源利用条件的建筑，建设单位应当选择合适的可再生能源，用于采暖、制冷、照明和热水供应等；设计单位应当按照有关可再生能源利用的标准进行设计。

建设可再生能源利用设施，应当与建筑主体工程同步设计、同步施工、同步验收。

第二十一条　国家机关办公建筑和大型公共建筑的所有权人应当对建筑的能源利用效率进行测评和标识，并按照国家有关规定将测评结果予以公示，接受社会监督。

国家机关办公建筑应当安装、使用节能设备。

本条例所称大型公共建筑，是指单体建筑面积2万平方米以上的公共建筑。

第二十二条　房地产开发企业销售商品房，应当向购买人明示所售商品房的能源消耗指标、节能措施和保护要求、保温工程保修期等信息，并在商品房买卖合同和住宅质量保证书、住宅使用说明书中载明。

第二十三条　在正常使用条件下，保温工程的最低保修期限为5年。保温工程的保修期，自竣工验收合格之日起计算。

保温工程在保修范围和保修期内发生质量问题的，施工单位应当履行保修义务，并对造成的损失依法承担赔偿责任。

第三章　既有建筑节能

第二十四条　既有建筑节能改造应当根据当地经济、社会发展水平和地理气候条件等实际情况，有计划、分步骤地实施分类改造。

本条例所称既有建筑节能改造，是指对不符合民用建筑节能强制性标准的既有建筑的围护结构、供热系统、采暖制冷系统、照明设备和热水供应设施等实施节能改造的活动。

第二十五条　县级以上地方人民政府建设主管部门应当对本行政区域内既有建筑的建设年代、结构形式、用能系统、能源消耗指标、寿命周期等组织调查统计和分析，制定既有建筑节能改造计划，明确节能改造的目标、范围和要求，报本级人民政府批准后组织实施。

中央国家机关既有建筑的节能改造，由有关管理机关事务工作的机构制定节能改造计划，并组织实施。

第二十六条　国家机关办公建筑、政府投资和以政府投资为主的公共建筑的节能改造，应当制定节能改造方案，经充分论证，并按照国家有关规定办理相关审批手续方可进行。

各级人民政府及其有关部门、单位不得违反国家有关规定和标准，以节能改造的名义对前款规定的既有建筑进行扩建、改建。

第二十七条　居住建筑和本条例第二十六条规定以外的其他公共建筑不符合民用建筑节能强制性标准的，在尊重建筑所有权人意愿的基础上，可以结合扩建、改建，逐步实施节能改造。

第二十八条　实施既有建筑节能改造，应当符合民用建筑节能强制性标准，优先采用遮阳、改善通风等低成本改造措施。

既有建筑围护结构的改造和供热系统的改造，应当同步进行。

第二十九条　对实行集中供热的建筑进行节能改造，应当安装供热系统调控装置和用热计量装置；对公共建筑进行节能改造，还应当安装室内温度调控装置和用电分项计量装置。

第三十条　国家机关办公建筑的节能改造费用，由县级以上人民政府纳入本级财政预算。

居住建筑和教育、科学、文化、卫生、体育等公益事业使用的公共建筑节能改造费用，由政府、建筑所有权人共同负担。

国家鼓励社会资金投资既有建筑节能改造。

第四章　建筑用能系统运行节能

第三十一条　建筑所有权人或者使用权人应当保证建筑用能系统的正常运行，不得人为损坏建筑围护结构和用能系统。

国家机关办公建筑和大型公共建筑的所有权人或者使用权人应当建立健全民用建筑节能管理制度和操作规程，对建筑用能系统进行监测、维护，并定期将分项用电量报县级以上地方人民政府建设主管部门。

第三十二条　县级以上地方人民政府节能工作主管部门应当会同同级建设主管部门确定本行政区域内公共建筑重点用电单位及其年度用电限额。

县级以上地方人民政府建设主管部门应当对本行政区域内国家机关办公建筑和公共建筑用电情况进行调查统计和评价分析。国家机关办公建筑和大型公共建筑采暖、制冷、照明的能源消耗情况应当依照法律、行政法规和国家其他有关规定向社会公布。

国家机关办公建筑和公共建筑的所有权人或者使用权人应当对县级以上地方人民政府建设主管部门的调查统计工作予以配合。

第三十三条　供热单位应当建立健全相关制度，加强对专业技术人员的教育和培训。

供热单位应当改进技术装备，实施计量管理，并对供热系统进行监测、维护，提高供热系统的效率，保证供热系统的运行符合民用建筑节能强制性标准。

第三十四条 县级以上地方人民政府建设主管部门应当对本行政区域内供热单位的能源消耗情况进行调查统计和分析，并制定供热单位能源消耗指标；对超过能源消耗指标的，应当要求供热单位制定相应的改进措施，并监督实施。

第五章 法律责任

第三十五条 违反本条例规定，县级以上人民政府有关部门有下列行为之一的，对负有责任的主管人员和其他直接责任人员依法给予处分；构成犯罪的，依法追究刑事责任：

（一）对设计方案不符合民用建筑节能强制性标准的民用建筑项目颁发建设工程规划许可证的；

（二）对不符合民用建筑节能强制性标准的设计方案出具合格意见的；

（三）对施工图设计文件不符合民用建筑节能强制性标准的民用建筑项目颁发施工许可证的；

（四）不依法履行监督管理职责的其他行为。

第三十六条 违反本条例规定，各级人民政府及其有关部门、单位违反国家有关规定和标准，以节能改造的名义对既有建筑进行扩建、改建的，对负有责任的主管人员和其他直接责任人员，依法给予处分。

第三十七条 违反本条例规定，建设单位有下列行为之一的，由县级以上地方人民政府建设主管部门责令改正，处20万元以上50万元以下的罚款：

（一）明示或者暗示设计单位、施工单位违反民用建筑节能强制性标准进行设计、施工的；

（二）明示或者暗示施工单位使用不符合施工图设计文件要求的墙体材料、保温材料、门窗、采暖制冷系统和照明设备的；

（三）采购不符合施工图设计文件要求的墙体材料、保温材料、门窗、采暖制冷系统和照明设备的；

（四）使用列入禁止使用目录的技术、工艺、材料和设备的。

第三十八条 违反本条例规定，建设单位对不符合民用建筑节能强制性标准的民用建筑项目出具竣工验收合格报告的，由县级以上地方人民政府建设主管部门责令改正，处民用建筑项目合同价款2%以上4%以下的罚款；造成损失的，依法承担赔偿责任。

第三十九条 违反本条例规定，设计单位未按照民用建筑节能强制性标准进行设计，或者使用列入禁止使用目录的技术、工艺、材料和设备的，由县级以上地方人民政府建设主管部门责令改正，处10万元以上30万元以下的罚款；情节严重的，由颁发资质证书的部门责令停业整顿，降低资质等级或者吊销资质证书；造成损失的，依法承担赔偿责任。

第四十条 违反本条例规定，施工单位未按照民用建筑节能强制性标准进行施工的，由县级以上地方人民政府建设主管部门责令改正，处民用建筑项目合同价款2%以上4%以下的罚款；情节严重的，由颁发资质证书的部门责令停业整顿，降低资质等级或者吊销资质证书；造成损失的，依法承担赔偿责任。

第四十一条 违反本条例规定，施工单位有下列行为之一的，由县级以上地方人民政府建设主管部门责令改正，处 10 万元以上 20 万元以下的罚款；情节严重的，由颁发资质证书的部门责令停业整顿，降低资质等级或者吊销资质证书；造成损失的，依法承担赔偿责任：

（一）未对进入施工现场的墙体材料、保温材料、门窗、采暖制冷系统和照明设备进行查验的；

（二）使用不符合施工图设计文件要求的墙体材料、保温材料、门窗、采暖制冷系统和照明设备的；

（三）使用列入禁止使用目录的技术、工艺、材料和设备的。

第四十二条 违反本条例规定，工程监理单位有下列行为之一的，由县级以上地方人民政府建设主管部门责令限期改正；逾期未改正的，处 10 万元以上 30 万元以下的罚款；情节严重的，由颁发资质证书的部门责令停业整顿，降低资质等级或者吊销资质证书；造成损失的，依法承担赔偿责任：

（一）未按照民用建筑节能强制性标准实施监理的；

（二）墙体、屋面的保温工程施工时，未采取旁站、巡视和平行检验等形式实施监理的。

对不符合施工图设计文件要求的墙体材料、保温材料、门窗、采暖制冷系统和照明设备，按照符合施工图设计文件要求签字的，依照《建设工程质量管理条例》第六十七条的规定处罚。

第四十三条 违反本条例规定，房地产开发企业销售商品房，未向购买人明示所售商品房的能源消耗指标、节能措施和保护要求、保温工程保修期等信息，或者向购买人明示的所售商品房能源消耗指标与实际能源消耗不符的，依法承担民事责任；由县级以上地方人民政府建设主管部门责令限期改正；逾期未改正的，处交付使用的房屋销售总额 2% 以下的罚款；情节严重的，由颁发资质证书的部门降低资质等级或者吊销资质证书。

第四十四条 违反本条例规定，注册执业人员未执行民用建筑节能强制性标准的，由县级以上人民政府建设主管部门责令停止执业 3 个月以上 1 年以下；情节严重的，由颁发资格证书的部门吊销执业资格证书，5 年内不予注册。

第六章 附 则

第四十五条 本条例自 2008 年 10 月 1 日起施行。

附录 6

中华人民共和国建设部令
第 143 号

《民用建筑节能管理规定》已于 2005 年 10 月 28 日经第 76 次部常务会议讨论通过，现予发布，自 2006 年 1 月 1 日起施行。

部　长　汪光焘
二〇〇五年十一月十日

民用建筑节能管理规定

第一条　为了加强民用建筑节能管理，提高能源利用效率，改善室内热环境质量，根据《中华人民共和国节约能源法》、《中华人民共和国建筑法》、《建设工程质量管理条例》，制定本规定。

第二条　本规定所称民用建筑，是指居住建筑和公共建筑。

本规定所称民用建筑节能，是指民用建筑在规划、设计、建造和使用过程中，通过采用新型墙体材料，执行建筑节能标准，加强建筑物用能设备的运行管理，合理设计建筑围护结构的热工性能，提高采暖、制冷、照明、通风、给排水和通道系统的运行效率，以及利用可再生能源，在保证建筑物使用功能和室内热环境质量的前提下，降低建筑能源消耗，合理、有效地利用能源的活动。

第三条　国务院建设行政主管部门负责全国民用建筑节能的监督管理工作。

县级以上地方人民政府建设行政主管部门负责本行政区域内民用建筑节能的监督管理工作。

第四条　国务院建设行政主管部门根据国家节能规划，制定国家建筑节能专项规划；省、自治区、直辖市以及设区城市人民政府建设行政主管部门应当根据本地节能规划，制定本地建筑节能专项规划，并组织实施。

第五条　编制城乡规划应当充分考虑能源、资源的综合利用和节约，对城镇布局、功能区设置、建筑特征、基础设施配置的影响进行研究论证。

第六条　国务院建设行政主管部门根据建筑节能发展状况和技术先进、经济合理的原则，组织制定建筑节能相关标准，建立和完善建筑节能标准体系；省、自治区、直辖市人民政府建设行政主管部门应当严格执行国家民用建筑节能有关规定，可以制定严于国家民用建筑节能标准的地方标准或者实施细则。

第七条　鼓励民用建筑节能的科学研究和技术开发，推广应用节能型的建筑、结构、材料、用能设备和附属设施及相应的施工工艺、应用技术和管理技术，促进可再生能源的开发利用。

第八条 鼓励发展下列建筑节能技术和产品：

（一）新型节能墙体和屋面的保温、隔热技术与材料；

（二）节能门窗的保温隔热和密闭技术；

（三）集中供热和热、电、冷联产联供技术；

（四）供热采暖系统温度调控和分户热量计量技术与装置；

（五）太阳能、地热等可再生能源应用技术及设备；

（六）建筑照明节能技术与产品；

（七）空调制冷节能技术与产品；

（八）其他技术成熟、效果显著的节能技术和节能管理技术。

鼓励推广应用和淘汰的建筑节能部品及技术的目录，由国务院建设行政主管部门制定；省、自治区、直辖市建设行政主管部门可以结合该目录，制定适合本区域的鼓励推广应用和淘汰的建筑节能部品及技术的目录。

第九条 国家鼓励多元化、多渠道投资既有建筑的节能改造，投资人可以按照协议分享节能改造的收益；鼓励研究制定本地区既有建筑节能改造资金筹措办法和相关激励政策。

第十条 建筑工程施工过程中，县级以上地方人民政府建设行政主管部门应当加强对建筑物的围护结构（含墙体、屋面、门窗、玻璃幕墙等）、供热采暖和制冷系统、照明和通风等电器设备是否符合节能要求的监督检查。

第十一条 新建民用建筑应当严格执行建筑节能标准要求，民用建筑工程扩建和改建时，应当对原建筑进行节能改造。

既有建筑节能改造应当考虑建筑物的寿命周期，对改造的必要性、可行性以及投入收益比进行科学论证。节能改造要符合建筑节能标准要求，确保结构安全，优化建筑物使用功能。

寒冷地区和严寒地区既有建筑节能改造应当与供热系统节能改造同步进行。

第十二条 采用集中采暖制冷方式的新建民用建筑应当安设建筑物室内温度控制和用能计量设施，逐步实行基本冷热价和计量冷热价共同构成的两部制用能价格制度。

第十三条 供热单位、公共建筑所有权人或者其委托的物业管理单位应当制定相应的节能建筑运行管理制度，明确节能建筑运行状态各项性能指标、节能工作诸环节的岗位目标责任等事项。

第十四条 公共建筑的所有权人或者委托的物业管理单位应当建立用能档案，在供热或者制冷间歇期委托相关检测机构对用能设备和系统的性能进行综合检测评价，定期进行维护、维修、保养及更新置换，保证设备和系统的正常运行。

第十五条 供热单位、房屋产权单位或者其委托的物业管理等有关单位，应当记录并按有关规定上报能源消耗资料。

鼓励新建民用建筑和既有建筑实施建筑能效测评。

第十六条 从事建筑节能及相关管理活动的单位，应当对其从业人员进行建筑节能标准与技术等专业知识的培训。

建筑节能标准和节能技术应当作为注册城市规划师、注册建筑师、勘察设计注册工程师、注册监理工程师、注册建造师等继续教育的必修内容。

第十七条 建设单位应当按照建筑节能政策要求和建筑节能标准委托工程项目的设计。

建设单位不得以任何理由要求设计单位、施工单位擅自修改经审查合格的节能设计文件，降低建筑节能标准。

第十八条 房地产开发企业应当将所售商品住房的节能措施、围护结构保温隔热性能指标等基本信息在销售现场显著位置予以公示，并在《住宅使用说明书》中予以载明。

第十九条 设计单位应当依据建筑节能标准的要求进行设计，保证建筑节能设计质量。

施工图设计文件审查机构在进行审查时，应当审查节能设计的内容，在审查报告中单列节能审查章节；不符合建筑节能强制性标准的，施工图设计文件审查结论应当定为不合格。

第二十条 施工单位应当按照审查合格的设计文件和建筑节能施工标准的要求进行施工，保证工程施工质量。

第二十一条 监理单位应当依照法律、法规以及建筑节能标准、节能设计文件、建设工程承包合同及监理合同对节能工程建设实施监理。

第二十二条 对超过能源消耗指标的供热单位、公共建筑的所有权人或者其委托的物业管理单位，责令限期达标。

第二十三条 对擅自改变建筑围护结构节能措施，并影响公共利益和他人合法权益的，责令责任人及时予以修复，并承担相应的费用。

第二十四条 建设单位在竣工验收过程中，有违反建筑节能强制性标准行为的，按照《建设工程质量管理条例》的有关规定，重新组织竣工验收。

第二十五条 建设单位未按照建筑节能强制性标准委托设计，擅自修改节能设计文件，明示或暗示设计单位、施工单位违反建筑节能设计强制性标准，降低工程建设质量的，处 20 万元以上 50 万元以下的罚款。

第二十六条 设计单位未按照建筑节能强制性标准进行设计的，应当修改设计。未进行修改的，给予警告，处 10 万元以上 30 万元以下罚款；造成损失的，依法承担赔偿责任；2 年内，累计 3 项工程未按照建筑节能强制性标准设计的，责令停业整顿，降低资质等级或者吊销资质证书。

第二十七条 对未按照节能设计进行施工的施工单位，责令改正；整改所发生的工程费用，由施工单位负责；可以给予警告，情节严重的，处工程合同价款 2% 以上 4% 以下的罚款；2 年内，累计 3 项工程未按照符合节能标准要求的设计进行施工的，责令停业整顿，降低资质等级或者吊销资质证书。

第二十八条 本规定的责令停业整顿、降低资质等级和吊销资质证书的行政处罚，由颁发资质证书的机关决定；其他行政处罚，由建设行政主管部门依照法定职权决定。

第二十九条 农民自建低层住宅不适用本规定。

第三十条 本规定自 2006 年 1 月 1 日起施行。原《民用建筑节能管理规定》（建设部令第 76 号）同时废止。

附录 7

中华人民共和国国务院令

第 531 号

《公共机构节能条例》已经 2008 年 7 月 23 日国务院第 18 次常务会议通过，现予公布，自 2008 年 10 月 1 日起施行。

总　理　温家宝

二〇〇八年八月一日

公共机构节能条例

第一章　总　则

第一条　为了推动公共机构节能，提高公共机构能源利用效率，发挥公共机构在全社会节能中的表率作用，根据《中华人民共和国节约能源法》，制定本条例。

第二条　本条例所称公共机构，是指全部或者部分使用财政性资金的国家机关、事业单位和团体组织。

第三条　公共机构应当加强用能管理，采取技术上可行、经济上合理的措施，降低能源消耗，减少、制止能源浪费，有效、合理地利用能源。

第四条　国务院管理节能工作的部门主管全国的公共机构节能监督管理工作。国务院管理机关事务工作的机构在国务院管理节能工作的部门指导下，负责推进、指导、协调、监督全国的公共机构节能工作。

国务院和县级以上地方各级人民政府管理机关事务工作的机构在同级管理节能工作的部门指导下，负责本级公共机构节能监督管理工作。

教育、科技、文化、卫生、体育等系统各级主管部门在同级管理机关事务工作的机构指导下，开展本级系统内公共机构节能工作。

第五条　国务院和县级以上地方各级人民政府管理机关事务工作的机构应当会同同级有关部门开展公共机构节能宣传、教育和培训，普及节能科学知识。

第六条　公共机构负责人对本单位节能工作全面负责。

公共机构的节能工作实行目标责任制和考核评价制度，节能目标完成情况应当作为对公共机构负责人考核评价的内容。

第七条　公共机构应当建立、健全本单位节能管理的规章制度，开展节能宣传教育和岗位培训，增强工作人员的节能意识，培养节能习惯，提高节能管理水平。

第八条　公共机构的节能工作应当接受社会监督。任何单位和个人都有权举报公共机构浪费能源的行为，有关部门对举报应当及时调查处理。

第九条 对在公共机构节能工作中做出显著成绩的单位和个人,按照国家规定予以表彰和奖励。

第二章 节能规划

第十条 国务院和县级以上地方各级人民政府管理机关事务工作的机构应当会同同级有关部门,根据本级人民政府节能中长期专项规划,制定本级公共机构节能规划。

县级公共机构节能规划应当包括所辖乡(镇)公共机构节能的内容。

第十一条 公共机构节能规划应当包括指导思想和原则、用能现状和问题、节能目标和指标、节能重点环节、实施主体、保障措施等方面的内容。

第十二条 国务院和县级以上地方各级人民政府管理机关事务工作的机构应当将公共机构节能规划确定的节能目标和指标,按年度分解落实到本级公共机构。

第十三条 公共机构应当结合本单位用能特点和上一年度用能状况,制定年度节能目标和实施方案,有针对性地采取节能管理或者节能改造措施,保证节能目标的完成。

公共机构应当将年度节能目标和实施方案报本级人民政府管理机关事务工作的机构备案。

第三章 节能管理

第十四条 公共机构应当实行能源消费计量制度,区分用能种类、用能系统实行能源消费分户、分类、分项计量,并对能源消耗状况进行实时监测,及时发现、纠正用能浪费现象。

第十五条 公共机构应当指定专人负责能源消费统计,如实记录能源消费计量原始数据,建立统计台账。

公共机构应当于每年3月31日前,向本级人民政府管理机关事务工作的机构报送上一年度能源消费状况报告。

第十六条 国务院和县级以上地方各级人民政府管理机关事务工作的机构应当会同同级有关部门按照管理权限,根据不同行业、不同系统公共机构能源消耗综合水平和特点,制定能源消耗定额,财政部门根据能源消耗定额制定能源消耗支出标准。

第十七条 公共机构应当在能源消耗定额范围内使用能源,加强能源消耗支出管理;超过能源消耗定额使用能源的,应当向本级人民政府管理机关事务工作的机构作出说明。

第十八条 公共机构应当按照国家有关强制采购或者优先采购的规定,采购列入节能产品、设备政府采购名录和环境标志产品政府采购名录中的产品、设备,不得采购国家明令淘汰的用能产品、设备。

第十九条 国务院和省级人民政府的政府采购监督管理部门应当会同同级有关部门完善节能产品、设备政府采购名录,优先将取得节能产品认证证书的产品、设备列入政府采购名录。

国务院和省级人民政府应当将节能产品、设备政府采购名录中的产品、设备纳入政府集中采购目录。

　　第二十条　公共机构新建建筑和既有建筑维修改造应当严格执行国家有关建筑节能设计、施工、调试、竣工验收等方面的规定和标准，国务院和县级以上地方人民政府建设主管部门对执行国家有关规定和标准的情况应当加强监督检查。

　　国务院和县级以上地方各级人民政府负责审批或者核准固定资产投资项目的部门，应当严格控制公共机构建设项目的建设规模和标准，统筹兼顾节能投资和效益，对建设项目进行节能评估和审查；未通过节能评估和审查的项目，不得批准或者核准建设。

　　第二十一条　国务院和县级以上地方各级人民政府管理机关事务工作的机构会同有关部门制定本级公共机构既有建筑节能改造计划，并组织实施。

　　第二十二条　公共机构应当按照规定进行能源审计，对本单位用能系统、设备的运行及使用能源情况进行技术和经济性评价，根据审计结果采取提高能源利用效率的措施。具体办法由国务院管理节能工作的部门会同国务院有关部门制定。

　　第二十三条　能源审计的内容包括：

　　（一）查阅建筑物竣工验收资料和用能系统、设备台账资料，检查节能设计标准的执行情况；

　　（二）核对电、气、煤、油、市政热力等能源消耗计量记录和财务账单，评估分类与分项的总能耗、人均能耗和单位建筑面积能耗；

　　（三）检查用能系统、设备的运行状况，审查节能管理制度执行情况；

　　（四）检查前一次能源审计合理使用能源建议的落实情况；

　　（五）查找存在节能潜力的用能环节或者部位，提出合理使用能源的建议；

　　（六）审查年度节能计划、能源消耗定额执行情况，核实公共机构超过能源消耗定额使用能源的说明；

　　（七）审查能源计量器具的运行情况，检查能耗统计数据的真实性、准确性。

第四章　节能措施

　　第二十四条　公共机构应当建立、健全本单位节能运行管理制度和用能系统操作规程，加强用能系统和设备运行调节、维护保养、巡视检查，推行低成本、无成本节能措施。

　　第二十五条　公共机构应当设置能源管理岗位，实行能源管理岗位责任制。重点用能系统、设备的操作岗位应当配备专业技术人员。

　　第二十六条　公共机构可以采用合同能源管理方式，委托节能服务机构进行节能诊断、设计、融资、改造和运行管理。

　　第二十七条　公共机构选择物业服务企业，应当考虑其节能管理能力。公共机构与物业服务企业订立物业服务合同，应当载明节能管理的目标和要求。

　　第二十八条　公共机构实施节能改造，应当进行能源审计和投资收益分析，明确节能指标，并在节能改造后采用计量方式对节能指标进行考核和综合评价。

　　第二十九条　公共机构应当减少空调、计算机、复印机等用电设备的待机能耗，及时关闭用电设备。

第三十条 公共机构应当严格执行国家有关空调室内温度控制的规定，充分利用自然通风，改进空调运行管理。

第三十一条 公共机构电梯系统应当实行智能化控制，合理设置电梯开启数量和时间，加强运行调节和维护保养。

第三十二条 公共机构办公建筑应当充分利用自然采光，使用高效节能照明灯具，优化照明系统设计，改进电路控制方式，推广应用智能调控装置，严格控制建筑物外部泛光照明以及外部装饰用照明。

第三十三条 公共机构应当对网络机房、食堂、开水间、锅炉房等部位的用能情况实行重点监测，采取有效措施降低能耗。

第三十四条 公共机构的公务用车应当按照标准配备，优先选用低能耗、低污染、使用清洁能源的车辆，并严格执行车辆报废制度。

公共机构应当按照规定用途使用公务用车，制定节能驾驶规范，推行单车能耗核算制度。

公共机构应当积极推进公务用车服务社会化，鼓励工作人员利用公共交通工具、非机动交通工具出行。

第五章 监督和保障

第三十五条 国务院和县级以上地方各级人民政府管理机关事务工作的机构应当会同有关部门加强对本级公共机构节能的监督检查。监督检查的内容包括：

（一）年度节能目标和实施方案的制定、落实情况；

（二）能源消费计量、监测和统计情况；

（三）能源消耗定额执行情况；

（四）节能管理规章制度建立情况；

（五）能源管理岗位设置以及能源管理岗位责任制落实情况；

（六）用能系统、设备节能运行情况；

（七）开展能源审计情况；

（八）公务用车配备、使用情况。

对于节能规章制度不健全、超过能源消耗定额使用能源情况严重的公共机构，应当进行重点监督检查。

第三十六条 公共机构应当配合节能监督检查，如实说明有关情况，提供相关资料和数据，不得拒绝、阻碍。

第三十七条 公共机构有下列行为之一的，由本级人民政府管理机关事务工作的机构会同有关部门责令限期改正；逾期不改正的，予以通报，并由有关机关对公共机构负责人依法给予处分：

（一）未制定年度节能目标和实施方案，或者未按照规定将年度节能目标和实施方案备案的；

（二）未实行能源消费计量制度，或者未区分用能种类、用能系统实行能源消费分户、分类、分项计量，并对能源消耗状况进行实时监测的；

（三）未指定专人负责能源消费统计，或者未如实记录能源消费计量原始数据，建立统计台账的；

（四）未按照要求报送上一年度能源消费状况报告的；

（五）超过能源消耗定额使用能源，未向本级人民政府管理机关事务工作的机构作出说明的；

（六）未设立能源管理岗位，或者未在重点用能系统、设备操作岗位配备专业技术人员的；

（七）未按照规定进行能源审计，或者未根据审计结果采取提高能源利用效率的措施的；

（八）拒绝、阻碍节能监督检查的。

第三十八条 公共机构不执行节能产品、设备政府采购名录，未按照国家有关强制采购或者优先采购的规定采购列入节能产品、设备政府采购名录中的产品、设备，或者采购国家明令淘汰的用能产品、设备的，由政府采购监督管理部门给予警告，可以并处罚款；对直接负责的主管人员和其他直接责任人员依法给予处分，并予通报。

第三十九条 负责审批或者核准固定资产投资项目的部门对未通过节能评估和审查的公共机构建设项目予以批准或者核准的，对直接负责的主管人员和其他直接责任人员依法给予处分。

公共机构开工建设未通过节能评估和审查的建设项目的，由有关机关依法责令限期整改；对直接负责的主管人员和其他直接责任人员依法给予处分。

第四十条 公共机构违反规定超标准、超编制购置公务用车或者拒不报废高耗能、高污染车辆的，对直接负责的主管人员和其他直接责任人员依法给予处分，并由本级人民政府管理机关事务工作的机构依照有关规定，对车辆采取收回、拍卖、责令退还等方式处理。

第四十一条 公共机构违反规定用能造成能源浪费的，由本级人民政府管理机关事务工作的机构会同有关部门下达节能整改意见书，公共机构应当及时予以落实。

第四十二条 管理机关事务工作的机构的工作人员在公共机构节能监督管理中滥用职权、玩忽职守、徇私舞弊，构成犯罪的，依法追究刑事责任；尚不构成犯罪的，依法给予处分。

第六章 附 则

第四十三条 本条例自 2008 年 10 月 1 日起施行。

附录8

关于贯彻落实国务院关于加强和改进消防工作的意见的通知

各省、自治区住房和城乡建设厅，直辖市建委（建交委），新疆生产建设兵团建设局：

为贯彻落实国务院《关于加强和改进消防工作的意见》（国发〔2011〕46号），现就有关工作通知如下：

一、认真学习，准确把握。各地住房城乡建设主管部门要及时组织工程建设、设计、施工、监理等单位认真学习国务院《关于加强和改进消防工作的意见》，准确理解和把握有关规定，切实落实各项要求。严格执行现行有关标准规范和公安部、住房城乡建设部联合印发的《民用建筑外墙保温系统及外墙装饰防火暂行规定》（公通字〔2009〕46号），加强建筑工程的消防安全管理，防患未然，减少火灾事故。

二、加强新建建筑监管。要严格执行《民用建筑外墙保温系统及外墙装饰防火暂行规定》中关于保温材料燃烧性能的规定，特别是采用 B_1 和 B_2 级保温材料时，应按照规定设置防火隔离带。各地可在严格执行现行国家标准规范和有关规定的基础上，结合实际情况制定新建建筑节能保温工程的地方标准规范、管理办法，细化技术要求和管理措施，从材料、工艺、构造等环节提高外墙保温系统的防火性能和工程质量。

三、加强已建成外墙保温工程的维护和管理。外墙采用有机保温材料（以下简称保温材料）且已投入使用的建筑工程，要按照现行标准规范和有关规定进行梳理、检查和整改。

四、严格管理既有建筑节能改造工程。对既有民用建筑进行节能改造时，公共建筑在营业、使用期间不得进行外保温材料施工作业，居住建筑进行节能改造作业期间应撤离居住人员，并安排专人进行消防安全巡逻，严格分离用火用焊作业与保温施工作业。要督促施工单位切实落实现场消防安全管理主体责任。改造施工前，施工单位应编制施工消防工作方案，对居住人员进行有针对性的消防宣传教育和疏散演练，在建筑内安装火灾警报装置；施工期间，施工单位要有专人值守，一旦发生火情立即处置。

五、强化建筑工地消防安全管理。要严格按照《建设工程施工现场消防安全技术规范》等有关标准规范、公安部和住房城乡建设部联合印发的《关于进一步加强建设工程施工现场消防安全工作的通知》（公消〔2009〕131号）以及有关质量管理的规定，加强施工现场和建筑保温材料的监督管理。

（一）保温材料的燃烧性能等级要符合标准规范要求，并应进行现场抽样检验。保温材料进场后，要远离火源。露天存放时，应采用不燃材料安全覆盖，或将保温材料涂抹防护层后再进入施工现场。严禁使用不符合国家现行标准规范规定以及没有产品标准的外墙保温材料。

（二）严格施工过程管理。各类节能保温工程要严格按照设计进行施工，按规定设置防火隔离带和防护层。动火作业要安排在节能保温施工作业之前，保温材料的施工要分区段进行，各区段应保持足够的防火间距。未涂抹防护层的保温材料的裸露施工高度不能超过3个楼层，并做到及时覆盖，减少保温材料的裸露面积和时间，减少火灾隐患。

（三）严格动火操作人员的管理。动用明火必须实行严格的消防安全管理，动火部门和人员应当按照用火管理制度办理相应手续，电焊、气焊、电工等特殊工种人员必须持证上岗。施工现场应配备灭火器材。动火作业前应对现场的可燃物进行清理，并安排动火监护人员进行现场监护；动火作业后，应检查现场，确认无火灾隐患后，动火操作人员方可离开。

六、各地住房城乡建设部门要加强对建筑保温材料的监管。

积极组织和支持科研和企事业单位研发防火、隔热等性能良好、均衡的外墙保温材料及系统，特别是燃烧时无有害气体产生、发烟量低的外墙保温材料。对具备推广应用条件的材料和技术要积极组织推广应用。要加强相关标准规范的编制和完善工作，组织做好相关管理和技术、施工人员的教育培训。

各地住房城乡建设主管部门要加强对辖区内建设工程项目各方责任主体的监督管理，在施工图设计审查时要严格按照本通知第二条规定执行，在对建设单位审核发放施工许可证时，应当对建设工程是否具备保温安全的具体措施进行审查，不具备条件的不得颁发施工许可证。要积极配合公安消防部门加强对辖区内建设工程施工现场的消防监督检查，对于不具备施工现场消防安全防护条件、施工现场消防安全责任制不落实的建设工程要依法督促整改。

各地在执行中如有意见和建议，可及时反馈我部建筑节能与科技司。

中华人民共和国住房和城乡建设部
二〇一二年二月十日

附录9

中华人民共和国公安部
关于进一步明确民用建筑外保温材料消防监督管理有关要求的通知
公消〔2011〕65号

各省、自治区、直辖市公安消防总队，新疆生产建设兵团公安局消防局：

近年来，南京中环国际广场、哈尔滨经纬360度双子星大厦、济南奥体中心、北京央视新址附属文化中心、上海胶州教师公寓、沈阳皇朝万鑫大厦等相继发生建筑外保温材料火灾，造成严重人员伤亡和财产损失，建筑易燃可燃外保温材料已成为一类新的火灾隐患，由此引发的火灾已呈多发势头。为深刻吸取火灾事故教训，认真贯彻落实中央领导同志重要批示精神，公安部、住房和城乡建设部正在修订有关标注、规定，经部领导批准，在新标准、规定发布前，本着对国家和人民生命财产安全高度负责的态度，为遏制当前建筑易燃可燃外保温材料火灾高发的势头，把好火灾防控源头关，现就进一步明确民用建筑外保温材料消防监督管理的有关要求通知如下：

一、将民用建筑外保温材料纳入建设工程消防设计审核、消防验收和备案抽查范围。凡建设工程消防设计审核和消防验收范围内的设有外保温材料的民用建筑，均应将建筑外保温材料的燃烧性能纳入审核和验收内容。对于《建设工程消防监督管理规定》（公安部令第106号）第十三条、第十四条规定范围以外设有外保温材料的民用建筑，全部纳入抽查范围。在新标准发布前，从严执行《民用建筑外保温系统及外墙装饰防火暂行规定》（公通字〔2009〕46号）第二条规定，民用建筑外保温材料采用燃烧性能为A级的材料。

二、加强民用建筑外保温材料的消防监督管理。2011年3月15日起，各地受理的建设工程消防设计审核和消防验收申报项目，应严格执行本通知要求。对已经审批同意的在建工程，如建筑外保温采用易燃、可燃材料的，应提请政府组织有关主管部门督促建设单位拆除易燃、可燃保温材料；对已经审批同意但尚未开工的建设工程，建筑外保温采用易燃、可燃材料的，应督促建设单位更改设计、选用不燃材料，重新报审。

公安部消防局
二○一一年三月十四日

附录10

公安部消防局撤销〔2011〕65号文件

公安部消防局于2012年12月3日发出《关于民用建筑外保温材料消防监督管理有关事项的通知（公消〔2012〕350号）。通知指出：为认真吸取上海胶州路教师公寓"11·15"和沈阳皇朝万鑫大厦"2·3"大火教训，2011年3月14日，部消防局下发了《关于进一步明确民用建筑外保温材料消防监督管理有关要求的通知》（公消〔2011〕65号）。对建筑外墙保温材料使用及管理提出了应急性要求。2011年12月30日，国务院下发的《国务院关于加强和改进消防工作的意见》（国发〔2011〕46号）和2012年7月17日新颁布的《建设工程消防监督管理规定》。对新建、扩建、改建建设工程使用外保温材料的防火性能及监督管理工作作了明确规定。经研究，《关于进一步明确民用建筑外保温材料消防监督管理有关要求的通知》不再执行。

各地公安机关消防机构要严格执行国务院文件和公安部规章要求。直辖市、省会市、副省级市和其他大城市要对建设工程防火设计制定并执行更加严格的消防安全标准，确保建筑工程消防安全。

附录11 建筑高度和建筑层数的计算方法

11.1 建筑高度的计算应符合下列规定：

1 建筑屋面为坡屋面时，建筑高度应为建筑室外设计地面至其檐口与屋脊的平均高度；

2 建筑屋面为平屋面（包括有女儿墙的平屋面）时，建筑高度应为建筑室外设计地面至其屋面面层的高度；

3 同一座建筑有多种形式的屋面时，建筑高度应按上述方法分别计算后，取其中最大值；

4 对于台阶式地坪，当位于不同高程地坪上的同一建筑之间有防火墙分隔，各自有符合规范规定的安全出口，且可沿建筑的两个长边设置贯通式或尽头式消防车道时，可分别计算各自的建筑高度。否则，应按其中建筑高度最大者确定该建筑的建筑高度；

5 局部凸出屋顶的瞭望塔、冷却塔、水箱间、微波天线间或设施、电梯机房、排风和排烟机房以及楼梯出口小间等辅助用房占屋面面积不大于1/4者，可不计入建筑高度；

6 对于住宅建筑，设置在底部且室内高度不大于2.2m的自行车库、储藏室、敞开空间，室内外高差或建筑的地下或半地下室的顶板面高出室外设计地面的高度不大于1.5m的部分，可不计入建筑高度。

11.2 建筑层数应按建筑的自然层数计算，下列空间可不计入建筑层数：

1 室内顶板面高出室外设计地面的高度不大于1.5m的地下或半地下室；

2 设置在建筑底部且室内高度不大于2.2m的自行车库、储藏室、敞开空间；

3 建筑屋顶上凸出的局部设备用房、出屋面的楼梯间等。

附录12　防火间距的计算方法

12.1　建筑物之间的防火间距应按相邻建筑外墙的最近水平距离计算，当外墙有凸出的可燃或难燃构件的，应从其凸出部分外缘算出。

建筑物与储罐、堆场的防火间距，应为建筑外墙至储罐外壁或堆场中相邻堆垛外缘的最近水平距离。

12.2　储罐之间的防火间距应为相邻两储罐外壁的最近水平距离。

储罐与堆场的防火间距应为储罐外壁至堆场中相邻堆垛外缘的最近水平距离。

12.3　堆场之间的防火间距应为两堆场中相邻堆垛外缘的最近水平距离。

12.4　变压器之间的防火间距应为相邻变压器外壁的最近水平距离。

变压器与建筑物、储罐或堆场的防火间距，应为变压器外壁至建筑外墙、储罐外壁或相邻堆垛外缘的最近水平距离。

12.5　建筑物、储罐或堆场与道路、铁路的防火间距，应为建筑外墙、储罐外壁或相邻堆垛外缘距道路最近一侧路边或铁路中心线的最小水平距离。

参 考 文 献

[1] 张树平. 建筑防火设计[M]. 北京：中国建筑工业出版社，2001.

[2] 哈尔滨建筑工程学院. 工业建筑设计原理[M]. 北京：中国建筑工业出版社，2007.

[3] 《建筑设计资料集》编委会. 建筑设计资料集（第二版）第 1～5 册[M]. 北京：中国建筑工业出版社，1994.

[4] 公安部天津消防研究所等. GB 50016—2014 建筑设计防火规范[S]. 北京：中国计划出版社，2014.

[5] 中国建筑设计研究院. GB 50352—2005 民用建筑设计通则[S]. 北京：中国建筑工业出版社，2005.

[6] 中国城市规划设计研究院. GB 50180—1993 城市居住区规划设计规范[S]. 北京：中国建筑工业出版社，2002.

[7] 上海市消防局等. GB 50067—2014 汽车库、修车库、停车场设计防火规范[S]. 北京：中国计划出版社，2014.

[8] 中国建筑设计研究院. GB 50038—2005 人民防空工程设计防火规范[S]. 北京：中国计划出版社，2005.

[9] 黑龙江省建筑设计院. JGJ 39—1987 托儿所. 幼儿园建筑设计规范[S]. 北京：中国建筑工业出版社，1987.

[10] 天津市城乡建设委员会. GB 50099—2011 中小学校设计规范[S]. 北京：中国建筑工业出版社，2011.

[11] 钟勤，钱英，林章豪. 一级注册建筑师考试教程[M]. 北京：中国建筑工业出版社，2000.

[12] 公安部沈阳科学研究所等. GB 50116—2013 火灾自动报警系统设计规范[S]. 北京：中国计划出版社，2013.

[13] 中国建筑东北设计研究院. JGJ 16—2008 民用建筑电气设计规范[S]. 北京：中国计划出版社，2008.

[14] 中国建筑标准设计研究院. 全国民用建筑工程设计技术措施. 电气（2009）[M]. 北京：中国计划出版社，2009.

[15] 山西省建设委员会. 12 系列建筑标准设计图集. 电气专业（下册）[M]. 北京：中国建筑工业出版社，2012.

[16] 李引擎. 建筑防火工程[M]. 北京：化学工业出版社，2004.

[17] 霍然，袁宏永. 性能化建筑防火分析与设计[M]. 合肥：安徽科学技术出版社. 2003.

[18] 张树平. 建筑师手册[M]. 北京：中国建筑工业出版社，2003.

[19] 中国建筑科学研究院. GB 50222—1995 建筑内部装修设计防火规范[S]. 北京：中国建筑工业出版社，1995.

[20] 中国建筑标准设计研究院.《建筑设计防火规范》图示[M]. 北京：中国计划出版社，2014.

［21］住房和城乡建设部工程质量安全监管司，中国建筑标准设计研究院．全国民用建筑工程设计技术措施、规划、建筑［M］．北京：中国计划出版社，2010．

［22］张树平，郝绍润，陈怀德．现代高层建筑防火设计与施工［M］．北京：中国建筑工业出版社，1998．

［23］丁成章．无障碍住区与住所设计［M］．北京：机械工业出版社，2004．

［24］蒋永琨．高层建筑防火设计手册［M］．北京：中国建筑工业出版社，2002．

［25］陈保胜．建筑防火设计［M］．上海：同济大学出版社，2000．

［26］姜文源．建筑灭火设计手册［M］．北京：中国建筑工业出版社，1997．

［27］中国城市规划设计研究院．GB 50180—1993（2002）版 城市居住区规划设计规范［S］．北京：中国标准出版社，1993．

［28］中国建筑科学研究院，中国建筑业协会建筑节能专业委员会．GB 50189—2005 公共建筑节能设计标准［S］．北京：中国建筑工业出版社，2005．

［29］中国建筑科学研究院．GB 50176—1993 民用建筑热工设计规范［S］．北京：中国标准出版社，1993．

［30］柳孝图．建筑物理［M］．北京：中国建筑工业出版社，2000．

［31］李德英．建筑节能技术［M］．北京：机械工业出版社，2006．

［32］宋德萱．节能建筑设计与技术［M］．上海：同济大学出版社，2003．

［33］王瑞．建筑节能设计［M］．武汉：华中科技大学出版社，2013．

［34］曾理．建筑节能设计简明手册［M］．北京：中国建筑工业出版社．2014．

［35］中国建筑标准设计研究院．全国民用建筑工程设计技术措施——节能专篇（2007）建筑［M］．北京：中国计划出版社，2013．

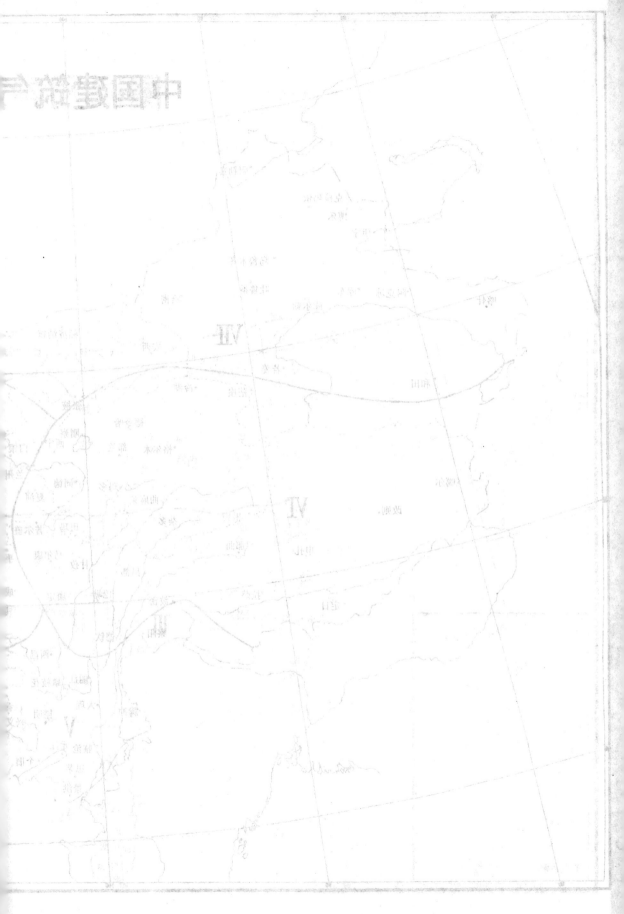

热线：400-626-8797

烟台东聚防水保温工程有限公司
Yantai Dongju waterproof insulation Engineering Co.,Ltd.

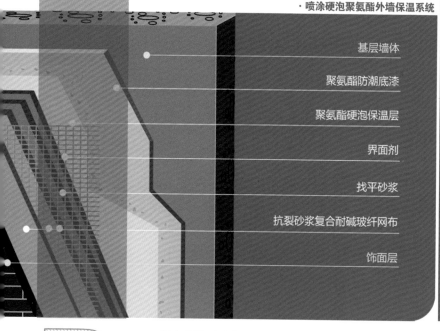

· 喷涂硬泡聚氨酯外墙保温系统

- 基层墙体
- 聚氨酯防潮底漆
- 聚氨酯硬泡保温层
- 界面剂
- 找平砂浆
- 抗裂砂浆复合耐碱玻纤网布
- 饰面层

主要产品有：

- · "东聚"牌聚氨酯硬泡组合聚醚；
- · "东聚"牌聚脲弹性体；
- · "东聚"牌天然真石漆及其相关配套产品；
- · 各种类型聚合物砂浆；
- · 聚氨酯防水涂料；

结合市场发展的实际需求，独立研发出"喷涂硬泡聚氨酯外墙外保温系统"

新型产品：

新型纳米石墨聚氨酯
东聚公司是国内少有的可把石墨聚氨酯应用在喷涂上的企业。

烟台东聚防水保温工程有限公司坐落于烟台市经济技术开发区舟山路10号，占地面积16000平方米，拥有9200平方米现代化标准厂房，1620平方米办公楼。南临同三高速公路，西临206国道，位于烟台汽车西站东0.5公里处，距火车站、烟台港均10公里，机场15公里，交通十分便利。

公司集建筑节能保温产品和建筑防水产品的研发、生产、销售、工程施工于一体，是国内规模较大的专业生产销售各种建筑节能保温产品、防水产品并承担各种节能保温工程施工、建筑防水工程施工的企业。拥有建筑防水、防腐保温贰级施工资质，山东省新型墙材建筑节能技术产品认定证书，安全生产许可证，并荣获山东省著名商标、全国质量信得过产品荣誉，2012中国优秀食品、农产品冷链技术设备绿色节能品牌，是中国制冷协会团体会员单位、全国商业冷藏科技情报站理事单位、中国聚氨酯工业协会会员单位、中国建筑节能墙体保温技术推广联盟理事会理事单位、中国仓储协会会员、联合国多边基金组织(ICO)伞型企业项目实施工程的企业，烟台万华集团特约经销商。

公司自成立以来始终将产品质量放在第一位，所有产品均通过ISO9001：2000质量管理体系认证。

公司拥有一批优秀的技术研发人员和高素质的员工队伍。生产设备先进、检测设备齐全，不断引进国外先进施工设备和技术，与国内众多知名企业长期合作，客户遍及全国各地。

今天面临机遇和挑战，精益求精的"东聚"人继续以"诚信、求实、创新、发展、共赢"的经营理念，愿与各界新老朋友携手合作，为建筑节能事业的灿烂明天作出新的贡献。

地址：山东省烟台市经济技术开发区舟山路10号
电话：0535-6393458 0535-6393468   邮编：264006
传真：0535-6110806   网址：http://www.dongju.cn

合肥候鸟新型材料有限公司
HEFEI MIGRATORY BIRD NEW MATERIAL CO., LTD.

合肥候鸟新型材料有限公司成立于2006年，位于合肥市新站高新技术产业区，占地50余亩，建筑面积3.4万平方米。致力于外墙保温材料的研发、生产、销售与施工。公司通过ISO9001：2008质量管理体系认证和ISO14001：2004环境质量管理体系等认证；具有建筑装饰装修、防腐保温工程施工资质，拥有中高级职称及技术人员56人。

公司引进大型外墙外保温自动混装生产线，年产干粉砂浆20万吨，匀质防火保温板100万立方，以合肥为中心，面向安徽，辐射全国。公司采用全国前沿的高新技术，研发出具有国家发明专利（发明名称：一种混凝土发泡保温砖及其制备方法 专利号：ZL 2014 1 0530335.4；发明名称：一种外墙防火阻燃型复合保温装饰板材及其制备方法 专利号：ZL 2012 1 0006484.1）的匀质防火保温板，并且形成年产量100万立方的全自动化生产流水线，特别是公司研发的匀质防火保温板及其外墙外保温系统，具有质量轻、导热系数低、强度高、A级防火等优点，其性能指标均超过国家检测标准，适应当前建筑节能市场的迫切需求。本公司具有匀质防火保温板外墙外保温系统、发泡硅酸盐外墙外保温系统等保温材料。连续多年荣获合肥市建筑节能先进个人、安徽市场质量信得过企业、诚信经营示范单位、安徽省重合同守信用企业等荣誉称号。

公司技术力量雄厚，与国内知名高校合作建有外墙保温材料研发、实验中心；材料检验设备、设施配套齐全，能满足和适应多层次的建筑施工，备施工管理的优秀技术人才。公司在资金的投入、技术人才的引进、生产设备的完善等方面做着不懈的努力；一直坚持追求产品的不断完善与产品的绿色环保，研制开发各类新型产品，以满足市场的不同需求。公司始终秉承"诚信为本，品质取胜"的经营理念，以前瞻的科研技术和领先的产品工艺，服务社会！

匀质防火保温板

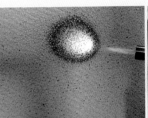

工程案例

恒大中央广场　万科森林公园小区

合肥厂址：合肥市魏武路九顶山路交口
总经理：吕德春　　手机：139-6667-1377　　电话：0551-66338206
邮箱：2898216026@qq.com　　网站：www.hefeihouniao.com

威海磊升建材科技有限公司

威海磊升建材科技有限公司成立于 2010 年，位于风光秀丽气候宜人的威海市环翠区省级旅游度假区。公司技术力量雄厚，拥有中高级技术职称人员 32 人，固定资产 5800 余万。

公司自成立以来，以科技创新为导向，每年都拿出专项资金用于新型建材的研发。公司与多所大学合作研发的 LS 发泡混凝土自保温墙体砌块及 LS 现浇混凝土无空腔复合保温板取得了多项国家实用新型发明专利（专利名称：一种复合自保温砌块 专利号：ZL 2016 2 0606325.9 专利名称：一种复合保温板 专利号：ZL 2016 1 0916464.1），通过了山东省及河北省住建厅新型墙材节能技术认定，并获颁发建筑保温与结构一体化认定证书。保温与结构一体化技术在保温性能、防火性能、耐久性能等方面明显优于传统的墙体外保温模式，得到了市场的普遍认可，受到业界的一致好评。

LS 发泡混凝土自保温墙体砌块及 LS 现浇混凝土无空腔复合保温板构成了完整的外墙自保温一体化系统，满足节能 75% 及现行防火设计规范的要求，取得了较好的经济及社会效益。公司将继续坚持科学发展之路，按照产学研相结合的模式，锐意进取，努力开拓，为中国建筑建材行业的发展贡献自己的力量。

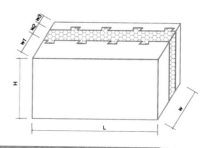

LS 发泡混凝土自保温墙体砌块

注：1、10—耐碱玻纤网格布；2、6—粘结层（3mm）；3—保温层 B；4—腹丝；5—拉结栓；7—保温层 A(37mm)；8—钢丝网；9—抗裂层（10mm）；

LS-3 型复合保温板基本构造图

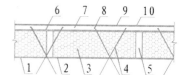

注：1、10—耐碱玻纤网格布；2、6、9—粘结层（3mm）；3—保温层；4—腹丝；5—拉结栓；7—抗裂层（14mm）；8—钢丝网

LS-2 型复合保温板基本构造图

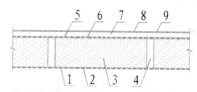

注：1、6、9—耐碱玻纤网格布；2、5、8—粘结层（3mm）；3—保温层；4—拉结栓；7—抗裂层（14mm）

LS-1 型复合保温板基本构造图

做安全、节能、环保新建材，让绿色建筑成为现实！

地址：山东省威海市环翠区张村旅游度假区里口山路
电话：0631-5230607 13306303379 400-1015996
网址：www.whleisheng.com

山东鲁泰建材科技集团有限公司

精品板材　品牌鲁泰　　*Since 1995*

　　山东鲁泰建材科技集团有限公司地处驰名中外的泰山西麓、风景秀丽的佛桃之乡——肥城市。公司自 1995 年开始生产，是中国较早的硅酸钙板生产企业之一，是一家以生产、研发新型建材为主的现代化民营企业。企业通过了 ISO9001 质量体系认证，中国环境标志认证。"鲁泰"被评为"环渤海地区建材行业知名品牌""山东省著名商标"。

　　公司专注硅酸钙板、纤维水泥板等产品 20 余年，是中国混凝土与水泥制品协会硅酸钙板／水泥板分会副理事长单位，是行业标准和技术规程的起草编制单位。目前，公司共有 4 条板材生产线，年产各类板材 1600 万㎡，是中国北方较大的板材生产基地；同时拥有 UV 氟碳和液态理石漆生产线各 1 条，年产各类装饰板材 500 万㎡、保温装饰一体化板材 300 万㎡。

　　"鲁泰"板材具有绿色环保、轻质、高强、抗冻、防火、防水、不变形、耐候、低吸水率、抗下陷等特点。主要产品有内外墙用硅酸钙板／纤维水泥板、清水墙板、木纹挂板、射线防护板等；广泛应用于隔墙、吊顶、灌浆墙面板、复合墙板、涂装基板、钢结构包覆等。

鲁泰 5A 板材

——5A 品质　值得信赖

- Asbestos Free 100% 无石棉 绿色环保
- Assessed by CE 欧洲标准认证
- A 类装饰材料
- A₁ 级不燃材料（GB8624-2012）
- ASTM 美国标准认证

项目名称：迪拜亚特兰蒂斯酒店
应用板材：硅酸钙板

项目名称：潍坊昌大办公楼
应用板材：纤维水泥板

项目名称：山东尚京新城·山语别墅
应用板材：木纹挂板

项目名称：河南铂尔曼酒店
应用板材：硅酸钙板

项目名称：山西地质博物馆
应用板材：免漆板

地址：山东省肥城市济兖路024号　　邮编：271601
电话：0538-3461086　　　　　　　网址：www.sdlutai.net
传真：0538-3463269　　　　　　　邮箱：board@lutai.cc

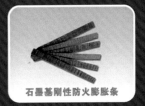

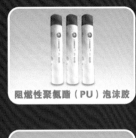